RECHERCHES

EXPÉRIMENTALES ET MATHÉMATIQUES

SUR LES MOUVEMENS DES MOLÉCULES DE LA LUMIÈRE
AUTOUR DE LEUR CENTRE DE GRAVITÉ ;

PAR M. BIOT,

Membre de l'Institut impérial de France, adjoint du Bureau des Longitudes,
professeur de physique mathématique au Collége de France, et d'astronomie
à la Faculté des Sciences, membre de la Société Philomatique de Paris, des
Académies de Lucques, de Turin, de Munich, et de Wilna.

*Omnis enim philosophiæ difficultas in eo versari videtur, ut
à phænomenis motuum investigemus vires naturæ, deindè
ab his viribus demonstremus phænomena reliqua.*
NEWTON. Princip.

A PARIS,

Chez FIRMIN DIDOT, Imprimeur de l'Institut Impérial de France,
et Libraire pour les Mathématiques, etc., rue Jacob, n° 24.

M. DCCC. XIV.

A

Mes Amis et Confreres

MM. Thénard et Poisson,

Membres de l'Institut

AVERTISSEMENT.

J'ai réuni dans ce volume les Recherches que j'ai lues à l'Institut sur la Polarisation de la Lumière, dans les années 1812 et 1813. Je les ai fait précéder par une exposition générale de ce genre de phénomènes découverts d'abord par Malus. J'explique la manière de les observer, et les systèmes de forces dont ils paraissent dépendre.

Je considère ensuite dans mon premier Mémoire les phénomènes de coloration observés pour la première fois par M. Arago, dans les lames minces de certains corps cristallisés et non cristallisés. Je prouve qu'ils ne peuvent pas être représentés par les formules que Malus avait données pour la polarisation dans le spath d'Islande. J'en construis d'autres qui les embrassent tous, dans toutes les positions possibles des lames. Je montre le rapport qui existe entre les couleurs polarisées extraordinairement par ces lames, et celles des lames minces non cristallisées que Newton a observées : ce qui donne les moyens de prévoir les teintes d'après l'épaisseur.

Mon second Mémoire est divisé en plusieurs parties. Dans la première j'interprète les formules que l'expérience m'avait fait précédemment découvrir. Je montre le sens de polarisation qu'elles indiquent. Je prouve que ce sens n'a pas lieu seulement pour des lames minces, car je donne le moyen de développer aussi de longues séries de couleurs dans des plaques épaisses de plusieurs centimètres par le croisement de leurs axes.

Dans la seconde partie je remonte au mode général de ces phénomènes, que je tire de l'expérience. Je montre que, dans les cristaux qui les produisent, les molécules lumineuses exécutent autour de leur centre de gravité des oscillations dont je détermine l'étendue, la durée, la vîtesse, ainsi que la loi des forces qui les produisent. Et, revenant de ce principe aux phénomènes, j'en déduis les mêmes formules que j'avais trouvées par l'observation dans mon premier Mémoire.

Dans la troisième partie j'établis par l'expérience la manière dont les oscillations doivent se continuer en passant d'une lame à une autre. Je déduis ensuite de la théorie tous les phénomènes de couleurs que présentent les lames ou les plaques interposées dont les axes sont croisés sous un angle quelconque, lorsqu'on les expose perpendiculairement à un rayon polarisé ; et je prouve leur accord avec l'observation.

Dans la quatrième partie je déduis de la théorie les phénomènes qui ont lieu dans les incidences obliques tant par réfraction que par réflexion pour les lames ou les plaques parallèles à l'axe de cristallisation, et je montre leur accord avec l'expérience. J'étends ces résultats aux cas où l'axe est incliné sur les surfaces des plaques d'une quantité quelconque.

Dans la cinquième et dernière partie j'examine par l'expérience les phénomènes particuliers que présentent les plaques minces ou épaisses de cristal de roche taillées perpendiculairement à l'axe de cristallisation, et exposées à un rayon polarisé, sous l'incidence perpendiculaire. Je montre que les forces que produisent ces phénomènes sont indépendantes de celles qui produisent les oscillations. Je prouve par des expériences exactes et nombreuses, que les molécules lumineuses acquièrent, en traversant ces plaques, des propriétés particulières qu'elles emportent ensuite avec elles dans l'espace, et qui ne consistent pas seulement dans une disposition nouvelle de leurs axes, mais dans une véritable modification physique. Je fais voir que les forces qui agissent alors sur elles, ne les font plus osciller, mais tourner d'un mouvement continu autour de leur centre de gravité. J'expose les lois de cette rotation, et je montre comment on peut successivement la diriger de droite à gauche ou de gauche à droite ; enfin, en inclinant les plaques, je montre comment elle est combattue et détruite par la force qui produit les oscillations lorsque celle-ci peut se développer.

Cette partie est terminée par la considération des phénomènes que présentent les lames de mica. Je prouve que dans ces lames, lorsqu'elles sont régulièrement cristallisées, les forces polarisantes émanent de deux lignes ou axes dont l'un est situé dans le plan des lames, et l'autre leur est perpendiculaire : d'où il suit que la théorie des oscillations ne s'applique immédiatement aux phénomènes du mica que sous l'incidence perpendicu-

laire où l'influence de ce dernier axe est nulle. Considérant l'action simultanée de ces deux forces, quand la lame incline, j'en déduis tous les phénomènes composés que le mica présente sous les diverses inclinaisons.

Dans le grand nombre de résultats que ces Mémoires renferment, il
est bien présumable qu'il me sera échappé quelques erreurs. Les phénomènes sont si nombreux, si nouveaux ; et les forces qui les produisent
sont encore si peu connues, qu'il est bien difficile de ne jamais se trom-
per en les considérant, sur-tout dans une suite de mémoires où les
vérités se découvrent les unes après les autres. Je prie donc les physiciens
qui liront cet ouvrage d'en rectifier les imperfections. J'ai mis assez de
soin dans les expériences pour espérer qu'ils n'y trouveront pas d'inexac-
tude ; mais quelques-unes sont assez délicates pour que je desire qu'ils
les vérifient d'abord par les méthodes que j'ai employées ; après quoi ils
sauront sans doute en découvrir de plus parfaites, lorsqu'ils seront accou-
tumés à ce nouveau genre de considérations. J'ose croire que la théorie
des oscillations de la lumière que je leur présente n'est pas indigne de
leur attention ; car depuis une année que j'en suis en possession, et que
je l'ai appliquée à la recherche d'un très-grand nombre de phénomènes,
elle ne m'a pas trompé une seule fois.

CONSIDÉRATIONS

GÉNÉRALES

SUR LA POLARISATION DE LA LUMIÈRE.

Lorsque les molécules lumineuses traversent des corps cristallisés doués de la double réfraction, elles éprouvent autour de leur centre de gravité divers mouvemens dépendant de la nature des forces que les particules du cristal exercent sur elles. Quelquefois l'effet de ces forces se borne à disposer toutes les molécules d'un même rayon parallèlement les unes aux autres, de manière que leurs faces homologues soient tournées vers les mêmes côtés de l'espace. C'est le phénomène que Malus a désigné sous le nom de *Polarisation*, en assimilant l'effet des forces à celui d'un aimant qui tournerait les pôles d'une série d'aiguilles magnétiques, tous dans la même direction. Quand cette disposition a lieu, les molécules lumineuses la conservent dans toute l'étendue du cristal, et n'éprouvent plus de mouvement autour de leur centre de gravité. Mais il existe d'autres cas où les molécules qui traversent le cristal ne se fixent point à une position constante. Pendant tout le temps de leur trajet, elles oscillent autour de leur centre de gravité avec des vitesses et selon des périodes calculables. Quelquefois enfin elles tournent sur elles-mêmes avec un mouvement de rotation continu. Les recherches contenues dans ce volume ont pour objet d'établir par des expériences directes l'existence des mouvemens divers que je viens d'indiquer, de prouver qu'ils se continuent réellement dans l'intérieur même des corps, et d'en faire connaître les principales lois.

Ce genre de recherches doit son origine aux travaux de Malus : c'est lui qui a ouvert aux physiciens une carrière nouvelle si riche et si féconde, qu'une fois qu'on y est entré et qu'on a saisi le fil des phénomènes, les découvertes se présentent d'elles-mêmes à chaque pas. Ainsi, avant tout, j'exposerai les propriétés fondamentales qu'il a reconnues dans les actions des corps sur la lumière ; je décrirai les appareils nécessaires pour les observer, pour les mesurer avec exactitude. Je rappellerai ensuite une série de très-beaux phénomènes que M. Arago y a ajoutés, et qui ont fait depuis l'objet de mes premières recherches. Ce sont là les seuls résultats imprimés jusqu'à présent sur cette branche nouvelle de l'optique.

La principale découverte de Malus consiste à donner aux rayons lumineux une modification telle, que les molécules qui composent un même rayon échappent ensemble à la réflexion lorsqu'on les présente aux surfaces réfléchissantes par de certains côtés et sous de certaines incidences déterminées.

Pour en donner un exemple, supposons qu'un rayon solaire SI, fig. 1, tombe sur la surface LL d'un plan de verre poli et non étamé, en formant avec ce plan un angle de 35° 25' ; ce rayon se réfléchira suivant une ligne droite II' en faisant l'angle de réflexion égal à l'angle d'incidence. Dans un point quelconque de son trajet, recevez-le sur un autre plan de verre L'L' qui soit pareillement poli et non étamé : il y subira encore en général une seconde réflexion partielle. Mais cette réflexion deviendra nulle, si le second plan de verre forme aussi un angle de 35° 25' avec la droite II', et si, de plus, il est tourné de manière que la seconde réflexion se fasse dans un plan II'R perpendiculaire au plan SII' dans lequel la première réflexion s'est opérée.

Afin de faire mieux comprendre cette disposition des deux glaces, imaginons que II′ soit une ligne verticale, et que le premier plan de réflexion SII′ soit le méridien, alors le second plan de réflexion II′R sera le vertical qui passe par les points d'est et ouest.

Avant d'entrer dans les conséquences de cette remarquable expérience, je vais donner quelques détails sur la manière de la faire commodément et avec exactitude.

On peut imaginer bien des appareils propres à atteindre ce but. Celui que j'ai coutume d'employer est représenté dans la fig. 2. Il est très-simple, et suffit à toutes les expériences de la polarisation. On le compose avec la lunette supérieure d'un cercle répétiteur dont on ôte les verres. On pourrait de même se servir de tout autre instrument divisé, pourvu que son limbe fût rendu vertical. Au deux bouts du tuyau TT′, on place deux tambours TT, T′T′ qui s'y adaptent avec justesse ; chacun d'eux porte une division circulaire qui n'a pas besoin d'être fort multipliée ; il suffit qu'on y indique les seizièmes de la circonférence. Ces tambours portent aussi deux branches de cuivre TV ; T′V′, entre lesquelles on place une glace LL, L′L′ mobile autour d'un axe VV, V′V′ lequel est perpendiculaire à ces branches, et susceptible de se fixer au moyen d'une vis de pression V, V′. Cette disposition permet de donner à chacune des deux glaces toutes les situations imaginables relativement au rayon lumineux qui passe par l'axe de la lunette ; car le tambour, en tournant circulairement autour du tuyau, amène le plan de réflexion dans tous les azimuts possibles ; et le mouvement de la glace autour de son axe VV lui permet de se présenter au rayon incident sous toutes les inclinaisons.

Quand on veut, au moyen de cet appareil, donner aux deux glaces une inclinaison déterminée, voici comment on opère. On place le limbe du cercle vertical, et l'on dispose horizon-

a.

talement le grand niveau NN, afin qu'il atteste l'immobilité du limbe; ensuite on dirige la lunette TT' verticalement, et l'on s'assure qu'elle est dans cette position lorsqu'un niveau très-parfait, placé sur la circonférence du tambour devient horizontal. Alors on lit sur le limbe le point où s'arrêtent les verniers. Supposons pour fixer les idées qu'à cet instant la glace LL inférieure se trouve perpendiculaire à l'axe TT' de la lunette, et par conséquent horizontale comme le représente la fig. 3. Si l'on fait tourner la lunette sur le limbe d'un angle TCT″ égal à i, la glace LL, toujours perpendiculaire à l'axe, ne sera plus horizontale, mais fera aussi un angle i avec l'horizon ; car en menant la ligne horizontale T″H, l'angle HT″C sera complément de l'angle T″CH et de l'angle LT″H; par conséquent ces deux derniers sont égaux. D'après cela, si l'on remet la glace LL horizontale au moyen d'un niveau, en la faisant tourner autour de son axe VV, elle se trouvera avoir décrit un angle égal à celui qu'a décrit la lunette, c'est-à-dire égal à i, et par conséquent elle fera avec l'axe T″CT de la lunette un angle égal à $90°—i$.

En faisant cette opération, il faut avoir soin de tourner le tambour TT, fig. 2. de manière que l'axe de rotation VV de la glace soit perpendiculaire au plan du limbe; car, sans cela, on aurait beau faire tourner la glace LL autour du rayon CT″, il serait impossible de l'amener à l'horizontalité. Il faut donc marquer d'avance sur le tube de la lunette le point où il faut amener une des divisions du tambour, pour que l'axe VV se trouve dans cette position, et l'on y parviendra précisément par la condition même que l'on veut remplir, c'est-à-dire, en le tournant jusqu'à ce que la glace LL puisse devenir horizontale.

Quoique nous n'ayons considéré que la glace LL, il est évident que le même procédé peut aussi être employé pour la glace L′L′, qui est liée à la lunette comme la première. Ainsi, en résumant ces opérations, lorsqu'on voudra donner à l'une des glaces une inclinaison ω relativement à l'axe de la lunette, on dirigera cet axe de manière qu'il fasse avec la verticale un angle égal à 90—ω; et après l'avoir fixé dans cette position, on rendra la glace horizontale au moyen d'un niveau ; elle se trouvera avoir l'inclinaison demandée, et on l'y maintiendra en la fixant au moyen des vis de pression VV'. On pourra ensuite faire tourner à volonté le tambour autour de l'axe de la lunette : l'inclinaison de la glace sur cet axe ne changera pas.

Si l'on veut, par exemple, répéter l'expérience de Malus, que nous avons rapportée tout-à-l'heure, on disposera les deux glaces de manière qu'elles fassent un angle de 35°25' avec l'axe de la lunette ; puis remettant cet axe vertical, on tournera l'un des tambours, par exemple, le tambour inférieur TT, de manière que l'axe VV soit perpendiculaire au plan du limbe du cercle. Cela fait, on placera une bougie allumée dans le prolongement de ce même plan, par exemple, en S, et on variera sa position jusqu'à ce que le rayon SI se réfléchisse suivant l'axe TT', ce qui arrivera lorsqu'en regardant à travers le tube, on y verra l'image de la bougie par réflexion. Les choses étant ainsi disposées, le rayon réfléchi rencontrera aussi la seconde glace sous le même angle de 35°25' ; alors, selon les diverses positions qu'on donnera au tambour T'T'' qui porte cette glace, le rayon provenant de la seconde réflexion aura des degrés différens d'intensité, et il existera deux positions opposées du tambour où cette intensité deviendra tout-à-fait nulle. Il faut avoir soin de placer un corps noir derrière la glace L'L' du côté opposé à la lumière réfléchie, afin d'intercepter les rayons étrangers qui pourraient être envoyés de ce côté par les objets extérieurs, et qui, traversant la glace et arrivant à l'œil, se mêleraient avec les rayons réfléchis que l'on peut observer. Il faut prendre la même précaution pour la première glace réfléchissante LL ; et même, comme celle-ci n'est jamais employée que pour la réflexion qui s'opère à sa première surface, on peut noircir pour toujours sa surface postérieure avec de l'encre de Chine, ou en l'exposant à la fumée d'une lampe ; mais il ne faut pas recouvrir cette surface d'un enduit métallique : on en verra plus tard la raison.

Au lieu d'employer la flamme d'une bougie pour corps lumineux, on peut employer la lumière des nuées, que l'on reçoit dans le tuyau de la lunette après qu'elle s'est réfléchie sur la première glace LL ; mais alors il faut limiter le champ que le tuyau embrasse, en plaçant dans son intérieur quelques diaphragmes d'une très-petite ouverture. Il faut aussi, de même que tout-à-l'heure, placer un drap noir sous la glace réfléchissante, ou mieux encore, recouvrir sa face inférieure avec une couche d'encre de Chine, pour arrêter les rayons qui pourraient venir directement des objets éloignés. De cette manière, lorsqu'on regardera dans le tuyau de la lunette, la glace LL étant tournée vers les nuées, on verra un petit espace parfaitement blanc et brillant, sur lequel on pourra faire toutes les expériences. Cette blancheur parfaite est même un grand avantage, car elle est indispensable dans certains cas où il faut observer et comparer des teintes diverses : on ne peut jamais avoir cet avantage en se servant de la flamme d'une bougie ou de toute autre substance embrasée, car aucune de ces flammes n'est blanche.

D'ailleurs quel que soit l'appareil que l'on adopte, le procédé sera toujours le même, et l'on observera les mêmes phénomènes de réflexion sur la seconde glace. Pour les exposer d'une manière méthodique qui permette d'en saisir facilement l'ensemble, je supposerai que le plan d'incidence SII′ du rayon sur la première glace coïncide avec le plan du méridien, et que le rayon réfléchi II′ est vertical. Alors si l'on fait tourner le tambour T′T′ qui porte la seconde glace, cette glace tournera aussi autour du rayon réfléchi, en formant toujours avec lui le même angle ; et le plan dans lequel s'opère la seconde réflexion se trouvera nécessairement dirigé vers les divers points de l'horizon dans les différens *azimuts*. Cela posé, voici les phénomènes que l'on observera.

Lorsque le second plan de réflexion est dirigé dans le méridien, et par conséquent coïncide avec le premier, l'intensité de la lumière réfléchie par la seconde glace est à son maximum.

A mesure que le second plan en tournant s'éloigne d'être parallèle au premier, l'intensité de la lumière réfléchie diminue.

Enfin, lorsque le second plan de réflexion est dirigé dans le vertical d'est et ouest, par conséquent perpendiculaire au premier, l'intensité de la lumière réfléchie est absolument nulle sur les deux surfaces de la seconde glace : la lumière la traverse en totalité.

Si l'on continue à tourner le tambour au-delà du premier quart de la circonférence, les phénomènes se reproduisent dans un ordre inverse, c'est-à-dire, que l'intensité de la lumière croît précisément comme elle avait diminué, et elle redevient la même à une même distance du vertical d'est et ouest. Par conséquent, lorsque le second plan de réflexion revient de nouveau dans le méridien, on arrive à un second maximum d'intensité pareil au premier. Alors la face réfléchissante de la seconde glace a décrit autour du rayon une demi-circonférence, et il se présente à elle par une face opposée à celle qu'il lui présentait d'abord. Voyez fig. 4. Au-delà de ce terme, si l'on continue à tourner le tambour, l'intensité de la lumière réfléchie varie précisément comme de l'autre côté du méridien. Elle diminue continuellement à mesure que le plan de la seconde réflexion s'éloigne du méridien; elle devient tout-à-fait nulle dans le vertical d'est et ouest, et augmente ensuite de nouveau jusqu'au méridien, où elle atteint son dernier maximum comme la première fois.

On voit ainsi que dans la rotation complète de la glace, l'intensité de la lumière réfléchie a deux *maxima* correspondant aux azimuts o et 180°, et deux *minima* répondant aux azimuts 90° et 370°. De plus, autour de ces diverses limites, les variations sont les mèmes dans les différens quadrans. On satisfera à toutes ces conditions en supposant que l'intensité est proportionnelle au quarré du cosinus de l'angle que le second plan de réflexion forme avec le premier, c'est-à-dire, qu'en représentant par i cet angle, par O l'intensité de la lumière réfléchie dans le méridien, et par F_o l'intensité correspondante à l'azimut i, on pourra prendre

$$F_o = O \cos^2 i.$$

Les diverses valeurs de F_o correspondantes aux diverses valeurs de i dans cette formule représenteront les phénomènes que nous venons d'observer. En effet, quand $i = o$, ce qui met le plan de réflexion dans le méridien et dans la première position que nous lui avons donnée, on a $\cos i = 1$, et par suite $F_o = O$. Au contraire, quand $i = 90°$, on a $\cos i = o$ et $F_o = o$, c'est-à-dire, que l'intensité de la lumière réfléchie est nulle. Au-delà de ce terme quand i devient $90 + i''$, $\cos^2 i$ devient égal à $\sin^2 i'$; et à distance égale avant cette limite, quand on avait $i = 90 - i'$, $\cos^2 i'$ était encore égal à $\sin^2 i$. Les variations d'intensité sont donc symétriques autour du vertical d'est et ouest. Il est facile de voir de la même manière qu'elles sont pareillement symétriques autour de chacun des autres points cardinaux. En continuant à faire croître i, l'intensité a obtenu un second maximum quand $i = 180°$, ce qui donne encore $\cos^2 i = 1$, et elle devient de nouveau nulle quand $i = 370°$, ce qui donne encore $\cos^2 i = o$. Ainsi cette formule satisfait aux dégradations observées dans l'intensité, et à leurs diverses limites. Il est vrai que beaucoup d'autres pourraient remplir également les mêmes conditions; car on y satisferait encore en supposant, par exemple, l'intensité proportionnelle à $\cos^4 i$, à $\cos^6 i$, ou à toute autre puissance paire

de ce cosinus, ou même, à une combinaison quelconque, ces
puissances. Pour décider entre toutes ces formules, il ne suffit
plus de considérer les quatre limites dont nous avons principalement fait usage, il faudrait mesurer exactement les intensités intermédiaires, et voir par quelle formule elles seraient le
mieux représentées; mais de pareilles mesures sont très-difficiles
à prendre, et l'on ne s'en est point encore occupé jusqu'à présent. Nous nous bornerons donc, comme l'a fait Malus, à la
première formule, qui est la plus simple ; mais nous nous rap-
pellerons qu'elle n'est qu'une représentation empirique des
phénomènes ; et que bien qu'elle paraisse s'accorder avec eux
dans sa marche générale, elle n'est cependant vérifiée que dans
quatre points.

Les résultats de cette belle expérience étant ainsi rassemblés
sous un seul aspect, nous voyons que le rayon réfléchi par la
première glace est aussi réfléchi en partie par la seconde quand
il se présente à elle par deux de ses pans opposés, par exemple,
par ses pans nord et sud, et qu'au contraire il n'est plus du
tout réfléchi quand il se présente à la même glace sous le même
angle par ses côtés est et ouest situés à angles droits avec les
précédens. Ainsi, en considérant ce rayon comme formé par la
succession infiniment rapide d'une série de molécules lumineuses, il faudra nécessairement concevoir, ou que la réflexion de
la première glace imprime à ces molécules quelque modification
physique en vertu de laquelle elles deviennent plus réflexibles
par certains côtés que par d'autres en tombant sur la seconde
glace, ou que cette propriété leur était naturellement inhérente,
et que la seconde glace n'a fait que la rendre sensible, en rangeant
toutes les molécules du rayon de manière qu'elles pussent échapper toutes ensemble à la seconde réflexion ; et alors il faudra
supposer que dans un rayon ainsi modifié, toutes les molécules
lumineuses ont leurs axes et leurs faces parallèles. C'est cet arran-

gement des molécules que Malus a nommé *Polarisation de la lumière*, assimilant l'effet de la première glace à celui d'un aimant qui tournerait les pôles d'une série d'aiguilles magnétiques, tous dans la même direction.

Jusqu'ici, nous avons supposé que le rayon, soit incident, soit réfléchi, faisait avec les deux glaces un angle de 35° 25′ : c'est en effet seulement sous cet angle que le phénomène a lieu complétement. Si, sans changer l'inclinaison du rayon sur la première glace, on fait d'abord varier tant soit peu l'inclinaison de la seconde, l'intensité de la lumière réfléchie n'est plus nulle dans aucun azimut, mais elle devient la plus faible possible dans le vertical d'est et ouest où elle était nulle auparavant. Si au contraire, sans changer l'inclinaison du rayon réfléchi sur la seconde glace, on fait seulement varier son incidence sur la première, on trouvera encore que ce rayon en tombant sur la seconde glace ne la traverse pas totalement ; il éprouvera à sa première et à sa seconde surfaces une réflexion partielle, qui, si l'on a peu dérangé la première glace, atteindra son maximum dans le vertical d'est et ouest.

La *polarisation* complète de la lumière par la réflexion s'opère donc seulement sous un angle d'incidence déterminé, qui pour le verre est de 35° 25′ à partir de la surface réfléchissante, selon les expériences de Malus. Ceci s'entend seulement de la première surface que le rayon rencontre en passant de l'air dans le verre ; car dans la réflexion qui a lieu à la seconde surface, la polarisation s'opère sous un autre angle dont le sinus est au premier comme le sinus d'incidence est au sinus de réfraction. Malus s'est assuré de ce fait en substituant à la première glace réfléchissante une masse de verre MM, fig. 5, à surfaces parallèles, et assez épaisse pour que les deux réflexions produites par ces deux surfaces pussent être observées séparément. Alors il fit tomber un rayon SI sur la première surface de cette masse sous une inclinaison SIM de 35° 25' ; il obtint un premier rayon réfléchi IO qui était complétement polarisé ; le reste de la lumière incidente pénétrant la masse de verre, et s'y réfractant suivant II' rencontra la seconde surface sous une inclinaison II'M' : une partie s'y réfléchit en I', et ressortant de nouveau en R par la première surface, donna un second rayon émergent RO parallèle au premier IO. Or, en analysant ces deux rayons par une seconde glace inclinée sur chacun d'eux de 35° 25', il trouva qu'ils se comportaient absolument de la même manière ; qu'ils s'évanouissaient en même temps ; qu'ils atteignaient en même temps leurs maxima ; enfin qu'ils étaient l'un et l'autre complétement et semblablement polarisés. Il conclut de là que la polarisation qui s'opérait sous l'angle SIM à la première surface avait lieu à la seconde sous l'angle II'M'. Or, si par les points d'incidence I,I', on mène des perpendiculaires IP, I'P' aux deux surfaces, l'angle d'incidence II'P du rayon sur la seconde étant compté de la perpendiculaire, sera égal à l'angle de réfraction I'IP : ainsi, en nommant P, P' les angles d'incidence auxquels s'opére la polarisation sur les deux surfaces, et désignant par n le rapport constant du sinus d'incidence au sinus de réfraction, on aura

$$\sin P = n \sin P'$$

comme Malus l'a observé. Par une conséquence de ce résultat, lorsque le rayon polarisé échappe à la réflexion sur la première surface de la seconde glace, il échappe aussi à la réflexion sur la seconde surface de cette même glace, et ainsi il la traverse en totalité.

L'angle P est différent pour les diverses substances. Malus avait fait sur cet objet de longues recherches qui n'ont été publiées que par extraits. Il avait trouvé que cet angle n'a aucun rapport marqué avec les facultés dispersives ou réfringentes des

substances; il a donné sa valeur pour l'eau liquide, elle est
de 37° 15'. Si malheureusement ces expériences sont perdues, il
serait intéressant de les refaire, et M. Arago s'en est occupé ;
mais ses résultats ne sont pas encore imprimés.

En général, tous les corps polis, à l'exception des substances
métalliques, peuvent produire ce phénomène sous l'incidence
qui leur est propre; ils le produisent d'autant plus complètement, que le poli est plus parfait; et cela doit être, car les molécules de lumière irrégulièrement dispersées dans les aspérités
d'un corps non poli, s'écartent nécessairement de la disposition
régulière et du parallélisme qui constitue la polarisation. Les
corps métalliques polis semblent au premier aperçu produire
un effet analogue à celui-là; car la lumière naturelle qui se réfléchit sur leur surface n'a sous aucune incidence les caractères
d'un rayon complétement polarisé ; mais avant de chercher à
nous rendre compte de cette exception singulière, il faut essayer
d'approfondir davantage ce qui se passe dans le phénomène de
la polarisation.

Lorsqu'un rayon de lumière a reçu cette propriété, il la trans-
porte avec lui et la conserve en traversant les corps qui réfractent simplement la lumière ; du moins, lorsqu'il ne subit qu'une
seule réfraction de ce genre, ses caractères ne sont pas sensiblement altérés. Mais il les perd, au moins en partie, lorsqu'on
lui fait traverser un corps doué de la double réfraction, et ce
n'est que dans certaines directions du cristal qu'il peut échapper à cette influence perturbatrice. Cherchons à comparer de
plus près ces deux genres d'actions.

Lorsqu'un rayon naturellement émané d'un corps lumineux
tombe perpendiculairement sur un rhomboïde de spath d'Islande, il se divise toujours en deux rayons émergens d'une intensité à-peu-près égale, dont l'un est soumis à la réfraction ordinaire, l'autre à la réfraction extraordinaire. Ces deux rayons,

après leur sortie, se trouvent jouir d'une propriété qui les distingue essentiellement de la lumière directe. S'ils tombent perpendiculairement sur la surface d'un autre rhomboïde dont toutes les surfaces, et parconséquent les sections principales, soient parallèles à celles du premier, ils ne sont plus susceptibles de se diviser. Le rayon qui provient de la réfraction ordinaire du premier cristal se réfracte ordinairement dans le second, et de même celui qui provient de la réfraction ordinaire du premier cristal, se réfracte dans le second extraordinairement ; de sorte qu'il n'y a en tout que deux rayons émergens à la sortie du second cristal.

Lorsque les sections principales, au lieu d'être parallèles comme nous le supposions tout-à-l'heure, sont à angles droits, le rayon qui provient de la réfraction ordinaire du premier cristal est réfracté extraordinairement par le second, et réciproquement. Dans ce cas, comme dans le précédent, il n'y a encore que deux rayons émergens, mais ils ont changé de rôle relativement à l'espèce de réfraction à laquelle ils sont soumis dans le second cristal.

Dans toutes les positions intermédiaires entre la perpendicularité et le parallélisme, chacun des rayons émergens du premier cristal se divise en deux en traversant le second. De là résultent quatre rayons émergens, deux ordinaires, deux extraordinaires, dont les intensités varient avec la position du second cristal dans toutes les limites que nous venons d'assigner, et dépendent par conséquent de l'angle compris entre les sections principales. Pour analyser ces variations, appelons F_o le rayon ordinaire émergent du premier cristal, F_e le rayon émergent extraordinaire, et considérons les périodes de leur séparation dans le second cristal, en faisant abstraction de la lumière perdue par la réflexion partielle qui s'opère aux deux surfaces de chaque cristal. Le rayon F_o se divisera généralement en deux, l'un F_{oo} soumis à la réfraction ordinaire du second cristal, l'autre F_{eo} soumis à la réfraction extraordinaire. Le premier F_{oo} sera égal à F_o, quand l'angle des sections principales sera nul, et alors il contiendra à lui seul toute la lumière transmise. En partant de ce terme, son intensité diminuera à mesure que l'angle des deux sections principales augmentera, et enfin elle deviendra nul quand cet angle sera droit. Au contraire le rayon F_{oe} sera nul quand les deux sections principales seront parallèles : de là il ira en augmentant à mesure que les deux sections s'écarteront l'une de l'autre; enfin il atteindra son maximum lorsqu'elles seront perpendiculaires, et alors l'autre rayon F_{oo} étant nul, il deviendra égal à F_o : enfin les mêmes phénomènes se reproduiront suivant le même ordre dans les différens quadrans. Si l'on nomme i l'angle formé en général par les deux sections principales dans une position quelconque des deux rhomboïdes, toutes les périodes de ces variations seront représentées par les deux formules

$$F_{oo} = F_o . \cos.^2 i \qquad F_{oe} = F_e \sin.^2 i.$$

Considérons maintenant le rayon F_e. En pénétrant dans le second cristal, il se divisera en général en deux autres, l'un F_{eo}, soumis à la réfraction ordinaire du second cristal; l'autre F_{ee}, soumis à la réfraction extraordinaire. Le premier sera nul quand i sera nul; alors F_{ee} sera à son maximum, et se trouvera égal à F_e. A mesure que i augmentera, F_{eo} ira en croissant, et F_{ee} diminuera de la même quantité : enfin lorsque les sections principales seront perpendiculaires, F_{eo} se trouvera à son maximum et égal à F_e, tandis que F_{ee} sera nul. On voit donc que les variations de F_{eo} sont les mêmes que celles de F_{oe}, et celles de F_{ee} les mêmes que celles de F_{oo} : on pourra donc les représenter de la même manière, et alors on aura

$$F_{eo} = F_e \sin.^2 i \qquad F_{ee} = F_e \cos^2 i.$$

Mais nous avons dit que dans le premier cristal l'intensité du rayon F_o était égal à celle du rayon F_e, au moins sous l'incidence perpendiculaire. Ainsi, en représentant par $2Q$ l'intensité totale de la lumière qui traverse le second cristal, F_o et F_e seront chacun égaux à Q, ce qui donnera pour nos quatre rayons émergens du second cristal les valeurs suivantes :

$$F_{oo} = Q\,cos.^2\,i. \qquad F_{oe} = Q\,sin.^2\,i.$$
$$F_{ee} = Q\,cos.^2\,i. \qquad F_{eo} = Q\,sin.^2\,i.$$

Nous avons fait abstraction de la lumière perdue par la réflexion partielle qui s'opère nécessairement aux quatre surfaces des deux rhomboïdes. Si l'on veut corriger l'effet de cette supposition, il n'y a qu'à considérer Q comme représentant non pas la lumière incidente, mais la quantité totale de lumière émergente après toutes les réflexions. Au reste, nous devons remarquer que ces formules sont seules appropriées aux limites des phénomènes ; que beaucoup d'autres pourraient y satisfaire également, mais qu'on peut les adopter comme les plus simples jusqu'à ce que des expériences directes aient donné des mesures précises des intensités pour les positions intermédiaires entre le maximum et le minimum. Malus a donné pareillement des formules empiriques pour représenter les intensités des rayons ordinaires et extraordinaires lorsque les rayons incidens ne sont pas perpendiculaires aux surfaces des rhomboïdes ; mais comme ces formules, quoique très-ingénieuses, sont uniquement déduites des circonstances où les intensités atteignent leur maximum et leur minimum, et que d'ailleurs elles sont assez compliquées, je ne les exposerai point ici. On pourra au besoin les consulter dans son ouvrage : dans tout ce qui va suivre, il nous suffira d'avoir donné les formules qui s'appliquent aux incidences perpendiculaires.

Si l'on voulait vérifier les expériences sur lesquelles nous avons appuyé ces formules, cela serait très-facile. Il suffit d'avoir deux rhomboïdes de spath d'Islande, assez purs pour que la marche des rayons qui les traversent puisse se faire réguliérement, et assez polis pour que l'intensité de la lumière ne soit pas trop affaiblie par leurs surfaces. On forme sur un papier blanc un point rond avec de l'encre bien noire, et quand ce point est sec, on pose dessus l'un des deux rhomboïdes. Alors en plaçant l'œil verticalement, on voit deux images du point noir dirigées sur une même ligne droite parallèle à la grande diagonale du rhomboïde, comme on le démontre dans la théorie de la double réfraction. Ces deux images sont sensiblement d'égale intensité, et la ligne qui les joint tourne à mesure qu'on fait tourner le cristal. Maintenant sur celui-ci posez l'autre rhomboïde de façon que toutes ses surfaces soient parallèles à celles du premier, vous n'observerez encore que deux images du point noir; seulement elles seront plus écartées qu'auparavant. Mais si vous tournez lentement le rhomboïde supérieur afin d'écarter les deux sections principales l'une de l'autre, chacune de ces deux images se divisera en deux autres, et s'affaiblira par cette division. Cet affaiblissement deviendra plus sensible à mesure que vous augmenterez l'angle des deux sections principales; et enfin lorsqu'elles seront perpendiculaires, les premières images seront complétement éteintes. En continuant à tourner le rhomboïde supérieur à partir de la position perpendiculaire, les mêmes phénomènes se reproduiront dans tous les quadrans, conformément aux indications des formules de Malus que nous avons rapportées.

Si l'on compare ces formules à celles que nous avons données précédemment pour exprimer les intensités des rayons qui ont subi deux réflexions sur des glaces sous une inclinaison de 35° 25′. on voit que le rayon réfléchi par la seconde glace est analogue au rayon F_{oo}, car ces deux rayons varient précisément par les mêmes périodes, l'angle dièdre des deux plans de réflexion successifs produisant absolument le même effet que celui des deux sections principales. L'analogie est même encore bien plus intime qu'elle ne le paraît par ces formules ; elle ne consiste pas seulement dans les périodes des variations d'intensité, la nature même des modifications imprimées aux rayons par ces deux opérations diverses, est tout-à-fait identique. Cette belle découverte, également due à Malus, se prouve par les expériences que nous allons rapporter.

Lorsqu'un rayon de lumière a été polarisé par la réflexion en tombant sur une glace polie, sous une inclinaison de $35°25'$, si on le reçoit perpendiculairement sur un rhomboïde de spath d'Islande, il se comporte précisément comme s'il avait subi la réfraction ordinaire à travers un premier rhomboïde dont la section principale serait parallèle au plan de réflexion. Si la section principale du rhomboïde qu'on lui présente est parallèle à ce plan, le rayon ne se divise point. Toutes les molécules qui le composent subissent dans ce rhomboïde la réfraction ordinaire. Si la section principale s'écarte du plan de réflexion, le rayon se divise en deux, analogues à F_{oo} et à F_{oe}, car l'un subit la réfraction ordinaire, l'autre la réfraction extraordinaire. Ce dernier, d'abord très-faible, augmente d'intensité à mesure que la section principale du rhomboïde fait un plus grand angle avec le plan de réflexion : en même temps l'intensité du rayon ordinaire diminue ; enfin elle devient nulle quand la section principale du rhomboïde devient perpendiculaire au plan de réflexion. Alors le rayon extraordinaire contient toutes les molécules transmises. En un mot, lorsqu'un rayon lumineux a été ainsi modifié par une première réflexion sur une glace, il a tous les caractères du rayon ordinaire qui aurait traversé un premier rhomboïde, et il est impossible de l'en distinguer. Les deux intensités des faisceaux dans lesquels il se divise en traversant

c

le rayon qu'on lui présente, seront donc exprimées par les mêmes formules que celles des rayons F_{oo} F_{oe}, c'est-à-dire, qu'en nommant i l'azimut de la section principale du rhomboïde, ou l'angle que cette section forme avec le plan de réflexion du rayon, et désignant par Q l'intensité de la lumière réfléchie, on aura, comme tout-à-l'heure,

$$F_{oo} = Q\,cos.^2 i\,; \quad F_{oe} = Q\,sin.^2 i.$$

Nous faisons ici abstraction de la perte de lumière qui se fait dans les deux réflexions partielles du rayon sur les deux surfaces du rhomboïde : si l'on voulait corriger cette omission, il faudrait supposer que Q représente l'intensité totale de la lumière qui compose les deux rayons émergens.

Si l'on voulait répéter les expériences que nous venons de décrire, il faudrait avoir soin d'employer un rhomboïde assez épais pour que les deux faisceaux dans lesquels le rayon polarisé se divise, fussent bien distincts, et pussent être observés séparément; ou, ce qui revient au même, il faudrait diminuer le diamètre du rayon réfléchi jusqu'à ce que cette séparation eût lieu dans le rhomboïde dont on pourrait disposer. Mais, comme un pareil amincissement diminue la vivacité du rayon réfléchi, et que d'un autre côté, il est fort difficile de trouver de gros rhomboïdes bien purs, on évite tous ces inconvéniens en employant un prisme de spath calcaire d'un petit nombre de degrés, dont la face antérieure est une des faces naturelles d'un rhomboïde. Par ce moyen, l'écartement des deux faisceaux émergens devient plus considérable; et, à cause de la petitesse de l'angle réfringent du prisme, leurs intensités sont à-peu-près les mêmes que si l'on eût employé un rhomboïde parfait.

Pour faire les expériences de la manière la plus exacte et la plus commode, j'achromatise ce prisme en lui en opposant un autre de crown-glass d'un angle convenable; je fixe le tout au centre d'un anneau circulaire adapté à une alidade qui tourne sur un cercle de cuivre gradué, et je place cet appareil perpendiculairement à la direction du rayon réfléchi, dont je veux observer la décomposition, par exemple, perpendiculairement au tuyau TT de la figure 1. Alors, si l'on dirige l'autre extrémité de ce tuyau vers le ciel pour recevoir sur la première glace la lumière blanche des nuées, il suffit de faire tourner l'alidade qui porte le prisme cristallisé pour observer de la manière la plus nette et la plus commode la division du rayon, ainsi que les diverses périodes de l'intensité des faisceaux dans lesquels il se résout en traversant le prisme (1).

Nous venons d'analyser la lumière réfléchie par une glace, en lui faisant traverser un cristal : réciproquement on peut analyser la lumière modifiée par un cristal, en la soumettant à la réflexion ; c'est encore ce qu'a fait Malus. Il a disposé verticalement la section principale d'un rhomboïde de spath calcaire ; et, après avoir divisé un rayon lumineux à l'aide de la double réfraction dans le rhomboïde, il a fait tomber les deux faisceaux qui en provenaient sur la surface d'une eau tranquille et sous l'incidence de 52° 45′ comptée de la verticale. Le rayon ordinaire en tombant sur cette surface a subi la réflexion partielle, comme l'eût fait un faisceau de lumière directe ; mais le rayon extraordinaire a pénétré tout entier dans le liquide, comme il eût fait s'il eût été préalablement polarisé par la réflexion dans un plan perpendiculaire à la section principale du rhomboïde.

---

(1) Comme j'ai souvent employé l'expression de section principale, je crois devoir rappeler que, dans la théorie de la double réfraction, l'on appelle ainsi le plan mené par l'axe d'un cristal perpendiculairement à la face naturelle ou artificielle par laquelle le rayon le pénètre. Dans les rhomboïdes de spath d'Islande, ce plan coupe les faces naturelles suivant une ligne droite qui divise les angles obtus de ces faces en deux parties égales.

c.

Ces expériences prouvent qu'un rayon de lumière polarisé par la réflexion est modifié précisément comme il le serait s'il avait été réfracté *ordinairement* dans un rhomboïde de spath d'Islande, dont la section principale serait *parallèle* au plan de réflexion, ou encore comme s'il avait été réfracté *extraordinairement* dans un rhomboïde dont la section principale serait *perpendiculaire* à ce même plan : de sorte que l'on ne peut reconnaître aucune différence entre les dispositions imprimées aux molécules lumineuses par l'un ou l'autre de ces procédés.

Il y a plus : ces mêmes dispositions peuvent également être produites par tous les cristaux doués de la double réfraction. Tous ces corps, quelle que soit leur nature chimique, peuvent aussi donner à la lumière la faculté de se réfracter dans un autre cristal en deux faisceaux ou en un seul, suivant la position de sa section principale. Il n'est pas même nécessaire pour cela que les cristaux soient de même espèce : l'un d'eux pourrait être, par exemple, de carbonate de plomb ou de sulfate de baryte, et l'autre de spath d'Islande ; le premier pourrait être un cristal de roche, et le second un cristal de soufre. Toutes ces substances se comportent entre elles relativement à la division ou à la non-division des rayons, comme le feraient deux rhomboïdes de spath d'Islande ; et cette disposition de la lumière à se réfracter en deux faisceaux ou en un seul, ne dépend que des positions respectives des axes des cristaux qu'on emploie, quels que soient d'ailleurs leurs principes chimiques et les faces naturelles et artificielles sur lesquelles s'opère la réfraction : tous ces beaux résultats sont des découvertes de Malus.

Pour les rendre sensibles, il faisait observer la flamme d'une bougie à travers deux prismes d'un petit nombre de degrés formés de matières différentes donnant la double réfraction, et posés l'un sur l'autre. On a ainsi en général quatre images de la flamme ; mais si l'on fait tourner lentement un des prismes autour du rayon visuel comme axe, les quatre images se réduisent à deux toutes les fois que les sections principales des deux faces contiguës sont parallèles ou rectangulaires. Les deux images qui disparaissent ne viennent pas se confondre avec les autres ; on les voit s'éteindre peu à peu, tandis que les autres augmentent d'intensité. Lorsque les deux sections principales sont parallèles, une des images est formée par des rayons réfractés ordinairement dans les deux prismes, et la seconde par des rayons réfractés extraordinairement. Lorsque les deux sections principales sont rectangulaires, une des images est formée par des rayons réfractés ordinairement dans le premier cristal, et extraordinairement dans le second ; tandis que l'autre image au contraire est formée par des rayons réfractés extraordinairement par le premier cristal, et ordinairement dans le second. Il faut se rappeler que nous entendons par réfraction ordinaire celle qui se produit suivant les lois ordinaires de la réfraction, et dans laquelle le sinus de réfraction est toujours en rapport constant avec le sinus d'incidence ; au lieu que la réfraction extraordinaire suit les lois plus compliquées découvertes par Huyghens ; lois que M. Laplace a rendues rigoureuses, en les ramenant aux principes de la mécanique.

Puisque les phénomènes nous conduisent à reconnaître une identité parfaite entre la modification que la réflexion imprime aux rayons sous une certaine incidence, et celle que leur donnent les corps cristallisés doués de la double réfraction, essayons de nous représenter l'effet de cette modification sur les molécules lumineuses, et voyons comment elle peut être produite par l'action des corps.

Quelle que soit la cause qui opère la réflexion à la surface extérieure des corps polis, on peut l'assimiler à une force répulsive qui s'exercerait dans le plan d'incidence perpendiculairement à leur surface. L'influence de cette force sur les diverses molécules lumineuses peut être inégale selon les côtés par lesquels elles se présentent, et selon les autres circonstances qui peuvent être propres à ces particules; mais l'intensité seule de la réflexion est changée par ces circonstances, sa direction ne l'est jamais. Les phénomènes de la réflexion sur une glace polie restent les mêmes quand on la tourne dans son plan; et, ce qui est bien remarquable, les corps cristallisés ne se comportent pas à cet égard différemment des autres, ce qui prouve qu'à la distance où cette première réflexion s'opère, l'influence de la figure des molécules du corps réfléchissant est insensible.

D'un autre côté, en cherchant par le calcul quelle doit être la force qui agit sur les molécules lumineuses pour produire les phénomènes de la réfraction extraordinaire, conformément à la loi d'Huyghens, on trouve encore que c'est une force répulsive proportionnelle au carré du sinus de l'angle que le rayon réfracté extraordinairement forme avec l'axe du cristal.

Maintenant nous voyons que, sous une certaine incidence, les molécules lumineuses subissent l'action de ces forces, ou leur échappent selon le côté qu'elles leur présentent. Cherchons donc à fixer leurs positions dans ces différens cas, d'une manière géométrique, et nous verrons ensuite quelle direction de forces il faut employer pour les y amener.

Afin de nous faire une idée bien nette de ces propriétés, considérons un rayon IM, fig. 6, polarisé par réflexion sur une glace LL, et représentons par SIM le plan de réflexion que nous supposerons être le méridien. Si nous considérons une quelconque des molécules qui composent ce rayon, par exemple, la molécule qui se trouve actuellement en M, nous pourrons la concevoir rapportée à trois axes rectangulaires fixes dans son intérieur, et mobiles avec elle dans l'espace, dont le premier MA soit dirigé dans le sens du mouvement de translation du rayon, le second MB perpendiculaire au plan de réflexion, et le troisième MC perpendi-

culaire aux deux autres. Maintenant, si nous présentons à ce
rayon une seconde glace L′L′, qui fasse avec lui un angle de 35°25′
comme la première, et dont le plan de réflexion S′IM soit perpendiculaire au premier SIM, nous savons qu'aucune molécule
de lumière n'est réfléchie; par conséquent toutes ces molécules
se trouvent alors tournées d'une manière semblable et telle,
qu'elles échappent simultanément à l'action de la force répulsive de la seconde glace. Or, cette force répulsive est nécessairement dirigée dans le plan de réflexion S′I′M, et elle est perpendiculaire à la surface de la glace L′L′ ; par conséquent elle
est perpendiculaire à l'axe MC des molécules lumineuses que,
pour abréger, nous désignerons par C. Ainsi, caractérisant cet
axe par la propriété que nous lui découvrons ici, nous pouvons
dire, avec Malus, que *les molécules lumineuses échappent à la
réflexion de la seconde glace, sous cette incidence, lorsque la force
répulsive que cette glace exerce sur elles, est perpendiculaire à
leur axe C.*

Au contraire, si nous considérons la molécule lumineuse relativement au premier plan de réflexion SIM, nous voyons que
l'axe C se trouve dans ce plan ; et puisque cela a lieu de même
pour toutes les molécules qui composent le rayon réfléchi, nous
pouvons regarder cette disposition commune de l'axe C comme *une
condition* qui doit nécessairement se trouver satisfaite lorsque la
réflexion a eu lieu *sous cette incidence.* D'après cela, nous pouvons aisément comprendre pourquoi la réflexion n'a pas lieu
sur la seconde glace : car, quelle que soit la nature de la force
qui, dans le phénomène de la réflexion, polarise les particules
lumineuses et les fait tourner autour de leur centre de gravité,
que ce soit la force réfléchissante elle-même, ou une autre, ou
une modification de celle-là, toujours est-il certain qu'elle doit
s'exercer comme elle dans le plan d'incidence des rayons et perpendiculairement à la surface réfléchissante, puisqu'elle n'éprouve
aucune altération quand on fait tourner cette surface dans son

plan. Or, dans la position où se trouve la seconde glace, sa force polarisante étant perpendiculaire à l'axe C, agit également sur les parties de la molécule situées des deux côtés de cet axe ; et, à cause de cette symétrie, elle ne pourrait que repousser cet axe parallélement à lui-même, mais non pas le tourner de manière à le ramener dans le plan de réflexion S'I'M. Or, c'est là une condition nécessaire de la réflexion *sous cette incidence :* ainsi, puisqu'elle ne peut être remplie dans cette position de la glace, la réflexion est impossible ; par conséquent elle n'aura pas lieu. La force polarisante se trouve alors précisément dans le même cas que la pesanteur terrestre, qui ne peut faire tourner un levier horizontal dont les deux branches sont égales et chargées de poids égaux.

Maintenant, sans changer l'angle d'incidence sur la seconde glace, faisons-la tourner autour du rayon polarisé. Alors la force polarisante qu'elle exerce sur ce rayon n'étant plus perpendiculaire à l'axe C, la réflexion ne sera plus rigoureusement impossible ; et l'expérience prouve en effet qu'elle a lieu sur un certain nombre de molécules lumineuses, proportionnel au carré du cosinus de l'angle que le second plan de réflexion forme avec l'axe C. Mais quelle est la condition qui détermine ces molécules à se réfléchir de préférence, et qu'ont-elles en elles-mêmes qui les rende plus susceptibles que les autres de subir la réflexion, puisque l'angle d'incidence et la disposition des axes sont les mêmes pour elles que pour les autres ? Voilà ce qu'il nous faut examiner, et ce qui semble inexplicable d'après toutes les idées que l'on s'était faites de la réflexion. Cependant il n'en est pas ainsi, et l'on peut aisément rendre raison de ce phénomène.

Pour cela il faut se rappeler la théorie des accès de facile réflexion et de facile réfraction que Newton a établie avec tant de sagacité. Si l'on examine de près cette théorie, on verra qu'elle n'est réellement que l'expression des phénomènes, concentrée en un résultat unique, et rendue sensible par une seule propriété des molécules lumineuses : savoir, que ces molécules, en traversant les surfaces réfringentes, acquièrent une certaine constitution transitoire, qui, dans le progrès du rayon, revient à des intervalles égaux, et fait que les molécules lumineuses à chaque retour de cette disposition sont transmises aisément à travers la surface réfléchissante qui vient immédiatement après, et qu'à chaque intermission de cet état elles sont aisément réfléchies par cette même surface. Or, cette loi qui est fondée sur des faits exacts, se trouve en apparence démentie par les phénomènes de réflexion que Malus a découverts : car, lorsque la seconde glace L'L' tourne autour du rayon polarisé, en faisant toujours avec lui le même angle, la distance II' entre les points d'incidence du rayon sur les deux glaces, reste constamment la même ; et ainsi l'angle d'incidence ne changeant point, tous les accès des molécules lumineuses et les intervalles de ces accès de I en I' doivent être les mêmes aussi; par conséquent on ne voit pas ce qui peut faciliter la réflexion de quelques-unes de ces molécules dans une position de la glace plutôt que dans une autre : et quand même on admettrait comme une addition aux faits observés par Newton, que la glace perd son pouvoir réfléchissant sur toutes les molécules lumineuses *dans cette incidence*, lorsque sa force répulsive est perpendiculaire à leur axe C, on ne voit pas pourquoi en changeant d'azimut, elle reprendrait ce pouvoir sur quelques-unes des molécules plutôt que sur d'autres, puisque toutes semblent se présenter à elles dans les mêmes circonstances Mais c'est en ce dernier point que consiste la solution de la difficulté. Il n'est pas exact de dire que toutes ces molécules sont absolument dans le même état lorsqu'elles parviennent à la seconde glace, car les unes peuvent être dans le commencement d'un accès de facile réflexion, d'autres au milieu, d'autres à la fin, et d'autres

encore dans les états intermédiaires. Or, il n'est pas croyable que
dans tous ces cas la facilité de la réflexion soit rigoureusement
égale ; car lorsque les molécules passent d'un accès de facile transmission à un accès de facile réflexion et réciproquement, il est
extrêmement probable qu'elles ne le font pas d'une manière
brusque et subite, mais successive et graduée, perdant d'abord
peu à peu de leur disposition à se transmettre, puis la perdant
tout-à-fait, et bientôt acquérant une nouvelle disposition à se
réfléchir, laquelle, d'abord très-faible, croît peu à peu jusqu'à
un certain maximum, après quoi elle s'affaiblit par les mêmes
degrés ; et cette dégradation d'intensité est indiquée même par
les phénomènes des anneaux colorés ; car dans les anneaux réfléchis formés par des couleurs simples, la réflexion de la lumière
incidente n'est jamais totale, si ce n'est au milieu de l'épaisseur
de chaque anneau ; de sorte qu'avant et après ce milieu il y a des
molécules lumineuses tout-à-fait de même nature entre elles, dont
les unes sont réfléchies et les autres transmises, jusqu'à ce que
enfin le nombre des premières devenant nul, elles passent toutes
à travers la lame mince, et forment la partie la plus brillante
de l'anneau transmis. On peut même remarquer que, par cette
raison, les anneaux transmis doivent être plus larges que les
autres, contenir plus de lumière, et aussi se mêler davantage
par leur succession, comme on l'observe réellement. Or, puisque
dans le même point d'une lame et sous la même incidence, il y
a des molécules lumineuses de même nature qui sont transmises,
tandis que d'autres sont réfléchies, il faut bien que la disposition des premières pour se réfléchir soit moindre, et celle des
autres plus grande, selon la partie de leur accès où elles se
trouvent ; et alors on concevra que dans le milieu de chaque
anneau toutes les molécules sont réfléchies, soit qu'elles se trouvent au commencement, ou au milieu, ou vers la fin d'un accès
de facile réflexion, mais qu'à une épaisseur un peu moindre ou

un peu plus grande, celles qui sont au commencement ou vers la fin d'un accès passent, tandis que celles qui sont dans une partie plus énergique de ce même accès, sont réfléchies, et ainsi de suite, jusqu'aux bords intérieurs et extérieurs de l'anneau auquel il n'y aura de réfléchi que les molécules qui se trouveront précisément au milieu et dans le fort de leur accès : et d'après cela, l'intensité de l'anneau réfléchi ira continuellement en diminuant du milieu vers les bords, conformément à l'observation. Quant à la cause qui fait qu'aux mêmes épaisseurs certaines molécules peuvent se trouver plus avancées, et d'autres moins avancées dans la période d'un même accès, il faut, je crois, pour la découvrir, remonter jusqu'à la source même de la lumière lorsqu'elle émane des corps lumineux. En vertu des oscillations inévitables d'un pareil corps, en vertu de l'épaisseur de sa substance qui peut émettre de la lumière, enfin en vertu de l'inégale étendue des accès dont les molécules lumineuses elles-mêmes sont susceptibles, il doit arriver que parmi les molécules de même nature qui parviennent à une surface réfléchissante éloignée d'une quantité finie du corps rayonnant, les unes se trouveront à certaines époques de leurs accès, et les autres à d'autres époques; et cette inégalité originaire devra se perpétuer avec des variations diverses à travers les différens milieux que les molécules pourront traverser. Les chances qui concourent à la produire dans l'émission de la lumière, sont d'autant plus nombreuses, qu'il n'est pas nécessaire qu'elles aient lieu entre des molécules lumineuses qui arrivent au même instant à la surface réfringente ou réfléchissante, mais entre des molécules qui se succèdent dans un intervalle de temps moindre que la durée de nos sensations. Or, combien de millions de molécules ne peuvent-ils pas être émis dans cet intervalle, en le supposant seulement d'un centième de seconde ?

Revenons maintenant aux phénomènes que présente la ré-

d.

flexion du rayon polarisé sur la seconde glace L'L'. Nous voyons
que cette glace ne réfléchit aucune des molécules lumineuses lorsque la force répulsive qu'elle exerce sur elles devient, *sous cette
incidence*, perpendiculaire à leur axe C. Ainsi dans cette circonstance elle perd son pouvoir réflecteur, quelle que soit l'espèce
d'accès où se trouvent les molécules lumineuses, et à quelque
période qu'elles soient de ces accès. C'est là une propriété nouvelle
qu'il faut ajouter à la théorie de Newton. Maintenant si nous
tournons un peu la glace autour du rayon polarisé sans changer
son inclinaison sur le rayon, la force polarisante, n'étant plus tout-
à-fait perpendiculaire à l'axe C, peut se décomposer en deux
autres, dont l'une, d'abord très-petite, tend à amener l'axe C
dans le plan d'incidence, condition alors essentielle de la réflexion.
Mais cette faible action trouve les molécules lumineuses inégalement disposées à lui obéir selon les diverses périodes où
elles se trouvent dans leurs accès de facile réflexion. Elle doit
donc s'exercer d'abord sur celles qui sont dans les momens les
plus favorables, c'est-à-dire, vers le milieu de leurs accès, ce qui
ne peut convenir qu'à un très-petit nombre de molécules. Si
l'on tourne davantage la glace, la force polarisante parallèle à
l'axe C augmente, et elle peut se faire sentir à des molécules
moins éloignées des extrémités de leurs accès; enfin si le plan
d'incidence du rayon sur la seconde glace coïncide avec l'axe C,
la force polarisante s'emploie toute entière pour y maintenir cet
axe, et elle lui permet seulement de tourner dans ce plan de
manière à devenir perpendiculaire à la nouvelle direction du
rayon réfléchi. Cette force s'exerce alors sur toutes les molécules qui se trouvent dans un accès de facile réflexion, soit au
milieu, soit au commencement ou vers la fin : la réflexion
partielle s'opère donc comme sur un rayon naturel, et la glace
recouvre la propriété qu'elle avait perdue. Ainsi, bien loin que
ces nouveaux phénomènes détruisent la théorie des accès, on

voit qu'ils ne font que la confirmer, car ils ne sauraient se concevoir sans elle; et en effet cet accord devait nécessairement avoir lieu, puisque la théorie des accès de Newton n'est qu'une simple représentation des phénomènes que présentent les anneaux colorés.

L'espèce de choix que fait ainsi la seconde glace entre les molécules lumineuses se répéterait encore de la même manière, si le rayon qu'elle réfléchit était reçu sur une troisième glace formant de même avec lui un angle de 35° 25′ : car les molécules qui composent ce rayon, en allant vers la troisième glace à travers l'air, continueraient à parcourir les périodes de leurs accès; et, comme ces périodes sont différentes pour les molécules de natures diverses, elles se trouveraient encore dans des états différens en arrivant à la troisième glace, les unes étant dans des accès de facile transmission, les autres dans des états de facile réflexion, et les unes et les autres dans les diverses périodes de ces deux genres d'accès. Ainsi, en tournant la troisième glace autour dn rayon sans changer son incidence, il se produirait de nouveaux phénomènes semblables à ceux que nous venons d'examiner.

D'après ce que nous venons de dire, on conçoit aisément pourquoi la réflexion du rayon naturel par des glaces polies n'est jamais nulle sous aucune incidence : c'est que dans ces rayons, les axes analogues des molécules lumineuses sont très-probablement situés dans toutes les directions possibles; de sorte que le plan de réflexion, dans quelque position qu'il puisse être, ne saurait être perpendiculaire à tous leurs axes C, ce qui est la seule position où la réflexion soit impossible. Seulement il arrive que, sous une inclinaison déterminée, la glace a la propriété de disposer toutes les molécules réfléchies de manière que leurs axes C deviennent parallèles au plan de réflexion, et c'est en cela que le phénomène de la polarisation consiste. A des

incidences plus grandes ou moindres, le phénomène ne se produit plus que partiellement.

Ce que nous venons de dire des glaces polies s'applique également à tous les corps polis non métalliques, qui polarisent
complétement la lumière sous une incidence déterminée. Il n'y
a de différence que dans l'inclinaison sous laquelle la polarisation est opérée par chaque substance; mais une fois que cette
modification est imprimée aux molécules lumineuses, elle est
la même, de quelque substance qu'elle provienne; et les conditions qui déterminent la réflexion ou la transmission du rayon
polarisé lorsqu'il rencontre d'autres surfaces réfléchissantes, sont
aussi les mêmes dans tous les cas. La règle générale est toujours
*qu'après la réflexion du rayon polarisé, l'axe C des molécules
lumineuses réfléchies doit se trouver dans le plan de réflexion*, du
moins lorsque le rayon réfléchi reste polarisé dans un seul et
même sens, ce qui exige une inclinaison déterminée du corps
réflecteur.

Pour raisonner sur les phénomènes de la manière la plus générale, nous avons dû considérer la force polarisante et la force
réfléchissante comme distinctes et séparées l'une de l'autre, quoique ayant toutes deux une même direction. Cependant les variations simultanées que leurs effets éprouvent quand on tourne
la seconde glace autour du rayon polarisé, tendent à faire penser qu'il existe entre elles une liaison très-intime. C'est ce que
confirment tous les phénomènes, sans que l'on puisse jusqu'à
présent assigner en quoi cette dépendance consiste. Remarquons d'ailleurs que nos expériences nous font seulement connaître les directions définitives suivant lesquelles se tournent
les axes des particules lumineuses, lorsqu'elles ont échappé à
l'action des surfaces réfléchissantes, et qu'on n'en peut rien conclure sur le mode par lequel cet axe passe d'une position à une
autre, de même que dans la réfraction de la lumière nous obser-

vons seulement la marche définitive du rayon quand les forces réfringentes ont cessé d'agir sur lui. Ici il est extrêmement vraisemblable que le changement de direction de l'axe C ne se fait pas d'une manière subite, mais graduelle, et peut-être par une suite d'oscillations dont l'amplitude va toujours en diminuant jusqu'à ce que l'axe s'arrête, comme ferait une aiguille aimantée qui, sortant de la sphère d'attraction d'un aimant, entrerait dans celle d'un autre aimant dont la force, d'abord variable et croissante, deviendrait ensuite constante à une certaine profondeur, l'accroissement de la force produisant sur les amplitudes le même effet que la résistance d'un milieu.

Nous avons vu plus haut que lorsqu'un faisceau de lumière naturelle a traversé un rhomboïde de spath d'Islande perpendiculairement à ses faces, celui des deux rayons émergens qui a subi la réfraction ordinaire étant reçu sur une glace polie, se comporte précisément comme il le ferait s'il eût été polarisé par réflexion dans un plan parallèle à la section principale du rhomboïde, sans que rien puisse faire distinguer s'il a réellement été modifié par l'un ou l'autre de ces procédés. De là nous devons conclure que toutes les molécules qui composent ce rayon ordinaire, ont aussi leurs axes parallèles, et que l'axe C de ces molécules se trouve dans le plan de la section principale, en sorte que c'est là le caractère essentiel de ce rayon.

Au contraire le rayon extraordinaire se comporte précisément comme il le ferait s'il eût été polarisé par réflexion dans un plan perpendiculaire à la section principale. Ainsi les molécules qui le composent ont leur axe C perpendiculaire à cette section principale; car nous avons vu que dans la polarisation par réflexion, le plan de polarisation contient toujours l'axe C. Cette perpendicularité sera donc le caractère du rayon extraordinaire.

Ce résultat n'est qu'un cas particulier d'une propriété beaucoup plus générale, découverte également par Malus, et qui s'étend à toutes les incidences possibles et à toutes les faces naturelles ou artificielles des cristaux de spath d'Islande. Concevez un plan qui passe par la direction du rayon réfracté ordinaire, et qui soit parallèle à l'axe du cristal ; ce plan contiendra toujours l'axe C des molécules lumineuses qui sont réfractées ordinairement. Concevez un autre plan analogue, mené de même parallèlement à l'axe du cristal par la direction du rayon extraordinaire ; ce plan sera perpendiculaire à l'axe C des molécules lumineuses qui sont réfractées extraordinairement. Lorsque l'incidence s'opère dans le plan de la section principale du cristal, ces deux plans se confondent avec elle, et l'on retombe sur la propriété que nous avons observée d'abord ; mais le dernier énoncé, outre qu'il est plus général, a encore l'avantage de lier plus étroitement la polarisation extraordinaire avec la force répulsive qui produit la réfraction extraordinaire ; car nous avons dit que cette dernière est produite par une force répulsive qui s'exerce dans le plan mené par l'axe du cristal et par le rayon réfracté extraordinairement.

Quelle que soit la nature des forces qui produisent les deux genres de polarisation, on peut les regarder comme s'exerçant dans les deux plans que nous venons de définir, et qui sont menés parallèlement à l'axe du cristal par chacun des deux rayons réfractés ; car si l'on fait tourner les rayons autour de l'axe du cristal, en changeant la position de l'œil, les plans dont il s'agit tournent avec eux, et le sens de la polarisation les suit invariablement : par conséquent tout l'effet des forces polarisantes se réduit à rendre l'axe C des axes des molécules lumineuses parallèle ou perpendiculaire à ces plans. Si cette condition ne peut être remplie pour l'un ou pour l'autre rayon, d'après la direction que la théorie de la double réfraction lui assigne, ce rayon ne se formera point.

D'après cette manière de les envisager, on conçoit aisément

pourquoi un rayon déja polarisé par la réflexion ne se divise point quand on lui fait traverser perpendiculairement un rhomboïde de spath d'Islande, dont la section principale est parallèle au plan de réflexion : c'est que toutes les molécules qui composent ce rayon sont déja disposées par la réflexion comme elles doivent l'être pour composer le rayon ordinaire dans l'intérieur du rhomboïde. En effet, pour cette incidence on sait que les deux rayons réfractés doivent rester dans le plan de la section principale. Or, leur axe C se trouve déja dans ce plan. La force polarisante extraordinaire ne pourra donc pas l'en écarter, puisqu'elle-même s'y trouve comprise. C'est ce que représente la figure 7, où M désigne le centre de gravité d'une des molécules lumineuses, dont MA, MC, MB sont les trois axes, RR étant la section principale du rhomboïde supposée dans le plan CMA mené par les axes A et C.

Si la section principale du rhomboïde est perpendiculaire au plan de réflexion, l'incidence restant toujours perpendiculaire, le rayon ne se divisera pas davantage ; car dans ce cas comme dans le précédent, les deux rayons réfractés doivent rester dans le plan de la section principale. Or, leur axe C se trouve déja dirigé par la réflexion perpendiculairement à ce plan, comme il doit l'être dans le rayon extraordinaire. Ainsi, la force polarisante ordinaire qui s'exerce aussi dans le plan de la section principale sera perpendiculaire à cet axe, et ne pourra pas le faire tourner. Ce second cas est représenté fig. 8, où les dénominations sont les mêmes que dans la fig. 7, avec cette seule différence que le plan RR de la section principale du rhomboïde coïncide avec le plan AMB mené par les axes A et B.

Mais dans toutes les positions du cristal intermédiaires entre ces deux limites, comme le représente la fig. 9, le rayon se divisera nécessairement. En effet, la section principale, qui doit encore contenir les deux faisceaux réfractés, ne sera plus ni pa-

rallèle ni perpendiculaire à l'axe C des molécules lumineuses.
Les forces qui produisent la polarisation ordinaire et la polarisation extraordinaire étant dirigées dans le plan de cette section,
tendront ainsi à faire tourner l'axe C chacune dans le sens qui
leur est propre, la première pour l'attirer dans le plan de la
section principale, la seconde pour l'en écarter. En nous bornant à considérer une seule de ces forces, par exemple, la dernière, on voit que son influence doit être d'abord très-faible
lorsque le plan de la section principale fait un très-petit angle
avec le plan de réflexion du rayon, parce qu'alors sa direction
coïncide presque avec celle de l'axe C des molécules lumineuses;
de sorte qu'elle a très-peu de tendance à le faire tourner perpendiculairement à ce plan, comme il doit l'être dans le rayon
extraordinaire. Mais à mesure que l'angle augmente, la force
qui tend à repousser l'axe C augmente aussi, et enfin son action
est totale quand la section principale est devenue perpendiculaire à l'axe C. Dans ces états d'intensité divers, la répulsion doit
s'exercer d'abord sur celles des molécules lumineuses qui y sont
le plus disposées, c'est-à-dire, sur celles qui en pénétrant le
cristal se trouvent dans le milieu d'un accès de facile réflexion;
puis avec un peu plus d'énergie, elle doit atteindre aussi les
molécules qui sont plus près des extrémités de leurs accès : avec
plus d'énergie encore elle commence à repousser même des
particules qui se trouvaient aux premières périodes d'un accès
de facile transmission, et ainsi de suite jusqu'à la position qui
donne à la force répulsive toute son influence, et dans laquelle
elle agit sur toutes les molécules lumineuses sans exception,
parce que la force polarisante ordinaire est nulle. Au-delà de ce
terme, si l'on continue à tourner le rhomboïde autour du rayon
polarisé, les forces reprennent successivement les mêmes valeurs,
et par conséquent les molécules lumineuses doivent échapper
successivement à la polarisation extraordinaire, pour reprendre

la polarisation ordinaire dans un ordre tout contraire à celui qu'elles avaient suivi précédemment ; c'est-à-dire , que celles qui ont cédé les dernières à la force répulsive seront les premières à lui échapper.

D'après cette discussion, on voit que tous les phénomènes de la polarisation fixe, tant ceux qui sont produits par les cristaux que par les surfaces réfléchissantes , se rapportent aux mouvemens de l'axe C des molécules lumineuses. Pour fixer les idées, nous appellerons cet axe *Axe de polarisation*, et nous nommerons *Axe de translation* celui qui est tourné dans le sens des mouvemens de translation des molécules lumineuses. En adoptant cette définition, tous les résultats que nous avons jusqu'à présent obtenus, peuvent s'énoncer très-simplement et très-clairement de la manière suivante :

Lorsqu'un rayon de lumière est complètement polarisé par réflexion sur une surface polie, l'axe de polarisation de toutes les molécules réfléchies est situé dans le plan de réflexion, et perpendiculaire à l'axe de translation de ces particules.

Si les molécules incidentes sont tournées de manière que cette condition soit impossible à remplir, elles ne se réfléchiront point, du moins sous l'incidence qui détermine la polarisation complète. Cela arrive quand l'axe de polarisation des molécules incidentes est perpendiculaire au plan d'incidence, l'angle d'incidence étant d'ailleurs convenablement déterminé.

Généralement lorsqu'une surface polie non métallique reçoit un rayon polarisé, sous l'incidence où elle produirait elle-même la polarisation totale, et qu'on la fait tourner ainsi autour de ce rayon sans changer son inclinaison sur lui, la quantité de lumière qu'elle réfléchit dans les diverses positions est proportionnelle au carré du cosinus de l'angle que le plan d'incidence forme avec l'axe de polarisation.

Lorsque la lumière traverse des rhomboïdes de spath d'Islande

e.

qui la divisent, les molécules lumineuses sont polarisées diverse-
ment. Celles qui composent le rayon extraordinaire ont leur axe
de polarisation dans un plan mené par l'axe de translation de
ce rayon, et par une droite parallèle à l'axe du cristal. Celles
qui composent le rayon extraordinaire ont leur axe de polarisa-
tion perpendiculaire au plan mené de la même manière par leur
axe de translation et par une ligne parallèle à l'axe du cristal.

D'après cela, quand nous dirons qu'un rayon de lumière se
trouve *polarisé ordinairement par rapport à un plan,* cela voudra dire que les molécules qui le composent ont leur axe de
polarisation situé dans ce plan; ou bien, pour abréger, nous
pourrons dire encore que ce plan est le *plan de polarisation :*
et au contraire, quand nous dirons que le rayon se trouve polarisé *extraordinairement par rapport à un plan,* cela voudra dire
que les molécules lumineuses qui le composent ont leur axe de
polarisation perpendiculaire à ce plan.

Lorsqu'un rayon de lumière déja polarisé traverse perpendiculairement un rhomboïde de spath d'Islande, la quantité de
lumière qui passe à l'état de rayon ordinaire est proportionnelle
au cosinus de l'angle formé par la section principale du rhomboïde avec l'axe de polarisation du rayon, et la quantité de
lumière qui passe à l'état de rayon extraordinaire est proportionnelle au carré du sinus du même angle. L'un et l'autre genre
de polarisation se rapportent au plan de la section principale.

Je viens maintenant à un autre genre de phénomènes qui a
été découvert et décrit dans le même temps par Malus et par
moi, mais dont l'analyse et la loi appartiennent à lui seul. En
exposant ces phénomènes, je commencerai par les expériences
que j'ai faites, parce qu'elles les rendent extrêmement apparens
et faciles à observer. Je rapporterai ensuite celles de Malus, qui
en donnent une analyse rigoureuse et directe. J'en déduirai la
loi à laquelle il était parvenu, et qu'il a indiquée dans la seule

note imprimée qui nous reste de lui sur cette matière. Enfin je montrerai, d'après des expériences nouvelles, les modifications que cette loi exige, et j'essaierai de fixer le véritable point de vue sous lequel il me paraît qu'on doit l'envisager.

Voici d'abord en quoi consiste le phénomène principal tel que je l'ai observé. Si l'on forme une pile de plusieurs lames de verre parallèles, séparées les unes des autres par des intervalles d'air, et que l'on présente obliquement cette pile à un rayon de lumière directe, la lumière transmise se trouve modifiée en tout ou en partie comme si elle avait traversé un corps cristallisé; car si on l'analyse à sa sortie en lui faisant traverser un rhomboïde de spath d'Islande, elle se divise généralement en deux faisceaux d'inégale intensité; et même, si l'on augmente suffisamment le nombre des glaces superposées, il y a quatre positions rectangulaires du rhomboïde dans lesquelles elle ne se divise point, et alors la lumière transmise se comporte comme si elle était complétement polarisée.

Ce phénomène n'a pas lieu seulement pour une incidence particulière du rayon sur les lames de verre; il commence dès que l'incidence cesse d'être perpendiculaire : la portion de lumière transmise qui conserve les caractères de la lumière directe, diminue à mesure que le rayon incident devient plus oblique sur les lames : enfin, si celles-ci sont suffisamment nombreuses comparativement à l'intensité du rayon incident, il arrive un terme où, comme nous l'avons dit, toute la lumière transmise est polarisée dans un seul sens; et ce terme une fois atteint, la même propriété subsiste ensuite pour toutes les autres obliquités, à mesure que le rayon incident s'approche davantage d'être parallèle aux glaces.

La quantité de lames nécessaires pour obtenir ainsi la polarisation complète dépend de l'intensité de la lumière incidente et de la nature de la substance dont les lames sont formées.

Dix lames de verre suffisent pour polariser complétement la lumière du soleil couchant, mais deux feuilles d'or battu suffisent pour produire le même effet à toutes les hauteurs du soleil. Il faut avoir soin que ces feuilles et ces lames soient placées à distance et parallèlement l'une à l'autre. On polarise aussi la lumière de cette manière avec des lames fluides telles que celles que l'on peut former avec de l'eau savonneuse en y plongeant un carton découpé intérieurement; mais il est assez difficile d'en produire simultanément un assez grand nombre pour que la polarisation soit totale.

Quand on emploie un grand nombre de lames de verre, par exemple, quarante ou cinquante, et qu'on les fait agir sur la lumière produite par la flamme d'une bougie, on remarque de très-grandes différences dans l'intensité de la lumière transmise sous diverses obliquités. Cette intensité, d'abord très-faible sous l'incidence perpendiculaire, augmente à mesure que le rayon incident devient plus oblique aux lames. Elle est à son maximum lorsqu'il fait un angle de 35° 25′ avec leur surface. C'est l'angle où la réflexion polarise complétement la lumière. Au-delà de ce terme, si l'obliquité augmente toujours, l'intensité diminue de nouveau, et même plus rapidement qu'elle n'avait d'abord augmenté.

Arrêtons-nous un moment à ce maximum. Alors toute la lumière réfléchie par les lames successives est entièrement polarisée ; et d'après ce que nous avons vu plus haut, en analysant le phénomène de la réflexion, elle est polarisée ordinairement, c'est-à-dire, que l'axe de polarisation des molécules lumineuses se trouve dans le plan de réflexion. Or, sous cette incidence, si l'on double ou triple le nombre des lames dont la pile se compose, une fois que la lumière transmise se trouve complétement polarisée, son intensité ne varie plus du tout ; elle conserve absolument le même éclat, quel que soit ce nombre : il faut donc qu'alors elle se trouve polarisée de manière à échapper à la réflexion continuelle et successive que les lames tendent à exercer sur elle. En effet, si on écarte la dernière lame à une distance assez grande pour pouvoir observer la réflexion qu'elle produit, on voit qu'elle est absolument nulle. Ceci nous découvre le sens dans lequel la lumière transmise se trouve alors polarisée. Puisqu'elle se transmet librement à travers les lames suivantes, il faut qu'elle soit polarisée extraordinairement par rapport au plan d'incidence, c'est-à-dire, que l'axe de polarisation des molécules lumineuses transmises soit perpendiculaire au plan de réfraction. Quoique cette conséquence se présente d'elle-même, je ne l'avais pas déduite alors des phénomènes, et elle appartient à Malus qui l'a découverte par une autre méthode que je vais expliquer.

Pour cela considérons d'abord l'action d'une seule glace ; et afin de mieux reconnaître la modification qu'elle imprime aux molécules lumineuses, faisons-la agir sur un rayon déja polarisé ordinairement par la réflexion. Supposons, pour fixer les idées, que ce rayon soit vertical, et que l'axe de polarisation de ses molécules soit dirigé dans le plan du méridien ; inclinons la glace de manière qu'elle forme avec lui un angle de $35°25'$. Sous cette inclinaison, qui est celle de la polarisation totale , si nous faisons tourner la glace autour du rayon polarisé elle réfléchira des quantités inégales de lumière suivant l'angle i que le plan d'incidence formera avec l'axe de polarisation du rayon ; et si nous nommons E l'intensité de cette lumière réfléchie lorsque l'angle i est nul, sa valeur sera en général $E \cos^2 i$. Considérons maintenant la lumière transmise par la glace, et d'abord désignons par O celle qui passe quand i est nul. c'est-à-dire, lorsque le plan d'incidence est dans le méridien ; alors cette lumière conserve sa polarisation primitive , comme on peut s'en assurer en la recevant sur une seconde glace, ou en lui faisant traverser un rhomboïde de spath d'Islande. Maintenant, si l'on tourne la glace autour du rayon polarisé, la quantité de lumière réfléchie n'est plus E comme dans le méridien, mais $E \cos^2 i$. La différence $E - E \cos^2 i$ ou $E \sin^2 i$ va donc s'ajouter à la lumière transmise. Mais cette nouvelle portion n'est plus polarisée ordinairement par rapport au plan du méridien ; l'expérience montre qu'elle l'est au contraire extraordinairement par rapport au plan d'incidence du rayon sur la glace. Malus s'est assuré de ce fait par des expériences très-délicates ; mais cela se voit encore plus simplement par la libre transmission du rayon à travers la pile, comme nous l'avons remarqué. Ainsi, la lumière transmise se trouve alors composée de deux parties O et $E \sin^2 i$, qui sont polarisées diversement, la première suivant OM, fig. 10 ; la seconde suivant OR. Si on lui fait traverser perpendiculairement un rhomboïde de spath d'Islande dont la section principale soit parallèle au méridien OM, la portion O ne se divisera point, puisqu'elle est déjà polarisée ordinairement par rapport à ce plan ; mais la portion $E \sin^2 i$ polarisée suivant OR, se divisera en deux faisceaux, l'un ordinaire, l'autre extraordinaire. Le premier sera proportionnel au carré du cosinus de l'angle ROM formé par l'axe de polarisation OR avec la section principale du rhomboïde. Cet angle est évidemment égal à $90 + i$, puisque l'axe de polarisation du rayon est perpendiculaire au plan de réfraction de la glace, lequel forme lui-même un angle i avec le méridien, ou, ce qui est la même chose, avec la section principale du rhomboïde. Ainsi l'intensité de ce rayon ordinaire sera $E \sin^2 i \cos^2 (90 + i)$ ou $E \sin^4 i$, et l'intensité du rayon extraordinaire correspondant sera $E \sin^2 i \sin^2 (90 + i)$ ou $E \sin^2 i \cos^2 i$.

Si donc nous désignons comme à l'ordinaire par F_o et par F_e les intensités totales des faisceaux lumineux ordinaires et extraordinaires transmis par le rhomboïde, nous aurons

$$F_o = O + E \sin^4 i.$$

$$F_e = E \sin^2 i \cos^2 i.$$

La valeur de F_e peut se mettre sous la forme $\frac{1}{4} E \sin^2 2 i$. On voit alors qu'elle est nulle quand i est nul ou égal à $90°$, et qu'elle atteint son maximum entre ces limites quand $i = 45°$. Telles sont donc les périodes du rayon extraordinaire produit par l'action de la glace sur la lumière qui la traverse ; l'expérience confirme parfaitement ce résultat, quand on analyse la totalité de la lumière transmise par le moyen d'un rhomboïde placé comme le suppose notre calcul.

Quant au rayon ordinaire F_o, on voit qu'il augmente sans cesse de tout ce que perd F_e. Dans le méridien où i est nul, il est d'abord égal à O. Il augmente ensuite continuellement d'intensité à mesure que i augmente, et enfin il atteint son maximum lorsque $i = 90°$. Alors la glace ayant perdu son pouvoir réflecteur, toute la lumière incidente $O + E$ est transmise en conservant sa polarisation primitive, et par conséquent elle ne donne plus qu'un seul rayon ordinaire dans le rhomboïde qui sert à l'analyser.

Nous avons supposé que la section principale de ce rhomboïde était dirigée dans le plan primitif de polarisation du rayon incident, que nous avons supposé être le méridien. Mais si nous voulions placer cette section principale dans toute autre position, le calcul des rayons F_o et F_e ne serait pas plus difficile ; tout se réduirait également à trouver les faisceaux ordinaires et extraordinaires donnés par deux rayons O et $E \sin^2 i$, dont le sens de polarisation est connu : ce n'est qu'une application très-simple des formules données dans la page xviij.

En effet, représentons généralement par α l'angle formé par la section principale du cristal avec le plan primitif OM de polarisation du rayon ; alors la portion O de lumière transmise sur

f

laquelle n'agit point la glace, conservera cette polarisation. Par
conséquent lorsqu'elle traversera le rhomboïde , elle se divisera en
deux faisceaux , l'un ordinaire, exprimé par $O \cos^2 \alpha$, l'autre extraordinaire , exprimé par $O \sin^2 \alpha$. Venons maintenant au rayon OR
ou $E \sin^2 i$ polarisé par réfraction dans la glace ; l'axe de polarisation de ses molécules fait avec OM un angle égal à $i + 90°$. Mais
la section principale du rhomboïde forme aussi avec O M un
angle α que nous supposerons compté dans le même sens , car il
faut toujours être fidèle à cette condition quand on introduit des
angles dans les formules algébriques. Ainsi l'angle que l'axe de polarisation de ce rayon fait avec la section principale du rhomboïde
est égal à $\alpha - (i + 90°)$, et par conséquent il se résoudra en deux
autres , l'un ordinaire $E \sin^2 i \cos^2 (\alpha - i - 90°)$ ou simplement
$E \sin^2 i \sin^2 (\alpha - i)$; l'autre extraordinaire $E \sin^2 i \sin^2 (\alpha - i - 90°)$
ou simplement $E \sin^2 i \cos^2 (\alpha - i)$. Nous avons donc en tout quatre
rayons transmis à travers le rhomboïde, dont deux ordinaires et
deux extraordinaires, les uns et les autres polarisés relativement au
plan de la section principale. Comme les deux faces de la glace
sont supposées parallèles, tous ces rayons restent parallèles entre
eux en tombant sur le rhomboïde ; et ils rencontreront sa surface
dans les mêmes points ; de sorte qu'ils se confondront dans leur
incidence. Alors ceux qui sont polarisés de la même manière se
réuniront aussi dans leur émergence, et l'on aura en les ajoutant

$$F_o = O \cos^2 \alpha + E \sin^2 i \sin^2 (\alpha - i).$$
$$F_e = O \sin^2 \alpha + E \sin^2 i \cos^2 (\alpha - i).$$

Ces formules, plus générales que les précédentes , s'accordent
avec elles quand on y suppose α nul , c'est-à-dire, quand on place
la section principale du rhomboïde dans le plan primitif de la
polarisation du rayon.

Ces formules sont sans doute celles que Malus avait trouvées.
Quoiqu'il ne les ait pas énoncées textuellement, il a rapporté un

résultat qui ne peut en être qu'une conséquence ; c'est l'évaluation des rapports de O et de E ou des quantités de lumière transmise et réfléchie par la glace dans sa première position. Pour tirer ce rapport des expériences, il faut savoir que, dans chaque position donnée de la glace, où i a une valeur quelconque connue, l'intensité du rayon extraordinaire F_e est susceptible d'un minimum, qu'elle atteint lorsque l'on tourne convenablement la section principale du rhomboïde. Or, c'est la considération de ce minimum, quand $i=45°$, qui donne les rapports des quantités de lumière O et E. Afin de montrer comment cela peut être, substituons à $\sin^2 \alpha$ et à $\cos^2 (\alpha - i)$ leurs valeurs en fonctions de l'angle double, c'est-à-dire $\left(\frac{1 - \cos 2\alpha}{2} \right) \left(\frac{1 + \cos 2 (\alpha - i)}{2} \right)$ et la valeur de F_e deviendra

$$F_e = \tfrac{1}{4} O + \tfrac{1}{2} E \sin^2 i - \tfrac{1}{4} O \cos 2\alpha + \tfrac{1}{2} E \sin^2 i \cos 2 (\alpha - i).$$

Supposons maintenant $i=45°$, ce qui donne

$$\sin^2 i = \tfrac{1}{2}, \ \cos 2 (\alpha - i) = \cos (2\alpha - 90°) = \sin 2\alpha,$$

et l'expression de F_e particularisée pour cette position de la glace deviendra

$$F_e = \tfrac{1}{2} O + \tfrac{1}{4} E - \tfrac{1}{2} \left(O \cos 2\alpha - \tfrac{1}{2} E \sin 2\alpha \right).$$

Cette expression se compose de deux parties dont la première est constante et positive. La seconde est variable, et son signe dépend des termes qui la composent. Quand $\alpha=0$, elle se réduit à $-\tfrac{1}{2} O$, et elle est par conséquent soustractive. Quand α cesse d'être nul, et devient positif, le terme $\tfrac{1}{2} E \sin. 2\alpha$ prend une valeur positive ; en même temps le terme $O \cos 2\alpha$ diminue. Par cette double cause, la différence $\tfrac{1}{2} O \cos. 2\alpha - \tfrac{1}{2} E \sin 2\alpha$ devient moindre que $\tfrac{1}{2} O$; et quand même le premier terme l'emporterait sur le second, ce qui a toujours lieu dans le cas où l'on n'emploie qu'une seule glace, la valeur de F_e serait plus grande que dans

f.

le cas précédent. Mais le contraire arriverait si l'on prenait α négatif, c'est-à-dire, si l'on tournait la section principale du rhomboïde du côté du méridien opposé à l'angle i : car alors le terme $-\frac{1}{2}E\sin.2\alpha$ devenant positif, et s'ajoutant à $O\cos.2\alpha$, la quantité à soustraire des termes constans serait, au moins dans le commencement, plus grande que $\frac{1}{2}O$; ce qui rendrait F_e moindre que si α était nul. D'après cela, on conçoit que parmi les diverses valeurs de α, il doit s'en trouver une qui donne à F_e la plus petite valeur possible, et le calcul différentiel fait voir que cette valeur de α est donnée par l'équation :

$$O\sin 2\alpha + \tfrac{1}{2}E\cos 2\alpha = o \text{ d'où l'on tire } \frac{O}{E} = \frac{-1}{2\tan g\,2\alpha}.$$

c'est-à-dire, que la quantité de lumière transmise par la glace dans sa première position est à la quantité de lumière qu'elle réfléchit alors comme l'unité est au double de la tangente de l'angle -2α qui rend le rayon extraordinaire E un minimum quand $i = 45°$. Ainsi, lorsqu'on aura placé la glace dans cette position, il n'y aura qu'à tourner lentement le rhomboïde en sens contraire de l'angle i jusqu'à ce que le rayon extraordinaire arrive à son minimum d'intensité. Lorsqu'on sera arrivé à cette position, on mesurera l'angle α ; et le rapport $\frac{-1}{2\tan g\,2\alpha}$ étant évalué en nombres donnera les rapports des intensités $\frac{O}{E}$

Ensuite en mettant dans F_e pour O sa valeur en E, ou pour E sa valeur en O, tirée de l'équation de condition à laquelle ces deux quantités sont assujéties, on obtiendra la valeur de F_e qui correspond au minimum d'intensité. Ce sera dans le premier cas

$$F_e = \tfrac{1}{4}E + \tfrac{1}{4}E\tan g\,\alpha.$$

Lorsque le rapport $\frac{O}{E}$ sera connu, on pourra facilement en déduire celui des quantités de lumière transmise et réfléchie par la glace dans tout autre azimut quelconque i ; car la première de ces deux quantités est égale à $F_o + F_e$, c'est-à-dire à $O + E \sin.^2 i$; et la seconde est égale à $E \cos.^2 i$. Leur rapport sera donc $\dfrac{O + E \sin.^2 i}{E \cos.^2 i}$ ou $\dfrac{\frac{O}{E} + \sin.^2 i}{\cos.^2 i}$; on pourra donc l'évaluer en nombre pour chaque valeur de i lorsqu'on connaîtra le rapport fondamental $\frac{O}{E}$.

Les formules auxquelles nous venons de parvenir peuvent également s'appliquer au cas où le rayon polarisé traverserait une pile de glaces parallèles, du moins en supposant que ces glaces reçoivent le rayon sous l'incidence de la polarisation totale : car en vertu de leur parallélisme, le plan d'incidence du rayon sur leur surface serait le même pour toutes; et quelle que soit la quantité absolue de lumière qui parviendra à chacune d'elles, celle qu'elle réfléchira dans les différens azimuts sera toujours proportionnelle au carré du cosinus de l'angle i. En effet, considérons d'abord toutes les glaces dans le cas de i nul, lorsque le plan d'incidence coïncide avec le plan de polarisation du rayon. Cette lumière est polarisée ordinairement par rapport au plan d'incidence : il s'en réfléchit une partie que nous nommerons e', et il s'en transmet une autre o' qui conserve sa polarisation primitive. Dans ce cas, chaque glace reçoit une certaine quantité de lumière qui dépend de sa position dans la pile. Faisons maintenant tourner le plan d'incidence autour du rayon polarisé, la quantité de lumière incidente sur chaque glace augmentera, parce que les précédentes lui transmettront la portion de la lumière qu'elles ont cessé de réfléchir; mais cette nouvelle portion n'est point réfléchie par les glaces sur lesquelles elle tombe, parce qu'elle se trouve polarisée perpendiculairement au plan d'incidence. Elle les traverse librement sous cette inclinaison; et ainsi, pour chaque glace, la quantité de lumière réfléchie dans les différens azimuts est encore $e' \cos.^2 i$, comme si elle se trouvait exposée directement et isolément à la lumière incidente $o' + e'$ polarisée toute entière dans le sens primitif du rayon. D'après cela on voit que l'intensité du faisceau polarisé par réfraction dans chaque glace, perpendiculairement au plan d'incidence, sera aussi égal à $e' - e' \cos^2 i$ ou $e' \sin^2 i$; et ce faisceau traversant librement toutes les glaces suivantes, parviendra tout entier sans altération jusqu'au rhomboïde qui sert à l'analyser. L'ensemble de tous ces faisceaux formera donc un rayon total, dont l'intensité sera égale à leur somme, et pourra être représentée par $E \sin^2 i$, puisque l'angle i est le même pour toutes les glaces. Par conséquent, si l'on nomme O la quantité de lumière transmise par la pile lorsque i est nul, la quantité totale qui sera transmise dans un azimut quelconque sera $O + E \sin^2 i$; et, de même que cela avait lieu dans le cas d'une seule glace, elle se trouvera composée de deux parties polarisées diversement, dont l'une O conservera sa polarisation primitive, et l'autre $E \sin^2 i$ se trouvera polarisée perpendiculairement au plan d'incidence. Si donc cette lumière est reçue perpendiculairement sur un rhomboïde de spath d'Islande, dont la section principale fasse un angle quelconque α avec le plan de polarisation primitive, elle se décomposera en le traversant précisément par les mêmes lois que dans le cas d'une seule glace, et elle donnera deux rayons F_o F_e, l'un ordinaire, l'autre extraordinaire, dont les intensités seront exprimées par les formules

$$F_o = O \cos^2 \alpha + E \sin^2 i \sin^2 (i - \alpha).$$
$$F_o = O \sin^2 \alpha + E \sin^2 i \cos^2 (i - \alpha).$$

Les intensités O et E dépendent du nombre des glaces, de leur faculté réfléchissante, et aussi de leur transparence. Si ces glaces sont minces et bien diaphanes, la quantité de lumière qu'elles absorbent sera extrêmement petite comparativement à celle qu'elles réfléchissent ; car si l'on regarde les images d'un même point lumineux à travers des glaces de même nature, mais

dont l'une soit épaisse d'un millimètre, et l'autre d'un décimètre, on n'y aperçoit aucune différence d'intensité appréciable;
mais si l'on superpose cent de ces glaces minces, et qu'on les
présente à un rayon polarisé dans l'azimut où i est nul, elles
affaibliront tellement la lumière transmise, qu'elle deviendra
tout-à-fait insensible, si la lumière incidente n'est pas de la plus
haute intensité.

Maintenant que nous connaissons les lois de ces phénomènes,
et que nous les avons réduites en formules, voyons s'il serait
possible de les rapporter à l'action de forces attractives et répulsives, comme nous y sommes parvenus pour les autres phénomènes de la polarisation.

Pour cela, considérons l'effet qu'une pile de glaces produit
sur un rayon de lumière naturelle lorsqu'on le reçoit sous l'incidence convenable pour que la lumière réfléchie soit entièrement polarisée. Dans ce cas, si le nombre des glaces est assez
considérable, toute la lumière transmise se trouve polarisée perpendiculairement au plan de réfraction ; c'est-à-dire, que l'axe
de polarisation des molécules lumineuses est perpendiculaire à
ce plan. Dès-lors on peut ajouter à la pile un nombre quelconque
de glaces, les propriétés du rayon transmis ne sont plus altérées.
Ainsi, quelle que soit l'espèce d'action exercée par les glaces sur
les molécules de lumière qui les traversent, nous voyons qu'elles
ne leur impriment plus aucun mouvement, sous cette incidence,
quand elles sont ainsi disposées. Nous pouvons donc regarder
ces effets comme produits par une force attractive ou répulsive
qui s'exerce dans le plan d'incidence, et qui tend à tourner
l'axe de polarisation des molécules perpendiculairement à ce plan.

Mais, d'un autre côté, nous avons reconnu que la force répulsive qui réfléchit la lumière à la surface des corps, tend,
sous la même incidence, à tourner l'axe de polarisation des molécules lumineuses, de manière qu'après la réflexion il se trouve

dans le plan d'incidence. Ainsi, lorsqu'un rayon de lumière traverse *sous cette incidence* la surface d'une glace, et pénètre dans son intérieur, il y éprouve, soit à-la-fois, soit tour-à-tour, ces deux genres d'action dans des sens rectangulaires. L'une tend à rendre l'axe de polarisation des molécules lumineuses parallèle au plan d'incidence; l'autre tend à le rendre perpendiculaire à ce plan.

Remarquons toutefois que ces considérations s'appliquent uniquement aux lames non cristallisées dont les deux faces sont parallèles. Car si les lames étaient cristallisées, les molécules lumineuses qui les traverseraient éprouveraient dans leur intérieur des actions dont ici nous ne tenons pas compte, et qui changeraient la direction de leurs axes de polarisation. De sorte qu'elles se présenteraient d'une autre manière à la surface d'émergence, ce qui devrait modifier le phénomène de la polarisation par réfraction, et peut-être même, dans certains cas, l'empêche tout-à-fait de se produire. D'un autre côté, si la lame, sans être cristallisée n'avait pas ses deux faces parallèles, la seconde surface agirait autrement sur les axes des molécules lumineuses, et il serait possible qu'alors il s'opérât des déviations qui seraient insensibles dans les lames à faces parallèles, parce qu'elles s'y compenseraient comme la réfraction s'y compense. On verra dans la suite de mes recherches des phénomènes qui rendent ceci très-probable. Mais en se bornant aux lames non cristallisées dont les deux surfaces sont parallèles, les déviations définitives, que les molécules lumineuses éprouvent, peuvent se rapporter seulement aux deux forces que nous venons de considérer.

Pour savoir comment les molécules se partagent entre ces deux forces, il faut considérer ce qui arrive lorsque le rayon incident est polarisé; en sorte que les molécules qui le composent soient tournées de la même manière. Dans ce cas nous voyons que l'effet de la polarisation par réflexion et celui de la polarisation par réfraction sont en quelque façon complémentaires l'un de l'autre. Car, si la quantité de lumière, qui éprouve la première espèce de modification, est $E \cos^2 i$, celle qui éprouve la seconde sera $E \sin^2 i$; i étant l'angle que le plan d'incidence sur la glace forme avec le plan de polarisation du rayon ; ainsi, la quantité totale de lumière qui obéit à ces deux forces, sous cette incidence, est constante et égale à E ; c'est-à-dire à la quantité absolue de lumière réfléchie lorsque le plan d'incidence et le plan de polarisation coïncident.

- Maintenant nous pouvons concevoir un rayon naturel comme composé d'une infinité de rayons très-peu intenses, et polarisés dans toutes les directions possibles. Alors chacun d'eux fournira aux deux genres de polarisation des quantités de lumière iné-gales, selon sa disposition relativement au plan d'incidençe ; mais comme il y a un pareil nombre de ces rayons dans tous les sens, la somme totale des quantités de lumière réfléchie ordi-nairement, et réfractée extraordinairement, sera constante quand on fera tourner le rayon sur lui-même, pourvu que l'incidence soit aussi constante. Le reste de la lumière transmise n'étant point modifiée par l'action de la glace, restera à l'état de rayon naturel.

Représentons par K cette somme constante, et considérons-la dans le rayon incident avant qu'il soit entré dans la sphère d'activité de la glace. Alors les axes des molécules lumineuses étant répartis indifféremment dans tous les azimuts, la petite portion di de la circonférence en contiendra une quantité exprimée par $\dfrac{K\,di}{2\,\pi}$, π représentant la demi-circonférence dont le rayon égale l'unité. Cette portion de lumière ayant, par hypothèse, ses axes dirigés dans l'azimut i, il s'en réfléchit une portion égale à $\dfrac{K\,di}{2\,\pi} \cos^2 i$ qui sera polarisée ordinairement dans le plan de réflexion, et il s'en transmettra une autre $\dfrac{K\,di}{2\,\pi}$ sin.^{2} i qui sera polarisée par réfraction perpendiculairement à ce plan. En intégrant ces expressions depuis $i = 0$ jusqu'à $i = 2\pi$, on aura la quantité totale de lumière qui est polarisée dans un sens ou l'autre ; or on a entre ces limites

$$\int \frac{K\,d\,i\cos.^2 i}{2\,\pi} = \frac{K}{2} \qquad \int \frac{K\,d\,i\sin.^2 i}{2\,\pi} = \frac{K}{2}.$$

Ces deux quantités sont donc égales entre elles. Ainsi, quand un rayon lumineux direct tombe sur une glace polie sous l'incidence de 35° 25′ qui produit par réflexion la polarisation complète, la quantité de lumière réfléchie qui est ainsi polarisée est égale à la portion de lumière transmise qui est polarisée par réfraction perpendiculairement au plan d'incidence. Le reste du rayon transmis, est formé par la portion de chaque faisceau, qui passe directement sans perdre sa polarisation primitive. Ce résultat est conforme à l'expérience ; car M. Arago l'avait observé par des moyens fort exacts, et avait bien voulu me le communiquer avant que je l'eusse tiré de la théorie. M. Arago a de plus observé que cette égalité avait également lieu sous toutes les incidences, en comparant seulement les quantités de lumière polarisée qui se forment dans les rayons réfléchis et transmis ; et, sans doute, on déduirait encore cette extension de la théorie, si l'on avait mesuré l'effet qu'éprouve un rayon polarisé, quand il rencontre une glace sous d'autres incidences que celles de la polarisation totale.

Quand à la cause qui détermine le partage des molécules lumineuses entre ces deux forces, qui fait, par exemple, que quelques-unes subissent la polarisation par réflexion dans le plan d'incidence, tandis que d'autres sont polarisées perpendiculairement à ce plan, et que le reste conserve sa polarisation primitive, même lorsque toutes les molécules se présentent de la même manière à la surface réfléchissante et réfringente, on peut concevoir que ces inégalités dépendent de l'état divers où les molécules se trouvent dans leurs accès de facile réflexion et de facile transmission, car nous avons déja expliqué l'influence que cette circonstance devait avoir sur les phénomènes de la réflexion des rayons polarisés.

Et comme les molécules lumineuses de même nature éprouvent la même succession et la même étendue d'accès, lorsqu'elles passent d'une surface réfringente à une autre éloignée de la première d'une quantité finie, on conçoit qu'après avoir passé ainsi d'une glace à une autre glace, la quantité commune dont elles se sont avancées dans les périodes de leurs accès doit être ajoutée à leurs différences originaires, et qu'ainsi en arrivant à la seconde glace elles doivent se trouver de nouveau dans des époques toutes différentes de leurs accès, les unes au commencement, d'autres au milieu, et d'autres à la fin, ce qui suffit encore pour déterminer quelques-unes d'entre elles à subir, à cette seconde surface, la polarisation ordinaire, d'autres à y subir la polarisation extraordinaire, et d'autres enfin à se transmettre librement sans éprouver ni l'une ni l'autre de ces modifications.

En recevant ainsi un rayon naturel sur une suite de glaces parallèles, les réflexions successives rejetteront toute la lumière qui se polarise ordinairement relativement au plan d'incidence ; tandis que les portions de lumière successivement polarisées dans le sens perpendiculaire à ce même plan se transmettront librement de glace en glace sans subir aucune réflexion, du moins si l'incidence est celle qui produit la polarisation totale ; et de-là il résultera enfin que si le nombre des glaces est assez considérable, toute la lumière transmise se trouvera polarisée perpendiculairement au plan de réfraction : ce qui opérera réellement une séparation ou *une dissection* de la lumière incidente en deux sens rectangulaires.

D'après l'analyse que nous venons de donner de ces phénomènes, on voit qu'ils sont tout-à-fait analogues à ceux que produit l'action des cristaux. Un rayon de lumière qui pénètre dans un rhomboïde de spath d'Islande perpendiculairement à ses faces se trouve sollicité par deux forces, dont l'une tend à diriger l'axe de polarisation des molécules lumineuses dans le plan de la section principale du rhomboïde, et l'autre au contraire tend à le rendre perpendiculaire à ce plan. De même un rayon lumineux qui traverse une glace sous l'incidence à laquelle la polarisation par réflexion s'opère d'une manière complète, se trouve sollicité par deux forces qui s'exercent d'une manière analogue relativement au plan d'incidence ; mais dans les cristaux ces deux forces se partagent le rayon tout entier, et le séparent en deux faisceaux par la double réfraction, au lieu que dans une seule glace une partie du rayon seulement est modifiée par les forces polarisantes, et cette partie, éprouvant la même réfraction que le reste, ne s'en sépare point comme dans la transmission.

M. Arago a observé un fait qui a paru jusqu'ici faire exception à cette analogie remarquable. En étudiant les anneaux colorés réfléchis par une lame mince d'air comprise entre deux plans de verre, il a remarqué que, lorsque les anneaux réfléchis se trouvaient polarisés ordinairement par la réflexion, les bandes les plus distinctes des anneaux transmis se trouvaient aussi polarisées ordinairement, c'est-à-dire que l'axe de polarisation des molécules lumineuses qui les composait se trouvait dans le plan de réfraction, contradictoirement à ce que nous venons d'observer. Mais la différence me paraît tenir à ce que dans les observations d'anneaux la lame d'air était nécessairement très-mince, au lieu que dans les expériences faites avec les glaces nous n'employons que des lames épaisses. Car on verra tout-à-l'heure des expériences qui prouvent que dans les cristaux la polarisation extraordinaire, analogue à la polarisation par réfraction, ne commence à s'exercer qu'après qu'ils ont atteint une épaisseur beaucoup plus grande que celle à laquelle ils forment des anneaux colorés. On ne doit donc pas s'étonner si l'effet de la polarisation extraordinaire ne s'est pas produit dans les expériences de M. Arago sur des lames minces d'air.

Il paraît seulement par cette expérience que si la force polarisante ordinaire existait seule, comme cela a lieu quand les lames sont très-minces, et qu'on la fit agir sous l'angle qui lui est le plus favorable, elle polariserait à-la-fois toute la lumière incidente, tant celle qui est transmise que celle qni est réfléchie. Mais une fois que l'épaisseur est assez considérable pour que la force qui polarise par réfraction ait pu se développer entièrement, cette force tend à rendre l'axe de polarisation des molécules perpendiculaire au plan d'incidence ; elle contrarie donc en cela l'influence de la force polarisante ordinaire, qui tend à le ramener dans ce plan ; et de ces deux actions opposées résulte un certain d'état d'équilibre composé 1° de melécules réfléchies qui sont polarisées ordinairement dans le plan d'incidence ; 2° de molécules transmises polarisées perpendiculairement à ce même plan ; 3° enfin de molécules transmises qui n'éprouvent ni l'une ni l'autre de ces modifications, ou sur lesquelles elles se détruisent. Mais ces deux derniers états des particules supposent l'existence de la force extraordinaire, et par conséquent ne peuvent pas s'observer quand elle est nulle.

Cela posé, voici comment je conçois le phénomène de la lame mince d'air comprise entre les deux lames épaisses de verre. La lumière naturelle, en tombant sur la première lame sous l'incidence de 54° 35′ comptée de la perpendiculaire, donne un premier rayon réfléchi qui est polarisé relativement au plan d'incidence. Le rayon transmis contient alors une petite proportion de lumière qui a pris une polarisation perpendiculaire à ce même plan, et le reste, en proportion bien plus considérable, conservant sa polarisation primitive, reste encore à l'état de rayon

naturel. Toute cette lumière, tombant sur la lame mince d'air
à-peu-près sous l'incidence où la polarisation est complète, la
portion qui est polarisée extraordinairement échappe tout-à-
fait à la réflexion, et passe sans former d'anneaux colorés. C'est
encore là un fait que M. Arago a observé directement, et je l'ai
vérifié après lui en formant des lames d'eau et d'air assez
minces pour produire des anneaux colorés, et les exposant à
un rayon polarisé, sous l'incidence et dans l'azimut où la réflexion
ne se produit pas. Mais il était facile de prévoir ce résultat, ou
plutôt il était de vérité nécessaire ; car puisque les anneaux
colorés résultent de la séparation des couleurs dans la lumière
réfléchie et transmise, il faut bien, si toute la lumière est transmise, que les anneaux ne se forment point. Reste donc à considérer la lumière qui parvient à la lame mince d'air avec les
propriétés d'un rayon naturel. Une portion de cette lumière se
réfléchit et produit des anneaux polarisés ordinairement dans
le plan de réflexion ; mais, comme la force qui polarise par réfraction perpendiculairement à ce plan n'existe point dans la
lame à cause de son peu d'épaisseur, ou du moins n'y est pas
suffisamment développée pour contre-balancer la première, les
molécules sollicitées uniquement par celle-ci tournent toutes
leurs axes dans le plan d'incidence, et forment ainsi des anneaux transmis qui sont polarisés ordinairement comme les
anneaux réfléchis. Cette lumière décomposée traverse ensuite
la dernière lame de verre sans en éprouver aucun dérangement, parce que les axes de polarisation de ses molécules se
trouvant dans le plan de réfraction même ne peuvent en être
déviés, et l'on y reconnaît par conséquent le caractère de la
polarisation ordinaire lorsqu'on les analyse par réflexion sur
une glace ou par réfraction dans un cristal.

J'ai dit plus haut, d'après Malus, que les surfaces métalliques
polies semblaient seules privées de la propriété de polariser par

réflexion ces rayons de la lumière. Cependant elles agissent encore
sur les rayons. Car, d'après une autre observation de Malus,
lorsqu'on les présente à un rayon préalablement polarisé, il
arrive, en général, qu'elles dévient les axes d'un certain nombre
de particules, et ce nombre est plus ou moins considérable selon
la nature du corps métallique, selon l'inclinaison qu'on lui
donne, enfin selon l'angle que le plan d'incidence forme avec
le plan de polarisation du rayon. Malus a examiné dans son
ouvrage les positions particulières dans lesquelles une surface
métallique ne dévie point les axes d'un rayon polarisé, et il a
donné dans le Bulletin des Sciences une règle empyrique pour
déterminer dans les autres cas les proportions de lumière déviée
et non déviée, dans chaque position de la surface ; mais je crois
que, pour atteindre réellement le principe de ces phénomènes,
il faut, comme on le verra dans la suite de mes recherches, distinguer deux sortes de réflexions produites par les métaux : l'une
qui se fait hors de leur surface comme sur les corps diaphanes,
et l'autre qui se fait après que la lumière a pénétré parmi les
particules mêmes de leur substance. La première réflexion agit
régulièrement sur la lumière ; elle dévie les axes des particules
comme ferait la surface polie d'un corps diaphane, et elle polarise complètement la lumière naturelle sous une certaine incidence ; mais la seconde réflexion faite à l'intérieur de la substance
métallique me paraît ne point avoir cette régularité, car la lumière
qui la subit semble totalement ramenée à l'état de rayon naturel.
Non-seulement cette manière d'envisager les phénomènes satisfait
aux observations de Malus, mais elle permet de calculer d'avance
le sens de la polarisation imprimée par les surfaces métalliques
à une portion de la lumière incidente ; car ce sens est le même
que celui qui résulterait de l'action de toute autre surface polie
quelconque, mais ces phénomènes feront partie d'un travail
dans lequel je montrerai par l'expérience que toutes les surfaces

polies quelconques, cristallisées comme non cristallisées, dévient les axes des particules lumineuses suivant des directions, et d'après des lois que je ferai connaître.

Nous avons dit plus haut, d'après Malus, que lorsqu'un rhomboïde de spath d'Islande, ou tout autre cristal doué de la double réfraction, agit sur un rayon lumineux déja polarisé, il dévie en général les axes de ses particules, comme on peut le reconnaître en analysant la lumière transmise au moyen d'un prisme de spath d'Islande, ou par la réflexion sur une glace convenablement inclinée : mais nous avons aussi remarqué, page xx, qu'il y a deux positions dans lesquelles le cristal interposé ne dévie pas du tout les axes des particules lumineuses, et si nous supposons, pour plus de simplicité, que ses deux surfaces soient parallèles et l'incidence perpendiculaire, les positions dont il s'agit sont celles dans lesquelles le plan mené par l'axe du cristal perpendiculairement aux faces, ou ce que l'on appelle la section principale du cristal, est parallèle ou perpendiculaire au plan de polarisation du rayon incident. La raison de ce phénomène est évidente d'après ce qui a été dit page xxxij. Malus a employé cette circonstance comme un moyen de reconnaître dans toutes les substances la direction de l'axe de cristallisation, en essayant ainsi des sections parallèles ménagées dans différens sens de la substance. Mais dans toutes les expériences qu'il avait faites, les deux faisceaux transmis lui avaient paru incolores. M. Arago découvrit qu'en opérant de même sur des lames minces de mica, de chaux sulfatée, ou même sur certaines plaques épaisses de cristal de roche, ou enfin sur des morceaux de flint-glass non cristallisés en apparence, on obtenait deux faisceaux diversement colorés. Il fit un grand nombre d'expériences pour s'assurer que la lumière de ces faisceaux jouissait des propriétés générales de la lumière polarisée, c'est-à-dire que dans certains cas elle échappait à la force réfléchissante d'une glace et à la double réfraction, dans les cristaux de spath d'Islande. Il reconnut que l'épaisseur des lames avait de l'influence sur ce phénomène ; car, en enlevant successivement plusieurs lames dans un même morceau de mica, les couleurs des faisceaux changeaient, et elles changeaient aussi dans une même lame par l'inclinaison. Cependant M. Arago vit que cette propriété n'appartenait pas exclusivement aux corps minces, car il trouva une plaque de cristal de roche épaisse de plus de six millimètres qui, exposée au rayon polarisé, de la même manière que les précédentes, lui donna aussi deux faisceaux colorés quand il analysa la lumière transmise en se servant d'un prisme de spath d'Islande. Il observa de plus que, dans cette même plaque, le phénomène général acquérait encore diverses autres modifications particulières, relatives au changement des teintes et à l'influence des sections principales. Enfin il rapporta de même des effets analogues observés dans un morceau épais de flint-glass. M. Arago a exposé ces phénomènes dans un mémoire lu à la Classe des Sciences Physiques et Mathématiques le 11 juin 1811. On peut en voir les détails dans ce Mémoire même qui est actuellement imprimé. On les trouvera aussi pour la plupart dans la suite de mes recherches où j'ai eu des occasions fréquentes de les rappeler. Dans ce mémoire M. Arago donna un moyen d'observer la direction des axes dans les lames cristallisées, d'après la polarisation qu'elles produisent quand elles sont interposées entre deux rhomboïdes de cristal d'Islande ; et l'exposition qu'il donna de ce procédé est antérieure au mémoire où Malus proposa un moyen à-peu-près pareil dont nous avons parlé plus haut.

Un an après la lecture du travail de M. Arago je présentai à la Classe mon premier mémoire sur cette matière. Persuadé que les lois générales des phénomènes ne peuvent être découvertes et prouvées que par des mesures exactes, je commençai par me former un appareil qui me permît de mesurer avec précision toutes les circonstances de ceux que je voulais examiner. Cet appareil est représenté dans mon premier Mémoire, planche I. C'est, à peu de chose près, le même que j'ai décrit page iij, au commencement de cette exposition. Seulement au lieu de la seconde glace réfléchissante, je substitue la lame ou le cristal dont je veux observer l'action sur le rayon polarisé. De plus, afin de pouvoir tourner cette lame dans tous les sens autour du rayon, je la fixe sur un anneau mobile dont la circonférence est divisée. Cet anneau lui-même est mobile autour d'un axe perpendiculaire au tuyau de la lunette, ce qui permet de donner à la lame toutes les inclinaisons possibles sur le rayon incident. Enfin, le mouvement circulaire du tambour autour de l'axe de la lunette permet d'amener la lame dans tous les azimuts. On mesure les inclinaisons du rayon sur la lame par le procédé expliqué page iv. Il ne reste plus qu'à analyser la lumière transmise. A cet effet j'emploie le même appareil que j'ai décrit page xix. Je place derrière l'anneau un support vertical auquel est attaché un cercle de cuivre que je dispose perpendiculairement au rayon transmis. Ce cercle est divisé sur ses bords, et porte une alidade percée à son centre d'un trou circulaire qui répond précisément sur le prolongement du rayon que l'on veut analyser. Je fixe sur cette ouverture un prisme de cristal d'Islande d'un petit nombre de degrés, taillé et achromatisé comme je l'ai expliqué ailleurs. Puis, en faisant tourner l'alidade autour de son centre, j'amène successivement ce prisme dans toutes les positions autour du rayon polarisé. Je commence par déterminer les positions dans lesquelles la section principale du prisme est parallèle ou perpendiculaire au plan de polarisation du rayon que réfléchit la première glace. Pour cela, je laisse ce rayon arriver directement sur le prisme, sans interposer aucune lame cristallisée; et je tourne alors l'alidade jusqu'à ce que l'une des deux images réfractées s'évanouisse. Quand c'est l'image ordinaire, la section principale du prisme coïncide avec le plan de polarisation du rayon : au contraire elle lui est perpendiculaire quand l'image qui disparaît est celle qui subit la réfraction extraordinaire. Pour distinguer aisément ces deux cas, il suffit d'employer un prisme dont les pans latéraux conservent encore la forme du rhomboïde dont ils sont tirés ; car on sait que dans un rhomboïde de spath d'Islande, la section principale est parallèle à la petite diagonale des bases. Ainsi elle conservera cette position, si, pour tailler le prisme, on se borne à incliner un peu la face postérieure du rhomboïde. Quand on aura observé avec un pareil prisme la division des deux images, on verra bien aisément quelle est celle qui persiste, quand la petite diagonale est parallèle au plan de polarisation : ce sera l'image ordinaire. On fixera sur la division du cercle le point où répond alors l'alidade, afin de pouvoir l'y ramener toutes les fois qu'on le jugera convenable. Au moyen de cet appareil, si l'on fait tourner le prisme de spath d'Islande tout autour du rayon, on verra que chaque image disparaîtra deux fois, savoir : l'image extraordinaire, quand la section principale du prisme fera avec le plan de polarisation un angle o ou 180°; et l'image ordinaire, quand cette même section principale fera avec le plan de polarisation un angle égal à 90° ou 270°. Le passage d'un de ces états à l'autre se fera graduellement, et il y aura quatre points intermédiaires dans lesquels les deux images ordinaire, extraordinaire, seront d'égale intensité. Cela arrivera quand la section principale fera avec le plan de polarisation un angle de 45°, 135°. 225°, 315°. Ce sont les phénomènes observés par Malus.

Dans tous ces cas, si le rayon polarisé est blanc, comme lorsqu'on le tire de la lumière des nuées, les deux images données par le prisme de spath d'Islande achromatisé sont sensiblement incolores. Remettez ce prisme dans sa position primitive où sa section principale se trouve parallèle au plan de polarisation, alors l'image extraordinaire s'évanouira. Mais elle reparaîtra de nouveau si, avant de parvenir au prisme, le rayon traverse d'abord une lame mince de chaux sulfatée ou de mica, ou certaines plaques de cristal de roche. C'est là le phénomène observé par M. Arago, et l'on voit qu'à l'aide de l'appareil que je viens de décrire, on peut toujours mettre la lame et le prisme dans des positions connues relativement aux axes des molécules lumineuses qui composent le rayon polarisé. On pourra donc, en variant ces positions et en étudiant les résultats qu'elles présentent, rapprocher les uns des autres ces différens résultats, et espérer d'en découvrir la loi. C'est ainsi qne j'ai opéré. Mais quand j'eus commencé à saisir les circonstances principales de ces phénomènes, je m'aperçus qu'elles ne pouvaient pas s'exprimer par les formules que Malus avait trouvées pour représenter les déviations imprimées aux axes des particules lumineuses par les cristaux de spath d'Islande. Sans m'arrèter à chercher des hypothèses plus ou moins probables pour me rapprocher de cette théorie, je m'attachai à déterminer les vraies lois des faits par observation. J'y réussis, et elles se trouvèrent exprimées par deux formules très-simples qui permettaient de prévoir avec facilité et certitude tous les cas particuliers. Pour l'incidence perpendiculaire, ces formules étaient

$$F_o = O \cos^2 \alpha + E \cos^2 (2\,i - \alpha).$$
$$F_e = O \sin^2 \alpha + E \sin^2 (2\,i - \alpha).$$

En nommant i l'angle formé par l'axe de la lame avec la polarisation primitive des molécules lumineuses, α l'angle analogue pour la section principale du rhomboïde, O et E, deux teintes constantes et données pour chaque lame, F_o et F_e, les deux faisceaux dans lesquels la lumière polarisée qui a traversé la lame se résout dans le rhomboïde qui sert à l'analyser. Quand on fait $\alpha = o$ $i = 45^\circ$ on a

$$F_o = O.$$
$$F_e = E.$$

et les deux teintes O et E, étant tout-à-fait séparées, peuvent s'observer isolément. Dans les autres positions de la lame, α restant le même, les rayons F_o et F_e sont de simples mélanges des teintes O et E dans les proportions que la formule indique.

Je decouvris de plus une analogie singulière entre les teintes E polarisées par ces lames, et les teintes que Newton avait observées par réflexion sur les lames minces de tous les corps. Les mêmes teintes, dans les deux classes des phénomènes, répondaient à des épaisseurs proportionnelles, de sorte que je pouvais toujours les rapporter à la table des épaisseurs que Newton avait donnée dans son Optique, et que j'ai rapportée dans mon premier Mémoire. Je m'attachai à confirmer ce résultat par un grand nombre de mesures très-précises, faites avec un instrument d'une invention nouvelle que M. Cauchoix, habile opticien, m'avait confié. Le rapport que j'avais remarqué se vérifia ainsi de la manière la plus constante; de sorte qu'au moyen de mes deux formules, et de la table des épaisseurs calculée il y a cent cinquante ans par Newton, pour une autre classe de phénomènes, je pouvais prédire d'avance, avec la plus grande exactitude, toutes les circonstances qu'une lame donnée devait présenter. Or, prédire les faits, et les prédire exactement, est la meilleure preuve par laquelle on puisse s'assurer qu'on en a trouvé les lois véritables. Je n'hésitai donc plus à présenter celles-ci à la Classe, et ce fut l'objet d'un Mémoire que je lus au mois de juin 1812.

Mais ces lois n'étaient encore que des résultats composés de l'expérience. Je ne voyais aucune propriété physique, aucun mode d'action des lames sur la lumière, auquel je pusse les rattacher. Enfin, à force d'y penser, je parvins à comprendre ce qu'elles signifiaient; et, pour dire la vérité, maintenant que j'en connais le résultat, il me semble que j'aurais dû l'apercevoir plutôt, tant il est évident et simple, et concordant avec les phénomènes, quoiqu'il s'écarte absolument de ce que l'on

avait trouvé jusqu'alors. En effet, en jetant seulement les yeux
sur les formules que j'ai rapportées tout-à-l'heure, on voit que
la division, produite par le rhomboïde, annonce deux sens de
polarisation dans la lumière transmise ; savoir : celui de la teinte
O dans l'azimut o, et celui de la teinte E dans l'azimut $2i$. Ainsi
la lame cristallisée laisse ou redonne à la teinte O sa polarisation
primitive, et dirige les axes de la teinte E, non pas dans le sens
de l'axe de cristallisation ni dans un sens perpendiculaire, mais
de l'autre côté de cet axe à une égale amplitude. Ce mode de
polarisation est comme on voit un phénomène tout-à-fait nouveau, et fort différent de celui que Malus avait trouvé dans le
cristal d'Islande ; de sorte qu'il ne faut pas s'étonner si ses
formules n'avaient pas pu s'appliquer à ce nouveau genre
d'observations. De plus, les teintes O, E, qui se polarisent dans
chacun des deux sens, sont différentes selon l'épaisseur, et en
observant leur succession, quand l'épaisseur change, on voit que
les mêmes molécules lumineuses sont tour-à-tour entraînées vers
l'une ou l'autre polarisation, suivant des alternatives périodiques
pour chacune d'elles. Dès que j'eus découvert ce fait général, les
nombreuses conséquences qui en découlaient se présentèrent en
foule à mon imagination. Je m'empressai de les confirmer par
l'expérience, et l'expérience les réalisa d'une manière si constante, que bien que j'eusse prévu cet accord, je m'en trouvais
par fois moi-même surpris. Enfin, après plus d'une année
d'épreuves et de recherches, qui ne se sont pas une seule fois
démenties, je crois pouvoir avancer que tous ces phénomènes
sont compris dans la loi suivante.

Lorsqu'un rayon blanc polarisé tombe perpendiculairement sur
une plaque de mica, de chaux sulfatée, ou de cristal de roche,
taillée parallèlement à l'axe de cristallisation, toutes les molécules
lumineuses commencent par pénétrer jusqu'à une petite profondeur, sans éprouver aucune déviation sensible dans la direction

de leurs axes ; mais arrivées à cette limite , qui est différente pour les particules de diverses couleurs , elles se mettent toutes à osciller autour de leur centre de gravité , comme le balancier d'une montre. Ces oscillations sont de même étendue pour les molécules lumineuses de toutes les couleurs , mais leurs vîtesses sont inégales. Les molécules violettes tournent plus vîte que les bleues, celles-ci plus vîte que les vertes , et ainsi de suite jusqu'aux molécules rouges qui sont les plus lentes de toutes. Cette inégalité de vîtesse fait qu'à chaque épaisseur de la lame , il se trouve des couleurs différentes aux deux limites de l'oscillation , et c'est ce qui produit les deux faisceaux colorés que l'on observe quand on analyse la lumière transmise. Je mesure l'étendue de ces oscillations, leur durée, leur vîtesse , et la loi de la force qui les produit. Je puis à volonté, en disposant convenablement les plaques , les étendre ou les resserrer, les accélérer ou les ralentir, ou les rendre nulles, ou enfin les faire passer en sens opposé ; et cela paraîtra peut-être surprenant, quand on saura que chacune de ces oscillations s'accomplit dans une épaisseur d'environ un cinquantième de millimètre. Et quelle doit être la petitesse du temps que la lumière emploie à traverser un cinquantième de millimètre, lorsqu'on sait qu'elle parcourt dans une seconde soixante et dix mille lieues ?

Les effets de ces oscillations , réduits en calcul, me donnent précisément les mêmes formules que j'avais d'abord trouvées d'après la seule observation, dans mon premier Mémoire, et que j'ai tout-à-l'heure rapportées ; elles montrent également à quoi tient ce singulier accord que j'avais découvert entre les couleurs polarisées par les lames minces, et leurs épaisseurs rapportées à la table de Newton. Cet accord résulte uniquement de ce que ces deux classes de phénomènes sont assujéties aux mêmes lois de périodicité.

D'après l'idée que je viens de donner des épaisseurs que la lumière traverse pendant la durée d'une oscillation, on conçoit

qu'il se fait plusieurs milliers de ces oscillations dans une plaque
de l'épaisseur de quelques centimètres. Alors les molécules de
couleurs diverses sont tellement mélangées aux deux limites de
l'oscillation, qu'il n'en résulte que deux faisceaux blancs d'une
intensité à-peu-près égale. Cependant je puis encore rendre les
oscillations sensibles et évidentes dans cette lumière ainsi mêlée.
Il suffit de la faire passer à travers une seconde plaque d'une
épaisseur à-peu-près égale à la première, mais de manière que
les axes de cristallisation des deux plaques soient disposés en
croix. Il résulte de cet arrangement, que les axes des molécules
lumineuses sont définitivement distribués dans les mêmes
directions que si la lumière n'avait traversé qu'une seule
plaque, et de plus la distribution des teintes dans ces deux
directions est la même que si l'épaisseur de cette plaque était
égale à la différence des deux plaques croisées. Si cette différence est assez petite pour produire des couleurs, on voit deux
faisceaux colorés; si elle est trop grande, la lumière est encore
trop mêlée et les deux faisceaux sont blancs. Enfin les deux
plaques sont-elles égales en épaisseur, la seconde détruit ce que
la première avait fait, et le résultat total est nul, c'est-à-dire,
que toutes les particules de lumière reprennent leur polarisation
primitive. Il n'est pas nécessaire pour produire ces phénomènes,
que les deux plaques soient de même nature, mais alors il faut
tenir compte de l'inégale intensité de leurs actions. Ces couleurs
subitement produites par le croisement de deux plaques, qui
seules n'en produiraient aucune, paraissent assez surprenantes
quand on les voit pour la première fois, et qu'on n'en connaît
pas la cause; mais elles semblent plus surprenantes encore lorsqu'on la connaît et qu'on songe à la ténuité ainsi qu'à la vitesse des particules sur lesquelles on produit des effets pareils.

La même théorie m'a servi également et avec la même exactitude pour prévoir tous les autres phénomènes que présentent

les lames cristallisées, soit minces, soit épaisses, susceptibles de
donner des couleurs différentes quand on les présente à un rayon
polarisé. L'accord constant de cette théorie avec l'expérience,
m'a permis d'en tirer un résultat assez curieux pour que je croie
devoir le rapporter ici. J'ai dit plus haut que j'avais déterminé
la durée des oscillations et la loi de la force qui les produit. Or,
pour que cette durée soit telle que l'observation la donne, il
faut qu'il y ait un certain rapport déterminé entre la grosseur
des particules de la lumière et l'intensité de la force qui les fait
tourner ; c'est ainsi qu'il existe un rapport connu entre le temps
des oscillations d'un pendule, sa longueur, et l'intensité de la
pesanteur terrestre. On peut déterminer ce rapport par un calcul
très-simple ; et de là, si l'intensité des forces exercées par le
cristal sur la lumière était connue, on pourrait déduire les dimensions des particules lumineuses, ou, réciproquement, on pourrait calculer l'intensité des forces, si ces dimensions étaient données. Dans les suppositions les plus vraisemblables, les dimensions que ce calcul assigne aux molécules de la lumière sont
d'une petitesse qui effraie l'imagination.

Lorsque je me fus bien assuré que la théorie des oscillations
représentait parfaitement tous les phénomènes de coloration produits par les lames minces ou épaisses de chaux sulfatée, de
cristal de roche, et de béaucoup d'autres substances taillées parallèlement à l'axe de cristallisation, je cherchai comment l'inclinaison de l'axe sur le plan des surfaces pouvait changer les
résultats. Je vis qu'il le changeait en deux manières; 1° en faisant
varier la longueur du trajet parcouru par les molécules lumineuses dans l'intérieur du cristal ; 2° en faisant varier la force répulsive extraordinaire, qui, selon la belle théorie de M. Laplace,
est toujours proportionnelle au carré du sinus de l'angle formé
par l'axe avec le rayon réfracté. En combinant ces deux élémens,
et en y joignant, pour plus d'exactitude, un facteur très-peu

différent de l'unité qui probablement dépend de la vitesse de translation des particules, je fus en état de représenter tous les changemens de couleurs qui se produisaient sous les incidences diverses dans des lames taillées d'une manière quelconque relativement à l'axe de cristallisation. Ces résultats théoriques, comparés à des expériences rigoureuses, me servirent aussi à montrer que le nombre et l'étendue des oscillations dépendaient uniquement des trois élémens dont je viens de parler, et nullement du sens ou de la forme des surfaces par lesquelles le rayon entrait dans l'intérieur du cristal.

Mais le cas où les surfaces de la lame sont perpendiculaires à l'axe de cristallisation exige une détermination particulière ; car s'il n'existait de forces polarisantes que celles qui émanent de cet axe, il s'ensuivrait que de pareilles lames exposées perpendiculairement au rayon polarisé n'exerceraient aucune déviation sur les axes des particules lumineuses. Cependant j'avais reconnu dès mes premières recherches, que la lumière transmise dans cette direction à travers les lames de la chaux sulfatée parallèlement à leur surface, y prenait une polarisation fixe, et déterminée par le sens des lames. Les aiguilles de cristal de roche, de béril, etc., taillées perpendiculairement à leur longueur, et présentées au rayon polarisé parallèlement à leur axe de cristallisation, y produisent aussi une polarisation particulière. Il existe donc dans ces corps des forces polarisantes indépendantes de celles qui émanent de l'axe principal. J'ai sur-tout étudié celles qui existent dans le cristal de roche, parce que cette substance très-dure et homogène peut être facilement taillée dans tous les sens, et réduite en lames minces ; avantage que l'on n'a pas avec la chaux sulfatée, dont on ne peut tirer aisément des lames que dans le sens naturel de ses feuillets. J'ai trouvé ainsi que, dans le cristal de roche, l'action secondaire dont nous parlons imprimait aux molécules lumineuses un mouvement de rotation

continu autour de leur axe de translation, au lieu du mouvement d'oscillation que l'axe principal leur imprimait. Si l'on
incline une pareille lame sur le rayon polarisé, de manière à
développer graduellement la force principale, on voit qu'elle
enlève successivement à l'autre une portion de la lumière transmise, à laquelle elle imprime un mouvement d'oscillation, tandis que le reste des molécules lumineuses continue à circuler.
Enfin il vient un terme auquel toute ou presque toute la lumière est enlevée au mouvement de rotation, et on retombe sur
les cas que nous avions examinés d'abord. D'après cela, on conçoit qu'il est possible de développer successivement ces phénomènes même dans des plaques non perpendiculaires à l'axe de
cristallisation ; car il suffit que leurs surfaces fassent avec cet
axe un angle assez grand pour qu'en les inclinant sur le rayon
polarisé, le rayon réfracté puisse s'approcher de l'axe dans les
limites où la force de circulation commence à devenir sensible.
En effet, l'expérience confirme parfaitement cet aperçu, ainsi
qu'on le verra dans les observations que j'ai rapportées, car j'y
ai mis en évidence le progrès de la force secondaire à mesure
que le rayon s'incline sur l'axe, depuis les positions où elle est
insensible, jusqu'à ce qu'enfin elle entraîne toutes les molécules
lumineuses, pour les abandonner de nouveau sous des inclinaisons plus grandes, lorsque le rayon réfracté redevenant oblique
à l'axe, la force principale recommence à se développer.

Un des résultats qui m'ont paru les plus remarquables de ces
expériences, et que j'ai tâché d'établir avec une rigueur et une
certitude proportionnées à son importance, c'est que les modifications imprimées aux molécules lumineuses par une plaque
de cristal de roche perpendiculaire à l'axe de cristallisation, ne
consistent pas simplement dans un déplacement de leurs axes,
mais renferment aussi une certaine propriété physique permanente et durable, qui fait qu'ensuite le prisme de cristal d'Is-

lande n'agit pas sur elles comme il ferait sur des particules naturellement émanées d'un corps lumineux. On peut voir dans la
dernière partie de mes recherches les expériences positives et
variées sur lesquelles j'ai établi cette conséquence singulière.
Déja la discussion des oscillations produites par les lames parallèles à l'axe de cristallisation, m'avait conduit précédemment à
reconnaître des effets de ce genre, quand les rayons passaient
d'une de ces plaques à une autre ; mais cette conséquence était
fondée sur des considérations qui, bien que déduites immédiatement des faits observés, étaient cependant fort délicates et difficiles à saisir pour ceux qui n'auraient pas suivi avec attention
tout le fil de la théorie. Les plaques perpendiculaires à l'axe
de cristallisation, en confirmant l'existence de propriétés pareilles,
les mettent dans une entière évidence, et permettent d'en constater immédiatement la réalité.

J'ai terminé ces recherches en les appliquant à une substance
qui agit sur la lumière comme si elle avait deux axes, l'un situé
dans le plan de ces lames, l'autre perpendiculaire à ce plan.
Cette substance est le mica, dont les effets extrêmement singuliers, et en apparence d'une bizarrerie inexprimable, tiennent
uniquement à la disposition que je viens d'indiquer. En examinant ces effets d'une manière méthodique, je suis parvenu d'abord
à démontrer isolément l'existence de chacun des deux genres de
forces qui agissent dans cette substance ; après quoi, leur combinaison m'a conduit à la théorie de tous les phénomènes composés, qui, comparée à l'expérience, s'y trouve parfaitement
conforme. On verra dans la dernière partie de mes recherches
les expériences que j'ai faites pour cet objet ; j'en ai donné depuis une confirmation assez frappante dans les Mémoires d'Arcueil, en montrant par l'expérience qu'il suffisait de combiner
des lames de chaux sulfatée, parallèles à l'axe de cristallisation,
et des lames de cristal de roche perpendiculaires à cet axe,

pour produire artificiellement par leur superposition les phénomènes que le mica nous présente.

Toutes les expériences que j'ai rapportées dans cet ouvrage,
toutes les considérations que j'en ai tirées, portent uniquement
sur des substances où la double réfraction est si faible, que les
images des points lumineux vus à travers des lames à faces parallèles, de quatre ou cinq centimètres d'épaisseur, ne sont pas
sensiblement séparées. J'ai voulu savoir si la séparation des faisceaux empêcherait les mêmes propriétés d'avoir lieu, et les
mêmes mouvemens de se produire. Pour cela, j'ai fait tailler
des prismes de cristal de roche, qui avaient plus de vingt degrés
d'ouverture, et qui divisaient nettement les images des rayons
lumineux très-déliés, qu'on laissait tomber directement sur leurs
surfaces. En superposant deux prismes pareils, d'épaisseur égale,
et taillés sous le même angle, mais dans des sens rectangulaires
relativement à l'axe de cristallisation, conformément à ce qu'indiquait la théorie, j'ai obtenu des couleurs de même qu'avec les
lames croisées à surfaces parallèles. Le système des prismes superposés formait alors un angle refringent de 20, 3o, et jusqu'à 4o
degrés. Ces expériences se trouvent rapportées dans mon second
Mémoire, page 57 ; elles suffisent pour confirmer tout ce que j'ai
avancé. Mais on doit remarquer que, dans le système de ces
prismes, la séparation des images était pareillement insensible
comme dans les lames, à cause du croisement de leurs axes ; le
second prisme détruisant presque entièrement la double réfraction et la séparation des images produites par le premier. De là
il résulte que le phénomène de la coloration des images, et le
mode particulier de polarisation qui en est la cause, peuvent
également se produire avec des forces répulsives assez énergiques
pour séparer sensiblement les images, pourvu que les effets de
ces forces soient successivement opposés et s'entre-détruisent
presque exactement.

J'insiste sur cette considération, parce que l'expérience m'a fait connaître que les molécules lumineuses, après avoir oscillé dans l'intérieur d'un cristal jusqu'à une certaine profondeur, peuvent, par l'action dès la seconde surface, ou même par le seul progrès de l'espèce d'aimantation qu'elles ont acquise, prendre une polarisation fixe qui dirige les axes d'un certain nombre d'entre elles dans le plan de la section principale du cristal, et les axes des autres dans le plan perpendiculaire à cette section. J'ai fait cette observation sur un grand morceau de cristal de roche que M. Rochon m'avait confié, et qui avait presque un décimètre de longueur : l'axe de cristallisation était oblique sur les faces. En faisant passer à travers ce morceau un rayon direct très-mince, il se divisait en deux sens de polarisation fixes et rectangulaires, dont l'un était dirigé suivant la section principale du cristal, et l'autre dans une direction perpendiculaire à celle-là. Si l'on croisait ce morceau avec un autre d'une longueur à-peu-près égale, chaque faisceau se divisait en deux autres, conformément aux lois de la double réfraction, et l'on obtenait quatre rayons émergens, comme dans la superposition des cristaux de spath d'Islande. Cependant le même morceau de cristal de roche, réduit en plaques moins épaisses, faisait osciller la lumière, et développait des couleurs, comme je m'en suis assuré par l'expérience, soit en exposant ces plaques directement à un rayon polarisé, soit en les croisant avec des plaques de chaux sulfatée d'une épaisseur à-peu-près égale. Ce résultat me conduisit à penser que, si le spath d'Islande paraissait toujours produire la polarisation fixe, cela tenait à la grande intensité de sa force répulsive, et que, si l'on atténuait cette force, on pourrait l'amener à faire osciller la lumière comme le cristal de roche, et à produire aussi des couleurs. Or, d'après ma théorie, il y avait deux choses à faire pour atteindre ce but ; il fallait d'abord amincir les lames pour diminuer le trajet des molécules lumineuses, et par conséquent le nombre de leurs oscillations à force répulsive égale : il fallait aussi diriger le rayon réfracté de manière qu'il s'approchât d'être parallèle à l'axe de cristal. Pour cet objet, je priai M. Cauchoix de me tailler des lames minces de cristal d'Islande, parallèles aux faces naturelles du rhomboïde; et, en les inclinant sur le rayon polarisé de manière que le plan d'incidence se trouvât dirigé suivant la petite diagonale des rhombes, et que le rayon polarisé s'approchât de l'axe, elles produisirent aussitôt des couleurs par réflexion et par réfraction, comme les lames de cristal de roche et de chaux sulfatée. La teinte dépendait également des épaisseurs et de l'incidence, conformément à la théorie ; mais la grande intensité de la force répulsive du cristal d'Islande exigeait que les incidences fussent très-considérables, pour que les couleurs pussent se développer. C'est pourquoi je priai M. Cauchoix de me tailler d'autres plaques minces perpendiculaires à l'axe des rhomboïdes, parce qu'alors le rayon réfracté pouvant devenir parallèle à cet axe, sous toutes les incidences, la force répulsive pouvait être affaiblie à volonté. En effet, de cette manière, les couleurs se développèrent sous toutes les incidences. De plus, elles étaient encore diverses en divers points des plaques, parce que les lames ainsi taillées sont toujours un peu prismatiques, ce qui fait que le trajet de la lumière n'a pas la même longueur dans tous leurs points; et, comme la force répulsive est très-intense, cette petite différence de trajet en produit une sur les couleurs. J'ai fait une expérience pareille sur l'arragonite qui possède aussi une force de double réfraction presque égale à celle du cristal d'Islande, selon les expériences de Malus. Le succès a été le même. Toutes les lames minces de cette substance ont produit des couleurs, soit lorsqu'elles étaient taillées presque perpendiculairement à l'axe des aiguilles, soit lorsqu'elles étaient taillées obliquement, et qu'on les inclinait de manière que le rayon réfracté devint presque parallèle à cet axe. Ce qui montre qu'il est en effet parallèle aux arêtes des aiguilles comme Malus l'a reconnu le premier par d'autres moyens.

Je dois faire remarquer que l'observation des couleurs avec ces lames est une affaire très-délicate quand l'axe de cristallisation est incliné sur leur surface, parce qu'à cause de la grande énergie de la force répulsive il faut incliner bien exactement l'axe de manière à ce que le rayon réfracté s'approche autant que possible d'être parallèle à sa direction. Cette précaution est tellement indispensable que, prenant par exemple des lames de cristal d'Islande parallèles aux faces naturelles du rhomboïde, et assez minces pour produire des couleurs lorsqu'on les place convenablement, on ne les découvrirait probablement pas si l'on n'était pas prévenu de la manière de s'en servir.

En réunissant ces dernières expériences avec celles que j'ai rapportées dans mes recherches, on voit que tous les cristaux doués de la double réfraction, peuvent produire la polarisation progressive, et faire osciller la lumière quand leur force répulsive extraordinaire est suffisamment atténuée ; et de-là il devient extrêmement vraisemblable que, dans tous ces cristaux, les molécules lumineuses commencent par osciller autour de l'axe avant d'acquérir une polarisation fixe qui distribue leurs axes en deux sens rectangulaires.

Cependant je n'oserais encore donner cette dernière conséquence comme étant absolument certaine, parce que dans les lames dont les faces ne sont point assez parallèles pour qu'on puisse y observer des couleurs uniformes, et montrer le rapport de l'épaisseur avec les couleurs, le caractère le plus saillant qui puisse y mettre en évidence le mouvement oscillatoire des molécules lumineuses, c'est le développement des couleurs produites par le croisement des axes dans les lames superposées. Or, je n'ai pas encore réussi à produire cet effet dans les lames de cristal d'Islande et d'arragonite en les croisant les unes avec les autres, ou avec des plaques de chaux sulfatée ; et il m'a paru que la superposition de ces dernières n'accélérait ni ne retardait l'apparition des couleurs données par les lames minces de ces deux cristaux, soit que l'épaisseur des plaques de chaux sulfatée, dont j'ai pu disposer, fût encore beaucoup trop faible pour contrebalancer l'impression produite sur les molécules lumineuses par le cristal d'Islande et l'arragonite, soit que les couleurs que j'ai réussi à développer dans ces dernières substances tiennent seulement à ce que leur double réfraction s'exerce plus fortement sur les rayons violets que sur les bleus, sur les bleus que sur les verts, et ainsi de suite, selon l'ordre de la réfrangibilité, ainsi que je l'ai montré par l'expérience dans le troisième volume des Mémoires d'Arcueil. Toutefois l'accroissement d'action de ces lames avec l'épaisseur montre que la modification que les molécules lumineuses y éprouvent est progressive comme dans les cristaux dont la force répulsive est faible, et qu'elle ne s'établit complètement qu'au-delà d'une certaine épaisseur dépendante de l'angle formé par le rayon réfracté avec l'axe du cristal, et qui est considérablement plus épaisse que celle à laquelle les couleurs des lames minces, observées par Newton, commencent à se développer.

Lorsque j'analysai pour la première fois les phénomènes que présentaient les plaques de chaux sulfatée sous l'incidence perpendiculaire, je vis qu'ils démontraient nécessairement l'existence d'une force en vertu de laquelle les molécules lumineuses oscillaient autour de l'axe de cristallisation. De plus, comme les phénomènes des incidences obliques me montraient que l'action de la plaque décroissait quand on inclinait cet axe, et croissait quand on inclinait la ligne perpendiculaire, je fus porté à croire que la force d'oscillation n'émanait pas seulement de l'axe de cristallisation, mais aussi de la ligne qui lui était perpendiculaire : de sorte que l'action totale sous une inclinaison quelconque dépendait des effets opposés que ces deux axes rectan

k

gulaires pouvaient produire. Mais quand j'analysai avec rigueur
les conséquences des phénomènes observés sous l'incidence perpendiculaire, afin de les faire servir de base à la théorie des
oscillations, je reconnus et je remarquai que tout ce qu'ils démontraient était l'existence d'une résultante unique qui faisait
osciller les molécules lumineuses autour de l'axe de cristallisation, de quelque manière que cette résultante fût produite. Je
vis alors que pour décider d'où émanait cette résultante, il fallait faire des expériences sur les incidences obliques, en inclinant successivement les plaques dans le sens de leur axe et dans
le sens perpendiculaire, afin de chercher dans le progrès et
dans la loi des teintes, la preuve de l'influence d'un second
axe, s'il en existait un. Mais les expériences m'apprirent que
l'augmentation d'action de la plaque, quand on l'inclinait perpendiculairement à l'axe, tenait à ce que le trajet des molécules lumineuses dans le cristal devenait plus long en devenant
oblique, tandis que la force répulsive émanée de l'axe restait
constante, ce qui augmentait nécessairement le nombre des
oscillations. A la vérité, cette augmentation d'action due au trajet
plus long des particules, se produisait encore quand on inclinait la lame dans le sens de son axe ; mais, en même temps,
l'action répulsive de cet axe diminuait, parce qu'il s'approchait
davantage du rayon réfracté, et cet affaiblissement était plus
que suffisant pour compenser l'accroissement du trajet : d'où
il suit que le nombre des oscillations devait diminuer. On conçoit que je n'aurais pas pu résoudre ces difficultés avant d'avoir
déterminé les véritables lois suivant lesquelles les molécules lumineuses sont déviées et sollicitées dans les inclinaisons diverses
de la lame, et dans les divers sens des cristaux dont il s'agit.
C'est pourquoi je n'ai pas cherché à faire disparaître de la suite
de mes recherches les traces de ce progrès successif de mes
idées, quoiqu'il m'eût été facile de le faire ; mais j'ai voulu en

prévenir ici, pour qu'en lisant mon second Mémoire, on ne se méprenne pas sur l'expression du second axe que j'ai employée pour désigner la ligne perpendiculaire à l'axe de cristallisation, et qu'on y voie seulement un énoncé commode pour indiquer l'accroissement d'action qui se produit à mesure que cette ligne s'incline sur le rayon incident.

Dans le précis qu'on vient de lire je n'ai cherché à réunir que les résultats qui pouvaient avoir du rapport avec ceux que j'avais découverts. J'aurais desiré y joindre un extrait des expériences faites en Angleterre par M. Breuster, sur les plaques minces d'agate et de quelques autres corps. Mais ces résultats ne sont connus en France que par une note insérée dans la Bibliothèque Britannique, et qui est trop peu détaillée pour que l'on puisse en tirer aucune connaissance précise. M. Arago a bien voulu me communiquer qu'ayant essayé, d'après cette note, l'effet des plaques d'agate sur un rayon polarisé, il avait reconnu qu'elles agissaient comme une pile de plaques, et c'est aussi ce que j'ai vérifié après lui. J'ai aussi demandé à M. Arago si, parmi les mémoires qu'il avait lus à la Classe, et qui n'étaient pas encore imprimés, il y en avait qui pussent avoir, avec mes recherches, quelque rapport qu'il desirait de constater, et il m'a remis la note ci-jointe :

« Dans un mémoire que j'ai lu le 14 décembre 1812, j'ai rapporté des expériences de dépolarisation colorée faites avec des fragmens de cristal de roche à faces parallèles, et taillés perpendiculairement aux arêtes du prisme hexaèdre, et j'ai fait remarquer que le *nombre des axes* du rayon dépolarisé dépend de l'épaisseur du cristal que le rayon a traversé. (J'avais d'abord prévenu, en commençant le mémoire, que j'appelerais rayons à *axes colorés* ces rayons qui donnent des images de teintes différentes en traversant un cristal doué de la double réfraction.)

« Les fragmens de cristal dont il est question dans ce mémoire ont

$0^m,018$, $0^m,02$ et $0^m,03$ d'épaisseur ; mes premières expériences avaient été faites avec une plaque dont l'épaisseur était seulement de $0^m,005$, et alors j'apercevais, pendant le mouvement du rhomboïde, les sept couleurs dont il est question dans le mémoire imprimé ; mais les plaques de $0^m,018$, de $0^m,02$ et de $0^m,03$ ne présentent pas dans les mêmes circonstances ce nombre de teintes ; la remarque que vous avez faite, à cet égard, dans un mémoire qui a été lu cette année, et dont j'ai vu un extrait dans le Moniteur, ne porte donc que sur mon premier travail.

« Mon Mémoire de 1812 renferme encore une expérience de dépolarisation à laquelle j'attache quelque prix, parce qu'elle diffère essentiellement des expériences analogues que j'avais faites avec le cristal de roche, le mica, etc. ; dans ces dernières un rayon polarisé ordinaire devenait rayon à *axes colorés* en traversant les cristaux, tandis que la lumière directe *semblait* ne pas éprouver de modification ; dans certains cristaux de sulfate de baryte la lumière directe elle-même est dépolarisée ; car, examinée à son émergence du cristal avec un rhomboïde de carbonate de chaux, elle donne deux images, dont l'une est violacée, et l'autre de la teinte complémentaire ; il résulte de-là que, si on reçoit, sur un semblable cristal, de la lumière blanche déja polarisée, elle sortira avec une teinte, soit violacée, soit jaune verdâtre, suivant la position de la section principale. »

ERRATUM.

Page vi, ligne 4, *interposées ;* lisez *superposées.*
   vii, ligne 2, *incline ;* lisez *s'incline.*
   xxxvi, ligne 13, en remontant *au cosinus ;* lisez **au carré du cosinus.**

ADDITION *aux Considérations générales sur la Polarisation de la Lumière.*

PENDANT l'impression de la feuille qui termine la dissertation précédente, je suis parvenu à faire naître le phénomène des couleurs dans les lames de spath d'Islande, sous des incidences quelconques, en les croisant avec des plaques de chaux sulfatée ; ce qui montre que les molécules lumineuses en entrant dans cette substance commencent par y osciller autour de leur centre de gravité avant de prendre la polarisation fixe, ainsi que cela a lieu dans les cristaux dont la force répulsive est faible. Cette expérience lève par conséquent la réserve que j'avais cru devoir apporter dans les applications de ma théorie, page 72, et elle permet de l'étendre à tous les corps cristallisés, doués de la double réfraction.

L'inutilité de mes premières tentatives était due à deux causes ; 1° je m'étais borné à opérer le croisement à la main au lieu d'employer l'appareil exact qui m'avait servi jusqu'alors ; 2° la grande intensité de la force répulsive du cristal d'Islande faisait qu'il était difficile de tomber précisément sur la proportion des épaisseurs de chaux sulfatée qui devait le compenser. Il fallait en conséquence trouver une méthode directe et sûre pour opérer cette compensation graduellement, et c'est à quoi je suis parvenu de la manière suivante :

J'ai pris une lame mince de cristal d'Islande, parallèle aux faces naturelles du rhomboïde. Son épaisseur moyenne mesurée au sphéromètre était de 162 parties, ce qui équivaut en millimètres à 0,365g6. Pour éviter de la briser pendant les expériences, on l'avait travaillée sur un verre poli, à faces parallèles, où elle était collée avec de l'essence de thérébentine épaissie, ce qui permettait à la lumière de passer aussi librement que si la lame eût été séparée. De plus, on avait cherché à rendre ses deux surfaces aussi parallèles qu'il était possible. Cette lame exposée au rayon polarisé, sous l'incidence perpendiculaire, et même sous des incidences déja assez obliques, ne produisait point de coloration, mais cependant à force de l'incliner de manière à rapprocher le rayon réfracté de son axe, ce phénomène y devenait très-sensible, et l'on y apercevait une succession de teintes différentes, selon l'inclinaison. Je plaçai cette lame sur mon appareil, dans la position que je viens d'indiquer, en sorte que le plan d'incidence se trouvât dans l'azimut de $45°$; puis j'abaissai l'axe de la lame dans ce plan, de manière à diminuer son action, et je m'arrêtai lorsque les couleurs furent sur le point de se produire, ce qui répond au 7e ordre d'anneaux de la table de Newton. Alors je croisai à angles droits sur cette lame une lame de chaux sulfatée dont l'épaisseur était $0^{mm},517$, et qui, par elle-même, était trop épaisse pour produire la coloration : aussitôt je vis paraître les plus vives couleurs. J'ôtai cette lame et lui en substituai une autre de même nature, dont l'épaisseur était $0^{mm},9486$; celle-ci était trop forte; elle surpassait trop l'action de la lame de cristal d'Islande, sous l'incidence où cette dernière était placée, et il ne se produisait plus de coloration; mais on obtenait de nouveau ce phénomène, en diminuant l'incidence du rayon sur la lame de cristal d'Islande, ce qui augmentait l'angle du rayon réfracté avec l'axe du rhomboïde. En continuant de faire mouvoir la lame dans ce sens, on la rendait trop forte à son tour, et on dépassait les limites de la table de Newton; alors les couleurs disparaissaient, mais elles se produisaient de nouveau en employant une lame de chaux sulfatée plus épaisse. J'ai obtenu ainsi des couleurs avec des épaisseurs de $2^{mm},409$, et même de $5^{mm},940$, par le seul changement de l'inclinaison. En comparant ces épaisseurs avec les incidences correspondantes, j'ai trouvé que l'action de la lame de cristal d'Islande, comme celle de tous les autres cristaux que j'avais étudiés, était proportionnelle au produit de la force répulsive par la longueur du trajet que les molécules lumineuses font dans le cristal. Il en résulte aussi que l'action polarisante du cristal d'Islande est à celle de la chaux sulfatée et du cristal de roche, comme 18,6 est à l'unité; ce qui s'accorde presque exactement avec le rapport des forces répulsives conclu des expériences de Malus, sur la déviation qu'elles produisent dans les rayons. Ces nouveaux phénomènes qui ne m'étaient pas connus à l'époque où je composai une théorie en offrent une confirmation assez frappante pour j'aie cru devoir la joindre ici.

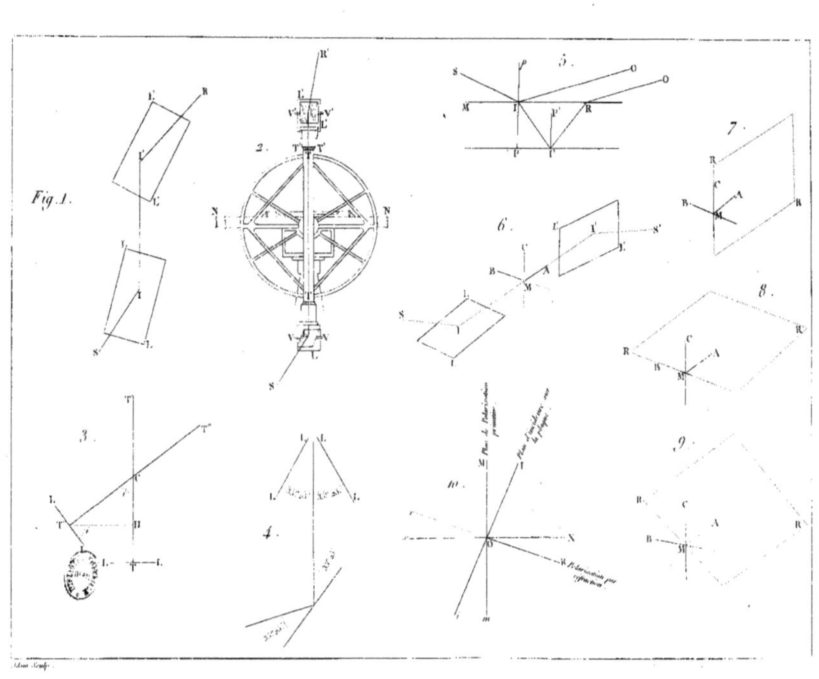

MÉMOIRES

DE LA CLASSE

DES SCIENCES

MATHÉMATIQUES ET PHYSIQUES.

MÉMOIRE

Sur de nouveaux Rapports qui existent entre la réflexion et la polarisation de la lumière par les corps cristallisés;

Par M. BIOT.

Lu à l'Institut le 1er juin 1812.

Tous les physiciens connaissent les belles découvertes de Malus sur la polarisation de la lumière; mais dans toutes les expériences qu'il a faites, les deux faisceaux, diversement polarisés, étaient tous deux incolores. Le 11 août 1811, M. Arago communiqua à la Classe une série de recherches, dans lesquelles les rayons polarisés, après avoir traversé des lames minces de mica, de chaux sulfatée, ou certaines plaques épaisses de cristal de roche , ou même certaines plaques de flint - glass , se résolvent en deux faisceaux diversement colorés. Ce sont ces phénomènes qui m'ont occupé (*).

Je me propose, dans ce Mémoire, de faire connaître la loi suivant laquelle les molécules lumineuses de diverses couleurs sont successivement modifiées par les lames minces de plusieurs corps cristallisés , doués de la double réfraction. Je déduirai de cette loi le moyen de prévoir, d'après la seule mesure de l'épaisseur de ces lames , la couleur des rayons, soit ordinaires, soit extraordinaires, qu'elles polarisent par réflexion ou par réfraction, dans une position quelconque donnée : enfin, je tirerai de ces résultats plusieurs analogies nouvelles et très-intimes entre les causes encore inconnues qui produisent la réflexion ordinaire de la lumière, et celles qui la polarisent dans les corps cristallisés.

Mes premières et mes principales expériences ont été faites avec des cristaux de chaux sulfatée, particulièrement de la variété que M. Haüy a nommée *trapézienne*. La facilité que l'on a de se procurer cette substance, la possibilité d'en tirer des lames d'une finesse extrême, d'un poli parfait, d'une cristallisation régulière et homogène, enfin d'une épaisseur aussi égale qu'il soit possible à l'art de l'atteindre; tous ces avantages concouraient éminemment au but que je m'étais proposé, de soumettre les lames cristallisées à

(*) Les expériences de M. Arago sont consignées dans les volumes de l'Institut et se trouvent imprimées immédiatement avant mon Mémoire.

des mesures précises. C'est pourquoi je m'en suis occupé
d'abord.

Pour procéder d'une manière méthodique dans cette
recherche, il fallait d'abord déterminer la position de l'axe
de cristallisation de la chaux sulfatée. La forme primitive
assignée par M. Haüy pour cette substance, est un prisme
droit quadrangulaire, dont les bases, situées dans le plan
des lames, sont des parallélogrammes obliquangles, ayant
leurs angles de 113° 7′ 48″ et 66° 52′ 12″. La théorie de la
cristallisation ne détermine point le rapport de longueur
des côtés opposés à ces angles. En le choisissant de manière
à représenter les formes secondaires avec le plus de simplicité qu'il est possible, ce qui est le but du minéralogiste,
M. Haüy a choisi pour ce rapport celui de 12 a 13. Je me
suis assuré que l'axe de double réfraction de la chaux
sulfatée n'a aucun rapport de symmétrie avec ce parallélogramme : mais si l'on triple le côté 12 en laissant l'autre
constant, de manière à former un nouveau parallélogramme,
dont les côtés soient entre eux comme 36 à 13, l'axe de
double réfraction coïncide avec sa plus grande diagonale,
de sorte qu'il fait avec le côté 36 un angle de 16° 13′ ;
ce qui suffit pour retrouver sa position dans une lame
quelconque de chaux sulfatée, d'après celle des côtés du
parallélogramme, lesquels sont facilement reconnaissables,
puisque la lame se brise naturellement suivant leurs directions. Les moyens que j'ai employés pour découvrir la position de cet axe étant purement graphiques, et tels que la
théorie de la double réfraction les indique, je n'ai pas pu
parvenir d'abord à la précision que je viens d'assigner ; mais
les valeurs que j'obtenais se trouvant entre 16 et 17°, je les

ai rendues rigoureuses, en les assujétissant à la condition que l'axe de double réfraction se trouvât symmétriquement placé dans le parallélogramme assigné par M. Haüy, ou dans un de ses multiples.

Pour vérifier ces résultats, j'ai taillé des prismes de chaux sulfatée dans lesquels une des faces était perpendiculaire à la direction de l'axe déterminée comme je viens de le dire, l'autre face lui étant oblique : lorsqu'on regardait une aiguille très-fine à travers un pareil prisme, la face perpendiculaire à l'axe étant tournée vers l'œil, on voyait une image unique de l'aiguille, irisée par la dispersion ; au lieu qu'en taillant des prismes dans toute autre direction, on voit généralement deux images irisées. Cette propriété de donner des images simples à travers des faces prismatiques est, comme on sait, le caractère de l'axe de double réfraction ; et la direction ainsi trouvée dans les cristaux de chaux sulfatée est parfaitement confirmée, par les sens des sections principales indiquées sur des faces quelconques par la polarisation de la lumière.

Mais soit que ces corps lamelleux ne puissent jamais être exempts de quelques irrégularités dans la superposition de leurs couches, soit que les molécules lumineuses, en passant entre ces couches, y subissent la polarisation, j'ai constamment observé que lorsqu'on faisait passer un faisceau de lumière polarisée à travers deux faces parallèles entre elles et perpendiculaires à l'axe, ce faisceau éprouvait une nouvelle polarisation déterminée par le sens des lames ; ce qui n'a pas lieu, par exemple, d'après Malus, dans le carbonate de chaux taillé perpendiculairement à l'axe, comme nous venons de le supposer.

La situation de l'axe de double réfraction de la chaux

sulfatée dans le plan de ses lames, est une circonstance très-favorable à la régularité des expériences que l'on peut faire avec les lames minces de cette subtance. Chacune de ces lames n'eût-elle qu'un centième de millimètre d'épaisseur, est un cristal aussi parfait que le cristal entier. Si l'on joint à cette précaution celle de n'employer que des cristaux parfaitement nets et réguliers, sur-tout de la variété que j'ai indiquée, on parviendra facilement à enlever les unes après les autres les lames qui les composent, sans altérer en rien leur régularité. Il ne faut qu'indiquer avec un instrument très-fin, par exemple, avec une lancette, le commencement de la séparation des lames, après quoi on peut les enlever à la main, comme on enleverait un morceau de baudruche appliqué sur un marbre poli. Je suis obligé d'entrer dans tous ces détails, car les précautions que je viens d'indiquer sont indispensables pour déterminer avec précision, et même pour apercevoir les lois auxquelles les phénomènes des couleurs sont assujétis.

SECTION Ire.

Des teintes que donnent les lames minces cristallisées sous l'incidence perpendiculaire : lois de ces phénomènes.

Si l'on présente une pareille lame mince, perpendiculairement à un rayon blanc, polarisé en un seul sens, et si l'on analyse la lumière transmise, en se servant d'un rhomboïde de spath d'Islande, ou de la réflexion sur une glace, on observe généralement, comme M. Arago l'a découvert, deux images colorées de teintes complémentaires, c'est-à-

dire, dont l'ensemble recompose la lumière blanche incidente; et suivant ses observations, la couleur et l'intensité
de ces images changent avec les positions de la lame et du
cristal, l'incidence restant toujours perpendiculaire, comme
nous l'avons supposé.

Pour analyser ce phénomène et en découvrir la loi générale, concevons un rayon blanc, vertical, polarisé par
réflexion sur une glace polie et non étamée, le plan de
réflexion étant dirigé suivant le méridien. Recevons ce
rayon sur une autre glace qui fasse avec lui l'angle convenable pour la polarisation complète, et dont le plan de
réflexion soit dirigé suivant le vertical d'est et ouest. Ce
sera l'appareil inventé par Malus. Le rayon blanc réfléchi
par la première glace se trouve polarisé relativement au
plan du méridien, et en tombant sur la seconde glace, il
la traverse librement sans éprouver aucune réflexion.

Mais si, avant qu'il parvienne à cette seconde glace, on
lui fait traverser perpendiculairement une lame mince et
régulière de chaux sulfatée, la seconde glace réfléchira une
lumière colorée, d'une espèce particulière de teinte. Si l'on
tourne la lame dans son plan, l'incidence restant toujours
perpendiculaire, cette teinte ne changera pas; mais son
intensité variera. Elle deviendra nulle quand l'axe de double
réfraction de la lame sera dirigé vers un des quatre points
cardinaux; et elle atteindra son *maximum* dans les points
intermédiaires, c'est-à-dire, dans les azimuts de 45°; 135°;
225°; 315°. Tout ceci suppose que la lame est partout d'une
épaisseur parfaitement égale, et qu'elle est cristallisée régulièrement.

Cette expérience prouve que la lame n'exerce son action

polarisante (*) extraordinaire que sur un certain ensemble
de rayons qui reste le même dans toutes les positions de
la lame. Je dis sur un certain ensemble de rayons, et non
pas sur les rayons d'une certaine couleur; car les expériences de Newton nous ont appris que la même couleur
peut, au moins pour nos sens, résulter de divers mélanges
de rayons simples les uns avec les autres. Il y a des bleus
et des verts de différens ordres que nos yeux ont peine
à discerner, sur-tout quand nous ne les observons pas
comparativement, et à côté les uns des autres. Mais la
physique apprend à les discerner en les réduisant à leurs
élémens. Les couleurs que font voir les lames minces de
chaux sulfatée sont de ce genre. Ce ne sont pas des couleurs simples, mais composées; et elles ont leurs différens
ordres, comme celles des lames minces de verre, des bulles
d'eau, et des anneaux colorés. On peut se convaincre de
cette composition par le prisme qui les sépare, en vertu de
leur inégale réfrangibilité; mais cela deviendra plus évident
encore lorsque nous aurons reconnu les lois suivant lesquelles naissent ces couleurs.

Quels que soient le nombre et l'épaisseur des lames que
l'on extrait d'un même cristal, si ce cristal est régulier, elles

---

(*) Je ne veux parler ici que de l'espèce d'action qui polarise extraordinairement les molécules lumineuses relativement au plan primitif de
leur polarisation. La portion complémentaire du rayon transmis qui conserve sa polarisation primitive, et qui forme le rayon ordinaire, est-elle
ainsi modifiée en vertu de cette première polarisation, ou en vertu d'une
force inhérente au cristal? C'est un point qui n'importe pas ici, mais
que je considérerai ailleurs.

auront tous les axes de la polarisation parallèles entre eux
et à l'axe du cristal entier. Les intensités de leurs actions
sur la lumière suivront les mêmes périodes dans tous les
azimuts : en un mot, il n'y aura de différence entre elles et
le cristal total, que dans la nature des teintes qu'elles
donneront, laquelle variera avec leur épaisseur, jusqu'à
dégénérer en une blancheur parfaite, à une certaine limite
d'épaisseur que nous déterminerons plus loin.

Puisque chaque lame mince homogène de chaux sulfatée
ne colore la seconde glace que d'une seule teinte dans tous
les azimuts, il s'ensuit qu'elle laisse passer librement tous
les rayons qui composent la teinte complémentaire de celle-
là, ou du moins qu'elle ne change pas leur polarisation primitive. On peut donc considérer la lumière totale, comme
composée de ces deux teintes, dont l'une, passant librement,
reste polarisée par rapport au plan du méridien; et l'autre,
qui est celle sur laquelle agit la lame, éprouve de sa part
une polarisation relative à son axe de cristallisation. En
supposant que le faisceau de rayons qui a éprouvé les deux
genres d'actions soient ensuite transmis à travers un rhomboïde de spath d'Islande, on peut se demander quelle sera
la teinte et l'intensité du rayon ordinaire et du rayon
extraordinaire dans chaque position de ce rhomboïde. Ce
problème serait facile à résoudre, si l'on connaissait par une
théorie rigoureuse les formules des intensités des rayons
qui ont traversé un certain nombre de cristaux de forme et
de position données : mais jusqu'ici les seules formules que
l'on ait pour ces objets, et qui sont celles de Malus, ne
peuvent être regardées que comme la représentation empirique des expériences qu'il avait faites ; elles renferment

l'expression la plus simple des résultats qu'il avait observés relativement à ces intensités, et ses observations portent presque uniquement sur les positions limites, où l'intensité devient nulle, soit pour le rayon ordinaire, soit pour le rayon extraordinaire. Les lames minces de chaux sulfatée, par la différence des teintes qu'elles donnent à ces rayons, offrent des épreuves plus nombreuses et plus délicates. En y appliquant les formules de Malus, on voit qu'elles ne les représentent pas complétement, soit que ce genre de phénomène diffère essentiellement de celui de la polarisation totale dans les lames épaisses, ce qui est extrêmement peu probable, comme on le verra par la suite, soit que les formules de Malus n'aient pas toute la généralité qu'il leur supposait, ce que j'hésiterais presque autant à affirmer.

Ces formules se trouvent dans le troisième chapitre de l'ouvrage de Malus sur la double réfraction, pages 205 et suivantes. Pour les appliquer ici, il faut décomposer par la pensée en deux parties la lumière blanche polarisée que réfléchit la première glace : l'une, que nous représenterons par E, sera celle qui éprouve une action de la part de la lame mince; l'autre, que nous nommerons O, sera celle sur laquelle la lame n'agit point. L'ensemble de ces deux teintes $O + E$ composera le rayon blanc incident, que nous supposerons toujours vertical, et polarisé relativement au plan du méridien.

Maintenant, soit i l'azimut de l'axe de la lame : le faisceau E, en la traversant sous l'incidence perpendiculaire, se divisera en deux faisceaux F_o F_e de même teinte, mais l'un ordinaire, et l'autre extraordinaire; et parce que l'incidence est perpendiculaire, et que l'axe de réfraction est dans le plan des lames, les intensités de ces deux faisceaux seront, d'après Malus (*),

$$F_o = E \cos^2 i \qquad F_e = E \sin^2 i :$$

en sortant de la lame, ils redeviendront parallèles à leur direction primitive ; et de plus leurs directions se confondent, puisque la lame est supposée trop mince pour pouvoir produire entre eux un écartement sensible. Chacun de ces faisceaux est polarisé relativement à l'axe de réfraction de la lame. En tombant sur le rhomboïde de spath d'Islande (**), dont la section principale est supposée placée dans l'azimut α, chacun d'eux se décompose de nouveau en deux autres parties par l'action de ce rhomboïde, et il en résulte quatre faisceaux de même teinte. Si nous supposons, pour plus de simplicité, la face naturelle du rhomboïde perpendiculaire aux rayons incidens, par conséquent normale au plan du méridien, alors les intensités de ces quatre faisceaux auront les valeurs suivantes :

$$\text{faisceaux} \begin{cases} \text{ordinaire} \dots \\ \text{extraordinaire} \end{cases} \text{provenant de } F_o \begin{cases} F_o \cos^2(\alpha-i) & \text{ou } E \cos^2 i \cos^2(\alpha-i) \\ F_o \sin^2(\alpha-i) & \text{ou } E \cos^2 i \sin^2(\alpha-i) \end{cases}$$

$$\text{faisceaux} \begin{cases} \text{ordinaire} \dots \\ \text{extraordinaire} \end{cases} \text{provenant de } F_e \begin{cases} F_e \cos^2(\alpha-i-90^\circ) \text{ ou } E \sin^2 i \sin^2(\alpha-i) \\ F_e \sin^2(\alpha-i-90^\circ) \text{ ou } E \sin^2 i \cos^2(\alpha-i) \end{cases}$$

(*) Nous faisons ici abstraction de la réflexion partielle, qui, sous l'incidence perpendiculaire, s'opère sur la lumière blanche, et ne fait par conséquent que diminuer l'intensité absolue du rayon incident.

(**) Pour rendre la séparation des rayons ordinaire et extraordinaire plus sensible, on peut analyser la lumière transmise avec un prisme de cristal d'Islande d'un petit nombre de degrés, et dont la face d'incidence soit une des faces naturelles du rhomboïde. De cette manière la réflexion

Nous avons de plus le rayon O qui traverse librement la lame mince sans perdre sa polarisation primitive, mais qui se décompose en traversant le rhomboïde. Comme il est polarisé relativement au plan du méridien, il est visible qu'il donnera

$$\text{un rayon} \begin{cases} \text{ordinaire.\dots} \\ \text{extraordinaire} \end{cases} \text{dont l'intensité sera} \begin{cases} O\cos^2\alpha \\ O\sin^2\alpha \end{cases}$$

Voilà en tout six faisceaux distincts dans leur origine; mais il est visible qu'à cause du peu d'épaisseur de la lame, ils se confondent en tombant sur le rhomboïde. Ainsi, en se décomposant dans son intérieur, ceux de même nature s'ajoutent, et ceux de nature différente se séparent : de sorte qu'en représentant finalement par F_0 F_e les deux faisceaux ordinaire et extraordinaire qui en résultent, et que l'on aperçoit à l'œil, on aura

$$F_0 = O\cos^2\alpha + E\cos^2 i \cos^2(\alpha - i) + E\sin^2 i \sin^2(\alpha - i)$$

$$F_e = O\sin^2\alpha + E\cos^2 i \sin^2(\alpha - i) + E\sin^2 i \cos^2(\alpha - i).$$

Ces expressions satisfont à plusieurs des phénomènes que présentent les lames : elles donnent toujours des teintes complémentaires, puisque la somme des deux faisceaux $F_0 + F_e$ est égale à $O + E$, qui représente la lumière blanche. Elles donnent à un même faisceau F_0 ou F_e des teintes complémentaires lorsque, laissant la lame fixe, on change α en $\alpha \pm 90°$; ce qui est un phénomène observé par M. Arago :

---

partielle sur la seconde surface de ce prisme sera à très-peu près la même pour les deux faisceaux, et les intensités des rayons émergens seront aussi les mêmes que s'ils avaient traversé un rhomboïde : ils seront seulement plus séparés.

enfin, si l'on fait $\alpha = 0$, ce qui met la section principale du rhomboïde dans le méridien, elles donnent

$$F_o = O + E\,(\cos^4 i + \sin^4 i)$$
$$F_e = 2\,E\sin^4 i\cos^4 i;$$

c'est-à-dire que la teinte du rayon extraordinaire est la même dans toutes les positions de la lame ; l'intensité de ce rayon est nulle quand i est égal à zéro ou à 90°, et elle est à son *maximum* quand $i = 45°$. L'inverse arriverait si l'on faisait $\alpha = 90°$: alors ce serait le rayon ordinaire qui conserverait toujours la même teinte E. Tous ces phénomènes sont conformes à l'expérience.

Mais en même temps on doit remarquer qu'ils se rapportent tous à des positions limites, c'est-à-dire, dans lesquelles un des deux azimuts i, α, de la lame ou du rhomboïde est égal à zéro ou à 90°. Or, c'est sur-tout dans les positions intermédiaires qu'il faut éprouver ces formules : car c'est-là que Malus n'a pas eu les mêmes facilités pour les vérifier. Il est aisé de voir qu'elles n'y satisfont plus d'une manière complète : car en mettant l'axe de la lame dans l'azimut de 45°, et celui du rhomboïde dans le plan du méridien, ce qui donne $i = 45°$, $\alpha = 0$, elles donnent

$$F_o = O + \frac{E}{2}, \qquad F_e = \frac{E}{2}$$

ou, ce qui revient au même,

$$F_o = \tfrac{1}{2}\,(O + E) + \tfrac{1}{2}\,O, \qquad F_e = \tfrac{1}{2}\,E :$$

l'image ordinaire contiendrait donc toujours une portion de lumière blanche égale à $\tfrac{1}{2}\,(O + E)$, c'est-à-dire, à la moitié de la lumière totale qui tombe sur la lame, et elle contiendrait en outre une portion colorée égale à la moitié de la teinte O. Or, cela est bien loin d'être ainsi : car en choisissant convenablement les épaisseurs des lames, et les plaçant dans la position que nous supposons ici, on peut atténuer tellement le rayon F_0, qu'il devienne tout-à-fait insensible ; c'est ce que l'on verra clairement tout-à-l'heure, quand nous aurons expliqué la loi des diverses teintes sur lesquelles les lames agissent. Pour le moment, il nous suffira de remarquer que bien loin que les deux rayons se mêlent dans la position que nous examinons, comme le voudrait la formule, ils se trouvent au contraire alors dans leur plus grande séparation, dans une séparation complète, comme l'expérience le prouve sur toutes les lames que l'on veut observer.

On ne réussirait pas mieux en combinant les formules précédentes avec celles qui ont été pareillement données par Malus pour la polarisation par réfraction, ce qui reviendrait à supposer que les effets des lames minces se composent d'une double réfraction jointe à une réflexion, soumises l'une et l'autre, aux lois que ces formules indiquent, comme il paraît que Malus en a eu l'idée. Voyez le Bulletin des Sciences pour le mois de janvier 1812, page 18. Si nous considérons, comme il l'a fait alors, un rayon polarisé relativement au plan du méridien, tombant sur une glace placée sous l'incidence de la polarisation complète, et dont le plan de réflexion soit situé dans l'azimut i, cette glace réfléchira, selon lui, une portion de lumière blanche égale à $E \cos^2 i$ ou $E - E \sin^2 i$: la quantité $E \sin^2 i$, dont la réflexion diminue dans chaque azimut, s'ajoutera donc à la lumière transmise et augmentera son intensité ; mais en même-temps elle se trouvera polarisée extraordinairement relativement

3.

au plan de réfraction. De sorte que si l'on nomme O la lumière primitivement transmise à laquelle celle-ci vient s'ajouter, et qu'on analyse leur ensemble avec un rhomboïde dont la section principale soit placée dans l'azimut α, on aura deux rayons F_o et F_e, l'un ordinaire et l'autre extraordinaire, dont les intensités seront

$$F_o = O \cos^2 \alpha + E \sin^2 i \sin^2 (\alpha - i)$$
$$F_e = O \sin^2 \alpha + E \sin^2 i \cos^2 (\alpha - i).$$

Quoique ces formules n'aient pas été données explicitement par Malus dans l'extrait qu'il a publié de son Mémoire, n° 47 du Bulletin des Sciences, cependant il est facile de voir, par les résultats qu'il en tire, que ce sont celles dont il s'est servi; mais on voit aussi qu'elles ne donnent que des termes semblables à ceux dont nous avons essayé l'usage, et elles ne contribuent pas davantage à représenter complétement les phénomènes des lames minces, particulièrement ceux qui ont lieu dans l'azimut de 45°.

Après avoir essayé vainement l'emploi de ces formules, j'ai cherché, d'après les expériences, quelles espèces de termes il faudrait y ajouter pour les compléter, et j'ai trouvé qu'il ne suffisait pas de combiner deux à deux des carrés $\sin^2 i$, $\cos^2 i$, $\sin^2 (\alpha - i)$, $\cos^2 (\alpha - i)$; mais qu'il fallait encore y ajouter un terme de même dimension formé par les premières puissances de ces quatre quantités, ce qui donne pour le rayon ordinaire et le rayon extraordinaire les expressions suivantes

$$F_o = O \cos^2 \alpha + E \cos^2 i \cos^2 (\alpha-i) + E \sin^2 i \sin^2 (\alpha-i) + 2 E \sin i \cos i \sin (\alpha-i) \cos (\alpha-i)$$

$$F_e = O \sin^2 \alpha + E \cos^2 i \sin^2 (\alpha-i) + E \sin^2 i \cos^2 (\alpha-i) - 2 E \sin i \cos i \sin (\alpha-i) \cos (\alpha-i)$$

ou plus simplement, en réunissant les termes multipliés par E,

$$F_o = O \cos^2 \alpha + E \cos^2 (2\,i - \alpha)$$
$$F_e = O \sin^2 \alpha + E \sin^2 (2\,i - \alpha)$$ [I].

Ces formules très-simples satisfont sans exception à tous les phénomènes que présentent les lames minces; et en donnant aux teintes O et E des valeurs égales en intensité comme en couleur, elles représentent aussi les phénomènes que présentent les lames épaisses, lorsque le rayon incident est perpendiculaire à leur surface, et qu'on analyse la lumière transmise, soit par un rhomboïde de cristal d'Islande, soit par la réflexion sur une glace. C'est ce que je vais prouver en montrant l'accord de ces formules avec tous les cas que les expériences peuvent présenter.

Pour le faire avec méthode et d'une manière complète, je ne me bornerai pas à vérifier ces formules dans quelques cas particuliers; mais je commencerai par en tirer le moyen le plus simple d'observer la véritable loi de phénomène; et quand cette loi sera une fois connue, on verra bien aisément que l'accord de la formule avec l'expérience dans tous les autres points en est une conséquence nécessaire.

Pour saisir nettement cette loi parmi toutes les diversités de teintes que donnent les lames à raison de leurs épaisseurs différentes, il faut commencer par placer la section principale du rhomboïde dans le plan du méridien; ce qui donne $\alpha = 0$. On s'aperçoit qu'on est dans cette position, lorsqu'en analysant le rayon polarisé par le moyen du rhomboïde, sans interposer la lame mince, on voit l'image extraordinaire s'évanouir. Soit donc $\alpha = 0$, les formules [I] deviennent

$$F_o = O + E \cos^2 2\,i$$
$$F_e = E \sin^2 2\,i.$$

Elles nous indiquent que le rayon extraordinaire sera uniquement composé de la teinte E dans toutes les positions de la lame. Au contraire, le rayon ordinaire sera un mélange des deux teintes O, et E, prises en diverses proportions. La séparation des deux teintes O et E sera complète quand on aura $i = 45°$, c'est-à-dire, quand l'axe de la lame mince fera un angle de $45°$ avec le plan du méridien; ce sera alors le *maximum* d'intensité du rayon extraordinaire. Quand on aura $i = 0$ ou $i = 90°$, le rayon extraordinaire s'évanouira, et F_0 devenant $O + E$, toute la lumière transmise sera polarisée en un seul faisceau blanc ordinaire : en continuant à faire tourner la lame, les phénomènes se reproduiront par ordre dans tous les quadrans. La séparation des teintes O et E sera complète dans les azimuts $45°$, $135°$, $225°$, $315°$: généralement les teintes d'une même image redeviendront les mêmes quand on changera i en $90° + i$, c'est-à-dire, dans des positions rectangulaires.

La position de $i = 45°$ est remarquable par les phénomènes qu'elle présente : plaçons-y l'axe de la lame, et laissant α quelconque, nos formules générales deviendront,

$$F_0 = O \cos^2 \alpha + E \sin^2 \alpha$$
$$F_e = O \sin^2 \alpha + E \cos^2 \alpha.$$

F_0 et F_e seront en général de teintes diverses, qui varieront à mesure qu'on tournera le rhomboïde de spath calcaire, ce qui fera varier α. La séparation des teintes et leur opposition seront à leur *maximum* quand on aura $\alpha = 0$ ou $\alpha = 90°$; c'est-à-dire, quand la section principale du second cristal deviendra parallèle ou perpendiculaire au plan du méridien; et au contraire le mélange des teintes sera complet dans la position intermédiaire, c'est-à-dire, quand la section principale du second cristal fera avec le méridien un angle de 45°, ce qui donne

$$\cos^2 \alpha = \sin^2 \alpha = \tfrac{1}{2}\,; \qquad F_0 = \frac{O + E}{2}; \qquad F_e = \frac{O + E}{2}.$$

Dans cette position, les deux images sont donc blanches et d'égale intensité, comme si l'on n'avait pas interposé la lame mince. Je n'ai considéré que le premier quadrans; mais les mêmes phénomènes se répètent également dans tous les autres.

Cette égalité, ou pour mieux dire cette identité des deux images, est facile à vérifier par l'expérience: quand on a placé le cristal et la lame dans les positions que le calcul indique, si l'on déplace la lame mince parallèlement à elle-même, de façon que la moitié de l'image réfléchie la traverse, et que le reste ne la traverse point, on voit que les images données par la lumière polarisée qui n'a point traversé la lame sont aussi égales entre elles, et parfaitement égales en teintes aux deux autres.

Il y a encore généralement pour chaque lame une infinité de positions différentes des précédentes qui donneront aux deux images des intensités égales; mais leurs teintes seraient différentes, et le nombre des positions qui donnent des images blanches égales est limité à deux pour chaque quadrans. Pour faire comprendre la distinction qu'il faut faire entre ces deux genres d'égalité, reprenons le cas où la section principale du second cristal était dans le plan du méridien même; ce qui rendait α nul. On avait alors

$$F_o = O + E \cos^2 2\,i$$
$$F_e = E \sin^2 2\,i$$

le rayon extraordinaire étant alors constamment composé de la teinte E, on voit qu'il serait impossible d'obtenir deux images blanches dans cette position du second cristal, quel que soit l'azimut dans lequel on place l'axe de la lame: mais si la teinte O est moindre que E en intensité, on conçoit qu'il y aura au moins une valeur de i telle, que la quantité E cos² $2\,i$, qui s'ajoute à O dans le rayon ordinaire, rendra son intensité O + E cos² $2\,i$ égale à E sin² $2\,i$; l'expression même de cette condition détermine les valeurs de i qui la remplissent, car on en tire l'équation

$$\mathrm{O} + \mathrm{E}\cos^2 2\,i = \mathrm{E}\sin^2 2\,i \text{ qui donne } \cos 4\,i = -\frac{\mathrm{O}}{\mathrm{E}}.$$

La valeur de i ne sera réelle que dans le cas où l'intensité de la teinte E surpassera l'intensité de la teinte O, c'est en effet dans cette supposition seulement que le problème est possible; et alors il y aura huit solutions réelles, savoir $\pm\,i$, $90° \pm i$, $180° \pm i$, $270° \pm i$, ce qui en donnera deux dans chaque quadrans.

Pour trouver en général le nombre des solutions qui donnent des images égales, soit en intensité et en teinte, soit en intensité seulement, il n'y a qu'à reprendre les valeurs générales de F_o et de F_e, qui sont

$$\mathrm{F}_o = \mathrm{O}\cos^2 \alpha + \mathrm{E}\cos^2 (2\,i - \alpha)$$
$$\mathrm{F}_e = \mathrm{O}\sin^2 \alpha + \mathrm{E}\sin^2 (2\,i - \alpha),$$

et les égaler entre elles, ce qui donnera

$$\mathrm{O}\cos^2 \alpha + \mathrm{E}\cos^2 (2\,i - \alpha) = \mathrm{O}\sin^2 \alpha + \mathrm{E}\sin^2 (2\,i - \alpha),$$

d'où l'on tire

$$\mathrm{O}\cos 2\,\alpha + \mathrm{E}\cos (4\,i - 2\,\alpha) = 0;$$

Cette équation sera satisfaite identiquement, quelques soient les teintes O et E, si l'on pose

$$\cos 2\,\alpha = 0 \qquad \cos\left(4\,i - 2\,\alpha\right) = 0.$$

La première donne pour racines $\alpha = 45^\circ$, $\alpha = 90^\circ + 45^\circ$, $\alpha = 180^\circ + 45^\circ$, $\alpha = 270^\circ + 45^\circ$, lesquelles placent toutes la section principale du second cristal dans l'azimut de 45°. En substituant ces valeurs dans la seconde équation qui détermine i, elles la réduisent toutes à

$$\sin 4\,i = 0, \quad \text{ou} \sin i \cos i \left(\cos i - \sin i\right)\left(\cos i + \sin i\right) = 0,$$

qui donne les huit racines

$$i = 0,\, i = 45^\circ,\, i = 90^\circ,\, i = 90^\circ + 45^\circ,\, i = 180^\circ,\, i = 180 + 45^\circ,$$
$$i = 270^\circ,\, i = 270^\circ + 45^\circ,$$

dont l'une quelconque peut s'employer avec les valeurs précédentes de α. Toutes ces positions de la lame mince et du second cristal combinées ensemble donneront deux images blanches égales en intensité, et il est facile d'en voir la raison; car en vertu de ces valeurs de i, la lame mince n'agira pas du tout sur la teinte E, ou elle agira de manière à donner dans le second cristal deux faisceaux égaux en intensité; et d'un autre côté, la section principale du second cristal étant placée dans l'azimut de 45°, décompose aussi en deux portions égales la portion de la lumière sur laquelle n'agit point la lame mince; par conséquent la somme de ces faisceaux identiques doit nécessairement composer des images égales en intensité et en teinte, c'est-à-dire, deux images blanches.

1811.   4

Les valeurs que nous venons d'obtenir ont été trouvées en rendant identique l'équation de condition

$$O \cos 2\,\alpha + E \cos (4\,i - 2\,\alpha) = 0$$

quelles que fussent les valeurs de O et de E. Maintenant, si l'on cherche les autres racines de cette équation qui ne sont plus indépendantes de la nature des teintes, on aura les positions de la lame et du cristal qui donnent des images égales en intensité seulement. En développant ainsi cette équation et tirant la valeur de tang $2\,\alpha$, elle donne

$$\text{tang } 2\,\alpha = -\frac{[O + E \cos 4\,i]}{E \sin 4\,i};$$

et, quel que soit l'azimut i dans lequel se trouve l'axe de la lame, on voit qu'il existera toujours pour α quatre valeurs qui rendront les intensités égales : ces valeurs seront α, $\alpha + 90°$, $\alpha + 180°$, $\alpha + 270°$; on voit que le problème est toujours possible quand on se donne i et que l'on cherche α, puisque l'angle α est donné par sa tangente, au lieu qu'il n'est pas toujours possible de déterminer i d'une manière réelle α étant donné.

Si, par exemple, on suppose $\alpha = 0$, on retombe sur l'équation

$$O + E \cos 4\,i = 0, \text{ d'où } \cos 4\,i = -\frac{O}{E},$$

qui ne donne pour i des valeurs réelles que dans le cas où E surpasse O, comme nous l'avons déja remarqué.

Enfin, si l'on voulait avoir des images blanches, quelle que fût d'ailleurs leur intensité, il n'y aurait qu'à rendre égaux entre eux les coëfficiens des deux teintes dans les valeurs générales de F_o et de F_e; pour cela il faudrait faire

$$\cos^2 \alpha = \cos^2 (2\,i - \alpha), \quad \text{ou} \quad \sin 2\,i \,.\, \sin 2\,(i - \alpha) = 0,$$

ou, ce qui revient encore au même,

$$\sin i \cos i \sin (i - \alpha) \cos (i - \alpha) = 0.$$

Chacun de ces facteurs donnant deux racines, il y a en tout huit valeurs de i qui satisfont à la condition proposée, et ces huit valeurs sont

$$i = 0, \quad i = 90^\circ, \quad i = \alpha, \qquad i = \alpha + 90^\circ,$$
$$i = 180^\circ, \, i = 270^\circ, \, i = \alpha + 180^\circ, \, i = \alpha + 270^\circ.$$

Les quatre qui sont indépendantes de α placent l'axe de la lame parallèle ou perpendiculaire au méridien. En effet, dans ces positions la lame n'imprime aucun mouvement de rotation aux molécules lumineuses : le rayon lumineux arrive donc tout entier au second cristal, en conservant sa polarisation primitive par rapport au plan du méridien; et comme le second cristal exerce la polarisation totale, il s'ensuit que les deux images qu'il donne sont blanches, mais inégales en intensité. Tout cela est conforme à l'expérience.

Les quatre autres racines dans lesquelles i dépend de α, nous apprennent qu'on aura encore des images blanches, lorsque l'axe de la lame mince coïncidera avec la section principale du second cristal, ou lui sera perpendiculaire; par conséquent, si, après avoir disposé la lame de cette manière, on la fixe au second cristal, on pourra les tourner ensemble dans tous les azimuts, et l'on aura toujours deux images blanches; en effet, avec $i = \alpha$ les intensités des deux rayons deviennent

$$F_o = [O + E] \cos^2 \alpha, \quad F_e = [O + E] \sin^2 \alpha;$$

$$4.$$

ce qui indique deux images blanches; et l'on voit de plus
que ces deux images sont précisément les mêmes que l'on
obtiendrait par la seule action du second cristal, si la lame
mince n'existait pas. Tous ces résultats sont très-exactement
confirmés par l'expérience, comme je m'en suis assuré.

Les formules générales [1] serviront encore, si, au lieu
d'analyser la lumière transmise en se servant d'un rhomboïde de spath d'Islande, on veut employer la réflexion sur
une glace placée sous l'angle de la polarisation complète : il
suffit de se rappeler que, d'après les expériences de Malus,
le rayon réfléchi par cette seconde glace a tous les caractères
du rayon ordinaire donné par la réfraction d'un cristal dont
la section principale serait parallèle au plan de réflexion.
Ainsi, en regardant désormais α comme représentant l'azimut du plan de réflexion du rayon sur cette glace, la couleur et l'intensité du rayon réfléchi seront données par la
formule

$$[2] \quad F_0 = O \cos^2 \alpha + E \cos^2 (2\,i - \alpha),$$

qui convenait précédemment au rayon ordinaire; au moyen
de cette formule on pourra prévoir d'avance la couleur
réfléchie par la glace dans chaque position où on voudra la
placer. Supposons, par exemple, que l'on mette le plan de
réflexion dans l'azimut de 90°, ce qui est la position convenable pour laisser passer librement la teinte O, sur laquelle
la lame n'agit point. En faisant $\alpha = 90°$ dans notre formule,
elle donnera

$$F_0 = E \sin^2 2\,i;$$

ce qui montre que le rayon réfléchi par la glace sera
toujours composé de la seule teinte E, dont l'intensité,

d'abord nulle, avec l'azimut i, atteindra son *maximum* quand i sera égal à 45°, et deviendra nulle de nouveau quand i sera égal à 90°. Tous ces résultats sont exactement confirmés par l'expérience.

Si, au lieu de faire α nul, on lui donne successivement différentes valeurs, c'est-à-dire, si l'on fait tourner la glace autour du rayon polarisé, en faisant constamment avec lui le même angle, le rayon F_0, réfléchi par cette glace, sera une combinaison des deux teintes complémentaires O et E prises en diverses proportions, combinaisons qu'il ne faut pas confondre avec des mélanges successifs de rayons simples. L'image réfléchie deviendra blanche toutes les fois que l'on aura

$$\cos^2 \alpha = \cos^2 (2\,i - \alpha), \quad \text{ou } \sin 2\,i \sin 2\,(i - \alpha) = 0;$$

ce qui donne pour i les huit valeurs

$$i = 0, \quad i = 90°, \quad i = \alpha, \qquad i = \alpha + 90°,$$
$$i = 180°, i = 270°, i = \alpha + 180°, i = \alpha + 270°,$$

comme précédemment; et il en résulte de même que, si l'on place l'axe de la lame dans le plan de réflexion de la glace, et qu'on les fasse tourner ensemble autour du rayon polarisé, l'image réfléchie par la glace sera toujours blanche, et de plus elle aura la même intensité que si la lame mince n'existait pas; car les deux valeurs de α donnent également

$$F_0 = [O + E] \cos^2 \alpha,$$

qui exprime l'intensité du rayon réfléchi par une glace lorsqu'on la présente à un rayon polarisé, sous l'incidence de la polarisation complète et dans l'azimut α.

Je suis entré dans le détail de toutes ces comparaisons

pour montrer, par un grand nombre d'épreuves diverses, l'accord de mes formules avec les phénomènes; il ne reste plus maintenant, pour pouvoir les prédire tous, qu'une seule indéterminée à connaître; c'est la couleur de la teinte E sur laquelle la lame exerce son action. E étant connu, O le sera pareillement, puisque c'est la teinte complémentaire, et que les deux ensemble doivent recomposer la lumière blanche incidente : or, voici pour déterminer E une règle générale qui réussira dans tous les cas, pour les lames de chaux sulfatée, homogènes et régulièrement cristallisées.

Soit e l'épaisseur de la lame exprimée en millièmes de millimètres. Multipliez-la par le nombre 0,10917, cela donnera le produit e.0,10917 : avec ce produit consultez la table qui se trouve page 266 de la traduction française de l'Optique de Newton, et dans la colonne qui exprime les épaisseurs des lames minces de verre qui réfléchissent telle ou telle couleur, vous trouverez vis-à-vis de votre nombre la couleur sur laquelle la lame mince de chaux sulfatée exerce son action sous l'incidence perpendiculaire. Supposons, par exemple, que l'épaisseur de la lame exprimée en millièmes de millimètres soit 82,44036; en multipliant ce nombre par 0,10917, le produit est 9, qui dans la table de Newton répond au bleu du second ordre : ce sera donc sur le bleu du second ordre que la lame exercera son action, et par conséquent ce sera ce bleu qui se trouvera représenté par E dans notre formule. E étant connu, la teinte complémentaire O l'est aussi; c'est celle qui est complémentaire du bleu du second ordre, ou, ce qui revient au même, c'est celle qui lui est opposée dans l'ordre des anneaux colorés, et par conséquent elle est jaune.

Le coëfficient 0,10917 éprouve quelques petites variations d'un cristal à un autre, même sans que la pesanteur spécifique dénote quelque différence appréciable entre eux. En général, il paraît qu'il est plus faible dans les cristaux moins translucides et moins homogènes, comme si, pour agir sur la même teinte, il fallait une épaisseur d'autant plus grande que les couches sont moins serrées et moins régulièrement cristallisées. Au reste, en n'employant que des lames extraites de cristaux très-purs, les variations du coëfficient seront très-légères. On pourra d'abord l'employer tel que nous le donnons ici; et si la teinte observée n'est pas exactement celle que la table de Newton indique, elle en sera immédiatement voisine : on substituera donc le nombre qui la représente dans la table, à celui que l'on aura calculé par notre coëfficient moyen, et l'on en conclura par une simple proportion la valeur du coëfficient particulier à la lame que l'on a employée : ce coëfficient une fois connu, servira ensuite pour toutes les lames tirées du même cristal, si toutefois ce cristal est homogène; mais, je le répète, en n'employant que des cristaux purs et réguliers, je n'ai jamais vu le résultat varier dans la table d'une teinte entière au-dessus ou au-dessous de celle que le calcul aurait indiquée d'après le coëfficient moyen.

Jusqu'ici nous n'avons parlé que des lames minces de chaux sulfatée; mais on observe des phénomènes absolument pareils avec des lames minces de mica, et avec des lames minces de cristal de roche taillées parallèlement à l'axe. Les lois de ces phénomènes sont les mêmes que pour la chaux sulfatée, et sont représentées par les mêmes formules [I] que nous avons données page 21, du moins sous l'incidence perpendiculaire, la seule que nous ayons jusqu'à présent considérée. Il n'y a de différence que dans la valeur absolue du coëfficient constant, par lequel il faut multiplier l'épaisseur des lames pour en conclure leur couleur d'après la table de Newton.

En opérant avec des lames de mica bien diaphanes et homogènes, j'ai trouvé le coëfficient constant égal à $\frac{4}{5}$ de celui que je viens de donner pour la chaux sulfatée pure; mais cette valeur doit être déterminée séparément pour chaque espèce de mica que l'on emploie, car on y trouve des variations beaucoup plus fortes que dans les cristaux de chaux sulfatée : et l'on n'en doit pas être surpris, puisqu'il y a beaucoup de différence dans la superposition plus ou moins serrée des lames de mica, différences qui changent la quantité de matière cristallisée correspondante à une même épaisseur.

Quant aux lames de cristal de roche taillées parallèlement à l'axe, le coëfficient m'a paru le même que pour la chaux sulfatée. J'ai conclu ce résultat par l'observation de six lames qui avaient été tirées d'un cristal bien pur, et usées ensuite jusqu'à n'avoir plus que l'épaisseur convenable pour produire le phénomène des couleurs. Si l'on pouvait compter que le cristal de roche très-pur est toujours semblable à lui-même, comme en effet il est naturel de le penser, cette valeur du coëfficient $0,10917$ pourrait être employée pour calculer d'avance les teintes ordinaires et extraordinaires que devront donner de pareilles lames de cette substance; mais du moins on peut être assuré, par les expériences dont je parle, que le coëfficient sera le même pour toutes les lames d'un même cristal supposé homogène et régulier dans sa cristallisation.

La difficulté que l'on éprouve à tailler des cristaux en lames minces et parallèles, m'a jusqu'à présent empêché d'appliquer mes formules à d'autres substances qu'à celles que je viens de nommer; mais du moins, par des expériences que je rapporterai plus loin, je me suis assuré que beaucoup de corps cristallisés dont on peut détacher des parcelles de lames minces, produisent des phénomènes analogues.

La polarisation produite par les lames minces de ces corps cristallisés ne s'exerce que sur une espèce particulière de teinte : nous nommerons ce phénomène *la polarisation par-tielle*, réservant la dénomination de *polarisation totale* pour le cas où la lame, devenant assez épaisse, polarise les mo-lécules lumineuses de toutes les couleurs dans la proportion qui fait le blanc. Dans ce cas, la teinte E devient analogue au blanc composé par lequel les anneaux colorés se termi-nent, lorsque la lame qui les réfléchit devient assez épaisse pour réfléchir les anneaux de tous les ordres. Alors la teinte complémentaire O est aussi un blanc composé, dont l'inten-sité se trouve sensiblement égale à celle de E : par consé-quent, si l'on exprime par B l'intensité de la lumière blanche incidente, on aura $E = O = \dfrac{B}{2}$, et en substituant ces valeurs dans les formules [I] de la page 21, elles deviendront

$$F_o = \frac{B}{2} \left[\cos^2 \alpha + \cos^2 (2\,i - \alpha) \right]$$

$$F_e = \frac{B}{2} \left[\sin^2 \alpha + \sin^2 (2\,i - \alpha) \right].$$

Ainsi modifiées, elles exprimeront les intensités des fais-ceaux ordinaires et extraordinaires dans lesquels se résout un rayon polarisé lorsqu'il a traversé perpendiculairement une lame épaisse de chaux sulfatée, ou de mica, ou de cristal de roche, taillée parallèlement à l'axe; et qu'en sortant de ces lames on l'analyse avec un rhomboïde de chaux carbonatée qui le reçoit sous l'incidence perpendiculaire. Si on voulait l'analyser par la réflexion sur une glace placée sous l'angle de la polarisation complète, il faudrait regarder α comme désignant l'azimut du plan de réflexion de cette glace, et alors F_{o} exprimerait l'intensité du rayon réfléchi.

Il y a encore une autre espèce de polarisation totale qui précède celle dont nous venons de parler : elle s'observe lorsque les lames sont assez minces pour polariser le blanc du premier ordre. Dans ce cas, comme le complément de ce blanc est le noir dans la série des anneaux colorés, il s'ensuit que E représentant le blanc du premier ordre, la teinte O est nulle; c'est-à-dire, qu'aucune molécule lumineuse n'échappe à la polarisation produite par la lame : alors les deux images, dans chaque position de la lame et du cristal, deviennent

$$F_{o} = E \cos^{2} (2\,i - \alpha)$$
$$F_{e} = E \sin^{2} (2\,i - \alpha);$$

et ces deux images sont toujours blanches, ce qui est conforme à l'expérience. Nous reviendrons plus loin sur ce cas particulier.

On peut encore déduire de nos formules l'effet que les lames minces doivent produire sur des rayons naturels, ou, ce qui revient au même, sur des rayons polarisés dans deux sens rectangulaires; commençons par ce dernier cas : supposons donc un rayon dont une partie $O + E$ soit polarisée ordinairement suivant un certain sens, dans le méridien, par exemple, et dont l'autre partie, égale à la précédente, soit polarisée dans un sens perpendiculaire. En conservant toutes nos dénominations précédentes, la lame mince présentée perpendiculairement au premier faisceau qui est polarisé dans le sens du méridien, donnera deux rayons F_o et F_e, l'un ordinaire et l'autre extraordinaire, dont les intensités et les couleurs seront

$$F_o = O \cos^2 \alpha + E \cos^2 (2\,i - \alpha)$$
$$F_e = O \sin^2 \alpha + E \sin^2 (2\,i - \alpha).$$

Pour connaître maintenant l'action de la même lame sur l'autre faisceau $O + E$ qui est polarisé dans un sens perpendiculaire, il n'y a qu'à considérer que, relativement à ce dernier, les angles α et i sont tous deux augmentés également et précisément d'un angle droit. Il n'y a donc qu'à faire cette augmentation dans notre formule générale, α deviendra $\alpha + 90°$, et $(2\,i - \alpha)$ deviendra $2\,i + 180° - \alpha - 90°$, ou $2\,i - \alpha + 90°$, ce qui donnera deux rayons F_o', F_e', l'un ordinaire, l'autre extraordinaire, dont les intensités seront

$$F_o' = O \sin^2 \alpha + E \sin^2 (2\,i - \alpha)$$
$$F_e' = O \cos^2 \alpha + E \cos^2 (2\,i - \alpha);$$

de sorte qu'en les ajoutant aux précédens, chacun à celui de même dénomination, il viendra

$$F_o + F_o' = O + E \qquad F_e + F_e' = O + E,$$

c'est-à-dire, deux rayons blancs égaux en intensité. La même chose arriverait encore si la lame agissait sur un rayon naturel, que l'on peut considérer comme un assemblage d'un nombre infini de rayons parallèles infiniment peu in-

5.

tenses, et polarisés dans toutes les directions possibles. Pour appliquer notre formule à ce cas, faisons $i - \alpha = c$, ce qui donne $i = c + \alpha$, $2\,i = 2\,c + 2\,\alpha$, et elle deviendra

$$F_o = O \cos^2 \alpha + E \cos^2 (2\,c + \alpha)$$

$$F_e = O \sin^2 \alpha + E \sin^2 (2\,c + \alpha) :$$

O et E sont les deux teintes, ordinaire et extraordinaire, polarisées dans chacun des rayons partiels. Il faut regarder chacune d'elles comme infiniment faible en intensité : en passant d'un de ces rayons partiels à un autre, l'angle α varie, mais la différence $i - \alpha$ ou c reste constante. Ainsi, pour avoir la somme de tous les F_o et de tous le F_e relatifs à ces divers rayons, il faut multiplier les deux membres de chacune des équations précédentes par $d\,\alpha$, et intégrer ces membres depuis $\alpha = 0$ jusqu'à $\alpha = 360°$, on aura ainsi

$$\int F_o\, d\,\alpha = \pi\, [O + E] \qquad \int F_e\, d\,\alpha = \pi\, [O + E] ;$$

c'est-à-dire que l'ensemble des faisceaux ordinaires et l'ensemble des faisceaux extraordinaires formeront encore deux rayons blancs égaux en intensité, ce qui est conforme à l'expérience.

Il me reste à prouver la règle que j'ai donnée pour déterminer d'avance la teinte E, sur laquelle les lames produisent la polarisation extraordinaire, d'après la seule connaissance de leur épaisseur : c'est à quoi je vais procéder ; et j'exposerai ensuite les lois des mêmes phénomènes sous des incidences obliques.

SECTION II.

Des rapports qui existent entre les épaisseurs des lames minces cristallisées et la nature des teintes sur lesquelles elles exercent la polarisation partielle.

Avant d'exposer les expériences qui établissent ces rapports, il est nécessaire de rappeler succinctement les découvertes de Newton sur la formation successive des anneaux colorés.

On sait qu'en pressant l'une contre l'autre les surfaces de deux verres sphériques, ou en général de deux verres quelconques, qui ne peuvent pas s'appliquer exactement l'un contre l'autre dans tous leurs points, on aperçoit entre eux des anneaux colorés, réfléchis par la mince lame d'air comprise entre les deux surfaces : lorsque les deux verres sont sphériques, ou l'un plan et l'autre sphérique, les anneaux sont exactement circulaires, et environnent une tache noire qui se trouve à leur centre. A partir de ce centre, les couleurs se succèdent circulairement par une infinité de nuances diverses. Pour étudier la succession de ces couleurs dans leur plus grand degré de simplicité, Newton fit tomber successivement sur les objectifs les diverses couleurs simples données par le prisme. Alors les anneaux se succédèrent encore, mais ils n'étaient plus formés que d'une seule couleur. Les intervalles qui les séparaient, étant vus par réflexion, paraissaient totalement obscurs ; mais en les regardant du côté opposé du verre, on voyait qu'ils laissaient passer la lumière ; ce qui formait une autre série d'anneaux qui alter-

naient avec les précédens. Les anneaux étaient ainsi rouges
dans la lumière rouge, jaunes dans la lumière jaune, et ainsi
de suite. Dans cet état de séparation, Newton mesura les
diamètres des anneaux lumineux réfléchis; et comme chacun
d'eux avait une certaine étendue, dans laquelle l'intensité de
la lumière allait en se dégradant depuis le milieu jusqu'aux
deux extrémités, qui se trouvaient contiguës de part et
d'autre aux anneaux obscurs, il prit ses mesures dans le
point où l'intensité de chaque anneau était la plus vive. Il
trouva que pour une même couleur les quarrés des diamètres
des anneaux réfléchis suivaient la progression des nombres
impairs 1, 3, 5, 7; et comme un de ses verres était plan,
et l'autre sphérique, il s'ensuivait que les épaisseurs de
l'air, aux endroits où la lumière était réfléchie, suivaient
aussi la progression de ces mêmes nombres 1, 3, 5, 7. Au
contraire, les quarrés des diamètres des anneaux obscurs, et
par conséquent les épaisseurs de l'air, aux endroits où la
lumière était transmise, suivaient la progression des nombres
pairs 2, 4, 6, 8 : d'où résulte cette loi remarquable que,
dans une même lame mince d'épaisseur variable, la même
lumière est alternativement transmise ou réfléchie aux épaisseurs 0, 1, 2, 3, 4, 5, suivant la série des nombres naturels.

Cette loi est commune à toutes les couleurs : mais, dans
chaque série, la grandeur absolue d'un anneau du même
ordre est différente : ainsi, le septième anneau rouge, par
exemple, était plus grand que le septième anneau jaune; le
septième anneau jaune plus grand que le septième anneau
bleu, et ainsi de suite, dans l'ordre de réfrangibilité des
couleurs jusqu'au violet, qui donne les plus petits anneaux.

Newton mesura avec le plus grand soin les largeurs absolues
d'un anneau du même ordre pour les diverses couleurs : il
en conclut, d'après la forme des verres, les rapports d'épaisseur qui convenaient pour chaque ordre aux différens rayons
simples, et il donna une règle approximative pour représenter ces rapports.

Revenons maintenant à la lumière directe, et laissons-la
tomber sur les objectifs. Les anneaux des diverses couleurs
simples se formeront encore suivant les mêmes lois ; mais
leur grandeur absolue étant différente, ils empiéteront les
uns sur les autres, et formeront par leur superposition
successive une infinité de teintes diverses. Mais cette complication apparente est désormais bien facile à résoudre.
L'étendue, et si l'on peut ainsi dire, l'échelle de chaque
espèce d'anneau étant déterminée, ainsi que la largeur sensible des bandes qui composent les anneaux de chaque couleur, c'est un simple problème d'arithmétique de trouver la
quantité de chaque couleur simple de différens ordres, qui
est réfléchie ou transmise à une épaisseur déterminée de la
lame d'air, et, d'apprécier les nuances variées qui doivent
résulter de leur mélange. C'est ainsi que Newton a formé la
table que l'on trouve page 266 de son Optique : il a exprimé
les épaisseurs de la lame d'air en millionièmes de pouce
anglais : et quelque petite que cette unité puisse paraître,
comme les épaisseurs sont conclues d'après la mesure des
diamètres des anneaux sur un verre sphérique d'un rayon
donné, on conçoit que les valeurs ainsi déterminées par
Newton ont pu être fort exactes. Cette exactitude paraîtra
tout-à-l'heure d'une manière bien remarquable dans les
expériences que je vais rapporter.

Newton ayant déterminé la loi des épaisseurs d'air qui réfléchissent les couleurs composées, de différens ordres, étendit cette loi aux épaisseurs des lames d'eau très-minces que l'on forme en soufflant des bulles avec de l'eau savonneuse; et quoiqu'il ne pût pas mesurer les épaisseurs absolues de ces bulles, il ne laissa pas de prouver, par la comparaison des expériences, qu'il y avait la même correspondance entre la série de ces épaisseurs et celle des couleurs qu'elles réfléchissaient ou qu'elles transmettaient : il calcula même cette épaisseur, d'après la supposition que, pour des lames minces de différente nature et environnées d'air, les épaisseurs qui donnaient les mêmes couleurs étaient entre elles comme les nombres qui expriment le rapport du sinus de réfraction au sinus d'incidence dans les différens corps : cette règle est fondée sur la comparaison de l'étendue des anneaux formés successivement par des lames d'eau et d'air entre les mêmes verres objectifs. Newton l'a étendue aux lames minces de verre, et il a vérifié cette extension par l'épreuve la plus concluante, en calculant ainsi les diamètres des anneaux formés par des épaisseurs de verre de $\frac{1}{4}$ de pouce : d'après cela il a pu calculer par de simples proportions la troisième colonne de sa table, qui se rapporte aux lames minces de verre. De sorte que, lorsqu'on cherche seulement à déterminer des rapports, il importe peu laquelle de ces colonnes on consulte, pourvu que ce soit toujours la même.

Les détails dans lesquels je viens d'entrer étaient indispensables pour faire sentir les rapports qui existent entre les couleurs réfléchies par les lames minces en vertu de la réflexion ordinaire, et les couleurs données par la réfraction extraordinaire dans les lames de chaux sulfatée, de mica et de cristal de roche, et probablement de beaucoup d'autres corps cristallisés. Ces dernières couleurs, comparées aux épaisseurs des lames qui les donnent, suivent exactement les mêmes rapports que celles que Newton a observées.

Pour établir ce phénomène avec exactitude, j'ai fait un grand nombre d'expériences sur des lames minces tirées de divers cristaux de chaux sulfatée : je ne rapporterai ici que celles qui ont été faites avec le plus de soin, et qui sont les plus décisives par leurs résultats.

Deux choses sont à considérer dans cette recherche : la détermination précise de la teinte donnée par chaque lame, et la mesure exacte de son épaisseur. Je traiterai ces deux points successivement.

En commençant par la détermination de la teinte, je remarquerai que l'on pourrait craindre plusieurs sortes d'illusion, si l'on voulait d'abord la déterminer par des observations faites sur la lumière transmise, principalement si l'on employait une lumière artificielle, telle que la flamme d'une bougie : car, dans les appareils que l'on peut imaginer pour ce genre d'expériences, on ne peut guère placer qu'une lame à-la-fois ; il faut les regarder une à une : on ne peut pas comparer leurs teintes en présence et rapprochées ; et si on les veut substituer fréquemment les unes aux autres pour vérifier cette comparaison en la répétant, on risque en les touchant d'altérer le poli de leurs surfaces, et de changer même leur teinte en leur enlevant quelque pellicule imperceptible de leur épaisseur. En outre, si l'on se sert d'une lumière artificielle, il n'arrivera presque jamais que cette lumière soit exactement blanche ; c'est-à-dire qu'elle ne contiendra pas toutes les molécules lumineuses dans l'exacte proportion qui fait le blanc, et l'on sent que cela doit être presque toujours ainsi, quand on réfléchit à la manière dont se produit la flamme, et qu'on rapproche ce phénomène de ce que Newton a trouvé sur les couleurs transmises par les corps en vertu de la grosseur de leurs particules. Or, comme la lame mince n'agit que sur une espèce particulière de teinte, si une portion des couleurs qui composent cette teinte vient à manquer dans la lumière dont on l'éclaire, il est évident que la couleur transmise changera; ainsi, ce ne sera plus la même que l'on aurait observée si on avait éclairé la lame avec de la lumière parfaitement blanche. D'après ces divers motifs, je vais d'abord expliquer un autre moyen d'observer les couleurs par réflexion, dans le plus haut point de vivacité qu'elles puissent avoir. Je prouverai ensuite, par une expérience rigoureuse et très-générale, que la couleur des lames ainsi observée dans une certaine position déterminée, est exactement la même qu'elles feront voir par transmission dans le rayon extraordinaire, lorsqu'il sera porté à son *maximum*, c'est-à-dire lorsque l'azimut de l'axe de la lame sera de 45°.

Prenons une lame mince de chaux sulfatée, récemment détachée du cristal avec toutes les précautions que j'ai indiquées : elle sera plane, du plus beau poli, et d'une épaisseur parfaitement égale dans toute sa longueur. Si vous faites réfléchir la lumière blanche des nuées sur sa surface, en vous plaçant dans un lieu découvert, à l'abri de toute réflexion étrangère, elle vous paraîtra parfaitement blanche et incolore dans toutes ses positions (*) : maintenant, placez cette

---

(*) Si le ciel n'était pas couvert de nuages blancs, la lame dirigée vers

même lame horizontalement sur un corps noir ; faites réfléchir sur sa surface la lumière blanche des nuées sous une inclinaison d'environ 35°, comptée de l'horizon, et recevez cette lumière réfléchie sur un verre noir placé dans la position convenable pour que les rayons polarisés ordinairement échappent à la réflexion. Il faut pour cela que ce verre fasse un angle de 35° avec le rayon réfléchi, et de plus que le plan de réflexion soit perpendiculaire au plan vertical d'incidence du rayon sur la lame mince. Les choses étant ainsi disposées, si vous regardez la lame par réflexion, dans ce verre noir, vous la verrez entièrement et uniformément teinte d'une vive couleur, qui changera d'intensité et de nuance en tournant la lame dans son plan. La couleur réfléchie deviendra nulle quand l'axe de la lame coïncidera avec le plan d'incidence de la lumière sur sa surface, ou lui sera perpendiculaire ; elle atteindra son *maximum* d'intensité absolue lorsque l'axe de la lame formera un angle de 45° avec ce plan (*) ; et la teinte réfléchie dans cette position,

---

certains points de l'horizon pourrait offrir quelques iris à la vue simple, parce que la lumière réfléchie par l'atmosphère est naturellement polarisée lorsque le temps est serein ; et qu'ici la lumière polarisée extraordinairement ne se comporte pas comme la lumière naturelle. De plus, la couleur réfléchie par une atmosphère sereine n'est pas le blanc, mais un blanc bleuâtre, c'est-à-dire, un blanc privé d'une partie de ses rayons rouges et orangés ; ce qui modifierait nécessairement la couleur propre que les lames doivent réfléchir. Enfin, l'intensité de cette lumière est beaucoup moindre que celle des nuages blancs qui réfléchissent le blanc du premier ordre, ainsi que Newton l'a remarqué.

(*) Ce *maximum* n'est relatif qu'à la proportion de chaque teinte qui est réfléchie par la lame mince dans les positions diverses. Supposons,

sera précisément celle sur laquelle la lame exercera la polarisation par transmission sous l'incidence perpendiculaire, comme je le prouverai plus loin : mais l'accord n'aura lieu que dans cette position ; car, dans la transmission sous l'incidence perpendiculaire, la teinte de la lumière sur laquelle agit la lame ne change point; au lieu que dans la réflexion, elle varie en tournant la lame suivant des lois et dans des limites que je déterminerai pareillement. Ces couleurs, ainsi réfléchies par les lames minces, sont, comme je l'ai dit, d'autant plus belles, que l'atmosphère envoie une plus grande quantité de lumière : elles sont à leur *maximum* d'intensité lorsque le ciel est entièrement couvert par des nuages blancs qui réfléchissent le blanc du premier ordre, et alors leurs teintes sont si vives, que l'on a quelquefois peine à en soutenir l'éclat.

Cette expérience, aussi belle à voir, qu'utile par les conséquences qui en dérivent, s'explique aisément d'après la théorie que j'ai exposée dans la 1re section de ce Mémoire. La lumière des nuées qui tombe sur la lame subit une réflexion partielle à sa première surface, et une autre à sa seconde surface; considérons-les successivement. La réflexion

---

par exemple, que les couleurs étant du second ordre, elle passe ainsi du bleu au vert et à l'orangé, à mesure que l'on tourne son axe : supposons de plus, que ce soit le vert qui se trouve réfléchi dans l'azimut de 45°; alors la proportion de ce vert, qui est réfléchie par la lame, est plus grande que ne le serait celle du bleu ou de l'orangé dans la position où elle les donnera : ce qui n'empêche pas que ce bleu ou cet orangé ainsi réduit, ne puisse être par sa nature plus vif que le vert du même ordre ne l'est même dans son *maximum*.

sur la première surface sera la même que si la lame n'était pas cristallisée; car il paraît, et ceci est encore un point bien constaté par mes expériences; il paraît, dis-je, que cette première réflexion s'opère hors de la limite des forces polarisantes des cristaux, comme Malus l'avait soupçonné (Théorie de la double Réfraction, page 240) : la lumière ainsi réfléchie hors de la première surface de la lame sous l'inclinaison de 35°, se trouvera donc polarisée ordinairement relativement au plan d'incidence; et de-là, en tombant sur le verre noir qu'elle rencontre sous l'angle convenable, elle ne pourra pas être réfléchie, elle le pénétrera et se combinera avec sa substance.

Suivons maintenant l'autre portion de lumière qui a pénétré dans l'intérieur de la lame. Cette lumière s'est trouvée polarisée en deux sens différens. La teinte O, sur laquelle n'agit point la lame, arrive encore à la seconde surface dans l'état naturel : elle y subit une seconde réflexion partielle qui agit sur elle comme a fait la première surface, comme aurait fait une surface de verre ordinaire; le rayon ainsi réfléchi se trouve donc encore polarisé ordinairement : il arrive ainsi au verre noir, qui ne peut le réfléchir, et il le pénètre; mais le reste de la lumière qui a pénétré la lame, et qui a subi son action comme corps cristallisé, a pris en partie, relativement au plan d'incidence, les caractères d'un rayon extraordinaire; et suivant ce qui a été dit page 22, il se trouve même entièrement modifié de cette manière lorsque l'axe de la lame forme avec le plan de réflexion un angle de 45°. En arrivant ainsi au verre noir, elle se présente de manière à éprouver à sa surface une réflexion partielle : elle donne donc ainsi une image de la lame, colorée de l'espèce

de teinte particulière à cette position de l'axe, mais pure et
dépouillée de toute la lumière étrangère qui aurait pu l'affaiblir par son mélange. Si, au contraire, on reçoit la
lumière réfléchie par la lame, sur un autre verre noir, perpendiculaire au plan de réflexion et parallèle à la lame
mince, ce verre se trouve placé de manière à transmettre
en totalité les rayons polarisés extraordinairement, et à
réfléchir partiellement ceux qui sont polarisés dans le sens
contraire. Ce nouveau verre donne donc des images des
lames, complémentaires des précédentes ; mais elles sont
colorées d'une manière incomparablement moins vive, parce
qu'elles sont mêlées avec la lumière blanche qui s'est réfléchie à la première surface de la lame, et qui, étant polarisée de la même manière, ne peut en être séparée par la
réflexion.

Tout ceci devient plus évident encore par les formules
données dans la 1re section de ce Mémoire, en admettant,
comme je le prouverai par la suite, que la lumière réfléchie
extraordinairement par la lame, lorsque son axe fait un
angle de $45°$ avec le plan de réflexion, est précisément de
la même teinte que celle sur laquelle elle agit dans la transmission sous l'incidence perpendiculaire. Le rayon réfléchi
se trouve alors modifié par la réflexion, relativement au
plan d'incidence, précisément comme l'est le rayon transmis
quand on l'analyse avec un cristal dont la section principale
coïncide avec le plan du méridien. Faites donc α nul dans
les formules générales [I] de la page 21, vous aurez les
intensités du rayon ordinaire et du rayon extraordinaire,
réfléchis par la seconde surface de la lame mince, qui
seront

$$F_o = O + E \cos^2 2\,i$$
$$F_e = E \sin^2 2\,i;$$

mais ici la teinte E, sur laquelle agit la lame, varie en même-temps que i, parce que l'angle d'incidence du rayon sur sa surface change. Je donnerai plus loin la loi très-approchée de ces mutations; pour le moment, contentons-nous de considérer E comme variable. Pour avoir la totalité de la lumière réfléchie par la lame, il faut ajouter au rayon ordinaire F_o la portion de lumière blanche qui est réfléchie par la première surface de la lame, et qui se trouve aussi polarisée ordinairement, par rapport au plan de réflexion : nommons-là B, et nous aurons

$$F_o = B + O + E \cos^2 2\,i$$
$$F_e = + E \sin^2 2\,i :$$

maintenant, quel que soit l'azimut i, le rayon F_o ne sera nullement réfléchi par le second verre noir; et le rayon F_e seul y subira la réflexion partielle. L'intensité de cette réflexion sera proportionnée à l'intensité de F_e; c'est-à-dire que, quant à la proportion de la teinte E, elle sera la plus grande possible lorsqu'on aura sin $2\,i = 1$ ou $i = 45°$; c'est-à-dire quand l'axe de la lame fera un angle de $45°$ avec le plan de réflexion.

La teinte extraordinaire E se trouve ainsi séparée de toute autre lumière par la réflexion sur le second verre; mais on ne peut pas obtenir le même avantage pour la teinte O; et lorsqu'on présente au rayon F_o un verre noir placé convenablement pour ne point réfléchir F_e, ce verre réfléchit ensemble toutes les parties de F_o, puisqu'elles se trouvent polarisées de la même manière ; et même en plaçant la lame dans l'azimut de 45°, ce qui rend cos 2 i nul, on voit que la teinte O reste encore mêlée avec la portion B de lumière blanche réfléchie par la première surface, ce qui la décolore et l'affaiblit.

Il serait possible qu'on s'imaginât que les teintes ainsi réfléchies ne proviennent pas d'une réflexion partielle à la seconde surface de la lame, mais sont produites par là lumière naturelle qui, arrivant au support noirci, se polarise par réflexion et traverse ensuite la lame. Il est facile de prouver que les choses ne se passent pas ainsi ; car au lieu de placer la lame sur un support, suspendez-la librement dans l'air, et placez en avant d'elle un écran opaque quelconque qui empêche la lumière incidente d'arriver au-dessous de la lame. Dans ce cas, les corps situés de ce côté ne recevant pas de lumière incidente, ne pourront en réfléchir ni en émettre qui soit polarisée ; et par conséquent, si les couleurs subsistent encore avec une vivacité égale, il sera prouvé qu'elles sont réellement produites par la réflexion de la lame : or, c'est ainsi que cela arrive, comme il est facile de s'en assurer, et les teintes réfléchies par les lames ne sont nullement affaiblies par cette disposition.

Maintenant, pour prouver que la réflexion se fait réellement à la seconde surface de la lame, il suffit d'enduire cette surface avec un corps noir, dont la force réfringente surpasse celle de la chaux sulfatée ; par exemple, une couche d'encre de Chine, ou d'encre ordinaire qu'on laisse sécher. Alors la partie de la surface, qui est en contact avec cet enduit, ne réfléchit plus aucune couleur ; et elle paraît tout-à-fait obscure quand on la dépouille, par la réflexion, de la

lumière ordinaire réfléchie par la portion correspondante de
la première surface.

En plaçant ainsi plusieurs lames minces à côté les unes
des autres, sur un même support noirci et mobile autour
d'un centre, on peut avec la plus grande facilité vérifier le
parallélisme de leurs axes, comparer leurs différentes teintes,
et suivre le progrès des nuances par lesquelles elles passent,
lorsqu'en tournant le support, on fait varier la position de
l'axe par rapport au plan de réflexion. On peut ainsi reconnaître avec certitude l'espèce de couleur que les lames réfléchissent dans une position commune, et principalement
dans l'azimut de 45°, qui est l'élément principal de ces
phénomènes. Je ne veux pas dire que l'on puisse, par le seul
aspect, déterminer l'ordre auquel chaque teinte appartient,
dans la table de Newton; mais du moins on peut voir que
telle lame est bleue ou verte, et que telle autre comparativement est orangée, ou jaune, ou violette, ou pourpre; ce
qui suffit pour comparer ensuite les couleurs avec les épaisseurs correspondantes, et voir si la table de Newton les
indique avec exactitude. Je passe donc à la détermination
de ces épaisseurs, qui seule peut servir de guide dans cette
classification.

Quand il s'agit de mesurer des lames dont les épaisseurs
varient entre trois centièmes et quatre dixièmes de millimètre, et qu'entre ces limites il faut trouver et apprécier
toutes les nuances d'épaisseur qui répondent aux couleurs
contenues dans les sept séries d'anneaux observés par
Newton; quand enfin, les plus petits écarts de ces mesures
répondent à des différences aussi sensibles que des changemens de teinte, on conçoit que pour les tenter et pour

espérer quelque résultat, il faut avoir à sa disposition des
moyens dont l'exactitude soit, pour ainsi dire, idéale. J'ai
heureusement eu cet avantage, grace à l'amitié de M. Cauchoix : cet habile opticien, desirant donner à ses travaux
toute la précision que l'on peut atteindre, a fait construire
par notre excellent artiste Fortin un instrument propre à
mesurer les courbures des verres objectifs plans, concaves
ou convexes; et il a bien voulu me permettre d'en insérer ici
la description, qui me devenait nécessaire pour donner de la
confiance dans mon travail : j'ai d'autant plus de plaisir à lui
en témoigner ici ma reconnaissance, que je ne connais aucun
procédé qui pût si facilement atteindre la même précision,
et qu'ainsi je dois le succès de mes recherches au secours
que m'a fourni son amitié, et à l'empressement extrême
avec lequel il les a favorisées par tous les moyens qui étaient
en son pouvoir.

Le sphéromètre dont j'ai fait usage est un instrument
composé de trois branches d'acier horizontales, chacune de
huit centimètres de longueur, et formant entre elles des
angles de 120°. Aux extrémités de ces trois branches, et
perpendiculairement à leur direction, se trouvent trois tiges
d'acier dont les extrémités, amincies en cylindre et tournées
avec une précision extrême, sont terminées par trois plans
d'une fort petite étendue : au centre des trois branches est
une vis parfaitement travaillée, dont la tête porte un cadran
divisé. On conçoit comment on peut vérifier l'égalité de
courbure des verres avec un pareil instrument; car si, ayant
posé les pointes sur le verre, on tourne la vis jusqu'au
contact, le moindre changement de courbure deviendra
sensible, dès que la vis ou les pointes ne toucheront plus.

Dans le premier cas, la rotation de l'instrument produira un frottement rude, et un son très-différent de celui qu'il rendait d'abord : dans le second cas, l'instrument n'étant plus soutenu que par son centre, ballottera sur ses trois pieds d'une façon que l'on ne pourra méconnaître. La précision de ces deux indices est véritablement incroyable; ni d'observation du passage de la lumière entre deux surfaces, ni les contacts faits avec des comparateurs, ne peuvent approcher de la sensibilité du sphéromètre ; et l'artiste qui a construit celui dont j'ai fait usage, tout familier qu'il est avec les procédés les plus précis des arts, en a été lui-même étonné. Dans ce premier sphéromètre, chaque partie du micromètre donne à la vue le millième de millimètre, et deux ou trois mesures suffisent pour arriver avec certitude plus près que cette quantité. Je n'avais pas besoin d'une exactitude plus grande; mais M. Cauchoix, voulant varier les applications d'un appareil si commode, et l'introduire dans tous les détails de ses opérations, en a construit depuis lui-même qui sont d'une sensibilité bien supérieure encore ; et pourtant ce genre de vérification n'est ni la dernière épreuve, ni la plus rigoureuse qu'il fasse subir à ses verres.

Pour employer cet instrument à la mesure des lames minces, voici comment j'opère. Je me sers d'un grand plan de verre de trente-deux centimètres de diamètre, dont la surface est parfaitement plane et vérifiée par le sphéromètre. J'emploie aussi une autre lame de verre également travaillée par M. Cauchoix : celle-ci est également plane; mais de plus, elle est d'une épaisseur parfaitement égale dans toute son étendue, comme le sphéromètre le prouve encore. On pose cette lame sur le plan disposé horizontalement, on amène

7.

la vis du sphéromètre en contact, et on lit le numéro de la division indiquée par le micromètre : c'est le point de départ pour la mesure de l'épaisseur. En effet, si maintenant on interpose la lame mince entre les deux verres, et que l'on replace le sphéromètre, on conçoit que la vis touchera trop, ce qui fera ballotter l'instrument, et en la ramenant au contact, la marche de la vis indiquée par le cadran qu'elle porte, montrera de combien de parties elle s'est abaissée. Il est nécessaire d'interposer une lame de verre plane et parallèle entre la vis du sphéromètre et la lame mince dont on veut mesurer l'épaisseur : car si l'on posait immédiatement la vis sur cette dernière, on ne serait jamais certain de s'arrêter précisément au contact; on serait sans cesse exposé à enfoncer la vis dans la substance même de la lame, ce qui changerait l'épaisseur, et donnerait des erreurs qui deviendraient énormes dans des résultats dépendans de si petites quantités. Il faut aussi avoir soin de poser la lame de verre en équilibre sur la lame mince, et non pas inclinée de manière qu'elle s'appuie d'un côté ou d'un autre sur le plan de verre qui sert de base; car si ce contact avait lieu, la surface supérieure, sur laquelle on descend la vis, formerait un plan incliné, dont on mesurerait la hauteur au lieu de mesurer l'épaisseur absolue de la lame mince, comme on se l'était proposé. Enfin, lorsque l'on a remarqué dans cette dernière quelque inégalité de teinte, qui répond infailliblement à une inégalité d'épaisseur, il faut répéter l'expérience en posant la lame de verre successivement dans différens points, pour découvrir le défaut de parallélisme des deux surfaces de la lame mince, et en mesurer la quantité.

L'extrême perfection que M. Fortin a su atteindre dans

la construction des vis métalliques, est un garant certain de l'exactitude de celle qu'il a adaptée à cet instrument; mais pour les personnes qui ne connaîtraient pas cette exactitude, j'ajouterai que les conséquences auxquelles les mesures me conduisent sont indépendantes des valeurs absolues des pas de la vis; il suffit qu'elle soit régulière, et même il suffirait qu'elle le fût dans un très-petit intervalle, n'ayant à mesurer ou plutôt à comparer entre elles que de très-petites épaisseurs.

Voici maintenant quelques-unes des expériences que j'ai faites pour comparer ensemble les épaisseurs et les couleurs.

1ʳᵉ Expérience. J'ai détaché d'un même cristal de chaux sulfatée trapézienne onze lames minces, dont les épaisseurs diverses ne m'étaient pas connues. Je les ai placées horizontalement sur le support noirci, de manière que leur axe se trouvât faire un angle de 45° avec le plan de réflexion; et dans cette position, j'ai observé leurs couleurs, que j'ai écrites à côté des numéros de ces lames dans l'ordre suivant.

Numéros des lames.	Couleur réfléchie extraordinairement.
1	bleu.
1 *bis*	bleu.
2	vert jaunâtre.
3	pourpre.
4	vert.
6	rose pâle.
7	bleu foncé.
8	vert tirant au jaune.
10	rouge brillant.
11	rouge brillant.
16	blanc.

J'ai ensuite mesuré les épaisseurs de ces lames avec le

sphéromètre, en opérant comme je l'ai expliqué plus haut ; le *point de départ* de la vis répond constamment à 120 parties du micromètre ; c'est-à-dire que 120 est le numéro de la division que le micromètre marque lorsque la vis est en contact avec la lame de verre plane, avant que la lame mince soit interposée. J'appellerai *point d'arrivée* le numéro de la division indiquée par le micromètre, quand la lame mince est interposée entre les deux plans. Chaque tour de la vis correspond à $0^{mm},56466$, et se trouve divisée par le micromètre en 250 parties, de sorte que chaque partie évaluée en millimètres, vaut $0^{mm},002259$. J'ai plusieurs fois mesuré l'épaisseur sur différentes parties d'une même lame, pour savoir si j'y pourrais découvrir quelques inégalités sensibles, et aussi pour éprouver si le sphéromètre était constant dans ses indications. On verra par les nombres rapportés ci-dessous combien cette constance est remarquable ; et il en résulte aussi que les lames, dont les teintes étaient toutes parfaitement uniformes, n'ont offert aucune inégalité appréciable dans leur épaisseur ; ce qui tenait sans doute à la pureté du cristal dont je les avais tirées, et au soin extrême que j'avais mis à les détacher sans altérer la perfection de leur poli et la régularité de leurs surfaces. Voici maintenant les nombres que j'ai obtenus.

Lame N° 1. Point d'arrivée. 181	N° 1 *bis*. Arrivée............183
180	182
	Sur un autre point.. 181
Moyenne......180,5	Moyenne.........182
Départ.......120	Départ...........120
Épaisseur..... 60,5	Épaisseur......... 62

N° 2..Arrivée..........213,5
213,0
Sur un autre point..215,0
Moyenne.........213,8
Départ...........120
Épaisseur........ 93,8

N° 3..Arrivée..........176
176
Sur un autre point..175
175
Moyenne.........175,5
Départ...........120
Épaisseur........ 55,5

N° 4..Arrivée..........186
185
Moyenne.........185,5
Départ...........120
Épaisseur........ 65,5

N° 6..Arrivée..........194
194
Sur un autre point..193
193,5
Moyenne.........193,6
Départ...........120
Épaisseur........ 73,6

N° 7..Arrivée..........180,5
180,5
Sur un autre point..179,8
180
Moyenne.........180,2
Départ...........120
Épaisseur........ 60,2

N° 8..Arrivée..........158
158
Sur un autre point..159
159
Moyenne.........158,5
Départ...........120
Épaisseur........ 38,5

N° 10.Arrivée..........197
197,3
Moyenne.........197,15
Départ...........120
Épaisseur........ 77,15

N° 11.Arrivée..........199
198,6
Sur un autre point..198
198
Moyenne.........198,4
Départ...........120
Épaisseur........ 78,4

N° 16.Arrivée..... 250 + 24,5
24
Sur un autre point.. 22
22
Moyenne.........273,1
Départ...........120
Épaisseur........153,1

Voici maintenant la table des épaisseurs et des couleurs

donnée par Newton; l'unité qu'il a choisie est le millionième de pouce anglais.

	COULEURS RÉFLÉCHIES.	ÉPAISSEURS DES LAMES		
		d'air.	d'eau.	de verre.
1er ordre.	Très-noir	$\frac{1}{2}$	$\frac{3}{8}$	$\frac{10}{31}$
	Noir	1	$\frac{3}{4}$	$\frac{2}{3}$
	Commencement du noir	2	$1\frac{1}{2}$	$1\frac{2}{7}$
	Bleu	$2\frac{2}{5}$	$1\frac{4}{5}$	$1\frac{1}{2}$
	Blanc	$5\frac{1}{4}$	$3\frac{7}{8}$	$3\frac{2}{5}$
	Jaune	$7\frac{1}{9}$	$5\frac{1}{3}$	$4\frac{3}{5}$
	Orangé	8	6	$5\frac{1}{6}$
	Rouge	9	$6\frac{3}{4}$	$5\frac{4}{5}$
2e ordre.	Violet	$11\frac{1}{6}$	$8\frac{1}{3}$	$7\frac{1}{5}$
	Indigo	$12\frac{5}{6}$	$9\frac{3}{5}$	$8\frac{2}{11}$
	Bleu	14	$10\frac{1}{2}$	9
	Vert	$15\frac{1}{8}$	$11\frac{1}{3}$	$9\frac{5}{7}$
	Jaune	$16\frac{2}{7}$	$12\frac{1}{5}$	$10\frac{2}{5}$
	Orangé	$17\frac{2}{9}$	13	$11\frac{1}{9}$
	Rouge éclatant	$18\frac{1}{3}$	$13\frac{3}{4}$	$11\frac{5}{6}$
	Ecarlate	$19\frac{2}{3}$	$14\frac{1}{4}$	$12\frac{2}{3}$
3e ordre.	Pourpre	21	$15\frac{3}{4}$	$13\frac{11}{20}$
	Indigo	$22\frac{1}{10}$	$16\frac{4}{7}$	$14\frac{1}{4}$
	Bleu	$23\frac{2}{5}$	$17\frac{1}{2}$	$15\frac{1}{10}$
	Vert	$25\frac{1}{5}$	$18\frac{9}{10}$	$16\frac{1}{4}$
	Jaune	$27\frac{1}{7}$	$20\frac{1}{3}$	$17\frac{1}{3}$
	Rouge	29	$21\frac{3}{4}$	$18\frac{2}{3}$
	Rouge bleuâtre	32	24	$20\frac{2}{3}$
4e ordre.	Vert bleuâtre	34	$25\frac{1}{2}$	22
	Vert	$35\frac{2}{7}$	$26\frac{1}{2}$	$22\frac{3}{4}$
	Vert jaunâtre	36	27	$23\frac{2}{9}$
	Rouge	$40\frac{1}{3}$	$30\frac{1}{4}$	26
5e ordre.	Bleu verdâtre	46	$34\frac{1}{2}$	$29\frac{2}{3}$
	Rouge	$52\frac{1}{2}$	$39\frac{1}{8}$	34
6e ordre.	Bleu verdâtre	$58\frac{1}{4}$	44	38
	Rouge	65	$48\frac{1}{4}$	42
7e ordre.	Bleu verdâtre	71	$53\frac{1}{4}$	$45\frac{4}{5}$
	Blanc rougeâtre	77	$57\frac{1}{4}$	$49\frac{2}{3}$

Pour comparer mes mesures avec cette table de Newton,
je suis parti d'un résultat moyen que j'avais déja trouvé par
beaucoup d'expériences faites sur des lames tirées du même
cristal, c'est que le bleu du second ordre s'y trouvait représenté par $36^p,5$ du sphéromètre. Je ferai voir tout-à-
l'heure que l'on pourrait déduire ce nombre de l'ensemble
même des mesures que je viens de rapporter, et c'est ainsi
que j'en agirai dans les expériences suivantes, parce que
cette méthode est plus exacte en ce qu'elle profite des
chances de compensation; mais comme je n'ai point opéré
ainsi d'abord, je ne veux me servir, pour établir le fait,
que de l'évaluation que je viens de donner. Supposons donc
le bleu du second ordre représenté par $36^p,5$: il l'est dans la
table de Newton par le nombre 9. Ainsi, pour réduire les
mesures de nos lames en parties de l'échelle de Newton, il
faut les multiplier par $\frac{9}{36,5}$.

Afin de comparer exactement les résultats du calcul avec
l'expérience, j'ai d'abord placé seulement cinq lames sur le
support pour que l'incidence des rayons sur leur surface fût
sensiblement la même. J'ai disposé leurs axes dans des situations parallèles : pour cela j'amène le support dans une
position connue, au moyen d'une ligne tracée sur la surface;
alors je tourne les lames, dont je connais à-peu-près les
axes, de manière qu'elles soient absolument invisibles par
réflexion sur le verre noir : leur axe se trouve donc ainsi
parallèle ou perpendiculaire au plan de réflexion. Je suppose
qu'il soit parallèle : en faisant tourner le support de 45°, je
les amène dans l'azimut où la décomposition de la lumière
transmise est à son *maximum;* et, comme je l'ai dit plus

haut, c'est sur-tout dans cette position qu'il importe d'observer leur couleur, parce qu'elle est la même que celle de
la lumière réfractée extraordinairement sous l'incidence perpendiculaire, du moins pour les lames de chaux sulfatée,
et pour celles de cristal de roche taillées parallèlement à
l'axe. J'ai pu ainsi comparer les couleurs observées à celles
que la table de Newton indiquait d'après les mesures des
épaisseurs. Cette comparaison s'est accordée d'une manière
surprenante, comme le montre le tableau suivant.

NUMÉROS des lames.	Leur couleur observée.	Leur épaisseur mesurée et réduite à l'échelle de Newton.	Leur épaisseur calculée avec la table de Newton, d'après leur couleur observée.
1	bleu.	14,92	15,1 supposé le bleu pur du 3e ordre.
1 *bis.*	bleu.	15,29	15,1 supposé le bleu pur du 3e ordre.
2	vert jaunâtre.	23,13	23,2 vert jaunâtre du 4e ordre.
3	pourpre.	13,68	13,55 supposé le pourpre du 3e ordre.
4	vert.	16,15	16,25 vert du 3e ordre.

En comparant les couleurs avec les épaisseurs correspondantes dans la table de Newton, on voit qu'elles sont toutes
du 3e ordre, excepté le n° 2, qui est du 4e. Nous verrons
plus loin les autres ordres se réaliser également, et être
amenés par les diverses épaisseurs.

Ces couleurs sont observées lorsque l'axe des lames faisait
un angle de 45° avec le plan de réflexion. En tournant le

support de manière à ramener l'axe vers le plan de réflexion,
les couleurs changeaient : elles remontaient dans l'ordre des
anneaux, comme si les lames fussent devenues plus minces.
Voici les résultats de l'expérience.

NUMÉROS des lames.	Leur couleur extraordinaire dans l'azimut de 45°.	Leurs couleurs changées en rapprochant l'axe du plan de réflexion.
I	bleu.	bleu violacé tirant au pourpre.
I *bis.*	bleu.	bleu violacé tirant au pourpre.
2	vert jaunâtre.	vert bleuâtre.
3	pourpre.	rouge orangé.
4	vert.	vert plus foncé.

Ces couleurs précèdent en effet les autres dans la table de
Newton. Au contraire, en amenant l'axe de manière qu'il approchât d'être perpendiculaire au plan de réflexion, on avait

NUMÉROS des lames.	Leur couleur dans l'azimut de 45°.	Leur couleur changée en tournant l'axe vers la perpendiculaire au plan de réflexion.
I	bleu.	vert.
I *bis.*	bleu.	vert.
2	vert jaunâtre.	gris rougeâtre (mélangé de vert jaunâtre et de rouge violacé).
3	pourpre.	indigo tirant au bleu.
4	vert.	jaune rougeâtre.

En comparant ces couleurs à celles de la table de Newton, on voit qu'elles ont descendu dans l'ordre des anneaux, comme si les lames étaient devenues plus épaisses.

Ces lames étant observées, j'ai pris les autres; je les ai placées de la même manière sur le support, et j'ai obtenu les résultats suivans.

NUMÉROS des lames.	Leur couleur observée.	Leur épaisseur mesurée et réduite à l'échelle de Newton.	Leur épaisseur calculée avec la table de Newton, d'après leur couleur observée.
6	rose pâle.	18,15	18,1 supposé intermédiaire entre le rouge et le jaune du 3e ordre.
7	bleu foncé.	14,83	14,67 supposé intermédiaire entre le bleu et l'indigo du 3e ordre.
8	vert tirant un peu au jaune.	9,5	9,7 vert du 2e ordre.
10	rouge très-beau	19,0	18,7 supposé le rouge du 3e ordre.
11	rouge très-beau	19,3	18,7 supposé le rouge du 3e ordre.
16	blanc.	37,7	37,5 bleu verdâtre du 6e ordre mêlé d'un peu de rouge du 5e.

Ici toutes les couleurs sont encore du 3e ordre, excepté le n° 8, qui est une couleur du 2e ordre. Remarquons, à cet égard, qu'en effet Newton dit qu'en vertu du mélange des anneaux, le vert n'est jamais net dans les couleurs du 2e ordre, et qu'il est toujours lavé de jaune ou de bleu, suivant qu'il confine à l'une ou à l'autre de ces teintes. (Optique, traduction française, livre 2, partie 2, page 263).

En rapprochant l'axe du plan de réflexion , les couleurs des lames ont changé dans l'ordre suivant.

NUMÉROS des lames.	Leur couleur extraordinaire dans l'azimut de 45°.	Leur couleur changée en rapprochant l'axe du plan de réflexion.
6	rose pâle.	rose jaunâtre ou abricot.
7	bleu foncé.	violacé.
8	vert tirant un peu au jaune.	vert sombre et blafard.
10	rouge très-beau.	rouge rose.
11	*idem.*	*idem.*
16	blanc.	blanc.

On voit que les couleurs ont remonté dans l'ordre des anneaux, comme si les lames fussent devenues plus minces. Au contraire, en amenant l'axe vers la perpendiculaire au plan de réflexion, on avait

NUMÉROS des lames.	Leur couleur extraordinaire dans l'azimut de 45°.	Leur couleur changée en rapprochant l'axe du plan de réflexion.
6	rose pâle.	rouge.
7	bleu foncé.	vert.
8	vert tirant au jaune.	jaune mêlé d'un peu de vert.
10	rouge très-beau.	mélangé de rouge et de bleuâtre
11	*idem.*	*idem.*
16	blanc.	blanc.

c'est-à-dire que les couleurs ont descendu dans l'ordre des anneaux, comme si les lames fussent devenues plus épaisses.

On voit que je n'ai pas trouvé de coloration appréciable dans la lame n° 16. Cela peut venir de ce que cette lame, par la dimension de son épaisseur, tombait précisément entre le vert bleuâtre du 6e ordre et le rouge du 5e, ce qui devait lui donner une teinte composée, peu distincte du blanc; et comme, dans les ordres inférieurs, la coloration des anneaux est toujours très-faible, il se peut que cette circonstance m'ait empêché de voir des couleurs sur la lame n° 16; il se peut aussi que le jour de l'observation, la lumière des nuées n'ait pas eu toute la vivacité qu'elle peut avoir; enfin, peut-être dans cette première comparaison n'étais-je pas encore assez exercé, car je suis parvenu depuis à observer très-distinctement le passage du bleu verdâtre au rouge faible dans des lames dont l'épaisseur, réduite à l'échelle de Newton, était exprimée par 45,8, ce qui répond aux couleurs du 7e ordre d'anneaux.

Toutes les expériences que je rapporterai par la suite, s'accorderont avec la précédente pour établir ce résultat remarquable; savoir, que lorsqu'on rapproche l'axe du plan de réflexion, les couleurs remontent dans l'ordre des anneaux, comme si les lames devenaient plus minces, et qu'au contraire, en approchant l'axe d'être perpendiculaire à ce même plan, les couleurs descendent, comme si les lames devenaient plus épaisses, quoique, dans l'un et l'autre cas, le rayon incident forme toujours le même angle avec leur surface. Ce phénomène a également lieu pour les plaques minces de cristal de roche, taillées parallèlement à l'axe de double réfraction, comme je m'en suis assuré par expé-

rience : il a lieu aussi pour le mica, quoiqu'on puisse plus
difficilement observer les couleurs réfléchies sur sa surface,
qui est rarement régulière, et qui n'est jamais d'un poli
parfait : même pour ces deux dernières substances, les
variations des teintes correspondantes aux changemens
d'azimut, sont beaucoup plus considérables que. dans les
lames minces de chaux sulfatée, et elles vont jusqu'à faire
passer successivement les couleurs par plusieurs séries d'anneaux; tandis que dans la chaux sulfatée, elles ne font varier
la couleur qu'un peu au-dessus et un peu au-dessous de la
teinte intermédiaire qui s'observe dans l'azimut de 45°. En
observant ce phénomène, il est très-important de distinguer
l'intensité de la lumière réfléchie d'avec la nature de sa
couleur; car l'intensité devient toujours nulle quand l'axe
est parallèle ou perpendiculaire au plan de réflexion, et elle
atteint son *maximum*, au milieu de ces deux positions dans
l'azimut de 45°, au lieu que les variations de teintes sont
renfermées dans des limites beaucoup plus étroites.

Si l'on veut regarder les phénomènes de la polarisation
de la lumière comme produits par une force répulsive, ainsi
que la théorie de la double réfraction porte à le présumer,
on peut rendre aisément raison de ces changemens de
teinte, en observant que, lorsque l'axe est dans le plan de
réflexion, les rayons incidens et réfractés forment avec lui
le plus petit angle possible ; au lieu qu'en se rapprochant de la position perpendiculaire, cet angle augmente
continuellement jusqu'à être enfin égal à un angle droit. La
force répulsive qui, dans la réfraction extraordinaire, est
proportionnelle au quarré du sinus de cet angle, augmente
donc aussi continuellement en passant d'une de ces positions

à l'autre ; et cet accroissement d'intensité doit alors produire
le même effet que si la lame devenait plus épaisse : le contraire doit arriver en retournant de la seconde position à la
première, parce que l'angle des rayons avec l'axe diminue,
et que la force répulsive diminue avec lui. Cette explication
ne suppose point nécessairement que la polarisation extraordinaire et la réfraction extraordinaire sont toutes deux produites par la même force, mais par des forces qui croissent
et décroissent de la même manière, ce qui n'exclut ni la différence ni l'identité.

Quoique cette expérience comparative, faite sur onze lames
d'épaisseurs diverses, semblât prouver avec évidence que les
couleurs données par la réflexion de la lumière extraordinaire suivent les mêmes rapports d'épaisseur que les couleurs
réfléchies ordinairement par les lames très-minces des corps
non cristallisés, j'ai voulu encore recourir à une autre épreuve
qui se présentait naturellement ; c'était de prendre une lame
colorée, d'une teinte d'un certain ordre, et de la résoudre
par la division en d'autres lames appartenantes à des anneaux plus voisins de la tache centrale. J'ai fait une infinité
d'épreuves de ce genre, et elles ont toujours été d'accord
avec la loi énoncée. En voici quelques-unes extraites du registre de mes observations ; elles montreront l'emploi que l'on
pourrait faire de cette loi pour conjecturer l'épaisseur d'après
la teinte, si l'on n'avait pas de moyen direct de la mesurer.

Je prends une lame dont l'épaisseur avait été trouvée
égale à 185^p,8 du sphéromètre, ce qui, réduit en parties de
l'échelle de Newton, en prenant 37^p,5 pour le bleu du second
ordre équivaut. . . . . .45,8.

Elle paraît incolore dans tous les azimuts, à la lumière

du jour, j'en détache une lame mince qui, dans l'azimut de
45°, réfléchit un rouge pâle, montant au rouge vif quand
l'axe se rapproche du plan de réflexion, et descendant au
vert bleuâtre quand il se rapproche du plan perpendiculaire.
Ce n'est pas le rouge du 4ᵉ ordre; car celui-ci est représenté
par 26, qui, retranché de 45,8, donnerait pour reste 19,8,
et sans avoir mesuré l'autre lame, ni éprouvé les couleurs,
ce nombre me paraît trop faible pour la représenter, car elle
est évidemment plus épaisse que la première : il faut donc
que celle-ci appartienne à un mélange de rouge et de rouge
bleuâtre du 3ᵉ ordre, qui, supposé fait en parties égales,
serait représenté par 19,6 dans la table de Newton; en effet,
en mesurant l'épaisseur de cette lame avec le sphéromètre,
j'ai trouvé,

$$N^o\ 0\ \ldots\ldots \text{Arrivée}\ldots\ldots\ldots\ 197$$
$$197$$
$$\overline{}$$
$$\text{Moyenne}\ldots\ldots\ldots\ 197$$
$$120$$
$$\overline{}$$
$$77^p$$

qui, réduites à l'échelle de Newton, en supposant 36,5 pour
le bleu du 2ᵉ ordre, valent...................... 19,25
Retranchant cette quantité de............. 45,80

Reste pour l'épaisseur de l'autre lame....... 26,55

nombre qui répond entre le rouge du 4ᵉ ordre et le bleu
verdâtre du 5ᵉ. En effet, dans l'azimut de 45°, cette plaque
réfléchit un blanc sale et grisâtre où domine un peu de
rouge, ce qui convient bien à un mélange de rouge et de

1811.   9

bleu verdâtre; elle remonte au rouge faible en ramenant la section principale vers le plan de réflexion; et au contraire, en l'amenant vers la position perpendiculaire, elle descend au vert bleuâtre le plus décidé. Tous ces résultats s'accordent très-bien avec la loi que nous avons établie.

Pour ne laisser aucun doute sur ce point, j'ai voulu mesurer aussi l'épaisseur de cette seconde lame, et j'ai trouvé,

$$
\begin{array}{lr}
\text{Point d'arrivée} & 230 \\
& 229,5 \\
\text{Sur un autre point} & 230 \\
\hline
\text{Moyenne} & 229,8 \\
\text{Départ} & 120 \\
\hline
\text{Épaisseur} & 109,8 \\
\end{array}
$$

ce qui, réduit à l'échelle de Newton, en supposant $36^p,5$ pour le bleu du 2e ordre, donne 27 au lieu de 26,55 que nous avions trouvé d'après l'autre lame. Si l'on veut savoir à quelle épaisseur répond la différence, il n'y a qu'à ajouter les mesures partielles des épaisseurs des deux lames; savoir, 77^p pour la première, et $109^p,8$ pour la seconde. La somme est $186^p,8$, et elle diffère de la mesure primitive $185^p,8$ seulement de 1^p du sphéromètre, c'est-à-dire, de deux millièmes de millimètre, différence qui doit être répartie entre tous les genres d'erreurs dont les trois opérations peuvent être susceptibles. Voici quelques autres expériences.

J'ai extrait d'un petit cristal bien pur de la variété trapézienne une lame mince, qui, vue par réflexion dans l'azimut de 45°, donnait un pourpre du 3e ordre remontant au rouge, et descendant au bleu légèrement verdâtre, conformément à la table de Newton. Soit cette lame..... $13^p,5$

Je la fends en deux parties, et j'en extrais d'abord une lame mince réfléchissant l'orangé, qui ne peut être que celui du 1ᵉʳ ordre; car, s'il était du 2ᵉ ordre, il faudrait que l'autre portion de la lame fût bien plus mince, et réduite presque à une épaisseur nulle : d'ailleurs, cette première lame réfléchit le blanc du 1ᵉʳ ordre dans un de ses angles où il y a une petite pellicule d'enlevée; ce qui confirme bien que l'orangé qu'elle réfléchit doit être celui du 1ᵉʳ ordre: soit donc cet orangé.......................... $5,\frac{1}{6}$

En retranchant ce nombre de l'épaisseur totale 13,5, il reste pour l'autre lame........................ $8,\frac{5}{6}$
ce qui est l'indigo du 2ᵉ ordre; en effet, la lame restante réfléchit une couleur d'indigo si belle et si vive, que l'on ne peut la fixer long-temps sans fatigue.

AUTRE EXPÉRIENCE. J'ai pris une autre lame mince du même cristal : celle-ci réfléchit un pourpre tirant sur le violet, ne remontant pas tout-à-fait au rouge et descendant au vert. Je la suppose donc du 3ᵉ ordre, et entre le pourpre et l'indigo : en conséquence, soit cette lame.................... 14

J'en extrais une lame mince qui réfléchit le jaune pâle passant au blanc et descendant à l'orangé; elle est d'ailleurs tachetée de blanc dans plusieurs endroits : elle donne le jaune du 1ᵉʳ ordre, qui est en effet un jaune pâle. Conformément à la table de Newton, cette lame vaudra.... $4,\frac{2}{10}$

Retranchant cette épaisseur de l'épaisseur totale, il reste... $9,\frac{8}{10}$
qui est le vert du 2ᵉ ordre. En effet, la lame restante réfléchit le vert du 2ᵉ ordre, vert blafard lavé et imparfait, remontant au bleu et descendant au jaune, comme le dit Newton.

Ce petit cristal, qui m'avait servi dans les deux expériences précédentes, était parfaitement pur, et se divisait
très-nettement : je suis parvenu, en me servant d'un instrument très-fin, à en déduire trois lames minces n°ˢ 0, 2, 3,
qui réfléchissaient des couleurs du 1er ordre peu différentes
du blanc. J'ai observé ces couleurs par réflexion avant de
mesurer les épaisseurs des lames, et j'en ai tenu note ainsi
qu'il suit :

> N° 0 blanc du 1er ordre légèrement jaunâtre.
> 3 blanc du 1er ordre légèrement bleuâtre.
> 2 blanc du 1er ordre descendant à l'orangé.

Pour ne me laisser à moi-même aucun doute sur les
mesures de ces lames, j'ai prié M. Cauchoix de les prendre
lui-même avec le sphéromètre : il les a trouvées telles qu'on
les voit ici :

N° 0..Arrivée...134,2	N° 3..Arrivée..131,6	N° 2...Arrivée..137,8
Départ...120	Départ..120	Départ...120
Épaisseur. 14,2	Épaisseur 11,6	Épaisseur 17,8

J'avais d'abord comparé ces épaisseurs à la table de
Newton, en supposant le bleu du 2e ordre représenté par
$36^p,5$ du sphéromètre, comme dans les expériences précédentes ; mais j'ai trouvé depuis que le rapport, quoique
constant pour les lames homogènes d'un même cristal,
éprouve pourtant d'un cristal à un autre quelques légères
variations : ainsi, par des expériences dont je rapporterai les
résultats tout-à-l'heure, on verra que dans le petit cristal
dont ces trois lames étaient tirées, le bleu du 2e ordre était
représenté par $33^p,8$ du sphéromètre. C'est donc avec ce

nombre qu'il faut réduire nos mesures à la table de Newton,
et nous aurons alors

Nᵒˢ des lames.	Leur couleur observée.	Leur mesure au sphéromètre.	Leur mesure réduite à l'échelle de Newton.	Leur mesure des couleurs les plus voisines dans la table.
o	blanc légèrement jaunâtre.	14, 2	3, 77	3, 5 blanc du 1ᵉʳ ordre.
3	blanc bleuâtre.	11, 6	3, 09	
2	jaune du 1ᵉʳ ordre.	17, 8	4, 74	4, 6 jaune du 1ᵉʳ ordre.

Ces résultats s'accordent avec la table de Newton de la
manière la plus satisfaisante : ils ne s'en écarteraient encore
que très-peu, si on les eût réduits d'après la première évaluation que nous avions trouvée pour le bleu du 2ᵉ ordre;
mais on sent qu'il est infiniment préférable de les calculer
avec le rapport exact qui convient au cristal dont ils sont
tirés.

Pour passer tout de suite à l'extrême opposé, voici une
autre expérience faite avec une lame tirée d'un autre cristal où le bleu du 2ᵉ ordre était représenté par 40ᵖ du
sphéromètre : il était beaucoup moins régulier que le précédent; il était aussi beaucoup moins consistant et solide.
La lame dont je parle, et que je n'avais pas encore mesurée,
donnait précisément, par la réflexion, un bleu superbe que
je jugeai être celui du 2ᵉ ordre. J'enlevai de dessus une
moitié de la surface une lame extrêmement mince, qui réflé-

chissait un blanc que je jugeai très-voisin du blanc du 1er ordre : la partie qui était sous ce blanc réfléchissait un orangé
qui était sans doute celui du 1er ordre; car si l'on ajoute la
valeur de cet orangé représentée dans la table de Newton par
$5,\frac{1}{6}$ avec le blanc du 1er ordre, qui s'y trouve représenté par
$3,\frac{2}{3}$, la somme 8,57 représentera une teinte intermédiaire entre le bleu et l'indigo du 2e ordre, et cette teinte deviendra
exactement le bleu de cet ordre, si l'on suppose que le blanc
tendait encore un peu vers le jaune du 1er ordre, qui est
un jaune pâle. La lame restante se trouvant ainsi à moitié
divisée, réfléchissait dans chacune de ces moitiés une teinte
différente, le bleu dans l'une, l'orangé dans l'autre; mais
ces deux teintes n'étaient pas séparées par une dégradation
de nuances, comme cela serait arrivé si l'épaisseur eût diminué graduellement : la séparation était au contraire nette
et bien tranchée, comme elle devait l'être provenant de la
rupture de la lame supérieure. En mesurant les deux parties
au sphéromètre, on a trouvé dans la plage bleue 40ᵖ parties,
au lieu de 36ᵖ,5 qu'avaient donnés les premiers cristaux dont
j'avais fait usage; mais aussi la même lame, dans la partie
orangée, a donné 22ᵖ,4, au lieu de 20,95 qui convenait à
cette teinte dans les premières suppositions, et ces nouveaux
nombres, qui diffèrent des premiers d'environ $\frac{1}{10}$ de leur
valeur totale, s'accordent encore exactement dans leurs rapports avec la table de Newton; car si l'on suppose 40ᵖ parties pour le bleu du 2e ordre, qui est représenté par 9
dans cette table, comme l'orangé du 1er ordre s'y trouve
représenté par $5\frac{1}{6}$, on aura le nombre de parties du sphéromètre qui répond à cette dernière teinte, en faisant la
proportion.

$40 : 9 :: 5\frac{1}{6} : 22^p,9$, et puisque nous avons trouvé $22^p,4$ par les mesures directes, on voit combien le rapport se soutient avec exactitude ; car la différence de $\frac{1}{7}$ partie du sphéromètre répond sur l'épaisseur à $\frac{1}{1000}$ de millimètre ; et en supposant que cette différence ne fût pas due aux erreurs inévitables des observations, elle indiquerait seulement que notre orangé tendait tant soit peu vers le jaune, couleur immédiatement supérieure à la précédente.

Pour constater avec plus d'évidence l'accord des épaisseurs avec les couleurs des lames, parmi les variations que le coëfficient de ce rapport éprouve dans les différens cristaux, j'ai fait plusieurs expériences sur un grand nombre de lames tirées de cristaux différens ; mais tous beaucoup plus purs et plus réguliers que celui qui vient de me servir d'exemple.

Ces expériences ont été faites de la même manière que les précédentes ; ainsi je n'ai besoin d'entrer dans aucun détail pour leur explication : je dirai seulement que j'ai observé les variations de nuances par lesquelles les lames passent quand on tourne leur axe, et que je les ai rapportées à côté des numéros qui les expriment : cela servira pour confirmer que les couleurs montent dans l'ordre des anneaux quand on rapproche l'axe du plan de réflexion. Je rapporterai plus bas d'autres expériences qui permettent d'observer ces variations d'une manière encore plus précise, et d'en déterminer la loi pour chaque cristal ; mais, dès à présent, les changemens des nuances peuvent nous servir pour confirmer le rapport remarquable qui lie l'intensité de la force répulsive avec le rang que la couleur réfléchie extraordinairement occupe dans l'ordre des anneaux.

Ire Expérience. *Sur les lames minces tirées d'un très-petit cristal de la variété trapézienne.*

Numéros des lames.	Variations de la couleur réfléchie extraordinairement, lorsque l'axe tourne de l'azimut 90° à l'azimut o, en revenant vers le plan de réflexion.	Couleur réfléchie extraordinairement dans l'azimut de 45°, quand l'axe forme un angle de 45° avec le plan de réflexion.	Épaisseur des lames, mesurée et exprimée en parties du sphéromètre.
1	du jaune verdâtre au vert, au vert bleuâtre.	vert.	36,4.
2	du jaune verdâtre au vert jaunâtre, au vert bleuâtre.	vert jaunâtre.	37,4.
3	bleu, indigo, violet sombre.	indigo.	28,9.
4	vert citron, vert bleuâtre, bleu.	vert bleuâtre.	37,6.
5	indigo sombre, indigo violet, violacé rougeâtre.	indigo violacé.	27,6.
6	vert, vert-pré vif, bleu..	vert superbe.	60,9.
7	indigo, violet, rouge sombre.	vert rougeâtre.	25,6.
8	indigo sombre, violet rougeâtre, rouge orangé.	vert plus rouge.	24
o	du rouge bleuâtre au vert bleuâtre.	intermédiaire entre le rouge bleuâtre et le vert bleuâtre.	96,5.
A	du blanc rougeâtre au bleu verdâtre.	bleu verdâtre presque blanc.	171,6.

Pour réduire proportionnellement les mesures de ces lames à l'échelle de la table de Newton, il faut connaître le facteur constant qui leur convient; et la manière la plus exacte de l'obtenir, c'est de le calculer par l'ensemble des observations faites sur plusieurs lames : pour cela je choisis celles dont les teintes semblent plus pures, et paraissent appartenir plus nettement à l'une des teintes que Newton a

indiquées ; j'écris ensuite les mesures de ces lames d'après
le sphéromètre, et à côté je place les valeurs correspondantes, indiquées par la table de Newton d'après la couleur ;
j'obtiens ainsi le tableau suivant.

Numéros des lames.	Leurs couleurs extraordinaires observées dans l'azimut de 45°.	Leur épaisseur en parties du sphéromètre.	Leur épaisseur estimée d'après la couleur suivant la table de Newton.
1	vert du 2e ordre.	36, 4	9, 7
2	*idem.*	37, 4	9, 7
3	indigo du 2e ordre.	28, 9	8, 2
4	vert bleuâtre du 2e ordre.	37, 6	9, 7
5	vert superbe du 3e ordre.	60, 9	16, 25
	sommes....	201, 2	53, 55

En faisant les sommes des deux dernières colonnes, on
voit que 201^p,2 du sphéromètre représentent 53^p,55 de
l'échelle de Newton. Sans doute les évaluations individuelles
des épaisseurs et des couleurs des lames peuvent comporter
quelques erreurs : on en doit commettre dans les mesures,
où la moindre petite poussière attachée aux lames altère
sensiblement les résultats : on en doit faire aussi dans les
estimations des teintes, malgré la facilité de les comparer ;
car Newton n'a fixé que les termes qui lui ont semblé les plus
tranchés : il faut concevoir entre ces termes des dégradations
intermédiaires qu'il n'a pas pu observer dans les anneaux
successifs, et qui doivent être rendues sensibles dans nos

lames, lorsqu'on multiplie les divisions qui les donnent; mais toutes ces petites erreurs sont de nature à changer de signe : elles doivent affecter les résultats tantôt en plus, tantôt en moins; ce qui rend leur compensation très-probable dans leur ensemble. Nous devons donc regarder les deux sommes des évaluations contenues dans nos deux dernières colonnes, comme plus exactes que chacune de ces évalutions en particulier; et par conséquent, nous devons nous en servir pour calculer le rapport des épaisseurs de nos lames avec l'échelle de la table. Comme nous opérerons de même sur les autres cristaux que nous soumettrons aux expériences, nous rapporterons toutes les valeurs du facteur constant à celle du bleu du 2e ordre, qui est une couleur très-distincte, et qui est représentée par le nombre 9 dans la table de Newton. Cela posé, nous aurons dans le cas actuel la valeur de ce bleu par la proportion $53,55 : 201,2 :: 9 : 33,8$; c'est-à-dire qu'il se trouvera représenté par $33^p,8$ du sphéromètre, au lieu de $36^p,5$, que nous avions employé pour les lames tirées d'un autre cristal qui a servi à nos premières expériences. Cette valeur $33^p,8$ donne $\frac{9}{33,8}$ pour la valeur du facteur constant par lequel il faut multiplier nos mesures pour les réduire à l'échelle de Newton; et en calculant ainsi séparément toutes nos lames pour les comparer aux indications de la table, nous formerons le tableau suivant.

SUITE DE LA Iʳᵉ EXPÉRIENCE. *Lames tirées du petit cristal où le bleu du 2ᶜ ordre est représenté par* 33,8.

Numéros des lames.	Leurs couleurs extraordinaires dans l'azimut de 45°.	Leur épaisseur observée au sphéromètre.	Leur épaisseur réduite à l'échelle de Newton.	Leur épaisseur suivant la table, évaluée d'après leur teinte.
1	vert.	36, 4	9, 7	9, 7 supposé le vert du 1ᵉʳ ordre.
2	vert jaunâtre.	37, 4	9, 96	9, 7 *idem.*
3	indigo.	28, 9	7, 7	8, 2 supp. l'indigo du 2ᵉ ord.
4	vert bleuâtre.	37, 6	10, 0	9, 7 supposé le vert du 2ᵉ ordre.
5	indigo violacé.	27, 6	7, 9	7, 6 supposé intermédiaire entre l'indigo et le violet du 2ᵉ ordre.
6	vert superbe.	60, 9	16, 21	16, 25 supposé le vert du 3ᵉ ordre.
7	pourpre du 2ᵉ ordre.	25, 6	6, 8	6, 5 supposé intermédiaire entre le violet du 2ᵉ ordre et le rouge.
8	*idem* plus rouge.	24	6, 4	6, 5 *idem.*
o	du rouge bleuâtre au vert bleuâtre.	96, 5	25, 7	24, 6 supposé intermédiaire entre le rouge bleuâtre et le vert jaunâtre du 4ᵉ ordre.
A	bleu verdâtre presque blanc.	171, 6	45, 72	45, 8 supposé le bleu verdâtre du 7ᵉ ordre.

Ces résultats s'accordent avec la table de Newton aussi bien que l'on peut l'espérer dans des évaluations où les sens sont pris pour juges. Il faut remarquer que les deux lames les plus épaisses, o et A, ne sont point entrées comme élémens dans l'évaluation du bleu du 2ᶜ ordre qui a servi à les

10.

calculer; ce qui donne plus de poids à l'accord qui se trouve entre leur épaisseur et les nombres assignés par Newton.

2ᵉ Expérience. *Sur un autre cristal fort petit et très-pur.*

Numéros des lames.	Variations de leur teinte quand l'axe tourne de l'azimut 90° à l'azimut 0.	Leur couleur dans l'azimut de 45°.	Leur mesure au sphéromètre.
0	rouge bleuâtre, jaune grisâtre, vert vif.	jaune grisâtre.	68
2	rouge verdâtre sombre, vert jaunâtre, vert d'eau.	vert jaunâtre.	·91, 8
3	verdâtre, vert vif, vert d'eau bleuâtre.	vert vif.	63, 5
4	verdâtre brun, vert jaunâtre, vert moins jaunâtre.	vert jaunâtre.	41, 0
5	vert, rouge pâle bleuâtre, rouge pourpré.	rouge pâle bleuâtre.	80, 2
6	rouge bleuâtre, jaune, jaune verdâtre.	jaune.	43, 8
7	brun rougeâtre, orangé rougeâtre, orangé.	orangé rougeâtre.	22, 9
10	rouge pourpré, rouge jaunâtre, jaune verdâtre.	rouge un peu jaunâtre.	46, 9
11	vert d'eau bleuâtre, bleu verdâtre, bleu.	bleu verdâtre.	38, 1
12	même teinte sensiblement.	même teinte.	35
13	même teinte sensiblement.	même teinte.	37, 5
A	indigo, indigo violacé, pourpre pensée.	indigo violacé.	28, 6
B	bleu indigo, indigo un peu violacé, pourpre pensée.	indigo un peu violacé.	30, 3
C	vert bleuâtre, bleu, indigo.	bleu.	33, 8

Nota. Les numéros qui manquent répondent à des lames qui se sont brisées pendant le cours des expériences.

Pour déterminer le facteur constant relativement à ces quatorze lames, j'emploierai seulement les quatre suivantes.

Numéros des lames.	Leur couleur dans l'azimut de 45°.	Leur épaisseur mesurée au sphéromètre.	Leur valeur dans la table, estimée d'après leur teinte.
0	jaune du 3ᵉ ordre ; il passe du rouge violacé au vert vif.	68	17,50
3	vert vif du 3ᵉ ordre.	63,5	16,25
4	vert jaunâtre du 2ᵉ ordre.	41,0	10,00
5	rouge pâle bleuâtre du 3ᵉ ordre.	80,2	20,66
	sommes......	252,7	64,41

Ainsi, dans ce cristal $252^p,7$ du sphéromètre répondent à $64^p,41$ de la table de Newton, où le bleu du 2e ordre est représenté par 9 ; ce qui donne pour ce bleu $\dfrac{9^p \cdot 252,7}{64,41}$, ou $35^p,3$ du sphéromètre.

Nous n'avons combiné que quatre lames, mais leurs teintes étaient bien décidées. On arriverait exactement à la même valeur, en combinant ensemble les nᵒˢ 11, 12, 13, A, B, C, soit séparément, soit en les joignant aux précédentes. Calculons toutes nos lames avec ce résultat moyen.

Calcul de la 2ᵉ expérience, faite sur un cristal où le bleu du 2ᵉ ordre est représenté par 35ᵖ,3 du sphéromètre.

Numéros des lames.	Leur couleur extraordinaire dans l'azimut de 45°.	Leur épaisseur observée au sphéromètre.	Leur épaisseur réduite à l'échelle de Newton.	Leur épaisseur suivant la table de Newton, évaluée d'après leur teinte.
o	jaune grisâtre.	68	17,3	17,5 supposé le jaune du 3ᵉ ordre.
2	vert bleuâtre.	91,8	23,4	23,2 supposé le vert jaune du 4ᵉ ordre.
3	vert vif.	63,5	16,18	16.25 supposé le vert du 3ᵉ ordre.
4	vert jaunâtre.	41	10,04	10,0 supposé le vert jaunâtre du 2ᵉ ordre.
5	rouge pâle bleuâtre.	80,2	20,4	20,64 supposé le rouge bleuâtre du 3ᵉ ordre.
6	jaune.	43,8	11,16	11,1 supposé l'orangé du 2ᵉ ordre.
7	orangé rougeâtre.	22,9	5,8	5,48 intermédiaire entre l'orangé et le rouge du 1ᵉʳ ordre.
10	rouge un peu jaunâtre.	46,9	12,5	12,66 supposé écarlate.
11	bleu verdâtre.	38,1	9,7	9,35 supposé intermédiaire entre le bleu et le vert du 2ᵉ ordre.
12	*idem.*	35	8,92	9,35
13	*idem.*	37,5	9,56	9,35
A	indigo violacé.	28,6	7,18	7,7 supposé intermédiaire entre l'indigo et le violet du 2ᵉ ordre.
B	*idem.*	30,3	7,72	7,7
C	bleu.	33,8	8,61	9 supposé le bleu du 2ᵉ ord.

L'accord des épaisseurs observées et des évaluations tirées de la table de Newton, se soutient encore dans cette expérience de la manière la moins douteuse : les petits écarts inévitables des observations disparaissent en se compensant dès qu'on en combine quelques-unes. Par exemple, les lames 11, 12, 13, avaient sensiblement la même teinte; aussi leurs épaisseurs, mesurées au sphéromètre, se sont trouvées très-peu différentes : mais ces différences même disparaissent dans leur ensemble; car, en ajoutant les nombres 9,70; 8,92 et 9,56, qui les expriment, on a pour somme 28,18, dont le tiers donne pour moyenne 9,39, précisément la même valeur que leur teinte indiquait.

3e EXPÉRIENCE.

Numéros des lames.	Variations de leur couleur réfléchie extraordinairement lorsque l'axe tourne de l'azimut 90° à l'azimut 0.	Couleur réfléchie extraordinaire dans l'azimut de 45°.	Epaisseur des lames mesurée au sphéromètre.
1	puce très-pâle, blanc légèrement rougeâtre, bleu verdâtre, puce.	blanc légèrement rougeâtre.	153,1
2	gris puce, vert de pré, vert de gris, vert sombre.	vert de pré vif.	70,5
3	puce, vert sombre, vert bleuâtre, bleu clair, bleu foncé.	bleu céleste.	37,75
4	du bleu violacé au pourpre, à l'écarlate, à l'orangé.	rouge.	54,50
5	lie de vin, rouge, rouge un peu orangé, orangé jaune.	orangé rougeâtre.	51,50
6	vert, vert azuré, rouge bleuâtre, rouge vif.	rouge légèrement bleuâtre.	82,9
7	indigo violacé, pourpre, rouge, rouge orangé, carmélite.	rouge.	54,15
9	vert sombre, vert, vert d'eau, bleu, indigo.	vert d'eau.	41,7
10	bleu, indigo violacé, pourpre sombre, lie de vin.	pourpre pensée.	28,15
12	vert azuré, bleu, bleu mêlé d'indigo, indigo pur, indigo sombre.	bleu mêlé d'indigo.	37,7
13	orangé rougeâtre, orangé jaune, jaune pâle.	jaune mêlé d'orangé.	22,0
14	puce rougeâtre, orangé rougeâtre, orangé jaunâtre, jaune.	orangé.	22,1
15	puce, violet, violet rougeâtre, orangé rougeâtre, carmélite.	violet rougeâtre.	27,0
0	vert sombre, vert bleuâtre, vert blanchâtre mêlé de rose, rose, rose rougeâtre.	vert mêlé de rose.	114,82

A la seule inspection de ce tableau, on voit que les variations des teintes, dans les différens azimuts, ont été bien plus sensibles dans ces lames que dans les précédentes; c'est-à-dire, qu'elles ont passé par une série plus nombreuse de teintes. On voit de plus, que les épaisseurs correspondantes aux mêmes teintes sont plus grandes que dans les expériences précédentes : c'est ce que le calcul va confirmer.

Pour cela, nous déterminerons le facteur constant au moyen des cinq lames suivantes, dont les teintes sont décidées et faciles à reconnaître.

Numéros des lames.	Leur couleur dans l'azimut de 45°.	Leur mesure au sphéromètre.	Leur mesure suivant la table de Newton, estimée d'après leur teinte.
2	vert du 3ᵉ ordre.	70, 50	16, 25
3	bleu du 2ᵉ ordre.	37, 75	9
4	rouge du 2ᵉ ordre.	54, 50	11, 83
6	rouge du 3ᵉ ordre.	82, 90	18, 71
7	rouge du 2ᵉ ordre.	54, 15	11, 83
sommes......		299, 80	67, 62

d'où l'on tire la valeur du bleu du 2ᵉ ordre, égale à $\dfrac{9 \cdot 299,80}{67,62}$ ou $39^p,9$ du sphéromètre. En effet, des mesures très-exactes faites par M. Cauchoix sur des lames qui réfléchissaient cette couleur, a précisément donné 40^p du sphéromètre. Nous adopterons cette valeur, qui s'accorde avec l'ensemble des cinq lames que nous allons comparer. En calculant ainsi toutes nos lames, nous aurons les résultats suivans.

Numéros des lames.	Leur couleur extraordinaire dans l'azimut de 45°.	Leur mesure au sphéromètre.	Leur mesure réduite à l'échelle de Newton.	Leur mesure évaluée, suivant la table de Newton, d'après leur teinte observée.
1	blanc légèrement rougeâtre	153, 1	34, 45	35 supposé entre le rouge du 5e ordre et le bleu verdâtre du 6e.
2	vert de pré.	70, 5	15, 9	16, 25 supposé le vert du 3e ordre.
3	bleu céleste.	37, 75	8, 49	8, 6 supposé intermédiaire entre le bleu et l'indigo.
4	rouge.	54, 50	12, 26	12, 25 supposé intermédiaire entre le rouge et l'écarlate du 2e ordre.
5	orangé rougeâtre.	51, 50	11, 59	11, 46 supposé intermédiaire entre le rouge et l'orangé du 2e ordre.
6	rouge légèrement bleuâtre.	82, 9	18, 65	18, 7 rouge du 3e ordre, qui est toujours un peu bleuâtre, suivant le témoignage de Newton.
7	rouge.	54, 15	12, 18	12, 25 rouge du 2e ordre.
9	vert d'eau.	41, 7	9, 38	9, 35 supposé intermédiaire entre le bleu et le vert du 2e ordre.
10	pourpre pensée.	28, 15	6, 33	6, 5 supposé intermédiaire entre le rouge du 1er ordre et le violet du 2e.
12	bleu mêlé d'indigo.	37, 70	8, 48	8, 6 supposé intermédiaire entre l'indigo et le bleu.
13	jaune orangé.	22	4, 95	5, 16 supposé exactement l'orangé du 1er ordre.
14	orangé.	22, 1	4, 97	5, 16 supposé l'orangé du 1er ordre.
15	violet rougeâtre.	27, 0	6, 07	6, 5 supposé intermédiaire entre le rouge du 1er ordre et le violet du 2e.
0	vert mêlé de rose.	114, 82	25, 84	26 rouge du 4e ordre confinant au vert jaunâtre.

En voyant ces résultats si bien d'accord entre eux et avec

la table de Newton, mais différens des autres dans la valeur
absolue du facteur constant, j'ai soupçonné que la différence
pouvoit tenir à une inégalité de pesanteur spécifique qui serait appréciable par la balance. J'ai donc pesé spécifiquement
avec beaucoup de soin neuf de ces lames prises ensemble, et
je les ai comparées aux onze premières que j'avais observées,
et pour lesquelles le bleu du 2e ordre était représenté par
$36^o,5$ du sphéromètre. L'expérience a été faite avec des
balances très-sensibles, et à la température de 20° du ther-
momètre centésimal. En voici les résultats.

Neuf grandes lames du cristal où le bleu du 2e ordre est
représenté par 40 pèsent ensemble dans l'air..... $3^{gr},8835$

Elles perdent dans l'eau distillée............ $1^{gr},6800$

ce qui donne leur pesanteur spécifique $= \dfrac{3^{gr},8835}{1^{gr},6800} = 2,3116$

Onze grandes lames du cristal où le bleu du 2e ordre est
représenté par $36,5$ pèsent ensemble dans l'air.... $4^{gr},0770$

Elles perdent dans l'eau distillée............ $1^{gr},7710$

ce qui donne leur pesanteur spécifique $= \dfrac{4^{gr},0770}{1^{gr},771}$ ou $2,302$

Ainsi ces deux pesanteurs spécifiques sont sensiblement
égales entre elles, car la différence $\frac{1}{430}$ que nous trouvons
entre leurs évaluations, est une quantité dont on ne peut
pas répondre dans les manipulations diverses que les pesées
exigent. Par conséquent si l'inégalité d'action de ces deux
cristaux sur la lumière dépend d'une dissemblance entre
leurs états d'agrégation, comme il est naturel de le présu-

mer, et comme leur différence de dureté et d'élasticité l'indique, cette dissemblance n'influe sur les pesanteurs spécifiques que d'une quantité que l'on ne peut apprécier avec les balances les plus exactes. Les belles expériences de M. Thenard sur la décomposition du gaz ammoniac par les métaux, offrent un exemple semblable de phénomènes chimiques très-importans produits par de simples changemens d'état d'agrégation; et qu'y a-t-il de plus analogue, je dirais presque de plus identique, que l'affinité chimique est l'action des corps sur la lumière?

D'après cela on doit s'attendre que si l'état d'agrégation du cristal redevient le même, son action pour polariser la lumière redeviendra la même aussi. C'est en effet ce qui a lieu comme je l'ai éprouvé sur le même cristal dont je viens de parler. Après en avoir extrait un assez grand nombre de lames il a commencé à prendre plus de régularité, et en même temps il a pris aussi plus d'élasticité, de dureté, de consistance. Lorsqu'il a été ainsi ramené à un état tel qu'il n'y avait plus sur chaque lame qu'un seul système de cristallisation uniforme, et que j'ai pu croire qu'il s'était rapproché de la pureté et de la régularité la plus parfaite, j'en ai de nouveau extrait sept lames dont j'ai observé par réflexion les couleurs extraordinaires, et dont j'ai mesuré les épaisseurs au sphéromètre, comme on le voit ici.

4e Expérience.

Numéros des lames.	Variations de leurs teintes réfléchies extraordinairement, lorsque l'axe tourne de l'azimut 90° à l'azimut 0.	Couleur réfléchie extraordinairement dans l'azimut de 45°.	Epaisseur des lames mesurées au sphéromètre.
1	du rouge brun à l'orangé et au pâle jaune.	orangé.	20, 8
2	de l'orangé au jaune orangé et au jaune pâle.	jaune.	18, 9
3	du vert au bleu céleste, à l'indigo.	bleu.	33, 8
4	orangé faible, jaune citron, jaune verdâtre, vert, vert foncé.	jaune verdâtre.	40, 1
5	bleu indigo, violet.	indigo.	29, 75
6	orangé faible, jaune, jaune verdâtre, vert, vert bleuâtre.	jaune légèrement verdâtre.	39, 5
7	rouge, jaune d'or, vert.	orangé.	44, 2

Pour déterminer les coëfficiens constans relativement à
ces lames, j'emploierai les cinq dernières, les deux autres
ayant trop peu d'épaisseur pour introduire leur influence
dans cette détermination. Nous aurons ainsi:

Numéros des lames.	Leur couleur extraordinaire dans l'azimut de 45°.	Leur mesure au sphéromètre.	Leur mesure suivant la table de Newton, estimée d'après leur teinte.
3	bleu.	33, 8	9 supposé le bleu pur du 2e ordre.
4	jaune verdâtre.	40, 1	10, 2 supposé le jaune du 2e ordre mêlé d'une très-petite quantité de vert.
5	indigo.	29, 75	8, 2 supposé l'indigo pur.
6	jaune verdâtre.	39, 5	10, 2 supposé comme le n° 4.
7	orangé.	44, 2	11, 1 supposé l'orangé du 2e ordre.
sommes...		187, 35	48, 7

ce qui donne proportionnellement le bleu du 2e ordre

$$= \frac{9 \cdot 187{,}35}{48{,}7} = 34^o{,}6 \text{ du sphéromètre;}$$ résultat très-rapproché de ce que nous avons trouvé dans les autres cristaux purs de la variété trapézienne, mais très-différent de ce que nous avons trouvé tout-à-l'heure par une autre portion même du cristal, dans laquelle l'état d'agrégation était différent. Pour voir comment ce résultat accordera les mesures d'épaisseur et les couleurs : calculons toute l'expérience dans cette supposition; nous aurons ainsi:

Numéros des lames.	Leur couleur extraordinaire dans l'azimut de 45°.	Leur épaisseur mesurée au sphéromètre.	Leur épaisseur à l'echelle de Newton.	Leur épaisseur suivant la table de Newton, évaluée d'après leur teinte.
1	orangé.	20, 8	5, 3	5,11 supposé exactement l'orangé du 1er ordre.
2	jaune.	18, 9	4, 9	4,6 supposé exactement le jaune du 1er ordre.
3	bleu.	33, 8	8, 8	9,0 supposé exactement le bleu du 2e ordre.
4	jaune verdâtre.	40, 1	10, 4	10,2 supposé le jaune du 2e ordre mêlé d'un peu de vert.
5	indigo.	29, 75	7, 73	8,19 supp. l'indigo du 2e ord.
6	jaune verdâtre.	39, 5	10, 2	10,2 supposé comme le n° 4.
7	orangé.	44, 2	11, 48	11,11 supposé exactement l'orange du 2e ordre.

On voit que les écarts entre l'observation et le calcul ne vont jamais qu'à une très-petite fraction de teinte; c'est-à-dire qu'il suffirait de supposer que les couleurs de ces lames, au lieu de coïncider exactement avec les termes de la table de Newton, ce qui en effet ne pourrait arriver que par le hasard le plus improbable, se rapprochent extrêmement peu de la teinte voisine au-dessus ou au-dessous de celle à laquelle nous les rapportons; l'on sent en effet que l'œil ne peut juger ainsi que les termes les plus tranchés, et par conséquent ne saurait apprécier avec exactitude les petits changemens de teinte qu'il faudrait cependant évaluer pour placer les lames par interpolation dans la table, au rang précis qui leur convient. Il faut de plus accorder quelque chose aux erreurs des mesures d'épaisseur, en raison des petites quantités à mesurer, et des stries presque imperceptibles qui hérissent toujours la surface des lames de quelques inégalités insensibles à la vue, mais appréciables par le sphéromètre, et mieux encore par l'action qu'elles exercent sur la teinte que les lames polarisent extraordinairement.

Si l'on ajoute les épaisseurs des lames n°s 1 et 2, évaluées d'après leur teinte, on aura $5,11 + 4,6 = 9,71$: cela répond exactement au vert du 2e ordre. En effet, ces deux lames proviennent de la résolution d'une seule qui réfléchissait un vert passant au bleu, quand on tournait l'axe vers l'azimut 0; et descendant au jaune, quand on le tournait vers l'azimut 90°, ce qui convient parfaitement au vert lavé et imparfait du 2e ordre.

Je terminerai enfin l'exposé de ces épreuves par l'expérience suivante, qui a été faite sur vingt-trois lames tirées d'un cristal très-limpide dont les lames étaient régulièrement cristallisées.

5ᵉ Expérience.

Numéros des lames.	Variations de leur couleur réfléchie extraordinairement, lorsque l'axe tourne de l'azimut 90° à l'azimut 0.	Couleur réfléchie extraordinairement dans l'azimut de 45°.	Epaisseur des lames, mesurée au sphéromètre.
0	du rouge faible au bleu verdâtre.	du rouge faible au bleu verdâtre.	160, 2
1	vert, vert rougeâtre, rose, rose pâle, rose jaunâtre.	rose.	77, 33
2	carmélite, orangé rougeâtre, orangé.	orangé rougeâtre.	24. 5
3	vert bleuâtre, gris de lin, pourpre.	gris de lin.	56. 83
4	bleu, violet rougeâtre, rouge jaunâtre, rouge orangé.	rouge un peu jaunâtre.	51, 4
5	bleu, violet pourpre, rouge, rouge orangé.	rouge pourpré.	53
6	jaune verdâtre, vert jaunâtre, vert foncé.	vert jaunâtre.	41
7	jaune sombre, jaune, jaune verdâtre, vert clair.	jaune verdâtre.	41
8	du bleu verdâtre au rouge.	rouge.	107, 7
9	orangé jaune, jaune blanchâtre.	jaune.	19, 36
10	vert, vert bleuâtre, bleu, indigo violacé.	bleu.	61, 7
11	jaune pâle, gris blanchâtre, blanc.	gris blanchâtre.	18, 1
12	bleu verdâtre, indigo, indigo sombre.	indigo.	33, 8
13	indigo violacé, pourpre pensée, pourpre sombre.	violet pourpré.	27, 2
14	vert jaunâtre, vert, bleu.	vert.	38. 6
15	vert vif, vert bleuâtre, bleu, violet pourpre.	bleu.	58, 5
16	violet pourpré, rouge brun, rouge orangé ou carmélite.	rouge brun.	24, 6 (*)
17	indigo pourpre, pourpre rougeâtre, rouge jaunâtre.	rouge pourpré.	53
18	vert au peu jaunâtre, vert, vert bleuâtre.	vert.	39, 67
19	brun rougeâtre, rouge orangé, orangé.	rouge orangé.	22, 5
20	orangé, jaune pâle, jaune blanchâtre.	jaune pâle.	19. 7
21	blanc sensiblement.	blanc.	13, 5
22	blanc sensiblement.	blanc.	14, 8

Pour calculer le facteur constant relativement à toutes ces

(*) Ce rouge-brun est, comme on le verra tout-à-l'heure, le rouge du 1ᵉʳ ordre légèrement mêlé de violet du 2ᵉ ordre : son complément, vu par transmission à 45″, est un blanc légèrement bleuâtre.

lames, je n'emploierai que les six désignées dans le tableau suivant.

Numéros des lames.	Leur couleur dans l'azimut de 45°.	Epaisseur suivant le sphéromètre.	Epaisseur suivant la table de Newton, d'après Lalande.
1	rose superbe.	77, 3	18, 7 supposé le rouge du 3ᵉ ordre.
4	rouge.	51, 4	11, 8 supposé le rouge du 2ᵉ ordre.
16	rouge-brun.	24, 6	5, 8 supposé le rouge du 1ᵉʳ ordre.
12	indigo.	33, 8	8, 2 supposé l'indigo du 2ᵉ ordre.
17	pourpre rougeâtre.	53, 0	13, 5 supposé le pourpre du 2ᵉ ordre.
6	vert jaunâtre.	41, 0	10, 0 supposé entre le jaune et le vert du 2ᵉ ordre.
7	jaune verdâtre.	41, 0	10, 1 supposé un peu plus jaune.
	sommes....	322, 1	78, 1

ce qui donne le bleu du 2ᵉ ordre égal à $\dfrac{9 \cdot 322,1}{78,1}$ ou $37^{\mathrm{p}},1$ du sphéromètre : nous emploierons seulement 37, pour ne pas compliquer le calcul au-delà de l'exactitude que nos expériences comportent, et nous calculerons toutes nos lames avec cette donnée.

Numéros des lames.	Leur couleur extraordinaire.	Leur epaisseur d'après le sphéromètre.	Leur épaisseur réduite à l'échelle de Newton.	Leur épaisseur suivant la table de Newton, conclue de leur teinte extraordinaire.	
0	du rouge faible au bleu verdâtre.	160, 2	38, 9	39, 3	supposé un tiers de l'intervalle entre le bleu verdâtre et le rouge du 6e ordre.
1	rose.	77, 33	18, 7	18, 7	supposé le rouge du 3e ordre.
2	orangé rougeâtre.	24, 5	5, 96	5, 45	supposé entre le rouge et l'orangé du 1er ordre.
3	gris de lin.	56, 83	13, 8	13, 87	supposé entre l'indigo et le pourpre du 3e ordre.
4	rouge un peu jaunâtre.	51, 4	12, 5	12, 6	supposé l'écarlate du 2e ordre.
5	rouge pourpre.	53	12, 89	13, 0	supposé entre l'écarlate du 2e ordre et le pourpre du 3e.
6	vert jaunâtre.	41	9, 98	10, 0	supposé entre le jaune et le vert du 2e ordre.
7	jaune verdâtre.	41	9, 98	10, 1	supposé un peu plus près du jaune.
8	rouge.	107, 7	26, 2	26	supposé le rouge du 4e ordre.
9	jaune.	19, 36	4, 71	4, 6	supposé le jaune du 1er ordre.
10	bleu.	61, 7	15, 0	15, 1	supposé le bleu du 3e ordre.
11	gris blanchâtre.	18, 1	4, 4	4, 4	supposé un peu au-dessus du jaune du 1er ordre.
12	indigo.	33, 8	8, 2	8, 2	supposé l'indigo du 2e ordre.
13	violet pourpré.	27, 2	6, 6	6, 4	supposé entre le rouge du 1er ordre et le violet du 2e.
14	vert.	38, 6	9, 39	9, 35	entre le bleu et le vert du 2e.
15	bleu.	58, 5	14, 24	14, 25	supposé l'indigo du 3e ordre.
16	rouge brun légèrement pourpré.	24, 6	5, 98.	5, 8	supposé le rouge du 1er ordre.
17	rouge pourpré.	53	12, 89	13, 0	supposé entre l'écarlate du 2e ordre et le pourpre du 3e.
18	vert.	39, 67	9, 65	9, 7	supposé le vert du 2e ordre.
19	rouge orangé.	22, 5	5, 4	5, 45	supposé entre le rouge et l'orangé du 1er ordre.
20	jaune pâle.	19, 7	4, 78	4, 6	supposé le jaune du 1er ordre.
21	blanc sensiblement.	13, 5	3, 28	3, 4	serait le blanc du 1er ordre.
22	blanc sensiblement.	14, 8	3, 60	3, 4	serait le blanc du 1er ordre.

On remarquera que, d'après le sphéromètre, le n° 21 est au-dessus du blanc du premier ordre en tirant vers le bleu, et qu'au contraire le n° 22 est au-dessous du même blanc en tirant vers le jaune pâle. Ce résultat est exactement confirmé par l'expérience quand on observe les couleurs par transmission sous l'incidence perpendiculaire et dans l'azimut de 45°; car alors la lame n° 21 donne un rayon ordinaire dont la couleur est un orangé un peu rougeâtre, et le n° 22 donne un rayon extraordinaire d'un bleu violacé extrêmement faible en intensité. Cela doit être en effet d'après l'ordre dans lequel se succèdent les anneaux colorés réfléchis et transmis. Le blanc parfait du 1er ordre a pour complément le noir absolu. Avec une épaisseur moindre le blanc réfléchi n'est pas entièrement complet; la couleur qui lui manque est le rouge, puis l'orangé, etc. Au contraire, lorsque l'épaisseur excède celle du blanc parfait, les couleurs opposées dans le spectre, viennent à manquer successivement, d'abord le violet, si faible, qu'à peine on peut l'apercevoir, puis le bleu, etc. Le rayon ordinaire étant complémentaire de celui que les lames réfléchissent extraordinairement, doit suivre dans tous les ordres les mêmes périodes que les anneaux transmis.

J'ose croire que les épreuves précédentes, faites sur plus de quatre-vingts lames tirées de cristaux différens, sont assez nombreuses et assez variées pour établir d'une manière incontestable la proposition suivante: *Si l'on fait tomber un rayon de lumière blanche sur des lames minces de chaux sulfatée bien pure, de manière qu'il forme un angle de 35° environ avec leur surface, et que l'axe de ces lames forme un angle de 45° avec le plan de réflexion, les couleurs réfléchies extraordinairement varieront avec l'épaisseur des lames exactement suivant les mêmes lois que Newton a observées dans la réflexion ordinaire produite par les lames minces des corps non cristallisés ; en sorte que l'on pourra prévoir d'avance la couleur du rayon extraordinaire réfléchi par un systéme de lames minces de chaux sulfatée, dans les circonstances que nous avons décrites, par la seule connaissance de leur épaisseur, en se servant de la table donnée par Newton, et rapportée plus haut, page 56.*

J'ai de plus observé que la même loi se soutient également pour les lames de cristal de roche taillées parallèlement à l'axe. J'ai reconnu ce résultat par la comparaison de six lames dont les épaisseurs et les teintes étaient telles qu'on le voit dans le tableau suivant.

Numéros des lames.	Leur couleur réfléchie extraordinairement dans l'azimut de 45°.	Leur épaisseur mesurée au sphéromètre.
1	bleu verdâtre.	120^p, 8
2	rouge.	106 , 0
3	vert bleuâtre.	61 , 5
4	bleu.	35 , 8
5	pourpre.	54 , 5
6	jaune verdâtre.	40 , 2

Je n'avais d'abord observé que les deux premières, qui avaient été travaillées avant les autres. En cherchant d'après la table de Newton à établir une proportionnalité entre leurs épaisseurs et leurs teintes, j'avais vu qu'il fallait supposer que la première réfléchissait le bleu verdâtre du 5ᵉ ordre, et la seconde le rouge du 4ᵉ. Cette supposition me donnait 36ᵖ,4 du sphéromètre pour l'épaisseur de la lame qui polarisait extraordinairement le bleu du second ordre : c'est exactement la même valeur que nous avons trouvée dans le premier cristal de chaux sulfatée que nous avons observé. Avec ce nombre je calculai d'avance, en parties du sphéromètre, les épaisseurs que les autres lames devaient avoir d'après leurs teintes observées par réflexion dans l'azimut de 45°; et ces épaisseurs, mesurées ensuite par M. Cauchoix sans qu'il eût connaissance de mon calcul, s'y sont trouvées exactement conformes, comme il en a lui-même été témoin.

Cependant, comme les lames nᵒˢ 1 et 2 appartiennent à des ordres de couleur où l'épaisseur est considérable, et par conséquent dans lesquels les variations des teintes sont moins sensibles, il m'a paru préférable de calculer le facteur constant par l'ensemble des autres lames ; et j'ai trouvé que l'on satisferait mieux à cet ensemble en supposant le bleu du 2ᵉ ordre représenté par 35ᵖ,7 du sphéromètre, au lieu de 36ᵖ,4 qu'avaient donné les premières évaluations. Il en résulte une différence de 0ᵖ,7 sur l'épaisseur de la lame qui réfléchirait extraordinairement le bleu du 2ᵉ ordre, et ces 0ᵖ,7 répondent à un millième et demi de millimètre. Avec le facteur moyen 35,7, on forme le tableau suivant.

Numéros des lames.	Leur couleur réfléchie extraordin. dans l'azimut de 45°.	Leur épaisseur au sphéromètre.	Leur épaisseur réduite à l'échelle de Newton.	Leur épaisseur suivant la table de Newton, conclue de leur teinte.
1	120, 8	bleu verdâtre.	30, 4	29, 66 supposé le bleu verdâtre du 5ᵉ ordre.
2	106	rouge.	26, 7	26 supposé le rouge du 4ᵉ ordre.
3	61, 5	vert bleuâtre.	15, 5	15, 67 supposé entre le bleu et le vert du 3ᵉ ordre.
4	35, 8	bleu.	9	9 bleu du 2ᵉ ordre.
5	54, 5	pourpre.	13, 74	13, 5 supposé le pourpre du 2ᵉ ordre.
6	40, 2	jaune verdâtre.	10, 1	10 supposé entre le jaune et le vert du 2ᵉ ordre.

Ces résultats s'accordent aussi bien qu'on peut le desirer, vu l'extrême difficulté que l'on éprouve pour amincir ces lames et pour y trouver des parties dont l'épaisseur et par conséquent la couleur soient constantes. Les quatre dernières du tableau précédent, celles qui sont les plus minces, ont été tirées d'une même lame dont l'épaisseur était inégale, et qui réfléchissait par conséquent des couleurs diverses dans ses diverses parties. Mais comme ces teintes étaient disposées par bandes parallèles, on a profité de cette circonstance pour les couper et les séparer. Il est remarquable que le coëfficient constant soit aussi exactement le même pour les lames minces de chaux sulfatée et pour celles de cristal de roche taillées parallèlement à l'axe.

Les lames de mica, placées dans les mêmes circonstances

que les précédentes, réfléchissent de même des couleurs extraordinaires qui changent de teinte quand on tourne les lames dans leur plan ; mais la réflexion qui s'opère sur la surface du mica est tellement faible et irrégulière que l'on ne peut déterminer les teintes des lames avec assez d'exactitude pour pouvoir les comparer d'une manière rigoureuse : c'est donc par la transmission seule que l'on peut juger de leur action sur la lumière. Je n'ai pas encore étudié les couleurs réfléchies par les lames minces des autres substances cristallisées, ainsi je ne puis rien prononcer sur la manière dont elles exercent la polarisation partielle, ni dire si elles suivent les mêmes lois ou des lois différentes de celles que nous venons de découvrir : c'est une question bien importante, et je m'en occupe présentement. Mais avant de la généraliser ainsi, j'ai voulu connaître à fond tout ce qui pouvait concerner la chaux sulfatée, afin qu'elle me servît de guide pour l'étude des autres corps. Il me reste maintenant à faire connaître la liaison qui existe entre les couleurs réfléchies extraordinairement par les lames minces de chaux sulfatée et de cristal de roche, et les couleurs que les mêmes lames polarisent extraordinairement par réfraction sous l'incidence perpendiculaire : pour cela je m'appuierai sur les faits suivans, que j'ai constatés sur un très-grand nombre de lames minces de ces deux substances.

Reprenons l'appareil décrit au commencement de ce Mémoire pour observer la couleur des rayons polarisés qui ont traversé une lame mince de chaux sulfatée. Plaçons d'abord la lame sous l'incidence perpendiculaire pour laquelle nous avons déterminé complètement les lois de tous les phénomènes, et amenons son axe dans l'azimut de 45° ;

c'est, comme on l'a vu, la position dans laquelle la séparation des rayons extraordinaire et ordinaire est la plus complète. Les choses étant ainsi disposées, si nous inclinons l'axe de la lame de manière à le rapprocher du rayon incident, sans qu'il sorte de l'azimut de 45°, le plan d'incidence coïncidera avec cet axe, et les couleurs du rayon extraordinaire remonteront dans l'ordre des anneaux comme si la lame devenait plus mince : ceci est analogue avec l'expérience rapportée page 63, et l'explication en est la même.

Au contraire plaçons l'axe dans une position perpendiculaire à la précédente, et inclinons de plus en plus la lame dans le même plan de réflexion que précédemment : nous verrons les couleurs du rayon extraordinaire descendre dans l'ordre des anneaux, comme si la lame devenait plus épaisse.

On voit donc que l'axe de la lame et la ligne qui lui est perpendiculaire semblent agir également et avec la même force pour faire monter ou descendre les couleurs : d'où l'on peut prévoir que si le plan d'incidence du rayon est intermédiaire entre ces deux lignes, l'influence qui tend à faire descendre les couleurs sera égale à celle qui tend à les faire monter, et par conséquent elles ne varieront point du tout. C'est en effet ce que l'expérience confirme dans tous les azimuts où l'on veut l'éprouver : il suffit de placer l'axe de manière qu'il fasse un angle de 45° avec le plan de réfraction, et l'inclinaison ne changera pas les couleurs d'une manière appréciable, au moins pour nos sens.

Par conséquent, et ceci est un cas particulier de la loi précédente, si l'on place l'axe de la lame dans l'azimut de 45°, et qu'on incline la lame de manière que le plan d'incidence et de réfraction devienne le méridien même, les couleurs propres au rayon extraordinaire ne changeront point, elles seront les mêmes que sous l'incidence perpendiculaire. Or, quand on est ainsi arrivé à l'inclinaison d'environ 35°, sous laquelle la polarisation par réflexion s'opère d'une manière complète, on trouve que la teinte du rayon réfléchi extraordinairement, est précisément la même que celle du rayon transmis. Telle est précisément la position où j'ai dit qu'il fallait placer les lames minces pour déterminer par réflexion la teinte sur laquelle elles exercent la polarisation extraordinaire; seulement la réflexion permet de déterminer comparativement ces teintes avec plus de précision. La même loi a lieu également pour les lames minces de cristal de roche taillées parallèlement à l'axe, et l'on peut ainsi en tirer les mêmes conclusions pour la détermination des couleurs.

Mais elle n'a pas lieu pour le mica. Les variations des couleurs, quand l'inclinaison change, s'y font d'une autre manière; ce qui semblerait indiquer, ou que l'axe du mica n'est pas dans le plan de ses lames, ou que quelque autre phénomène se combine avec l'action qu'il devrait exercer. Il faut donc, pour le mica, comparer directement les épaisseurs avec les couleurs réfractées extraordinairement sous l'incidence perpendiculaire. Alors on voit qu'elles suivent encore les rapports établis par Newton (*).

(*) Il m'a par fois semblé apercevoir quelques variations analogues, mais incomparablement plus faibles, dans les teintes de certaines lames de chaux sulfatée; mais ordinairement cela venant de ce qu'en présentant la lame au rayon polarisé, sous l'incidence perpendiculaire, je

Nous sommes ainsi parvenus à démontrer dans tous ses points la règle que j'ai donnée à la fin de la première section de ce Mémoire, pour déterminer les couleurs du rayon extraordinaire d'après la seule mesure des épaisseurs ; et l'on voit que cette règle, fondée sur les phénomènes, s'accorde parfaitement avec eux.

Je dois revenir maintenant sur quelques particularités que présentent les couleurs de différens ordres relativement à l'intensité du rayon ordinaire ; car ces particularités, très-

n'avais pas placé son axe dans l'azimut de 45° ; car hors de cet azimut, comme on le verra dans la section suivante, le changement d'inclinaison fait changer les teintes du rayon extraordinaire. D'autres fois, lorsque cet effet avait lieu, je trouvais que la lame n'était pas parfaitement plane, ou n'était pas parfaitement homogène ; car alors, sous l'incidence perpendiculaire, en faisant varier le point d'incidence, la teinte extraordinaire éprouvait quelque légère variation, qui la faisait incliner vers la teinte suivante, comme, par exemple, du bleu au bleu verdâtre, on du vert au vert jaunâtre ; mais ces changemens, qui ne comprennent jamais l'intervalle d'une teinte entière dans la table de Newton, ne m'ont paru devoir être regardés que comme des anomalies accidentelles et légères qui ne devaient pas faire méconnaître la loi générale : et l'on sera peut-être étonné qu'il ne s'en rencontre pas de plus étendues et de plus fréquentes, si l'on songe de quelle excessivement petite quantité il suffit de changer l'épaisseur ou la constitution de ces lames, pour les faire varier d'une teinte dans l'ordre des anneaux. Au reste, dans ces cas mêmes, si on ne voulait pas conclure la teinte du rayon extraordinaire par la réflexion, on pourrait l'observer directement par transmission comme pour le mica, et l'on trouverait alors que la règle est exacte ; car, en opérant avec soin, toutes les erreurs des observations cumulées ne porteront jamais l'erreur à l'intervalle qui sépare deux teinte sconsécutives.

1811.   13 *

singulières et même en apparence bizarres, s'accordent parfaitement avec notre théorie. Lorsque l'on compare entre elles un grand nombre de lames d'épaisseurs diverses, on s'aperçoit bientôt que, dans la position où la séparation des deux rayons ordinaire et extraordinaire est la plus complète, ce qui répond à $\alpha = 0$, et $i = 45^\circ$, l'intensité du rayon ordinaire varie d'une lame à une autre tout autant que sa couleur. La raison de ces variétés est évidente d'après ce qu'on vient d'établir. Si le rayon extraordinaire répond à la lumière des anneaux réfléchis, le rayon ordinaire, qui en est complémentaire, répond précisément à la lumière des anneaux transmis, d'après les propres termes de Newton dans la seconde partie du second livre de l'Optique. Or, le rapport d'intensité des anneaux transmis et réfléchis à une même épaisseur est très-inégal; cette inégalité se fait moins sentir dans les derniers ordres d'anneaux, où les deux teintes convergent également vers le blanc composé qu'elles atteignent dans l'infini, mais dans les couleurs des premiers ordres, où les limites ne sont pas les mêmes, les intensités sont très-différentes. Ainsi, par exemple, le blanc réfléchi du premier ordre étant opposé au noir, il en résulte qu'une lame mince de chaux sulfatée qui réfléchirait extraordinairement le blanc parfait du 1er ordre donnerait un rayon ordinaire tout-à-fait nul, dans la position où la séparation des deux teintes est la plus complète. Ce serait le hasard seul, et un hasard bien extraordinaire, qui ferait tomber exactement sur cette limite : mais on a vu dans les expériences rapportées ci-dessus, que l'on peut en approcher assez pour n'avoir plus que des rayons ordinaires extrêmement faibles, dont la teinte est bleue ou rouge jaunâtre, suivant que l'épaisseur de la lame observée est plus grande ou moindre que celle qui donnerait le blanc parfait.

Cette correspondance du rayon extraordinaire avec les anneaux réfléchis et du rayon ordinaire avec les anneaux transmis est trop importante, pour ne pas chercher à l'établir d'une manière rigoureuse, et par toutes les preuves que l'expérience peut fournir.

On pourrait se demander, par exemple, si les expériences l'établissent nécessairement, et si en accordant quelque chose à leurs écarts inévitables on ne pourrait pas rapporter également le rayon extraordinaire aux anneaux transmis, plutôt qu'aux anneaux réfléchis ; car ces deux séries d'anneaux, quoique partant de termes différens, suivent à-peu-près la même marche dans la succession de leurs teintes ; c'est une question que je vais examiner.

Pour le faire d'une manière claire et simple, il faut se rappeler la correspondance de ces anneaux pour les mêmes épaisseurs, telle qu'elle a été donnée par Newton dans son Optique. Elle se trouve exprimée, fig. 2, dans les deux lignes A B, C D, dont la première appartient aux anneaux réfléchis, la seconde aux anneaux transmis, et les intervalles de ces lignes indiquent les épaisseurs correspondantes. (Cette figure se trouve à la suite du second livre de l'Optique).

Nous allons comparer à ces deux séries le rayon ordinaire et le rayon extraordinaire donnés par les lames minces de chaux sulfatée quand on les présente perpendiculairement au rayon polarisé, et que leur axe est tourné dans l'azimut de 45°, où la séparation des deux teintes est la plus complète.

Prenons pour exemple les quatre lames n°ˢ 16, 5, 1 et 8

13.

de la dernière expérience, dans laquelle le bleu du 2e ordre était représenté par 37^u du sphéromètre. Ces quatre lames donnaient pour le rayon extraordinaire diverses espèces de rouge. En les observant par transmission, j'ai déterminé pareillement pour chacune d'elles les teintes du rayon ordinaire ; ces teintes se trouvent telles qu'on le voit dans le tableau suivant.

Numéros des lames.	Leur épaisseur en parties de la table de Newton.	Teinte du rayon extraordinaire observé par transmission sous l'incidence perpendiculaire.	Teinte du rayon ordinaire observé par transmission sous l'incidence perpendiculaire.
16	5, 8	rouge brun du 1er ordre.	blanc bleuâtre.
5	13, 0	rouge pourpré du 2e ordre.	vert.
1	18, 7	rouge du 3e ordre.	vert.
8	26	rouge du 4e ordre.	vert bleuâtre.

J'ai pris pour la mesure des épaisseurs les nombres calculés d'après la table. Il est visible en effet que les mesures réelles ne diffèrent de ces évaluations que de quantités fort petites, et qui oscillent tantôt en plus, tantôt en moins. La question que nous examinons n'est pas de savoir si les rapports des épaisseurs et des couleurs s'accordent avec ceux de la table de Newton, ceci doit être regardé comme prouve par les nombreuses comparaisons que nous avons faites ; mais il s'agit de savoir si, en supposant cet accord exact, il exige nécessairement que le rayon extraordinaire soit analogue aux anneaux réfléchis, et si l'on ne pourrait pas trouver le même accord entre les couleurs du rayon extraordinaire et les teintes des anneaux transmis.

Pour éprouver cette dernière supposition dans ses conséquences, admettons-la un moment comme vraie : regardons ces quatre teintes du rayon extraordinaire comme répondant aux anneaux rouges transmis ; ce seront nécessairement les quatre premiers ordres : alors les rayons ordinaires deviendront par hypothèse analogues aux anneaux réfléchis dans les mêmes épaisseurs, puisque la somme des uns et des autres doit toujours former le blanc.

Or, en considérant, dans la figure donnée par Newton, les trois derniers ordres de rouge transmis, on voit bien qu'en effet ils ont pour complément des verts, comme nous trouvons aussi que les donnent les trois dernières lames ; mais le premier rouge transmis a pour complément le vert du 2e ordre, et non pas un blanc légèrement bleuâtre comme nous le trouvons pour la lame n° 16.

Au contraire l'ordre se rétablit, si l'on suppose que les rayons extraordinaires répondent aux anneaux réfléchis ; car alors le violet du 2e ordre, qui est un violet sombre, a pour complément, dans les anneaux transmis, le blanc, ou, pour parler à la rigueur, une teinte approchante du blanc. Ainsi, en allant de ce violet vers le rouge du 1er ordre, on doit trouver un rouge brun assez sombre, et l'anneau blanc transmis étant privé d'une partie de ses rayons rouges, doit passer au blanc bleuâtre ; d'où l'on voit pourquoi, dans les anneaux réfléchis, le complément du rouge du 1er ordre est un blanc bleuâtre, et pourquoi lui seul, parmi les rayons de différens ordres, jouit de cette propriété.

Les rapports d'épaisseurs de ces quatre ordres de rouge diffèrent aussi extrêmement des valeurs qu'ils devraient avoir si le rayon extraordinaire appartenait aux anneaux transmis ; en effet les quatre ordres d'anneaux rouges transmis ont pour complément, d'après la figure, les verts des 2ᵉ, 3ᵉ, 4ᵉ ordres, et le bleu verdâtre du 5ᵉ. Or, on peut aisément déterminer les épaisseurs auxquelles ces verts répondent, en consultant la table de Newton sur les épaisseurs correspondantes aux anneaux réfléchis. Ces épaisseurs seront donc par hypothèse celles de nos quatre lames qui réfractent extraordinairement le rouge, et l'on aura ainsi pour leur mesure :

Numéros des lames.	Leur teinte.	Leur épaisseur en parties de la table de Newton, suivant l'hypothèse.	Leur épaisseur en prenant la première d'entre elles pour unité.
16	rouge du 1ᵉʳ ordre.	9, 7	1
5	rouge du 2ᵉ ordre.	16, 25	1, 67
1	rouge du 3ᵉ ordre.	22, 75	2, 345
8	rouge du 4ᵉ ordre.	29, 67	3, 05

Les rapports contenus dans la dernière colonne vont nous servir pour éprouver par l'expérience l'hypothèse que nous examinons: car, puisque nous avons trouvé le rouge du 1ᵉʳ ordre représenté par 24ᵖ,6 du sphéromètre, nous devrions proportionnellement avoir pour les autres ordres les valeurs suivantes, que j'ai mises en opposition avec celles que l'expérience nous a données.

Numéros des lames.	Leur couleur.	Leur épaisseur observée au sphéromètre.	Leur épaisseur calculée d'après l'hypothèse que le rayon extraordinaire soit analogue aux anneaux transmis.	Excès de l'observation.
16	Rouge du 1ᵉʳ ordre.	24ᵖ,6	24ᵖ,6 observée.	o
5	Rouge du 2ᵉ ordre.	53,0	41,08 calculée.	+ 11ᵖ,92
1	Rouge du 3ᵉ ordre.	77,33	57,69 calculée.	19ᵖ,64
8	Rouge du 4ᵉ ordre.	107,7	90,5 calculée.	17ᵖ,2

Ainsi, pour que l'hypothèse en question fût exacte, il faudrait admettre dans les mesures des lames des erreurs énormes, et qui s'éleveraient jusqu'à vingt parties du sphéromètre : or, cela est tout-à-fait impossible. Nous avons vu d'ailleurs que l'épaisseur 41ᵖ ne répond jamais à un rouge, mais au vert jaunâtre du 2ᵉ ordre ; de même l'épaisseur 57 ne répond jamais à un rouge, mais au bleu ou au vert du 3ᵉ ordre ; et enfin l'épaisseur 90ᵖ ne répond pas non plus à un rouge, mais au vert du quatrième anneau. Donc, par l'impossibilité d'admettre d'aussi grandes erreurs dans nos mesures, autant que par l'opposition constante que nous trouvons entre l'hypothèse que nous examinons et les couleurs observées, nous devons conclure que cette hypothèse est fausse ; et qu'ainsi, non-seulement les observations s'accordent en supposant le rayon extraordinaire analogue aux anneaux réfléchis, mais encore que cette supposition est la seule qui puisse les représenter. Toutes les épreuves semblables que l'on voudra tenter d'après les nombres contenus dans les tableaux précédens, conduiront toujours au même résultat.

Cette analogie une fois prouvée, nous pouvons, d'après la table de Newton, calculer les limites extrêmes de la polarisation extraordinaire depuis l'épaisseur à laquelle elle commence à s'exercer sur quelques-unes des molécules lumineuses, jusqu'à celle où, devenue complète, elle agit sur tous les ordres de ces molécules de manière à en former un blanc composé : par exemple, pour le premier cristal qui a servi à nos expériences, et relativement auquel le bleu du 2e ordre était représenté par $36^p,5$ du sphéromètre, les limites de la polarisation partielle, exprimées en millimètres, seront :

Épaisseur à laquelle la polarisation partielle n'existe pas encore . . . . . $0^{mm},011777$ *commencement du noir,* dans la table de Newton.

Polarisation totale, blanc du 1er ordre.. $0^{mm},031144$.

Polarisation complète, blanc composé d'un mélange de couleurs de divers anneaux . . . . $0^{mm},45493$.

Ces limites varieront d'un cristal à un autre selon la valeur du facteur constant qui sert à les ramener à la table de Newton. C'est sans doute un phénomène très-digne de remarque, qu'une lame d'une épaisseur égale à $0^{mm},031154$ puisse polariser complètement toutes les molécules de la lumière dans une certaine position déterminée, tandis qu'une lame de même nature, mais plus épaisse, n'exerce plus cette action que sur une certaine classe de ces molécules. Rien ne montre mieux qu'il existe un rapport intime entre la cause de la réfraction extraordinaire et celle des anneaux colorés ; et l'on voit aussi, par ce rapprochement, que l'on ne peut pas dire de ce genre d'action, non plus que de la réflexion ordinaire, qu'elle s'affaiblit à mesure que les lames deviennent plus minces, puisqu'au contraire elle devient plus grande, à certaines épaisseurs plus petites.

La fragilité des lames minces de chaux sulfatée ne m'a pas permis de les atténuer assez pour observer le violet du 1er ordre, par lequel la polarisation commence; cette teinte doit toujours être la plus difficile à découvrir, par sa faiblesse et par sa position à l'origine des anneaux. Newton n'avait fait que la soupçonner lorsqu'il étudia les anneaux colorés formés entre deux objectifs; il ne réussit à la voir nettement que sur les bulles d'eau. Si je n'ai pas pu arriver jusqu'à ce terme sous l'incidence perpendiculaire, du moins cette teinte est la seule, sous cette incidence, qui manque à mes observations, car j'ai amené souvent des lames jusqu'au bleu du 1er ordre qui précède le blanc et qui suit le violet dont je viens de parler. J'avais espéré pouvoir atteindre un plus grand degré de ténuité en amincissant des lames de chaux sulfatée, par leur dissolution lente dans une grande quantité d'eau; en effet, par cette action, qui les rendait plus minces, leurs couleurs extraordinaires ont remonté dans la série des anneaux. J'ai obtenu ainsi des bleus du 1er ordre très-intenses; mais alors la fragilité des lames était telle, que l'on pouvait à peine les toucher, et elles se séparaient entre les doigts comme de la poussière; leur épaisseur devait être alors d'environ $0^{mm},01$. Il n'en n'est pas ainsi du mica : on l'amène assez facilement jusqu'à rendre son action polarisante sensiblement nulle sous l'incidence perpendiculaire; mais il est probable que son axe de réfraction n'est pas dans le plan de ses lames, ce qui rend sa force répulsive moindre, et permet d'atteindre plutôt les limites d'épaisseur où elle cesse d'être sensible.

D'après les expériences de Newton sur les lames minces d'eau et de verre, la chaux sulfatée, en vertu de son pouvoir réfringent ordinaire, cesserait déja de réfléchir des couleurs distinctes par la réflexion ordinaire, lorsque son épaisseur serait de 5o millionièmes de pouce anglais ou $\frac{125}{100000}$ de millimètre. Suivant les mesures que je viens de rapporter, les couleurs réfléchies en vertu de la polarisation extraordinaire, commenceraient dans le cristal que nous avons considéré, à une épaisseur de $\frac{295}{100000}$ de millimètre, ou environ 120 millionièmes de pouce anglais. Si ces limites étaient brusques et tranchées on pourrait croire que ces deux sortes de couleurs forment deux séries distinctes et tout-à-fait indépendantes l'une de l'autre; mais si, comme l'a dit Newton, et comme on le conçoit facilement, on ne doit voir dans ces limites que les termes où la dégradation est telle, que les couleurs commencent à être inappréciables pour nos sens, on sera plutôt porté à croire que ces deux ordres de phénomènes se succèdent l'un à l'autre, ou peut être même s'accompagnent dans leurs points extrèmes; la régularité avec laquelle ils suivent les mêmes lois dans les changemens d'épaisseur, semble confirmer ce rapprochement, et il en résulte une analogie nouvelle et bien remarquable entre la force encore inconnue qui produit la réflexion, et la force également inconnue qui produit la polarisation de la lumière.

L'appareil que j'ai décrit au commencement de cette section pour analyser la lumière réfléchie par les lames minces des corps cristallisés, et en séparer la lumière extraordinaire, cet appareil, dis-je, peut servir également pour observer la couleur propre des corps naturels ; car, sur ces corps, comme sur les lames cristallisées, il se fait toujours deux réflexions. La première a lieu hors du corps avant que la lumière ait atteint sa première surface ; cette réflexion agit indistinctement sur toutes les molécules lumineuses, et produit ainsi un rayon blanc si la lumière incidente est blanche. Le reste de cette lumière, qui a échappé à la première réflexion, pénètre dans l'intérieur du corps ; une partie se combine avec sa substance, l'autre est réfléchie dans tous les sens, brisée et dispersée par les molécules du corps ; elle acquiert, en tout ou en partie, une polarisation confuse, et devient analogue aux rayons naturellement émanés des corps lumineux. C'est cette lumière, et elle seule, qui se trouve colorée de ce que nous appelons la couleur propre du corps ; on ne peut l'apprécier isolément et dans toute sa pureté que lorsqu'on la sépare de la lumière blanche réfléchie par la première surface : c'est à quoi l'on parvient au moyen de notre appareil, en faisant tomber sur la surface du corps un rayon blanc, sous l'inclinaison convenable pour que la lumière blanche qui subit la première réflexion partielle soit entièrement polarisée. Alors, en recevant toute la lumière réfléchie sur un verre noir, placé de manière à transmettre la lumière qui a pris la polarisation ordinaire, celle qui s'est réfléchie hors du corps passe librement, ainsi qu'une portion de la lumière propre du corps : mais comme une partie de cette dernière se trouve à l'état de polarisation extraordinaire relativement au plan de réflexion, elle éprouve sur le verre noir la ré-

flexion partielle, et on l'obtient ainsi pure et sans mélange
d'aucune autre couleur.

Par exemple, en observant de cette manière la couleur
propre du fer spéculaire, et la comparant à celles des lames
minces de chaux sulfatée, on reconnaît que cette couleur
est le bleu du premier ordre; de même on voit que le blanc
de l'argent est celui du premier ordre, comme Newton
l'avait soupçonné. Car ce blanc réfléchi par nos lames a
une vivacité, un éclat qui ne peut se comparer qu'au blanc
de l'argent décapé dans l'acide sulfurique; la couleur de
l'or confine à l'orangé du 1er ou du 2e ordre; mais il est
plus probable que sa teinte appartient au 2e ordre, à cause
des variations de couleur qu'il peut si aisément subir, ce
qui n'aurait pas lieu s'il était du 1er ordre, où les changemens distincts de teinte sont bien moins nombreux : et
c'est probablement pour des raisons semblables que Newton
l'avait jugé du 2e ordre. Quant au cuivre rouge, sa couleur
est évidemment au-dessous de l'or, et elle me semble se
rapporter entre le rouge et l'orangé du 2e ordre; car au-
dessus de ce terme, on ne trouve pas dans les deux premiers ordres de teintes qui ressemblent à la sienne, lorsqu'on l'observe pure par le procédé que nous avons décrit:
de-là il paraîtrait que les grosseurs des particules de ces
métaux, dans l'état métallique, sont dans l'ordre suivant,
fer, argent, or, cuivre, en sorte que le fer aurait les plus
petites molécules, et le cuivre les plus grosses.

SECTION III.

*Des teintes que donnent les lames minces cristallisées, sous
des incidences quelconques : lois de ces phénomènes.*

Dans la section précédente nous avons vu que les couleurs
réfléchies par les lames minces de chaux sulfatée, de mica, de
cristal de roche parallèle à l'axe, changent quand on tourne
ces lames dans leur plan. Nous avons indiqué le rapport qui
existe entre ces variations et les changemens d'inclinaison
de l'axe à l'égard du rayon incident : or, les couleurs ainsi
réfléchies par les lames, provenant de la polarisation extraordinaire, on conçoit que si l'on suivait par-dessous la
lame la partie de la lumière extraordinaire qui échappe à la
réflexion partielle, on y découvrirait les mêmes variations
de teinte à mesure que l'inclinaison change : c'est en effet
ce que l'on observe quand on étudie les teintes du rayon
extraordinaire par transmission, sous des inclinaisons diverses de la lame, et dans des positions diverses de l'axe,
relativement au rayon incident.

Ces variations de teintes, lorsqu'on n'en connaît pas la
loi, semblent tout-à-fait bizarres. Selon que l'on incline la
lame dans un sens ou dans un autre, selon que l'on tourne
plus ou moins son axe, même en ne changeant point la
position du cristal qui sert pour analyser la lumière, on
voit les teintes du rayon extraordinaire se succéder les unes
aux autres, et souvent devenir nulles, sans qu'il semble y
avoir de rapport évident entre les variations et les positions
de l'axe, relativement au plan de polarisation du rayon

incident. Mais toutes ces bizarreries ne sont qu'apparentes, elles prennent au contraire tous les caractères de la régularité la plus parfaite, lorsqu'on les étudie méthodiquement d'après les lois que nous allons exposer.

Avant tout, il faut ici, comme dans l'incidence perpendiculaire, distinguer essentiellement l'intensité du rayon extraordinaire, et sa couleur; l'intensité est soumise à une loi indépendante des teintes, et les changemens des teintes suivent une loi indépendante de l'intensité. C'est seulement après avoir étudié séparément ces deux classes de phénomènes, qu'on peut les réunir dans une même formule très-simple, et être assuré que cette formule satisfait à tous les cas.

L'appareil que j'ai employé pour observer ces phénomènes est représenté dans la figure 1re. OM est un rayon de lumière blanche, polarisé par réflexion sur la surface OH d'un verre noir : ce rayon se trouve ainsi polarisé ordinairement dans le sens du plan de réflexion MON, que, pour fixer les idées, je supposerai être le plan du méridien, et je regarderai la ligne OM comme l'axe de la terre. La lumière réfléchie traverse le tuyau d'une lunette fixe OM dont on a ôté les verres. Cette lunette est celle d'un cercle répétiteur dont le limbe est disposé verticalement et parallèlement au plan de réflexion MOH. L'extrémité supérieure du tuyau OM est garnie d'un tambour circulaire TT qui tourne à frottement autour de l'axe OM, et dont la circonférence est divisée en seize parties dont chacune correspond à un angle de 22° 3o': aux deux extrémités opposées TT d'un même diamètre sont deux branches de cuivre TX parallèles à l'axe, entre

lesquelles est un anneau de cuivre aa qui peut tourner
librement autour d'un axe XX perpendiculaire à la direction des deux branches TX. La circonférence de l'anneau aa
est également divisée en seize parties égales : enfin, sur cet
anneau on en place un autre concentrique avec lui, et qui
peut tourner dans son plan; c'est sur ce dernier que l'on
fixe la lame dont on veut observer les teintes par transmission. Il est évident que cette disposition permet de mettre la
lame dans toutes les positions possibles relativement au
rayon polarisé OM; car d'abord le plan d'incidence de ce
rayon sur la surface de la lame, sera toujours perpendiculaire
au plan des anneaux aa. En tournant le tambour TT autour
du rayon on amènera l'incidence dans tous les plans horaires
possibles. Pour chacune de ces positions on pourra donner
à la lame L toutes les inclinaisons relativement au rayon
OM, en faisant tourner l'anneau qui la porte autour de la
ligne XX; et enfin on pourra aussi mettre l'axe de double
réfraction dans toutes les positions possibles relativement
au rayon polarisé et au plan d'incidence, en faisant tourner
la lame dans son plan, ou plutôt l'anneau qui la porte, sur
l'anneau concentrique aa. Les divisions marquées sur ces
anneaux et sur la circonférence du tambour TT, indique-
ront à chaque opération les positions de la lame dans son
plan et la direction du plan d'incidence : quant aux inclinaisons des anneaux sur le rayon polarisé, on pourrait les
mesurer également au moyen d'une division circulaire placée dans un plan perpendiculaire à l'axe de rotation XX;
mais jusqu'à présent, j'ai mieux aimé me passer de cette
addition difficile à construire : pour cela je commence par
faire tourner le tambour de manière que le plan des an-

neaux soit perpendiculaire au plan du limbe du cercle, et par conséquent perpendiculaire au plan de réflexion du rayon sur le verre noir ; puis je rends le tuyau **OM** vertical en appliquant perpendiculairement un niveau sur son extrémité supérieure, et je lis la division correspondante du limbe ; je rends alors le plan des anneaux horizontal par le même procédé, et je marque un trait sur leur essieu pour fixer cette position, ce sera l'incidence perpendiculaire : pour avoir d'autres inclinaisons, j'incline la lame d'une certaine quantité, que je marque de même par un trait, je la fixe dans cette inclinaison, et ensuite je fais descendre le tuyau sur le limbe du cercle jusqu'à ce que le plan des anneaux devienne de nouveau horizontal. L'arc parcouru par le vernier sur le limbe mesure la quantité dont la lame s'est inclinée.

Je marque ainsi un certain nombre d'inclinaisons auxquelles je ramène toutes les expériences : il n'est pas besoin d'en avoir un grand nombre pour opérer sur les lames de chaux sulfatée, les variations de leurs teintes étant peu considérables, mais rien n'empêche de les multiplier indéfiniment.

Je passe maintenant à la description des expériences qu'on peut faire avec cet appareil, et d'après la distinction que j'ai établie au commencement de ce paragraphe ; je considérerai d'abord les variations d'intensité, j'examinerai ensuite les changemens de couleur.

La loi fondamentale des intensités est la suivante : *Si l'on part d'une position quelconque de la lame dans laquelle l'intensité du rayon extraordinaire soit nulle, et si, sans changer l'inclinaison de la lame, on la fait tourner autour du rayon polarisé, de manière que le plan d'incidence de ce rayon, sur sa surface, décrive ainsi un angle α compris entre 0 et 90°, le rayon extraordinaire reparaîtra; mais il redeviendra nul de nouveau, si, sans changer l'inclinaison ni l'azimut du plan d'incidence autour du rayon polarisé, on tourne l'axe de la lame dans son plan, de manière qu'il décrive sur ce plan un angle — α égal et contraire à celui qu'avait décrit le plan d'incidence..*

Par exemple, entre les vingt-trois lames de chaux sulfatée employées dans la dernière expérience de la section précédente, je choisis la lame n° 5, dont l'épaisseur, réduite à la table de Newton, est 13, je la place sur son anneau, et je la présente au rayon polarisé sous l'incidence perpendiculaire ; j'analyse la lumière transmise au moyen d'un rhomboïde de cristal d'Islande dont la section principale est invariablement fixée dans le plan du méridien. J'obtiens ainsi un rayon extraordinaire pourpre rougeâtre et un rayon ordinaire vert jaunâtre. Cette observation faite, je ramène l'axe de la lame dans le méridien, et le rayon extraordinaire disparaît.

Le plan d'incidence restant toujours dans le méridien, j'incline la lame sur le rayon polarisé : l'intensité du rayon extraordinaire reste constamment nulle.

Je fixe la lame dans une quelconque de ces inclinaisons, et je tourne le tambour de 22°, 30' autour du rayon polarisé, alors le rayon extraordinaire reparaît ; il est pourpre, et le rayon ordinaire est blanc verdâtre.

Je laisse ce nouveau plan d'incidence tel qu'il est, et je ne touche plus au tambour; mais je fais tourner la lame dans son plan de manière que son axe décrive sur ce plan un angle de 22°, 30′ en sens contraire du mouvement de rotation imprimé au plan d'incidence ; le rayon extraordinaire devient nul de nouveau.

Si, à partir de cette nouvelle position, je recommence à faire tourner le plan d'incidence, il faudra, pour faire disparaître le rayon extraordinaire, tourner la lame dans son plan, en sens contraire, de la même quantité.

Ce qu'il y a de très-singulier relativement à ces deux mouvemens, c'est qu'il se compensent exactement, quoiqu'ils se fassent dans des plans inclinés l'un à l'autre d'un angle quelconque ; car le mouvement de rotation du tambour fait tourner la lame autour du rayon polarisé comme axe, et amène seulement le plan d'incidence dans des cercles horaires différens, au lieu que le mouvement de la lame dans son plan la fait tourner autour de la normale à sa surface.

Au lieu de faire tourner l'axe de la lame sur son plan d'une quantité égale à — α, on pourrait la faire tourner de — $(\alpha + 90°)$, — $(\alpha + 180°)$, — $(\alpha + 270°)$; le rayon extraordinaire disparaîtra toujours.

J'ai dit que le rayon extraordinaire est constamment nul, sous toutes les inclinaisons, lorsque l'axe des lames et le plan d'incidence sont tous deux dans le méridien. D'après cela on connaîtra toujours une des positions où le rayon extraordinaire sera nul pour une inclinaison quelconque donnée ; ensuite, avec la règle précédente, on déterminera pour cette même inclinaison toutes les positions de l'axe qui rendront le rayon extraordinaire nul lorsque le plan d'incidence sera donné. Ainsi, par la combinaison de ces deux règles on trouvera toutes les positions possibles de la lame dans lesquelles ce phénomène a lieu ; c'est le point de départ : et il nous restera maintenant peu de chose à faire pour réduire ces résultats en formules.

En effet, la dernière règle, relativement aux intensités, est la suivante : si l'on part d'une position quelconque de la lame dans laquelle le rayon extraordinaire soit nul, et si, sans changer l'inclinaison de la lame, ni la direction du plan d'incidence dans l'espace, on fait tourner la lame sur son plan, l'intensité du rayon extraordinaire croîtra depuis o jusqu'à 45°, et décroîtra depuis 45° jusqu'à 90°, par les mêmes périodes suivant lesquelles elle aura augmenté. Nous faisons abstraction ici des changemens de couleurs ; nous les considérerons ensuite. De plus nous supposons que le cristal qui sert à analyser la lumière transmise est dans une position fixe, et que sa section principale est dirigée dans le plan du méridien, qui est le plan primitif de polarisation du rayon.

Pour réduire ces résultats en formules, soit, fig. 3, P Q le plan de la lame mince, O C le rayon incident qui forme un angle θ avec la normale C Z. Soit O C M le plan de polarisation du rayon que, pour fixer les idées, nous supposons être le méridien, et soit C M l'intersection de ce plan avec la lame mince. Représentons le plan d'incidence par O C R : ce plan passera aussi par le rayon polarisé, et coupera la lame mince suivant une ligne droite C R ; enfin menons dans le plan de la lame l'axe de cristallisation A C A'. Ces constructions faites, il est facile d'exprimer analytiquement les relations trouvées par l'expérience entre les mouvemens de l'axe sur le plan de la lame, et celui de la lame elle-même autour du rayon polarisé.

15.

Il faut rapporter tous ces mouvemens à un plan fixe : nous choisirons pour cela le plan du méridien OCM; et son intersection CM avec le plan de la lame sera la ligne à partir de laquelle nous compterons les angles sur cette dernière ; nous nommerons i l'angle ACM formé par l'axe ACA′ de la lame avec la ligne CM; nous appellerons i'' l'angle RCM que la trace CR du plan d'incidence forme avec cette même droite CM; alors l'angle ACR sera égal à $i'' - i$: désignons par A l'angle dièdre formé par le plan d'incidence OCR avec le plan du méridien ; cet angle sera l'angle horaire du plan d'incidence, si nous regardons le rayon OC comme l'axe du monde; or, l'incidence du rayon OC sur la lame étant supposée connue, et représentée par θ, aussi bien que l'angle MCR, que nous avons nommé i'', l'angle dièdre A est complètement déterminé, et l'on a,

$$\tan A = \frac{\tan i'}{\cos \theta}.$$

Cela posé, si l'on représente, comme dans la première section, par E′ l'espèce de teinte sur laquelle agit la lame mince, par O′ la teinte complémentaire, et par F_o F_e les intensités des deux rayons ordinaire et extraordinaire, on aura ces intensités dans toutes les positions possibles de la lame , au moyen des formules suivantes :

$$F_o = O' + E' \cos^2 2[i'' - i - A] \qquad F_e = E \sin^2 2[i'' - i - A]$$

$$\tan i'' = \tan A \cos \theta,$$

qui renferment toutes les règles que nous avons données

relativement aux intensités. L'intensité des rayons extraordinaires deviendra nulle quand on aura

$$\sin^2 2\,(i'' - i - A) = 0,\ \text{ce qui donne les quatre racines}$$

$$i = i'' - A \qquad\qquad i = i'' - A + 90°$$
$$i = i'' - A + 180° \qquad i = i'' - A + 270.$$

Alors l'intensité du rayon ordinaire sera $F_o = O' + E'$, c'est-
à-dire qu'elle contiendra toute la lumière incidente : de plus
on voit que F_e croîtra depuis $i = i'' - A$ jusqu'à $i = i'' - A + 45°$,
et qu'au-delà de cette limite il décroîtra par les mêmes périodes , conformément aux observations. Lorsque le rayon
polarisé tombe perpendiculairement sur la lame , θ est nul ,
ce qui donne $i'' = A$, et alors les valeurs de F_o et de F_e rede-
viennent conformes à celles que nous avons données dans
la première section pour les incidences perpendiculaires.

Dans tout ceci nous faisons abstraction de la réflexion
partielle qu'éprouve le rayon polarisé en rencontrant la
lame mince : cependant, à parler à la rigueur, cette réflexion fait varier les intensités absolues des rayons O' et E',
et les fait varier inégalement, selon les inclinaisons de la
lame et la direction du plan d'incidence relativement au
rayon polarisé. Ainsi, par exemple, lorsque la lame forme
un angle de 35° environ avec le rayon polarisé , comme
sous cette inclinaison elle polarise complètement la lumière
par réflexion, il s'ensuit que si on place le plan d'incidence
dans l'angle horaire de 90°, elle recevra le rayon polarisé,
dans une position telle, qu'elle ne pourra réfléchir aucune
portion de la lumière blanche sur sa première surface, ni
aucune des molécules de la teinte O' sur sa seconde surface;

au lieu que la teinte E′, ayant changé de polarisation par
l'action de la lame, subira une réflexion partielle dont l'intensité variera selon la position de l'axe de la lame par
rapport au plan d'incidence, cette intensité étant nulle
quand l'angle de l'axe avec le plan d'incidence sera o ou
90°, et atteignant son maximum au milieu de ces limites.
Ces circonstances affectant inégalement les deux teintes O′
et E′, altéreront nécessairement la couleur du rayon transmis, de telle sorte que dans certaines positions, dans celles
dont nous venons de parler, par exemple, on pourra, à la
vue simple, s'apercevoir de cette coloration, sans analyser
la lumière transmise, par le seul fait de l'affaiblissement
d'une des deux teintes. Mais ces phénomènes, qui sont peu
sensibles sous les incidences éloignées de celle de la polarisation complète, parce que la proportion de la réflexion
sur les deux teintes est plus égale, compliqueraient trop nos
formules pour que nous ayons dû chercher à les y faire
entrer; notre objet n'étant pas ici de mesurer les intensités
avec la dernière rigueur, mais seulement de réduire les lois
de leurs variations à un énoncé simple qui permette d'embrasser les phénomènes : et enfin on rendra ces expressions
tout-à-fait rigoureuses, si l'on veut appeler O′ et E′ les intensités des deux teintes ordinaires et extraordinaires qui traversent effectivement la lame mince dans chacune de ses
positions.

Il nous reste maintenant à considérer les variations des
teintes. La loi générale de ces variations est celle que nous
avons reconnue dans la seconde section de ce Mémoire.
*L'inclinaison du rayon polarisé sur la lame étant donnée,
ainsi que la direction du plan d'incidence dans l'espace,*

si l'on fait tourner la lame dans son plan; lorsque l'axe s'approchera du plan d'incidence, les couleurs du rayon extraordinaire s'élèveront dans l'ordre des anneaux, comme si la lame devenait plus mince; et au contraire, lorsque l'axe s'éloignera de ce plan, les couleurs du rayon extraordinaire descendront dans l'ordre des anneaux, comme si la lame devenait plus épaisse. Enfin, les couleurs redeviendront les mêmes que sous l'incidence perpendiculaire, toutes les fois que l'axe fera avec le plan de réflexion un angle de 45°.

D'après cela, j'ai trouvé qu'en nommant E la teinte du rayon extraordinaire observée sous l'incidence perpendiculaire, et exprimée en parties de la table de Newton, les autres teintes, que je désignerai par E', oscillaient autour de celle-là; de manière que pour une même inclinaison et pour une même lame, on pouvait les représenter par la formule

$$E' = E + A \cdot \cos 2\,(i'' - i) + B \cdot \cos^2 2\,(i'' - i),$$

$i'' - i$ étant, d'après nos définitions précédentes, l'angle que l'axe de la lame forme sur le plan de cette lame avec la trace du plan d'incidence.

Les coëfficiens A et B sont constans pour une même inclinaison; ils varient quand l'inclinaison change : l'analogie de ces phénomènes avec ceux des anneaux colorés doit nous porter à supposer qu'ils suivent des lois analogues dans leurs changemens d'inclinaison. Newton, dans le second livre de l'Optique, a donné pour cet objet une règle approchée qu'il a déduite des expériences. Ayant observé les points successifs des lames d'eau et d'air inégalement épaisses sur lesquelles passait une même couleur dans les changemens d'inclinaison, il avait trouvé qu'à mesure que l'inclinaison augmente, la même couleur répond à une plus grande épaisseur, d'où il suit que la même épaisseur répondoit à une couleur plus élevée dans l'ordre des anneaux, précisément comme si la lame fût devenue plus mince : la loi approchée qu'il donne de ce déplacement étant réduite en formule, et appliquée aux lames uniformément épaisses, fournit l'expression suivante

$$E' = E - 2\,E \sin^2 \tfrac{1}{2} u,$$

u étant un angle auxiliaire tel, qu'on ait

$$\sin u = N \sin \theta.$$

N est un coëfficient constant. Sous l'incidence perpendiculaire $\theta = 0$, $E' = E$: E est donc la teinte propre à l'épaisseur de la lame sous cette incidence, on peut l'évaluer en nombre d'après la table de Newton, qui donne le rapport des épaisseurs et des couleurs. Supposons que sa valeur soit $13^{v},5$, qui répond au pourpre du 3e ordre : alors, pour une autre inclinaison θ, il faudra calculer l'angle u; et ensuite le produit $2\,E \sin^2 \tfrac{1}{2} u$, ou $27 \sin^2 \tfrac{1}{2} u$, indiquera la quantité dont la teinte E aura monté dans l'ordre des anneaux : en la retranchant de E, on aura E', et la table de Newton indiquera la teinte correspondante.

En appliquant cette formule à nos lames, on peut la simplifier par une considération qui sera confirmée par la suite des expériences : c'est que le coëfficient N sera une fraction, du moins pour les lames minces de chaux sulfatée, les seules que nous considérerons d'abord. Cette circonstance permet d'exprimer $\sin^2 \tfrac{1}{2} u$ en série convergente ordonnée suivant les puissances ascendantes de $\sin \theta$; car l'équation qui détermine $\sin u$, donne

$$\cos u = 1 - \tfrac{1}{2} N^2 \sin^2 \theta - \tfrac{1}{8} N^4 \sin^4 \theta,$$

$$\sin^2 \tfrac{1}{2} u = \tfrac{1}{4} N^2 \sin^2 \theta + \tfrac{1}{16} N^4 \sin^4 \theta.$$

Le terme $\dfrac{N^4}{16} \sin^4 \theta$ ne sera jamais qu'une petite fraction de teinte, même quand on aurait $\theta = 90^\circ$; et les expériences de ce genre ne sont pas susceptibles d'un pareil degré d'exactitude. Il nous suffira donc de nous borner au premier terme pour représenter les variations des épaisseurs avec l'incidence, et alors cette loi du quarré du sinus étant appliquée à l'expression de E', qui convient aux lames cristallisées, donnera les expressions

$$E' = E + E \left[A_{,} \cos 2\,(i'' - i) + B_{,} \cos^2 2\,(i'' - i) \right] \sin^2 \theta.$$

$A_{,}$ et $B_{,}$ étant deux coëfficiens constans qu'il faudra déterminer par l'expérience. La teinte E' étant ainsi connue pour chaque position assignée de la lame, la teinte ordinaire O' le sera aussi, puisqu'elle est complémentaire de E'; et ensuite on aura les intensités des deux rayons ordinaire et extraordinaire par les formules

$$F_o = O' + E' \cos^2 2\,(i'' - i - A) \qquad F^o = E' \sin^2 2\,[i'' - i - A]$$
$$\operatorname{tang} i' = \operatorname{tang} A \cos \theta.$$

Pour comparer ces formules à l'expérience, je choisirai d'abord les quatre lames n°ˢ 16, 5, 1, 8, de la dernière expérience de la section précédente. Voici les épaisseurs de ces lames rapportées à la table de Newton, et les teintes des 1811.   16

rayons ordinaire et extraordinaire observées sous l'incidence perpendiculaire, l'axe formant un angle de 45° avec
le plan de polarisation du rayon : cette position de l'axe
est, comme nous avons vu, celle où la séparation des deux
lames est la plus complète sous l'incidence perpendiculaire.

Numéros des lames.	Leur épaisseur réduite à l'échelle de Newton.	Teinte du rayon ordinaire sous l'incidence perpendiculaire, dans l'azimut de 45°.	Teinte du rayon extraordinaire sous l'incidence perpendiculaire dans l'azimut de 45°.
16	5, 98	Blanc bleuâtre.	Rouge brun légèrement pourpré, du 1er ordre.
5	13	Vert jaunâtre.	Rouge pourpré du 2e ordre.
1	18, 7	Vert.	Rose du 3e ordre.
8	26	Vert.	Rouge du 4e ordre.

Ce sont les rouges des quatre premiers ordres. J'ai trouvé
par observation qu'on représentait les teintes de ces lames
d'une manière très-approchée sous toutes les inclinaisons
possibles, en donnant aux coëfficiens A, et B, de nos formules
les valeurs suivantes.

$$A = - \ 0,195 \qquad B = + \ 0,065.$$

Je vais donc, pour abréger, employer tout de suite ces
valeurs, et en rapportant les expériences, je mettrai à côté
de la teinte extraordinaire observée, celle qui sera donnée
par le calcul d'après nos formules. De cette manière on
pourra voir d'un coup-d'œil jusqu'à quel point celles-ci

approchent des observations. Je n'ai pas besoin de rapporter les expériences faites sous l'incidence perpendiculaire; j'ai prouvé plus haut qu'elles sont bien représentées par les formules; et comme les variations extrêmes ne s'étendent jamais qu'à un très-petit nombre de teintes autour de la teinte fondamentale, et que les variations s'opèrent graduellement, je passe tout de suite à de grandes incidences, pour lesquelles il suffira de vérifier l'accord de l'expérience et du calcul. Je choisirai pour cela les valeurs $\theta = 52^\circ\ 45'$, $\theta = 75^\circ\ 37'\ 20''$. Je commence par calculer les valeurs de la teinte extraordinaire E' au moyen de la formule

$$E' = E + E\left[A \cos 2\,(i' - i) + B \cos^2 2\,(i' - i)\right] \sin^2 \theta,$$

dans laquelle on n'a point égard aux intensités, qui sont, comme je l'ai annoncé, déterminées par une autre loi indépendante des teintes. On se rappelle que θ est l'angle d'incidence du rayon sur la lame; et $(i'' - i)$ est l'angle formé par l'axe de cette lame avec la trace du plan d'incidence sur sa surface. Relativement à la lame n° 5, l'épaisseur primitive $E = 5{,}98$; et en calculant E' pour diverses valeurs de l'angle $i'' - i$; et relativement à nos deux inclinaisons, j'obtiens les valeurs suivantes des teintes.

Valeurs de $i' - i.$	Valeur de E' pour l'incidence $\theta = 52^{o}\ 45'.$	Valeur de E' pour l'incidence $\theta = 75^{o}\ 37'\ 20''.$
o	5,48 entre le rouge et l'orangé du 1er ordre.	5,26 orangé du 1er ordre.
22° 30'	5,58 rouge orangé du 1er ordre.	5,38 entre l'orangé et le rouge du 1er ordre.
45	5,98 rouge un peu pourpré.	5,98 rouge un peu pourpré, rouge du 1er ordre mêle de violet du 2e.
67 30	6,63 pourpre du 2e ordre, entre le rouge du 1er ordre et le violet du 2e.	6,96 violet du 2e ordre.
90	6,99 violet du 2e ordre.	7,45 entre l'indigo et le violet du 2e ordre.

Introduisons maintenant ces valeurs de E' dans la formule des intensités, qui est

$$F_{o} = O' + E' \cos^2 2 \left[i' - i - A \right] \qquad F_{e} = E' \sin^2 2 \left[i' - i - A \right],$$

et comparons les résultats à l'expérience. Je ferai cette comparaison dans trois positions différentes du plan d'incidence sur les lames, en faisant successivement l'angle dièdre de ce plan avec le méridien égal à o, à 45° et à 90°.

Angle d'incidence du rayon polarisé sur la lame, ou θ.	Angle dièdre formé par le plan d'incidence avec le plan de polarisation du rayon, ou A.	Angle compris sur la surface de la lame entre son axe et la trace du plan d'incidence. $i' - i$.	Couleur et intensité du rayon ordinaire, observée. F_o.	Couleur et intensité du rayon extraordinaire, observée. F_e.	Couleur et intensité du rayon extraordinaire, calculée. F_e.
52° 45'	0	0	Blanc : maximum.	o	o
		22° 30'	Blanc bleuâtre.	Rouge orangé, brun.	Rouge orangé.
		45	Blanc verdâtre : minim.	Rouge un peu pourpré brun : maximum.	Rouge un peu pourpré : maximum.
		67 30	Blanc sensiblement.	Violet légèrement rougeâtre, peut-être violet pur.	Violet un peu rouge.
		90	Blanc : maximum.	o	o
	45°	0	Bleu : minimum.	Orangé foncé : maxim.	Entre l'orangé et le rouge : maximum.
		22 30	Blanc bleuâtre.	Orangé rougeâtre.	Rouge orangé.
		45	Blanc : maximum.	o	o
		67 30	Blanc sensiblement.	Violet rougeâtre.	Entre le rouge du 1er ord. et le violet du 2e.
		90	Blanc verdâtre : minim.	Violet pur : maximum.	Violet : maximum.
	90°	0	Blanc : maximum	o	o
		22 30	Blanc bleuâtre.	Orangé rougeâtre.	Rouge orangé.
		45	Blanc verdâtre : minim.	Rouge pourpré un peu brun : maximum.	Rouge un peu pourpré : maximum.
		67 30	Blanc sensiblement.	Violet très-sombre.	Violet un peu rouge.
		90	Blanc : maximum.	o	o
75° 37' 20"	0	0	Blanc : maximum.	o	o
		22 30	Bleu.	Orangé légèrement rougeâtre.	Entre l'orangé et le rouge du 1er ordre.
		45	Blanc verdâtre : minim.	Orangé pourpré brun : maximum.	Rouge un peu pourpré : maximum.
		67 30	Blanc sensiblement.	Violet tirant un peu vers l'indigo.	Violet.
		90	Blanc : maximum.	o	o
	45°	0	Bleu : minimum.	Orangé plus jaune que dans l'incidence précédente : maximum.	Orangé du 1er ordre : maximum.
		22 30	Blanc bleuâtre.	Orangé brun.	Entre l'orangé et le rouge du 1er ordre.
		45	Blanc : maximum.	o	o
		67 30	Blanc verdâtre.	Violet rougeâtre.	Violet un peu rouge.
		90	Vert jaunâtre : minim.	Indigo : maximum.	Entre le violet et l'indigo du 2e ord. : maxim.
	90°	0	Blanc : maximum.	o	o
		22 30	Blanc bleuâtre.	Orangé brun.	Entre l'orangé et le rouge du 1er ordre.
		45	Blanc bleuâtre : minim.	Rouge pourpré brun : maximum.	Rouge un peu pourpré : maximum.
		67 30	Blanc bleuâtre.	Violet.	Violet.
		90	Blanc : maximum.	o	o

En comparant les deux dernières colonnes, on voit que les résultats du calcul et ceux de l'expérience marchent toujours d'accord, relativement aux teintes du rayon extraordinaire et aux maxima et minima de son intensité. Si les teintes observées et les teintes calculées diffèrent quelquefois entre elles, ce n'est tout au plus que du quart de l'intervalle qui sépare deux teintes consécutives de ces ordres dans la table de Newton : cette petite différence doit être attribuée en grande partie à l'impossibilité de fixer précisément la nature de ces teintes par l'observation, et en partie aussi à ce que les coëfficiens $A_{,}$ et $B_{,}$ employés dans le calcul ne sont pas précisément ceux que l'on déduirait de la lame n° 16, mais résultent d'une moyenne entre les quatre lames n°ˢ 16, 5, 1, 8. Nous allons maintenant éprouver les mêmes formules sur la lame n° 5 : relativement à celle-ci, on à $E = 12,89$, et les valeurs des teintes E', calculées par les formules, sont telles que les expriment le tableau suivant.

Valeurs de $i' - i.$	Valeurs de E' pour l'incidence $\theta = 52° \ 45'.$	Valeur de E' pour l'incidence $\theta = 75° \ 37' \ 20''.$
0	11,82 rouge du 2ᵉ ordre.	11,4 entre l'orangé et le rouge du 2° ordre.
22″ 30′	12,13 rouge.	11,7 rouge un peu orangé.
45	12,89 rouge pourpre.	12,89 rouge pourpre.
67 30	14,29 indigo du 3ᵉ ordre.	15,08 bleu du 3ᵉ ordre.
90	15,04 bleu du 3ᵉ ordre.	16,17 vert du 3ᵉ ordre.

On a ensuite pour les intensités combinées avec les teintes les valeurs suivantes.

Incidence sur la lame. θ.	Angle horaire du plan d'incidence. A.	Angle de l'axe avec la trace du plan d'incidence. $i'-i$.	Couleur et intensité du rayon ordinaire, observée. F_o.	Couleur et intensité du rayon extraordinaire, observée. F_e.	Couleur et intensité du rayon extraordinaire, calculée. F_c.
$52°\,45'$	o	o	Blanc : maximum.	o	o
		$22°\,30'$	Blanc verdâtre.	Rouge.	Rouge.
		45	Vert jaunâtre : minim.	Rouge pourpre:maxim.	Rouge pourpre:maxim.
		6_7 3o	Blanc sensiblement.	Indigo.	Indigo.
		90	Blanc : maximum.	o	o
	$45°$	o	Vert bleuâtre : minim.	Rouge un peu orangé : maximum.	Rouge : maximum.
		22 30	Blanc bleuâtre.	Rouge.	Rouge.
		45	Blanc : maximum.	o	o
		6_7 3o	Blanc sensiblement.	Indigo.	Indigo.
		90	Blanc : minimum.	Bleu : maximum.	Bleu : maximum.
	$90°$	o	Blanc : maximum.	o	o
		22 30	Blanc verdâtre.	Rouge.	Rouge.
		45	Vert légèrement jaunâtre : minimum.	Rouge pourpre:maxim.	Rouge pourpre:maxim.
		6_7 3o	Indigo.	Indigo.	Indigo.
		90	Blanc : maximum.	o	o
$75°\,37'\,20''$	o	o	Blanc : maximum.	o	o
		22 30	Vert.	Rouge orangé.	Rouge un peu orangé.
		45	Vert : minimum.	Rouge pourpre:maxim.	Rouge pourpre:maxim.
		6_7 3o	Blanc sensiblement.	Bleu très - légèrement verdâtre.	Bleu.
		90	Blanc : maximum.	o	o
	$45°$	o	Bleu : minimum.	Orangé rougeâtre : maximum.	Entre l'orangé et le rouge du 2ᵉ ord. : maxim.
		22 30	Blanc bleuâtre.	Rouge un peu orangé.	Rouge un peu orangé.
		45	Blanc : maximum.	o	o
		6_7 3o	Blanc rougeâtre.	Bleu très - légèrement verdâtre.	Bleu du 3ᵉ ordre.
		90	Rouge : minimum.	Vert : maximum.	Vert du 3ᵉ ord. : maxim.
	$90°$	o	Blanc : maximum.	o	o
		22 30	Vert.	Rouge un peu orangé.	Rouge un peu orangé.
		45	Vert : minimum.	Rouge pourpre:maxim.	Rouge pourpre:maxim.
		6_7 3o	Blanc sensibl-ment.	Bleu légèrement verdâtre.	Bleu.
		90	Blanc : maximum.	o	o

La loi de ces résultats et l'accord de l'expérience avec le calcul, relativement aux périodes des intensités des teintes, est évidente : on voit que, lorsqu'on fait changer l'angle dièdre A, formé par le plan d'incidence sur la lame, et le plan de polarisation du rayon, l'incidence restant la même, les phénomènes sont absolument les mêmes lorsque $A = 0$, et lorsque $A = 90°$; on voit de plus que la série des différentes teintes, qui convient à l'incidence θ, ne se développe dans toute son étendue que dans la position $A = 45°$, parce que, lorsque $A = 0$ ou $90°$, les teintes extrêmes sont masquées par la loi des intensités qui les fait disparaître, en rendant leur intensité nulle; et cette disparition confirme ce que nous avons dit précédemment, sur l'espèce d'indépendance qui existe, dans ce genre d'action, entre la loi des intensités et celle du changement des teintes.

Ces remarques nous permettront d'abréger les tableaux relatifs aux expériences suivantes; car il est visible qu'il suffira de donner la comparaison de l'expérience avec les formules dans la seule position de $A = 45°$, puisque si l'accord a lieu dans cette position, le même accord aura également lieu dans toutes les autres. D'après cela, voici les calculs relatifs à la lame n° 1 : celle-ci est un rouge du 3e ordre, dont l'épaisseur, réduite à la table de Newton, est 18,7, on a donc $E = 18,7$: avec ce nombre on trouve pour les teintes E', d'après la formule, les valeurs suivantes.

Valeurs de $i' - i$.	Valeurs de E' pour l'incidence $\theta = 52° 45'$.	Valeurs de E' pour l'incidence de $75° 37' 20''$.
o	17,16 jaune du 3e ordre confinant au vert.	16,46 vert jaunâtre du 3e ordre.
22° 30'	17,46 jaune.	16,83 entre le vert et le jaune du 3e ordre.
45	17,7 rouge.	17,7 rouge.
67 30	20,7 rouge bleuâtre.	21,78 vert bleuâtre un peu mêlé au rouge bleuâtre.
90	21,78 vert bleuâtre mêlé au rouge bleuâtre.	23,26 vert jaunâtre du 4e ordre.

Avec ces valeurs, voici les valeurs des intensités F_o et F_e dans les deux incidences et pour la valeur $A = 45°$.

Incidence sur la lame. θ.	Angle de l'axe avec la trace du plan d'incidence. $i' - i$.	Couleur et intensité du rayon ordinaire observée. F_o.	Couleur et intensité du rayon extraordinaire observée. F_e.	Couleur et intensité du rayon extraordinaire calculée. F_e.
52° 45'	o	Vert : minimum.	Jaune : maximum.	Jaune du 3e ordre confinant au vert : maxim.
	22° 30'	Vert blanchâtre.	Rouge jaunâtre.	Jaune confinant au rouge.
	45	Blanc : maxim.	o	o
	67 30	Blanc un peu verdàtre.	Rouge bleuâtre.	Rouge bleuâtre.
	90	Blanc rougeâtre : minimum.	Blanc où domine un vert bleuâtre : maxim.	Vert bleuâtre mêlé de rouge bleuâtre : maximum.
75° 37' 20''	o	Bleu violacé : minimum.	Vert jaunâtre presque blanc : maximum.	Vert jaunâtre du 3e ordre : maximum.
	22° 30'	Blanc bleuâtre.	Jaune.	Entre le jaune et le vert du 3e ordre.
	45	Blanc : maxim.	o	o
	67 30	Rouge.	Vert bleuâtre.	Vert bleuâtre du 4e ordre un peu mêlé de rouge bleuâtre.
	90	Rouge : minim.	Vert : maximum.	Vert jaunâtre du 4e ordre : maximum.

Je dois faire une remarque relativement à l'espèce **de** teinte particulière au jaune du 3e ordre ; et cette remarque je la tire des propres expressions de Newton, page 263 de la traduction française de l'Optique. Après avoir décrit les teintes des anneaux les plus élevés, il arrive au vert du 3e ordre ; et il ajoute : « Après suit le jaune, dont une partie « du côté du vert est distincte et bonne ; mais l'autre partie « du côté du rouge, qui vient immédiatement après, fait « un jaune qui, aussi bien que ce rouge, est mêlé avec le « violet et le bleu du quatrième anneau ; d'où résultent « différens degrés d'un rouge tirant extrêmement sur le « pourpre ». Ceci est parfaitement d'accord avec les deux premières valeurs de F_e, observées et rapportées dans ce tableau. La première, qui paraissait véritablement jaune, répondait, par le calcul, à une valeur 17,16, un peu au-dessus du jaune en tirant du côté du vert ; car le milieu du jaune du 3e ordre a pour valeur dans la table 17,5 : au con-traire, la teinte suivante de F_e a paru d'un rouge jaunâtre, parce que le calcul la faisait égale à 17,5, c'est-à-dire, au milieu du jaune du 3e ordre, qui tire déja sur le rouge suivant les termes de Newton.

Passons maintenant à la lame n° 7, pour laquelle $E = 26,2$; c'est le rouge du 4e ordre. Avec cette valeur on obtient d'abord celles de E'.

Valeurs de $i' - i.$	Valeurs calculées de E' pour l'incidence $\theta = 52^\circ\,45'.$		Valeurs calculées de E' pour l'incidence $\theta = 75^\circ\,37'\,20''.$	
o	24	vert jaunâtre descendant vers le rouge du 4e ordre.	23,12	vert jaunâtre du 4e ordre.
22° 30'	24,45	entre le vert jaunâtre et le rouge du 4e ordre,	23,6	vert jaunâtre descendant vers le rouge du 4e ordre.
45	26,2	rouge du 4e ordre.	26,2	rouge du 4e ordre.
67 30	29	bleu verdâtre du 5e ordre remontant un peu vers le rouge du 4^e	30,39	entre le bleu verdâtre et le rouge pâle du 4e ord. plus près du $1^{er}.$
90	30,5	entre le bleu verdâtre et le rouge pâle du 5e ord. plus près du 1er	32,44	entre le bleu verd. et le rouge pâle du 4e ordre plus près du dernier

Avec ces valeurs on peut calculer F_o et F_e pour les comparer à l'expérience. Nous supposerons, comme tout-à-l'heure, $A = 45^\circ$, et nous aurons

Incidence sur la lame. $\theta.$	Angle de l'axe avec la trace du plan d'incidence. $i' - i.$	Couleur et intensité du rayon ordin. observ. $F_o.$	Couleur et intensité du rayon extraordinaire observée. $F_e.$	Couleur et intensité du rayon extraordinaire calculée. $F_e.$
52° 45'	o	Bleu verdâtre : minimum.	Rouge jaunâtre presque blanc : maximum.	Vert jaunâtre descendant vers le rouge du 4e ordre : maximum.
	22° 30'	Vert bleuâtre.	Rouge jaunâtre.	Entre le vert jaunâtre et le rouge du 4e ordre.
	45	Blanc : maximum.	o	o
	67 30	Blanc sensiblem.	Bleu verdâtre.	Bleu verdâtre du 5e ordre remontant un peu vers le rouge du 4e ordre.
	90	Rouge : minim.	Bleu verdâtre où le blanc domine : maxim.	Entre le bleu verdâtre et le rouge pâle du 5e ordre, plus près du 1er : maximum.
75° 37' 20''	o	Rouge pourpre : minimum.	Vert : maximum.	Vert jaunâtre du 4e ordre : maximum.
	22° 30'	Blanc bleuâtre.	Blanc rougeâtre.	Vert jaunâtre descendant vers le rouge du 4e ordre.
	45	Blanc : maxim.	o	o
	67 30	Blanc rougeâtre.	Vert bleuâtre.	Entre le bleu verdâtre et le rouge pâle du 4e ordre, plus près du $1^{er}.$
	90	Blanc violacé : minimum.	Vert blanchâtre presque blanc : maxim.	Entre le bleu verdâtre et le rouge pâle du 4e ordre, plus près du dernier : maxim.

Ici la comparaison exacte des teintes devient très-difficile, parce qu'elles sont moins tranchées, et parce qu'elles approchent plus du blanc, étant composées des couleurs simples d'un plus grand nombre d'anneaux. Mais outre que cette expérience sert toujours à confirmer la loi exprimée par nos formules, elle aura encore une autre application dans la suite de ce Mémoire, pour prouver matériellement le peu d'étendue qu'embrassent les variations des teintes ; remarque qui nous sera fort utile par ses conséquences.

On voit par les comparaisons précédentes que les mêmes valeurs des coëfficiens A_i et B_i de nos formules satisfont d'une manière très-approchée aux variations des teintes dans les rouges des quatre premiers ordres d'anneaux. Mais les mêmes coëfficiens s'appliqueraient-ils encore aux teintes dans lesquelles dominent les rayons les plus réfrangibles du spectre : les rayons bleus, par exemple? Pour le savoir, j'ai fait les expériences suivantes.

Lame n° 10 bleu du 3e ordre. Epaisseur 15,1 réduite à l'échelle de Newton; on place le plan d'incidence dans l'angle horaire A = 45°.

Incidence sur la lame. $\theta.$	Angle de l'axe avec la trace du plan d'incidence. $i' - i.$	Couleur et intensité du rayon ordin. observ. $F_o.$	Couleur et intensité du rayon extraordinaire observée. $F_e.$	Valeurs des teintes extrêmes , suivant la table de Newton , estimée.
75° 37′ 20″	o	Vert jaunâtre : minimum.	Rouge pourpre : maxim.	13 supposé intermédiaire entre l'écarlate et le pourpre.
	22° 3o′	Blanc sensiblem.	Indigo violacé.	
	45	Blanc : maxim.	o	
	6₇ 3o	Blanc rougeâtre.	Vert vif un peu jaunât.	
	9o	Bleu : minimum.	Jaune : maximum.	17, 1 supposé le jaune du 3ᵉ ord. dans la partie qui est distincte et qui confine au vert.

Autre expérience sur la lame n° 15, pour laquelle E $=$ 14, 24. C'est l'indigo du 3ᵉ ordre, voisin du bleu précédent.

Incidence sur la lame. $\theta.$	Angle de l'axe avec la trace du plan d'incidence. $i' - i.$	Couleur et intensité du rayon ordin. observ. $F_o.$	Couleur et intensité du rayon extraordinaire observée. $F_e.$	Valeurs des teintes extrêmes , suivant la table de Newton , estimée.
75° 37′ 20″	o	Vert : minimum.	Rouge : maximum.	12, 6
	22° 3o′	Blanc verdâtre.	Rouge violacé.	
	45	Blanc : maxim.	o	
	6₇ 3o	Rouge.	Vert.	
	9o	Pourpre violacé : minimum.	Vert jaunâtre : maxim.	16, 5

Ces deux lames sont d'accord entre elles : elles s'accordent aussi avec nos formules dans tout ce qui concerne les variations d'intensité, et les rapports de la force répulsive avec les changemens des teintes; mais relativement aux valeurs absolues des teintes, elles oscillent dans d'autres limites. Les couleurs du rayon extraordinaire semblent monter et descendre à-peu-près également dans l'ordre des anneaux au-dessus et au-dessous de la teinte fondamentale, au lieu que dans les lames rouges la couleur du rayon extraordinaire montait moins qu'elle ne descendait. L'étendue des changemens des teintes paraît aussi moins grande pour les lames bleues que pour les rouges. Si nous voulons calculer pour les deux lames précédentes les coëfficiens constans $A_{,}$ et $B_{,}$, qui déterminent cette étendue dans nos formules, nous trouverons

$$A_{,} = -\, 0,1428 \qquad B_{,} = 0,00959,$$

c'est-à-dire que l'inégalité des oscillations au-dessus et au-dessous de la teinte fondamentale est presque insensible. En calculant $E_{,}$ par ces formules pour nos deux lames et pour les deux incidences, nous aurons les résultats suivans.

Numéros des lames.	Valeurs de $i'' - i$.	Valeurs de E' pour l'incidence $\theta = 52^\circ\, 45'$.	Valeurs de E' pour l'incidence $\theta = 75^\circ\, 37'\, 20''$.
10	0	13,82 pourpre très-chargé d'indigo du 3ᵉ ordre.	13,21 rouge pourpre.
	22° 30'	14,24 iudigo.	13,7 pourpre violacé.
	45	15,1 bleu du 3ᵉ ordre.	15,1 bleu du 3ᵉ ordre.
	67 30	16,04 vert très-légèrement bleuâtre.	16,53 vert jaunâtre.
	90	16,55 vert jaunâtre.	17,25 jaune un peu verdâtre.
15	0	13,04 rouge pourpre.	12,46 rouge.
	22° 30'	13,38 pourpre.	12,90 rouge pourpre.
	45	14,24 indigo du 3ᵉ ordre.	14,24 indigo du 3ᵉ ordre.
	67 30	15,18 bleu.	15,59 vert bleuâtre.
	90	15,61 vert bleuâtre.	16,28 vert.

Avec ces valeurs nous allons calculer les intensités et les teintes par nos formules générales, ce qu'il suffira de faire pour la position dans laquelle $A = 45^\circ$. Voici d'abord les résultats pour la lame nº 10.

Incidence sur la lame. $\theta.$	Angle de l'axe avec la trace du plan d'incidence. $i' - i.$	Couleur et intensité du rayon ordin. observ. $F_o.$	Couleur et intensité du rayon extraordinaire observée. $F_e.$	Couleur et intensité du rayon extraordinaire calculée. $F'_e.$
52° 45'	o	Janne verdâtre : minimum.	Pourpre très-bleuâtre : maximum.	Pourpre très-chargé d'indigo : maximum.
	22° 3o'	Blanc légèrement jaunâtre.	Indigo.	Indigo.
	45	Blanc : maximum.	o	o
	6₇ 3o	Ronge.	Vert.	Vert très-légèrement bleuâtre.
	90	Rouge pourpre : minimum.	Vert jaunâtre : maxim.	Vert jaunâtre : maxim.
75° 37' 20"	o	Vert jaunâtre : minimum.	Rouge pourpre : maximum.	Rouge pourpre : maximum.
	22 3o	Blanc sensiblem.	Pourpre violacé.	Pourpre violacé.
	45	Blanc : maximum.	o	o
	6₇ 3o	Pourpre bleuâtre.	Vert jaunâtre plus vert que jaune.	Vert jaunâtre.
	90	Bleu : minimum.	Jaune : maximum.	Jaune très-légèrement verdâtre : maximum.

On ne peut pas voir un accord plus satisfaisant que celui du calcul et de l'expérience relativement à cette lame. Voici maintenant la lame n° 15.

Incidence sur la lame. $\theta.$	Angle de l'axe avec la trace du plan d'incidence. $i' - i.$	Couleur et intensité du rayon ordin. observ. $F_o.$	Couleur et intensité du rayon extraordinaire observée. $F_e.$	Couleur et intensité du rayon extraordinaire calculée. $F'_e.$
52° 45'	o	Vert jaunâtre : minimum.	Rouge pourpre : maximum.	Rouge pourpre : maximum.
	22° 3o'	Blanc verdâtre.	Pourpre violacé.	Pourpre.
	45	Blanc : maximum.	o	o
	6₇ 3o	Blanc rongeâtre.	Vert bleuâtre.	Bleu.
	90	Pourpre : minim.	Vert clair : maximum.	Vert bleuâtre : maxim.
75° 37' 20"	o	Vert : minimum.	Rouge : maximum.	Rouge : maximum.
	22 3o	Blanc verdâtre.	Pourpre.	Rouge pourpre.
	45	Blanc : maximum.	o	o
	6₇ 3o	Rouge.	Vert.	Vert bleuâtre.
	90	Pourpre violacé : minimum.	Vert jaunâtre : maxim.	Vert : maximum.

Relativement à cette seconde lame les périodes des intensités sont très-bien observées , mais les variations des teintes les plus basses sont en erreur de la moitié de l'intervalle d'une teinte ; car la couleur du rayon extraordinaire, observée, descend au vert jaunâtre et au jaune verdâtre, quand la couleur indiquée par le calcul ne descend qu'au verd bleuâtre et au vert. Pour savoir à quoi répond cette erreur, il n'y a qu'à considérer que, dans la table de Newton, le vert du 3e ordre, tel que celui dont il s'agit ici, est représenté par le nombre 16,25, tandis que le jaune du même ordre est représenté par 17,5 ; la moyenne de ces deux nombres peut donc être regardée comme à-peu-près correspondante au jaune verdâtre qui se trouvera ainsi représenté par 16,87, dont la distance au vert est égale à 16,87 — 16,25, ou 0^p,62. Si l'on voulait attribuer cet écart à une erreur dans la mesure de l'épaisseur de la lame, il n'y aurait qu'à la multiplier par 4, ce qui donnerait 2^p,48 pour l'erreur de la mesure en parties du sphéromètre ; c'est environ cinq millièmes de millimètre, et alors la lame, au lieu d'être un indigo du 3e ordre, confinerait au bleu du même ordre, c'est-à-dire, à la teinte immédiatement inférieure. Mais cette erreur, toute petite qu'elle peut paraître, est cependant inadmissible, car elle ferait trop descendre la couleur supérieure quand $i'' - i$ est nul, puisqu'elle l'amènerait à l'indigo violacé, tandis qu'elle est un rouge pourpre, à la vérité très-mêlé de violet. Mais comme il n'est pas bien certain non plus que les autres teintes descendent jusqu'à 16,87, comme nous le supposons, la correction 0,62 que nous en avons déduite est peut-être aussi un peu trop forte ; et en effet, en la réduisant à 0^p,4, je trouve que l'écart du calcul et de l'expérience deviendra tout-à-fait insensible, car alors, en ajoutant 0^p,4 aux nombres relatifs à la lame n° 15, le tableau de ses teintes deviendra

Valeurs de $i'' - i$.	Valeurs de E' pour l'incidence $\theta = 52°\ 45'$.	Valeurs de E' pour l'incidence $\theta = 75°\ 37'\ 20''$.
o	13,44 rouge très-pourpré.	12,86 rouge un peu pourpré.
22° 3o'	13,58 pourpre violacé.	13,3o pourpre un peu rouge.
45	14,64 indigo mêlé de bleu.	14,64 indigo mêlé de bleu.
67 3o	15,58 bleu mêlé de vert.	15,99 vert.
9o	16,o1 vert.	16,68 vert jaunâtre.

Et alors les valeurs comparées des intensités et des teintes observées et calculées deviennent telles qu'on les voit ici.

Incidence sur la lame. θ.	Angle de l'axe avec la trace du plan d'incidence. $i' - i$.	Couleur et intensité du rayon ordin., observ. F_o.	Couleur et intensité du rayon extraordinaire, observées. F_e.	Couleur et intensité du rayon extraordinaire, calculées. F_e.
52° 45'	o	Vert jaunâtre : minimum.	Rouge pourpre : maximum.	Rouge très-pourpre : maximum.
	22° 3o'	Blanc verdâtre.	Pourpre violacé.	Pourpre violacé.
	45	Blanc : maximum.	o	o
	67 3o	Blanc rougeâtre.	Vert bleuâtre.	Bleu mêlé de vert.
	9o	Pourpre : minim.	Vert clair : maximum.	Vert : maximum.
75° 37' 20''	o	Vert : minimum.	Rouge : maximum.	Rouge un peu pourpré : maximum.
	22 3o	Blanc verdâtre.	Pourpre.	Pourpre un peu rouge.
	45	Blanc : maximum.	o	o
	67 3o	Rouge.	Vert.	Vert.
	9o	Pourpre violacé : minimum.	Vert jaunâtre : maxim.	Vert jaunâtre : maxim.

La correction que nous venons de faire montre combien les erreurs comportées par les observations sont petites, et elles prouvent aussi que les formules qui représentent ces observations dans tous leurs détails, doivent être, sinon

1811.   18

rigoureuses (car celles de Newton mêmes ne peuvent pas être regardées comme telles), du moins extrêmement approchées. Au reste je n'avais pas d'autre but ici que d'établir cette vérité, car il serait très-possible que le petit écart que nous venons d'apercevoir, tînt à quelque différence extrêmement légère dans la constitution des lames que nous avons comparées : en effet, nous avons déja vu qu'une inégalité dans la dureté, dans l'élasticité, influe sur la nature des teintes. Dans une classe de faits encore si nouvelle, et qui n'a de rapports qu'avec les phénomènes encore peu connus des anneaux colorés, on ne peut être trop réservé dans les explications. Ce que les expériences me paraissent établir avec certitude, c'est que les intensités des rayons ordinaire et extraordinaire suivent exactement les périodes que nous avons assignées, et que les variations des teintes, à mesure que l'inclinaison change, peuvent être représentées, pour chaque lame, d'une manière extrêmement approchée par notre formule, déduite de celle de Newton sur les anneaux colorés, en déterminant séparément, par l'observation, les coëfficiens A et B, relatifs à la lame que l'on considère. La différence qui se trouve à cet égard entre les lames de différentes teintes, peut venir de l'inégalité qui existe entre l'étendue des anneaux colorés formés par les diverses couleurs simples. Car Newton a observé que, dans les anneaux, le rouge est plus dilaté que le violet, au contraire de ce qui a lieu dans la séparation des couleurs dans le prisme ; d'où il résultait qu'en faisant varier la succession des rayons incidens d'une manière uniforme, Newton trouvait que les contractions et les dilatations d'un même anneau, formé par une couleur homogène, étaient plus promptes et plus grandes dans le rouge, plus lentes et moindres dans le violet, et intermédiaires dans les couleurs intermédiaires. Ce pourrait être en vertu de cette propriété que, dans les teintes composées de nos lames, celles où le bleu, l'indigo, le violet dominent, varient moins que celles où domine le rouge, pour un changement égal d'inclinaison.

Le peu d'étendue qu'embrassent les variations des teintes, même dans les plus grands changemens d'inclinaison, est encore un fait très-digne de remarque, parce qu'il nous servira tout-à-l'heure, sinon pour remonter à la cause physique de ces phénomènes, du moins pour en exclure une à laquelle on pourrait être tenté de les attribuer. C'est pourquoi je rapporterai encore ici deux observations faites sur des lames qui exerçaient la polarisation sur le blanc du 1er ordre ; elles nous serviront à confirmer cette propriété.

J'ai pris la lame n° 7 du petit cristal de la variété trapézienne, pour lequel le bleu du 2e ordre est représenté par $33^p,8$. Son épaisseur, réduite à la table de Newton, est $6,8$. Je l'ai divisée en deux autres lames, que je désignerai par les n°s 1 et 2. Elles polarisaient extraordinairement toutes deux une teinte extrêmement approchée du blanc du 1er ordre ; mais l'une était, par son épaisseur, au-dessus de ce blanc, et l'autre au-dessous. C'est ce que montre l'observation des rayons extraordinaires sous l'incidence perpendiculaire : la voici relativement à ces deux lames dans la position où la séparation des deux teintes est la plus complète ; c'est-à-dire en mettant leur axe dans l'azimut de $45°$, et plaçant la section principale du rhomboïde dans l'azimut o.

Numéros des lames.	Couleur du rayon ordinaire sous l'incidence perpendiculaire dans l'azimut de 45°.	Couleur du rayon extraordinaire sous l'incidence perpendiculaire dans l'azimut de 45°.
1	Rouge jaunâtre sombre.	Blanc sensiblement.
2	Violet extrêmement sombre.	Blanc sensiblement.

Remarquons d'abord que la lame n° 7, dont l'épaisseur est $6^p,8$, a pu ainsi se résoudre en deux lames blanches. Car le blanc du premier ordre appartient à l'épaisseur $3^p,4$, dont le double $6^p,8$ égale l'épaisseur totale de la lame n° 7.

Mais en observant les teintes des rayons ordinaires, on voit qu'aucune de ces deux lames ne donne le blanc parfait du 1er ordre. En effet, la première, n° 1, est plus mince que l'épaisseur qui convient à ce blanc, puisqu'elle donne un rayon ordinaire rouge jaunâtre; et au contraire la lame n° 2 excède cette épaisseur, en tirant vers le jaune du 1er ordre, puisqu'elle donne un rayon ordinaire violet. De plus l'une et l'autre sont extrêmement voisines du blanc du 1er ordre, car les rayons ordinaires sont d'une faiblesse excessive.

Maintenant, si nous inclinons les lames, nous allons augmenter ou diminuer l'intensité de la force répulsive : nous pourrons donc faire passer chacune d'elles au-dessus du blanc et au-dessous, suivant les positions où nous voudrons la placer. C'est en effet ce que l'expérience confirme, comme on le voit dans le tableau suivant pour la position du plan d'incidence $A = 45°$.

Numeros de la lame.	Incidence sur la lame. θ.	Angle de l'axe avec la trace du plan d'incidence. $i' - i$.	Couleur du rayon ordinaire, observée. F_o.	Couleur et intensité du rayon extraordinaire, observées. F_e.
1	52° 45′	o	Rouge jaunâtre, moins sombre que sous l'incidence perpendiculaire.	Blanc un peu bleuâtre : maximum.
		22° 30′	Blanc légèrem. rougeâtre.	Blanc légèrem. bleuâtre.
		45	Blanc.	o
		67 30	Blanc légèrement violacé.	Blanc sensiblement.
		90	Violet bleuâtre extrêmement faible.	Blanc sensiblement : maximum.
	75° 37′ 20″	o	Rouge jaunâtre, plus clair que dans l'incidence perpendiculaire.	Blanc très-chargé de bleu : maximum.
		22 30	Blanc sensiblement.	Blanc un peu mêlé de bleu.
		45	Blanc.	o
		67 30	Blanc rougeâtre.	Blanc très-légèrement bleuâtre.
		90	Violet presque imperceptible.	Blanc sensiblement.
2	52° 45′	o	Rouge jaunâtre très-sombre	Blanc sensiblement.
		22 30	Blanc sensiblement.	Blanc sensiblement.
		45	Blanc : maximum.	o
		67 30	Blanc un peu violacé.	Blanc sensiblement.
		90	Bleu très-beau.	Blanc très-légèrement jaunâtre.

On n'a pas pu observer la seconde lame sous l'incidence de 75° à cause de sa petitesse. Mais ce qui précède suffit pour reconnaître dans les teintes extrêmes le jeu des forces répulsives et les variations de leur énergie avec le changement d'inclinaison. En effet, en considérant d'abord la lame n° 1, qui était déja plus faible que le blanc du 1er ordre, sous l'incidence perpendiculaire, nous voyons que lorsqu'on l'a inclinée sur le rayon polarisé, en plaçant son axe dans le plan même d'incidence, sa force répulsive a diminué : ce

qui devait être, puisque l'angle du rayon avec l'axe de cristallisation était moindre; et cette diminution s'est manifestée
principalement sur la teinte du rayon ordinaire qui répond
à l'anneau transmis, car cet anneau s'est approché davantage
du rouge jaunâtre, qui est en effet la teinte limite où il doit
tendre, puisqu'il y arrive lorsque la lame polarise extraordinairement le bleu et le violet du 1er ordre.

Au contraire, quand l'axe de cette lame a fait un angle
de 90° avec le plan de réflexion, sa force répulsive s'est
trouvée augmentée, comme cela devait être, et alors elle a
excédé l'épaisseur qui convient au blanc du 1er ordre, ce qui
a donné lieu à un rayon ordinaire violacé d'une faiblesse ex-
trème sous les deux incidences $\theta = 52° 45'$ et $\theta = 75° 37' 20''$.

Les mèmes accroissemens et les mêmes diminutions se
sont fait sentir sur la lame n° 2, mais avec cette différence,
que celle-ci ayant déja dépassé le blanc du premier ordre
sous l'incidence perpendiculaire, elle s'en est rapprochée
lorsqu'on l'a inclinée sur le rayon incident et qu'on a placé
son axe dans le plan même d'incidence. Car alors sa force
répulsive a dù diminuer; elle a même assez diminué pour
que cette lame passât de l'autre côté du blanc du 1er ordre
en allant vers le bleu; car le rayon ordinaire, au lieu d'être
bleu violacé comme il l'était sous l'incidence perpendiculaire,
est devenu rouge jaunâtre extrêmement sombre, circonstance qui tenait au peu de distance où le rayon extraordinaire se trouvait alors d'être égal au blanc du 1er ordre. Au
contraire, en plaçant l'axe perpendiculairement au plan d'incidence, la force répulsive a augmenté, et la lame qui se
trouvait déja au-delà, mais très-près du blanc du 1er ordre,
sous l'incidence perpendiculaire, s'en est encore éloignée

davantage dans ce sens, de manière que le rayon ordinaire est devenu bleu céleste, et d'un bleu très-sensible et très-beau.

Cette expérience complète les précédentes, en achevant de montrer que, dans toutes les épaisseurs possibles des lames de chaux sulfatée, l'étendue des variations des teintes produite par les changemens d'inclinaison est toujours fort petite; et de plus, qu'en l'exprimant en nombres, comme on peut le faire au moyen de la table de Newton, elle devient plus grande à mesure que la teinte fondamentale elle-même répond à une épaisseur plus grande dans l'ordre des anneaux : ce qui ne veut pas dire que les variations des teintes distinctes finissent par être de plus en plus nombreuses à mesure que l'épaisseur augmente, puisqu'au contraire les mêmes variations numériques ont d'autant moins d'influence, qu'elles s'ajoutent à des teintes déja plus éloignées des premiers ordres, mais ce qui suffit pour justifier la supposition que nous avons introduite dans la formule des teintes, en faisant l'étendue numérique des variations proportionnelle à l'épaisseur, comme Newton l'a fait, d'après l'expérience, dans les anneaux colorés.

Je n'ai jusqu'ici considéré que les lames minces de chaux sulfatée, qui, ainsi qu'on l'a vu plus haut, contiennent naturellement dans leur plan l'axe de double réfraction. Je me suis assuré que les lames minces de cristal de roche, taillées parallèlement à l'axe, suivent également les mêmes périodes dans les changemens d'intensité du rayon extraordinaire; et, quant au changement des teintes, les lois générales sont aussi les mêmes, seulement l'étendue absolue des variations des teintes est plus grande. Je n'ai pas encore déterminé cette étendue sur un assez grand nombre de ces lames pour l'exprimer ici d'une manière numérique : mais ce qui précède suffit pour montrer que les mêmes formules que nous avons vérifiées relativement aux lames de chaux sulfatée, s'appliquent aussi, sous toutes les inclinaisons, aux lames de cristal de roche taillées parallèlement à l'axe; et d'après diverses expériences que j'ai faites sur ce genre de phénomènes, il me paraît devoir en être de même d'un grand nombre de corps cristallisés.

Quant au mica, j'ai déja dit qu'il suit d'autres lois, et d'après les phénomènes qu'il présente, je suis porté à croire que l'axe de réfraction n'est pas dans le plan de ses lames : mais ceci n'est qu'une présomption que j'aurai bientôt l'occasion de vérifier.

Si les expériences que nous venons d'exposer ne nous font pas encore remonter jusqu'à la cause physique de la polarisation que la lumière éprouve en traversant les corps cristallisés, elles nous découvrent du moins l'analogie la plus intime entre le mode successif par lequel ce phénomène s'opère, et la formation également successive des anneaux colorés. Les rapports qui lient ces deux classes de faits sont tellement nombreux, qu'on doit être porté à penser qu'ils dépendent d'une même cause, modifiée dans les corps cristallisés par la position de leur axe de cristallisation.

Sans oser former même des conjectures sur la nature de cette cause, je crois devoir aller au-devant d'une explication que l'on pourrait tenter de donner des phénomènes que nous avons décrits. En les voyant si bien en rapport avec les anneaux colorés, on pourrait s'imaginer qu'ils sont accidentellement produits par des réflexions partielles que

la lumière éprouverait entre les interstices des corps lamelleux, tels que le mica et la chaux sulfatée, réflexions
qui produiraient des anneaux colorés sur les couches d'air
ou de vide interposées entre les lames de cristal ; il est
vrai qu'il faudrait encore expliquer par quelle action particulière un des deux anneaux seulement, l'anneau réfléchi,
est ramené par la polarisation extraordinaire, tandis que
l'anneau transmis passe librement sans perdre sa polarisation primitive, si même il n'est polarisé de nouveau dans
le sens de cette polarisation, comme je serais plus porté à le
penser. Mais, sans entrer dans le détail des conséquences de
cette hypothèse, il est facile de voir qu'elle n'est pas soutenable, car il faudrait alors supposer des fissures lamelleuses
régulières et planes dans tous les sens possibles des corps
cristallisés les plus purs, tels que le cristal de roche, par
exemple ; il faudrait, dis-je, en supposer de parallèles à
l'axe, puisque nous avons vu que les lames de cristal de
roche, taillées dans ce sens, suivent les mêmes lois que les
lames minces de chaux sulfatée ; et il faudrait aussi en supposer qui fussent perpendiculaires à l'axe, car j'ai trouvé,
par des expériences que je n'ai pas encore publiées, que la
polarisation extraordinaire se fait, dans ce sens, exactement par les mêmes périodes et suivant les mêmes lois,
avec les seules modifications qui résultent de la position de
l'axe et de la constitution élémentaire d'un cristal. Enfin, si
les couleurs des rayons extraordinaires étaient produites par
de pareilles réflexions sur des couches d'air ou de vide, il
faudrait qu'en changeant les inclinaisons des lames sur le
rayon incident, ces anneaux changeassent aussi selon les
mêmes lois, et dans une étendue égale ou à-peu-près pareille à ce qui arrive aux lames d'air comprises entre deux

surfaces de verre. Car la réfraction extraordinaire qui agirait sur les molécules lumineuses, différant très-peu de la réfraction ordinaire, ne pourrait que changer un peu l'inclinaison du rayon sur les couches d'air interposées, et ce serait en cela seulement qu'elle influerait sur les variations que les couleurs éprouveraient par le changement d'incidence. Or, on a vu que, dans tous les ordres d'anneaux, la variation des teintes d'une même lame de chaux sulfatée est extrêmement petite, même pour les plus grands changemens d'inclinaison, au lieu que, d'après les expériences de Newton sur les lames d'air, la même couleur passait d'une épaisseur donnée à une épaisseur douze fois aussi grande quand les inclinaisons du rayon sur la lame d'air variaient de o à 90°. Cette étendue est près de cent fois aussi grande que celles que nous venons de trouver dans les expériences sur les lames de chaux sulfatée, et par cette raison, comme par beaucoup d'autres, que l'on pourrait aisément déduire, l'hypothèse qui tendrait à faire regarder la polarisation partielle comme un phénomène accidentel, est inadmissible.

Au contraire, tout se simplifie, tout s'accorde en regardant la polarisation partielle comme le mode particulier et progressif par lequel s'opère enfin la polarisation complète dans les corps cristallisés, doués de la double réfraction, que nous avons examinés. Ce même mode et ces mêmes propriétés se retrouvent encore dans beaucoup d'autres substances. Je les ai observés dans la baryte sulfatée, le coryndon, l'adulaire ou feld-spath, la topaze, et la strontiane sulfatée. Le sens dans lequel on détache les lames n'est astreint à aucune condition. La baryte sulfatée, par exemple, aussi bien que le cristal de roche, produit ce phénomène dans des plans parallèles à son axe, et dans des plans qui lui sont perpendiculaires. Mais l'état plus ou moins grand de ténuité qu'il faut donner aux lames pour les amener à produire la polarisation partielle, dépend de l'action plus ou moins intense du cristal sur la lumière, et de la position de son axe relativement au plan des lames. Toutes choses égales d'ailleurs, la ténuité deviendra moindre, soit par la nature des substances, soit par la position de leur axe à l'égard du rayon incident. Ce résultat explique pourquoi l'on obtient la polarisation partielle, même avec de très-gros morceaux de cristal de roche, lorsqu'on les taille perpendiculairement à leur axe, comme M. Rochon l'a remarqué; tandis que pour observer le même effet dans des lames parallèles à l'axe, il faut que leur épaisseur n'excède pas quarante-cinq centièmes de millimètre, comme on le voit par les expériences que j'ai rapportées. Lorsque le plan des lames est perpendiculaire à l'axe, et qu'on présente leur surface perpendiculairement au rayon polarisé, leur force répulsive serait rigoureusement nulle, si l'axe de réfraction était mathématiquement rectiligne. Mais comme une pareille régularité n'existe jamais dans la nature, les petites déviations que cet axe éprouve dans la succession des molécules, peuvent donner naissance à des forces répulsives qui seront en général dirigées dans des plans très-différens, et qui, n'étant pas assez fortes pour produire la polarisation définitive sur les derniers ordres d'anneaux, du moins sous l'incidence perpendiculaire, peuvent produire même dans ce sens la polarisation partielle. De plus un corps cristallisé, doué de la double réfraction, peut toujours être considéré comme composé d'une infinité de petites aiguilles cristallisées, et assemblées en faisceau autour de cet axe. Il se pourrait que la lumière éprouvât la polarisation totale ou partielle en passant entre ces aiguilles, précisément comme nous avons vu qu'elle l'acquiert en passant entre les plans des lames qui composent la chaux sulfatée, lorsqu'on la taille perpendiculairement à son axe, et qu'on la présente perpendiculairement au rayon polarisé. Or qu'il existe de semblables causes dans les cristaux, c'est ce que je conclus des expériences que je viens de rapporter sur la chaux sulfatée, et aussi d'autres expériences que j'ai faites et non publiées sur des lames de cristal de roche très-pur, taillées perpendiculairement à l'axe. On conçoit que ces causes, et d'autres semblables, peuvent produire des polarisations partielles même lorsque l'axe de réfraction de la lame est perpendiculaire à sa surface, et parallèle au rayon incident. Mais pour faire disparaître ces couleurs lorsque la lame est épaisse, il suffit de l'incliner suffisamment sur le rayon, parce qu'alors la force principale de polarisation, croissant avec rapidité, produit bientôt la polarisation totale, ou, plus exactement, fait descendre les couleurs dans des ordres d'anneaux tels, que les petites variations des forces répulsives n'y produisent plus de changemens appréciables. C'est ainsi que, lorsque des lames diaphanes non cristallisées deviennent assez épaisses pour réfléchir le mélange des couleurs de tous les anneaux, une petite variation dans leur épaisseur ne produit plus aucune altération sensible dans leurs teintes. Mais si les choses se passent réellement comme nous venons de le dire, on doit observer, dans le progrès même de la polarisation principale, l'ordre successif des anneaux, lorsque cette polarisation parcourt tous ses degrés de développement, comme cela arrive quand on observe des lames perpendiculaires à l'axe de réfraction, et qu'on les incline graduellement sur le rayon polarisé. Or, c'est précisément ainsi que les phénomènes se passent, comme je le montrerai dans un autre Mémoire, où je donnerai les véritables lois de la polarisation successive dans les divers sens des cristaux que nous avons examinés. Pour me borner ici aux conséquences immédiates des expériences que j'ai décrites, nous venons de voir comment des lames très-minces arrivent, par l'augmentation d'inclinaison et de force répulsive, à la polarisation complète ; les mêmes considérations expliquent également pourquoi la même augmentation de force répulsive amène à la polarisation partielle des lames de mica, ou de cristal de roche taillé perpendiculairement à l'axe, et trop minces pour polariser même le violet du premier ordre quand leur plan est perpendiculaire au rayon incident ; et enfin, elle explique aussi comment des lames trop épaisses pour produire la polarisation partielle, peuvent y être ramenées en inclinant leurs surfaces sur le rayon polarisé. incident, et plaçant leur axe de réfraction dans la direction du plan d'incidence ; de sorte que ces résultats, en apparence bizarres et contradictoires, se trouvent dépendre ainsi du même principe et être assujétis aux mêmes lois.

Dans le Mémoire que je viens de soumettre à la Classe, j'ai déterminé la direction de l'axe de double réfraction pour les cristaux de chaux sulfatée. J'ai prouvé que les axes de polarisation partielle des lames de cette substance étaient situés dans leur plan et parallèles à la direction que l'axe de réfraction complète a dans le cristal entier. J'ai renfermé dans deux formules très-simples toutes les variétés de couleur que ces lames présentent, lorsqu'on les fait traverser perpendiculairement par des rayons polarisés, et qu'on analyse la lumière transmise au moyen de la réflexion sur une glace, ou en se servant d'un corps cristallisé. J'ai montré que toutes les variétés de ces phénomènes dépendaient, pour chaque lame, des combinaisons de deux teintes, qui se mélangent en des proportions diverses, et qui répondent aux deux couleurs qu'une même lame mince d'air réfléchit ou transmet. J'ai fixé la position de la lame dans laquelle la séparation des teintes est la plus complète, celle par conséquent qui forme l'élément principal de ces phénomènes. Pour déterminer cette teinte fondamentale, j'ai analysé la lumière que ces lames polarisent par la réflexion. J'en ai séparé l'espèce de teinte sur laquelle elles exerçaient la polarisation partielle extraordinaire. En comparant ces teintes aux épaisseurs des lames mesurées avec une précision extrême, j'ai reconnu qu'elles étaient proportionnelles à celles des lames minces d'air ou de verre, qui produisent la réflexion partielle sur des teintes semblables; ce qui permet de prédire d'avance la couleur sur laquelle agit chaque lame de chaux sulfatée, d'après la seule connaissance de son épaisseur, en se servant de la table donnée par Newton, et rapportée plus haut, page 56. J'ai étudié les variations que ces teintes réfléchies éprouvent lorsqu'on fait tourner les lames dans leur plan : j'ai trouvé qu'elles conservent encore dans ces variations de teintes les rapports que leur épaisseur leur assigne, c'est-à-dire, que leurs couleurs montent ensemble, dans l'ordre des anneaux, lorsqu'on tourne l'axe de manière à diminuer la force répulsive, comme si la lame devenait plus mince; et que réciproquement, en tournant l'axe de manière à augmenter la force répulsive, les couleurs descendent comme si la lame devenait plus épaisse. Ces lois des rayons réfléchis étant connues, je les ai transportées aux rayons transmis sous l'inci-

dence perpendiculaire, en prouvant, par une expérience rigoureuse et très-générale, que les couleurs de ces rayons
doivent être les mêmes dans l'azimut de 45°; de sorte que la
détermination de tous ces phénomènes ne dépend plus que de
la connaissance de l'épaisseur de la lame en millièmes de millimètre. J'ai prouvé ensuite que les couleurs transmises par
les lames de cristal de roche, taillées parallèlement à l'axe,
suivent absolument les mêmes lois que les lames minces de
chaux sulfatée; de sorte qu'on peut leur appliquer les mêmes
formules; ce qui porte à croire, par analogie, qu'il en sera de
même dans beaucoup d'autres corps cristallisés lorsqu'ils seront taillés dans ce même sens. J'ai observé que le mica suivait aussi les mêmes lois sous l'incidence perpendiculaire, et
qu'il y avait des rapports analogues entre les épaisseurs de ses
lames et leurs couleurs; mais avec cette modification, que
les couleurs qu'il polarise extraordinairement, ne varient
pas de la même manière avec l'incidence, de sorte qu'il faut
les observer directement par transmission pour les comparer
aux épaisseurs correspondantes. De-là, passant à la considération des changemens de teintes et d'intensité qu'éprouvent les rayons ordinaires et extraordinaires lorsqu'on incline
les lames sur le rayon incident, j'ai déduit de l'expérience
les lois très-simples auxquelles ces variations sont assujéties
relativement aux lames parallèles à l'axe. J'ai tiré des observations de Newton les lois suivant lesquelles les teintes devaient
changer avec l'incidence, en supposant que ces changemens
fussent analogues à ceux des anneaux colorés produits par
les lames minces non cristallisées, et l'expérience a confirmé
ce rapprochement. Et comme nos formules relatives aux
rayons inclinés renferment particulièrement le cas des incidences perpendiculaires, il s'ensuit qu'elles expriment

sous une forme simple, et cependant complète, toutes les variations possibles d'intensité et de teinte que peuvent éprouver des lames de chaux sulfatée ou de cristal de roche, taillées perpendiculairement à l'axe, lorsqu'on les présente dans une position quelconque à un rayon polarisé, et qu'on analyse la lumière transmise avec un cristal, ou en se servant de la réflexion sur une glace. De ces phénomènes ainsi rassemblés sous un même point de vue, il résulte évidemment que la polarisation de la lumière, dans les corps que nous avons examinés, suit précisément les mêmes lois, les mêmes périodes que la réflexion ordinaire dans les lames minces des corps non-cristallisés, avec la seule différence des épaisseurs; en sorte que ces deux classes de phénomènes se succèdent l'une à l'autre, dans le même ordre de teintes et par des épaisseurs proportionnelles, la polarisation nulle répondant au cas ou il ne se fait encore aucune réflexion, et la polarisation complète répondant au cas où la réflexion s'opère sur l'ensemble des couleurs de divers ordres dont le mélange forme un blanc composé : ce qui établit une analogie nouvelle et bien remarquable entre les forces encore inconnues qui produisent la réflexion ordinaire, et celles également inconnues qui produisent la polarisation dans les corps cristallisés.

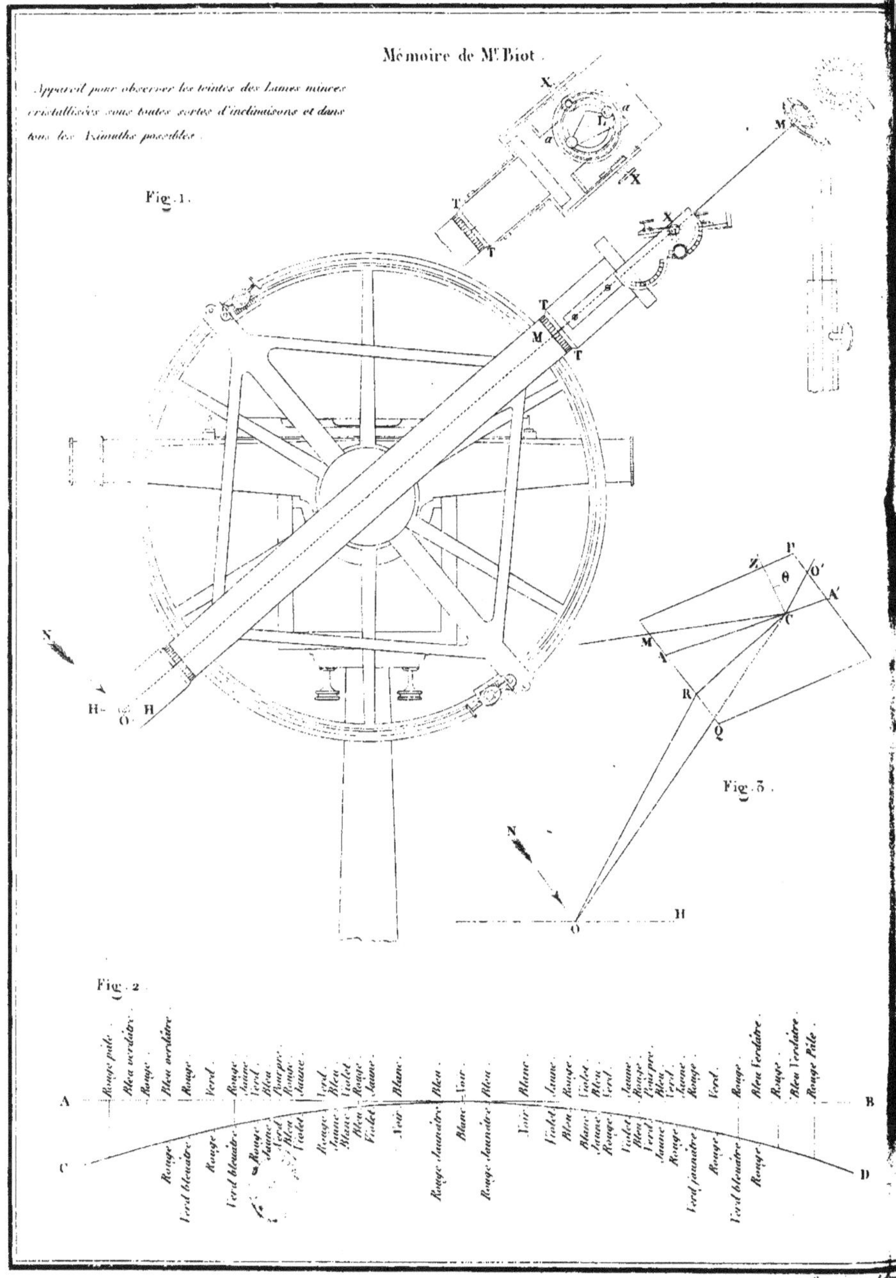

Mémoire de Mr. Biot.
Appareil pour observer les teintes des Lames minces
cristallisées sous toutes sortes d'inclinaisons et dans
tous les Azimuths possibles.
Fig. 1.
Fig. 2.
Fig. 3.
Gravé par Ad.

MÉMOIRE

SUR UN NOUVEAU GENRE D'OSCILLATION

QUE LES MOLÉCULES DE LA LUMIÈRE ÉPROUVENT EN TRAVERSANT CERTAINS CRISTAUX.

Lu à l'Institut le 3o novembre 1812.

Le travail que je vais avoir l'honneur de soumettre à la Classe, a pour objet de déterminer, par des expériences exactes et nombreuses, le mode suivant lequel la polarisation de la lumière s'opère dans un grand nombre de cristaux doués de la double réfraction. J'espère montrer que ce phénomène s'exécute par une succession d'oscillations que les molécules lumineuses éprouvent autour de leur centre de gravité, en vertu de forces attractives et répulsives qui agissent sur elles. Je déduirai de l'expérience la durée de ces oscillations, leur vîtesse, et la loi des forces qui les produisent; ce qui donnera une relation entre la grandeur des particules lumineuses et l'intensité des forces qui les sollicitent, de même que la vîtesse des vibrations d'un pendule donne une relation entre sa longueur et la force de la gravité. Je ferai voir, par l'expérience, comment on peut, à volonté, accélérer ces oscillations ou les ralentir, ou même les rendre nulles, ou les faire marcher en sens opposé. Parvenu à cette cause générale, j'en déduirai les lois des phénomènes que présentent les cristaux

1812.   20

auxquels elle s'applique lorsqu'on les réduit en lames minces ou épaisses, et qu'on les présente à un rayon polarisé ; et enfin, comparant ces conséquences de la théorie avec l'expérience, on verra à quoi tient la singulière analogie de ces phénomènes avec les anneaux colorés, d'où provient la succession des teintes que les cristaux de cette nature polarisent quand ils sont réduits en lames minces ; enfin on en verra sortir un grand nombre d'autres résultats d'expérience que j'ai observés et mesurés avec le plus grand soin.

Les faits sur lesquels j'appuierai cette théorie sont de deux sortes. Les uns se trouvent consignés dans deux Mémoires que j'ai eu l'honneur de présenter à la Classe au commencement de cet été ; je me bornerai à les rappeler succinctement. Les autres sont des phénomènes nouveaux qui font suite à ceux-là, et qui les complètent. Je les exposerai avec un peu plus de détail, et ce sera l'objet du premier Mémoire que je vais lire aujourd'hui.

Dans le Mémoire que j'ai eu l'honneur de lire à la Classe le 1ᵉʳ juin de cette année, j'ai donné des formules au moyen desquelles on peut prévoir tous les phénomènes de la polarisation de la lumière pour des lames de chaux sulfatée ou de cristal de roche, taillées parallèlement à l'axe de double réfraction, quelque soit l'angle et la direction sous lesquels ces lames se présentent aux rayons lumineux. Quoique ces formules ne fussent alors que la représentation empirique des faits et leur expression abrégée, cependant la manière dont je les avais formées, et pour ainsi dire moulées sur l'expérience, ne me laissait pas douter qu'elles n'en renfermassent les véritables lois ; et cela paraîtra encore bien mieux au-

jourd'hui, que je puis les tirer directement de la considération des forces mêmes qui agissent dans ces circonstances sur les molécules de la lumière. De plus, en mesurant avec beaucoup de précision les épaisseurs d'un grand
nombre de lames minces de chaux sulfatée et de cristal de
roche, j'avais trouvé que, pour chaque cristal, et sous l'incidence perpendiculaire, les variations de teinte du rayon
extraordinaire se faisaient précisément suivant les mêmes
lois et les mêmes périodes que les variations de couleur du
rayon réfléchi dans les anneaux colorés ; en sorte que ces
deux classes de phénomènes, si différens au premier coup-
d'œil, se suivent et se correspondent par des épaisseurs
proportionnelles : et comme Newton a donné une table des
épaisseurs diverses qui réfléchissent les teintes composées
des anneaux, depuis les premières traces du violet le plus
sombre jusqu'à la blancheur presque parfaite, je fis voir
qu'à l'aide de cette table, et de l'analogie que j'avais remarquée, on pouvait prédire très-exactement, dans chaque
cristal, la nature des teintes extraordinaires pour des lames
d'une épaisseur connue. Les expériences que je vais rapporter tout - à - l'heure, non - seulement confirment cette
analogie, mais en feront connaître la cause, et nous ex-
pliqueront même les petites inégalités que j'ai reconnues à
cet égard entre les divers cristaux d'une même substance
qui exigent quelquefois des épaisseurs assez différentes
pour faire paraître la même teinte, quoique la proportionnalité des épaisseurs et des teintes se conserve dans
chacun d'eux, et que la pesanteur spécifique n'indique
aucune différence appréciable dans leur densité.

20.

Enfin j'indiquai la dépendance qui existait entre les changemens des teintes d'une même lame sous des incidences diverses, et les variations d'intensité de la force répulsive qui produit la double réfraction. Je fis voir qu'en abaissant l'axe de la lame sur les rayons incidens, ce qui diminue la force répulsive, la teinte du rayon extraordinaire montait dans l'ordre des anneaux colorés comme si la lame fût devenue plus mince; et réciproquement, que si l'on eloignait l'axe du rayon incident, la teinte changeait comme si la lame fût devenue plus épaisse. On verra tout-à-l'heure la cause de ces changemens.

Dans un second Mémoire que je lus à la Classe le 15 juin, j'annonçai que j'avais trouvé dans la polarisation de la lumière par ces lames, une loi analogue à la conservation des forces vives dans la mécanique. Elle consiste en ce que si l'on prend plusieurs d'entre elles extraites des corps cristallisés que nous avons désignés, et qu'on les superpose dans un ordre quelconque, avec la seule condition de rendre leurs axes parallèles, la teinte du rayon qu'elles polarisent est constante, quel que soit l'ordre dans lequel les lames sont superposées, et soit que l'on combine ensemble des lames tirées d'une même espèce de cristal, ou de cristaux de nature diverse. Dans tous les cas l'action du système, pour polariser la lumière, est constante, et la teinte du rayon extraordinaire est celle que la somme des epaisseurs doit produire, en les supposant ramenées à l'échelle de Newton. Je spécifiai que cette constance n'avait lieu que dans le cas du parallélisme des axes, et j'ajoutai dès-lors que, dans le cas où les lames se croisaient à angles

droits , leur action paraissait être celle qui convenait à la
différence des épaisseurs ; mais je n'indiquai ce résultat
que comme une observation que je me proposais de vérifier
avec un appareil exact. Je l'ai fait cet été ; et l'expérience ,
en confirmant mon premier aperçu , m'a conduit de recherche en recherche à la cause générale de toute cette
classe de phénomènes : c'est ce que je vais exposer.

Pour plus de clarté rappelons d'abord en peu de mots ce
que l'on entend par un rayon polarisé. D'après les belles
expériences de Malus, on appelle ainsi un rayon dont toutes
les molécules sont tellement disposées, qu'elles se comportent toutes absolument de la même manière , quand on les
fait tomber perpendiculairement sur la face naturelle d'un
rhomboïde de spath d'Islande , dont la section principale
est située dans une certaine direction. Alors le rayon, s'il
est polarisé , ne se divise pas en deux faisceaux : au lieu
qu'un rayon naturel , directement émané d'un corps lumineux , s'il est placé dans les mêmes circonstances , subit la
double réfraction. En outre , si l'on reçoit le rayon polarisé
sur une glace polie et non étamée , qui fasse avec sa direction un angle de 35° 45' , c'est encore une découverte
de Malus, que la quantité de lumière réfléchie n'est pas la
même dans toutes les positions de la glace autour du rayon ;
et si on fait tourner celui-ci sur lui-même , la glace restant
fixe , on trouvera deux positions diamétralement opposées
dans lesquelles aucune molécule de lumière n'est réfléchie.
Cela n'arriverait point avec un rayon naturel ; la quantité
de lumière réfléchie par la glace , sous ce même angle , serait la même dans toutes les positions autour du rayon ,

et la rotation de celui-ci sur lui-même n'y apporterait aucun changement.

On est donc forcé de reconnaître, par ces phénomènes, que le rayon polarisé a des caractères qui le distinguent essentiellement de la lumière directe, et ces caractères consistent en ce que, dans les circonstances que nous venons de décrire, ses molécules échappent à la double réfraction ou à la réflexion toutes ensemble et à-la-fois ; au lieu que, dans un rayon de lumière directe, une partie des molécules serait doublement réfractée, ou bien une partie serait réfléchie, et l'autre transmise. Ce qui se présente de plus simple, c'est de considérer les molécules du rayon polarisé, comme étant toutes disposées dans des situations pareilles les unes aux autres : par conséquent, si l'on rapporte chacune d'elles à trois axes rectangulaires, pris dans son intérieur, dont l'un soit dirigé dans le sens de la translation du rayon, et les deux autres menés à des points correspondants des molécules, ces axes, dans les molécules du rayon polarisé, se trouveront tous parallèles entre eux.

A la vérité il est d'autres circonstances où les molécules du rayon polarisé se séparent les unes des autres, soit pour se réfracter, soit pour se réfléchir partiellement, ce qui semble, au premier abord, être en contradiction avec le parallélisme supposé de leurs axes ; mais j'espère montrer, dans un autre Mémoire, que cette séparation tient à une propriété des accès de facile réflexion et de facile transmission, à laquelle on n'avait pas fait attention jusqu'à présent, et qui explique non-seulement les phénomènes dont il s'agit, mais un assez grand nombre d'autres qui ont lieu dans la simple réflexion de la lumière par les corps.

Nous venons de définir les caractères d'un rayon polarisé : mais par quels moyens met-on un rayon dans cet état, et imprime-t-on à ses molécules cette modification particulière? On peut y parvenir de bien des manières. D'abord, tous les rayons qui ont traversé des cristaux doués de la double réfraction, et qui s'y sont trouvés réfractés ordinairement ou extraordinairement, jouissent de ces propriétés. On les observe encore dans les rayons réfléchis par une glace polie sous l'incidence de 35° 45', à compter de la surface réfléchissante. Soit que l'on adopte l'un de ces procédés ou l'autre, les rayons ainsi modifiés jouiront des propriétés indiquées plus haut ; et on pourra s'en assurer aisément en leur faisant traverser perpendiculairement un rhomboïde de spath d'Islande, ou en les recevant sur une glace polie, placée sous l'inclinaison que nous avons fixée d'après les expériences de Malus.

Dans chaque cas, la direction qu'il faut donner au rhomboïde ou à la glace, pour que le rayon polarisé échappe à la double réfraction ou à la réflexion, cette direction, dis-je, a un rapport fixe et connu avec la position du corps qui a imprimé la polarisation au rayon. Par exemple, si le rayon a été polarisé par réflexion sur une glace horizontale, le sens dans lequel il faut placer une seconde glace, pour qu'il échappe complètement à la force réfléchissante, est déterminé, et il n'y a que deux positions uniques où cet effet ait lieu. De même, si le rayon a été polarisé par un cristal, et qu'on veuille l'analyser par l'action d'un autre cristal, ou par la réflexion sur une glace, la position de ce cristal ou de cette glace dépendront de la position du premier cristal, et de l'espèce de réflexion ordinaire ou extraordinaire que le rayon y aura subie.

Pour fixer les idées, supposons que le rayon polarisé soit vertical, et qu'il ait été produit par la réflexion sur une glace polie, inclinée à l'horizon vers le sud, en sorte que le plan de réflexion soit dirigé suivant le méridien; supposons que l'on analyse ce rayon avec un rhomboïde de spath d'Islande, perpendiculaire à sa direction : on verra qu'il passe sans se diviser lorsque la petite diagonale du rhomboïde est parallèle ou perpendiculaire au plan du méridien. Mais dans toutes les autres positions le rayon se divisera. Si, au lieu d'employer un cristal, on analyse le rayon par réflexion sur une glace, il faudra, pour qu'il échappe à la force réfléchissante, que le plan de réflexion de cette glace soit dirigé dans le plan d'est et ouest, ce qui donne deux positions opposées dans lesquelles le phénomène a lieu.

Ainsi, les caractères qui distinguent un pareil rayon se manifestent dans le plan du méridien, et dans le plan d'est et ouest qui lui est perpendiculaire. Pour exprimer cette circonstance nous dirons, d'après Malus, qu'un pareil rayon est polarisé *ordinairement* dans le plan du méridien.

Des trois axes rectangulaires auxquels nous rapporterons ses molécules, le premier, toujours dirigé dans le sens de la translation du rayon, sera par conséquent vertical : mais comme nous pouvons choisir à volonté les directions des deux autres , nous prendrons l'un dans le plan du méridien , et nous le nommerons l'axe de polarisation du rayon ; le troisième , perpendiculaire aux deux autres , sera dirigé dans le plan d'est et ouest. Cela posé , puisque le rayon est polarisé , les axes de polarisation de ses molécules seront dirigés dans toutes vers les mêmes points physiques. Si toutes ces molécules viennent à changer de plan de polarisation , par l'action de quelque cause extérieure , ou , si une partie se sépare des autres , leur axe de polarisation se déplacera avec elles , et nous jugerons par son déplacement des mouvemens qu'elles auront exécutés. Par exemple , si l'on fait tomber ce rayon sur une lame mince de chaux sulfatée, taillée parallèlement à l'axe de cristallisation , dont l'épaisseur soit moindre que $0^{mm},45$, et plus grande que $0^{mm},003$, on s'aperçoit aisément que l'interposition de cette lame a changé en partie la polarisation du rayon: car, si on l'analyse après sa transmission, avec un rhomboïde de spath d'Islande dont la section principale soit dirigée dans le plan du méridien , on voit qu'en général il se divise en deux faisceaux, excepté dans deux positions rectangulaires de la lame, et, de plus, les deux faisceaux ont des couleurs différentes, comme M. Arrago l'a le premier observé. Ces couleurs , dans les lames d'épaisseur diverses, suivent l'ordre reconnu par Newton dans les successions des anneaux réfléchis ou transmis par des lames minces d'air, d'eau, ou de verre; et dans ces deux genres de phénomènes les mêmes teintes sont données sous l'incidence perpendiculaire par des épaisseurs proportionnelles, ce qui permet de les prévoir d'après une table insérée par Newton dans son Optique. Les deux teintes obtenues de cette manière approchent de plus en plus de la blancheur, à mesure que l'épaisseur des lames augmente; et enfin elles deviennent constamment blanches lorsque l'épaisseur atteint à-peu-près $0^{mm},45$. Les mêmes phénomènes s'observent dans un grand nombre de corps cristallisés, doués de la double réfraction, lorsqu'on les divise en lames parallèles à leur axe. Mais les limites où les couleurs des deux faisceaux commencent et finissent, sont différentes pour chacun d'eux.

En appliquant ici les lois trouvées par Malus pour la polarisation de la lumière dans la chaux carbonatée rhomboïdale, on devrait croire que, dans ces circonstances, le rayon polarisé perd toute sa polarisation primitive par l'influence de la lame interposée, et qu'il se polarise de nouveau relativement à la section principale de cette lame, en se partageant en deux faisceaux, l'un ordinaire, l'autre extraordinaire, c'est-à-dire, dont les axes de polarisation se trouvent parallèles ou perpendiculaires à la section principale de la lame; mais la chose ne se passe pas ainsi, du moins dans les cristaux que je viens de désigner. Chaque lame, selon son épaisseur, n'agit que sur une espèce particulière de teinte, sur l'ordre d'anneaux qui lui appartient, et elle la polarise, non pas dans le sens de son axe, mais suivant une direction qui fait un angle double avec le plan de la polarisation primitive. Si l'on nomme E la teinte polarisée par la lame, O la teinte qu'elle ne dévie point, et que l'on désigne par i l'angle formé par l'axe de la lame avec le plan de la polarisation primitive que nous supposons être le méridien, les molécules lumineuses qui composent la teinte O conserveront leur axe de polarisation dans le plan du méridien, et les molécules qui composent la teinte E tourneront le leur suivant une ligne droite qui fera l'angle $2i$ avec ce même plan. Tel est le résultat général des expériences que j'ai rapportées dans mon premier Mémoire, et telle est aussi la signification des formules par lesquelles je les ai représentées. Cette polarisation, qui se fait toute entière hors de l'axe de la substance cristallisée, est un phénomène tout-à-fait nouveau. On verra plus loin quelle en est la cause.

Pour la découvrir, je rappellerai d'abord une observation que j'ai consignée dans mon premier Mémoire. Prenons une lame mince de chaux sulfatée ou de cristal de roche, taillée parallèlement à l'axe de la double réfraction, exposons-là perpendiculairement au rayon polarisé de manière que son axe fasse un angle de $45°$ avec le plan de polarisation, qui sera, par exemple, le méridien, et supposons que l'on analyse la lumière transmise, en se servant pour cela d'un rhomboïde de spath d'Islande, dont la section principale soit ainsi dans le méridien : alors on verra deux images à travers le rhomboïde, l'une ordinaire, l'autre extraordinaire; elles seront de couleurs différentes, si l'épaisseur de la lame est comprise entre les limites que j'ai fixées. Cette position de son axe est celle où la séparation des deux teintes est la plus complète. Supposons maintenant que, sans changer d'azimut, on incline la lame sur le rayon polarisé, de manière que le plan d'incidence du rayon sur sa surface coïncide avec son axe : alors les couleurs du rayon extraordinaire monteront dans l'ordre des anneaux, comme si la lame devenait plus mince, ce qui est bien facile à concevoir; car, en

21.

abaissant l'axe sur le rayon incident, vous diminuez l'angle qu'il forme avec lui, et par conséquent avec le rayon réfracté ; vous diminuez donc aussi la force qui produit la double réfraction de la lame, d'après la belle théorie de M. la Place, car elle est proportionnelle au carré du sinus de cet angle. L'action de la lame devenant plus faible, il est tout simple qu'elle produise le même effet qu'une lame plus mince. Mais voici qui semble moins facile à expliquer. Au lieu de mettre l'axe de la lame dans le plan d'incidence, et de l'incliner sur le rayon polarisé, placez-y la ligne qui lui est perpendiculaire, et inclinez-la de même à son tour ; vous verrez alors les couleurs du rayon extraordinaire descendre dans l'ordre des anneaux, comme si la lame devenait plus épaisse. Cependant, par cette disposition, l'axe de la lame est resté perpendiculaire sur la direction du rayon incident et du rayon réfracté ; par conséquent, la force que cet axe exerce sur les molécules lumineuses devrait rester constante ; du moins il est sûr qu'elle ne peut devenir plus grande que sous l'incidence perpendiculaire ; cependant nous voyons que l'action de la lame s'exerce sur un ordre d'anneaux plus approchant de la polarisation totale : et cela n'a pas lieu seulement dans l'azimut de 45° ; je n'ai choisi celui-ci pour exemple que parce que la séparation des teintes y est plus considérable, et l'effet plus sensible. Mais dans tout autre azimut que l'on veuille placer le plan d'incidence, et quelque direction que l'on veuille donner à la lame sur son plan, on trouvera toujours que si l'axe est dans le plan d'incidence, et qu'on l'incline sur le rayon, l'action de la lame varie comme si elle devenait plus mince ; et au contraire, si on place dans la même circonstance l'axe qui lui est perpendiculaire, elle agit comme si elle devenait plus épaisse. Entre ces deux positions extrêmes la teinte varie en plus ou en moins, selon que l'on incline davantage l'une ou l'autre ligne sur le rayon polarisé. En rapportant ces phénomènes dans mon premier Mémoire, je disais que dans les lames de chaux sulfatée, et dans celles de cristal de roche, taillées parallèlement à l'axe de la double réfraction, cet axe, et la ligne qui lui est perpendiculaire, semblaient agir également, et avec la même force, pour faire monter ou descendre les couleurs dans l'ordre des anneaux. Aujourd'hui, appuyé sur de nouvelles expériences, je vais plus loin, et je dis que ces deux lignes font réellement l'effet de deux axes qui influent tous deux en sens contraire sur la polarisation, la première tendant à augmenter l'action de la lame, la seconde à la diminuer; et, d'après ce que je démontrerai par la suite, c'est pour cela que les molécules qui perdent leur polarisation primitive, ne dirigent pas leur axe de polarisation suivant l'axe de la lame, mais suivant une ligne droite qui fait un angle double avec le plan primitif de polarisation. Comment ces axes résultent des actions particulières des molécules du cristal, c'est ce que je ne prétends pas expliquer. Mais, quant à montrer qu'il en émane réellement des forces dans les cristaux que nous examinons, c'est ce que j'espère établir par expérience. Dès à présent, pour plus de clarté, je désignerai sous le nom de premier axe, celui que les physiciens ont jusqu'à présent considéré, et je donnerai à l'autre le nom de second axe.

Avant d'exposer les phénomènes nouveaux auxquels m'a conduit la connaissance de ces axes, je vais indiquer les propriétés caractéristiques dont ils jouissent dans plusieurs substances, car ils n'existent pas seulement dans la chaux sulfatée : je les ai également reconnus dans le cristal de roche, le mica, l'adullaire ou feldspath, la baryte sulfatée, le béril, la strontiane sulfatée, la topaze et l'eau glacée, seules substances que j'ai pu essayer jusqu'ici ; et je n'ai pas même eu besoin, pour cela, de réduire ces dernières en lames minces, car je puis démontrer aussi l'existence de cette propriété dans les morceaux les plus épais, et prouver ainsi qu'elle est permanente dans chacun de ces cristaux. Il n'est pas non plus nécessaire que les surfaces des morceaux que l'on éprouve soient parallèles, car on peut également développer cette propriété dans des prismes, comme on le verra plus bas.

Dans la chaux sulfatée et le cristal de roche, taillés parallèlement à l'axe, les actions des deux axes paraissent varier dans la même proportion par le changement d'incidence. Si on place le premier axe de manière qu'il fasse un angle de 45° avec le plan primitif de polarisation, ce qui met le second axe de l'autre côté de ce plan, à la même distance, et avec la même inclinaison, on pourra incliner la lame tant que l'on voudra sur le rayon incident, la teinte du faisceau qu'elle polarise ne changera pas, et sera la même que sous l'incidence perpendiculaire. Cela arrivera également ment dans tout autre plan d'incidence, pourvu que les deux axes de la lame fassent des angles égaux avec ce plan ; car c'est une loi générale pour toutes ces substances que chaque lame polarise toujours la même teinte lorsque les inclinaisons de ses axes sur le rayon réfracté sont constantes, et qu'on fait seulement tourner le rayon sur lui-même.

L'égalité dont nous venons de parler s'observe pareillement dans les lames de cristal de roche taillées parallèlement à l'axe; mais elle n'existe pas dans les lames de mica.
Si on place ces lames dans la même position que les précédentes, de sorte que chacun des deux axes situés dans leur
plan fasse un angle de 45° avec le plan de polarisation primitive, on trouve qu'en partant de l'incidence perpendiculaire, les teintes du faisceau polarisé changent à mesure
que la lame s'incline sur le rayon incident, et par conséquent sur le rayon réfracté. Même chose arrive lorsque l'on
met le plan d'incidence dans tout autre azimut, les deux
axes situés dans le plan de la lame formant avec lui deux
angles égaux. Dans tous ces cas les couleurs changent comme
si la lame devenait plus épaisse. Quand nous aurons obtenu
le mode général de ces phénomènes, et que nous l'appliquerons aux lames de mica, on verra que cette augmentation d'intensité est causée par l'action d'un troisième axe
perpendiculaire aux lames, lequel par conséquent n'agit
point sous l'incidence perpendiculaire, parce qu'alors l'angle
qu'il forme avec le rayon réfracté est nul, mais dont l'influence se développe par l'inclinaison, et devient d'autant
plus grande que cet angle acquiert une plus grande valeur.
Il y a même des lames dans lesquelles ce troisième axe existe
seul, l'influence des deux autres étant détruite, probablement
par les irrégularités de la cristallisation. Quoi qu'il en soit,
admettons pour le moment cet accroissement progressif
d'intensité comme un fait, et suivons-en les conséquences.
Sous l'incidence perpendiculaire, l'un des deux axes l'emporte sur l'autre, c'est celui que nous avons nommé le premier axe; si nous plaçons cet axe dans le plan d'incidence,

et que nous l'inclinions sur le rayon incident, son action diminuera, tandis que celle du second axe restera constante; et en vertu de cette cause, si elle existait seule, la force de polarisation devrait s'affaiblir comme si la lame devenait plus mince, ainsi que cela arrive dans le cristal de roche et la chaux sulfatée. Mais l'augmentation d'intensité causée par l'influence croissante du troisième axe est plus que suffisante pour compenser cette diminution, et en conséquence la teinte du faisceau polarisé par la lame, descend constamment dans l'ordre des anneaux, comme si elle devenait plus épaisse. Mais aussi qu'arrive-t-il si l'on fait tourner la lame sur son plan d'un angle droit, ce qui amène le second axe dans le plan d'incidence? C'est qu'alors, en inclinant la lame, l'action croissante du troisième axe favorise le second axe, et fait plus que compenser la diminution d'énergie qu'il éprouve par l'accroissement d'inclinaison. Ainsi, ce second axe, qui d'abord était le plus faible, augmentant peu-à-peu son pouvoir, balance plus fortement l'action du premier auquel il est contraire, de sorte que les teintes du rayon polarisé, au lieu de descendre, remontent dans l'ordre des anneaux comme si la lame devenait plus mince. Enfin, il arrive un terme auquel les actions réunies du second et du troisième axes font exactement équilibre à l'action du premier, de sorte que, sous cette incidence, la lame ne polarise plus aucune molécule de lumière, et le rayon extraordinaire s'évanouit. Mais au-delà de cette limite, qui est la même pour toutes les lames de mica de même nature, minces ou épaisses, on voit le rayon extraordinaire reparaître et redescendre de nouveau dans l'ordre des anneaux, suivant les mêmes périodes qu'il avait d'abord parcourues en sens contraire; c'est-à-dire que si sa teinte était primitivement le rouge brun du premier ordre, sous l'incidence perpendiculaire, en commençant d'incliner la lame, cette teinte monte d'abord à l'orangé du premier ordre, puis au jaune pâle, au blanc du premier ordre, et enfin au bleu, au violet et au noir, suivant la table des épaisseurs données par Newton, dans l'Optique; après quoi elle reviendra du noir au violet, puis au bleu, au blanc du premier ordre, au jaune pâle, à l'orangé, au rouge, ce qui était sa teinte primitive, et ainsi de suite, en descendant toujours dans l'ordre des anneaux. On voit bien que, sans l'intervention de ce troisième axe, qui n'agissait point sous l'incidence perpendiculaire, il ne serait pas possible que la teinte fût la même sous cette incidence et sous une autre incidence plus oblique, lorsque le premier axe reste toujours perpendiculaire au rayon réfracté, tandis que le second s'incline sur lui. Mais au moyen de l'action simultanée des trois axes, on conçoit aisément ces effets, on se rend raison de leurs bizarreries apparentes, on peut même les prévoir avec une telle certitude, qu'étant donnée une seule des incidences à laquelle on a observé une des teintes de la table de Newton, par exemple, l'incidence à laquelle le rayon extraordinaire devient nul, on prédit exactement tous les autres degrés d'incidence, depuis $0°$ jusqu'à $90°$ auxquels on devra observer toutes les autres teintes mesurées par Newton, lesquelles sont au nombre de trente-trois pour chaque lame. Lorsque l'on opère sur des lames dans lesquelles les axes parallèles à la surface n'existent point, ou ont perdu leur influence par la manière dont les molécules se sont arrangées, on conçoit que les phénomènes doivent être différens, parce qu'alors

le troisième axe perpendiculaire au plan des lames est le
seul qui les produise. Alors la lame n'exerce aucune polarisation sous l'incidence perpendiculaire, parce que l'influence
de cet axe y est nulle, puisqu'il fait un angle nul avec le
rayon réfracté. Mais à mesure qu'on l'incline dans une direction quelconque sur le rayon incident, il commence à agir,
favorisé par l'inclinaison. Aussi à partir d'une certaine limite,
les couleurs commencent à descendre dans l'ordre des anneaux, suivant des périodes calculables, comme si la lame
devenait plus épaisse ; et elles continuent toujours à descendre, sans éprouver ces alternatives ou inversions de marche
que l'on observait dans le cas précédent, lorsque l'action du
troisième axe perpendiculaire aux lames pouvait être combattue et contrebalancée par l'action des axes situés dans
leur plan. Les lames de mica où l'axe perpendiculaire agit
seul, se conduisent à cet égard absolument comme les lames
de cristal de roche taillées perpendiculairement à l'axe de
cristallisation ; mais dans les unes comme dans les autres,
les molécules lumineuses qui perdent leur polarisation primitive, ne tournent point leurs axes de polarisation suivant
la section principale de la lame inclinée. On verra plus loin
quelle est cette direction dans les diverses circonstances, et
quelles sont les causes qui la modifient.

L'influence inégale de l'inclinaison sur les deux axes du
mica situés dans le plan de ses lames, est la cause pour laquelle les lames de cette substance recevant un rayon naturel
sous l'angle qui produit, par réflexion, la polarisation complète, et dans l'azimut de 45°, ne polarisent pas la même teinte
qu'elles polarisent par transmission sous l'incidence perpendiculaire ; au lieu que ces deux teintes sont absolument

identiques dans les lames de chaux sulfatée et de cristal de roche taillées parallèlement à l'axe de cristallisation, parce que, dans l'azimut de 45°, l'influence des deux axes situés dans le plan de ces lames varie en proportion semblable par l'inclinaison. Toutes ces circonstances compliquées, qui se laissent ainsi prévoir par le seul raisonnement, d'après la considération de l'action multiple des axes et de leur inégale énergie, confirment d'une manière assez frappante l'existence de ces axes, ou du moins celle des forces qui émanent de leurs directions, seule chose que je prétends établir.

Mais, pour rendre la chose encore plus palpable, je m'en vais montrer comment on peut à cet égard imiter la nature, comment on peut rendre les variations des teintes très-considérables, et même aussi considérables que l'on voudra dans toutes les substances de ce genre, quoiqu'elles puissent y être naturellement fort petites ; ce qui nous donnera le moyen de produire avec des lames cristallisées, de nature très-différente, les mêmes successions de couleurs qu'avec le mica. Pour y parvenir, il faut superposer à angles droits deux lames de ces substances, dont les épaisseurs e e' soient très-peu différentes l'une de l'autre ; car la teinte sur laquelle agit un pareil système, est celle qui convient à la différence $e' - e$ des épaisseurs ; tandis que la variation des teintes par le changement d'inclinaison dépend de leur somme. Comme ce résultat est très-important par les conséquences que j'en tire, je vais rapporter les expériences que j'ai faites pour le constater avec la plus grande rigueur.

Dans ces expériences, il est indispensable de connaître avec exactitude l'azimut dans lequel on dirige les axes des lames ; il faut de plus pouvoir les disposer à volonté dans

22.

tel ou tel azimut : à cet effet j'emploie l'appareil que j'ai décrit dans mon premier Mémoire; il remplit ces conditions d'une manière très-simple et très-commode; et comme il est adapté au tuyau de la lunette d'un cercle répétiteur, il donne la facilité de déterminer, au moyen d'un niveau, l'inclinaison des lames sur le rayon polarisé.

Je place sur cet appareil deux des lames de chaux sulfatée que j'ai employées dans la cinquième série d'expériences rapportée dans mon premier Mémoire, page 89. Ce sont les n°ˢ 14 et 15. Je les dispose de manière que leurs axes se trouvent à angles droits, et je les présente d'abord au rayon polarisé de manière qu'il leur soit perpendiculaire.

D'après les résultats exposés dans l'endroit cité, la lame n° 15 polarise l'indigo du troisième ordre. Son épaisseur, mesurée au sphéromètre et réduite à l'échelle de Newton, est exprimée par...................... 14ᵖ,25

La lame n° 14 polarise un vert bleuàtre intermédiaire entre le bleu et le vert du second ordre, son épaisseur est................................. 9,35

Différence........................... 4,90

Suivant la table donnée par Newton, et rapportée page 56 de mon premier Mémoire, cette différence répond un peu au-dessus de l'orangé du premier ordre, entre l'orangé et le jaune pâle, mais beaucoup plus près du premier, car l'orangé du premier ordre est représenté par 5ᵖ,16, et le jaune par 4ᵖ,6. En effet, le système de nos deux lames exposé perpendiculairement au rayon blanc polarisé, polarise un orangé légèrement jaunàtre, et n'agit que sur cette espèce de teinte dans tous les azimuts, précisément de la même manière, et suivant les mêmes lois que si les deux lames étaient réduites à une seule qui agirait sur cette même teinte.

Mais comment savoir si cet orangé est réellement celui du premier ordre, ou un autre orangé? car bien que toutes les teintes des anneaux soient composées, il en est qui se ressemblent assez dans les différens ordres pour que l'œil les confonde aisément. Afin de résoudre cette question, nous allons incliner le système de nos lames sur le rayon polarisé en dirigeant un de leurs axes dans l'azimut du plan d'incidence; et, par les variations de leur teinte, nous jugerons avec certitude de l'ordre d'anneaux qu'elles polarisent sous l'incidence perpendiculaire, car la succession des nuances est très-différente dans les différens ordres d'anneaux. Il faut faire cette expérience dans l'azimut de $45°$, où les variations de teintes sont les plus étendues, comme je l'ai fait voir dans mon premier Mémoire. En voici les résultats observés sous deux incidences différentes; la première d'environ $45°$ à partir de la perpendiculaire, la seconde de $52° 45'$. Je n'ai point cherché à mettre de la rigueur dans les évaluations de ces incidences; il suffit à notre objet que l'une fût plus grande que l'autre. La lumière transmise est analysée au moyen d'un rhomboïde de spath d'Islande, dont la section principale est fixée dans le plan de polarisation primitive du rayon incident, comme je l'ai expliqué dans mon premier Mémoire. Le résultat est le même quand on analyse la lumière par la réflexion d'une glace.

Azimut du plan d'incidence du rayon sur la lame.	Incidence du rayon sur la lame : approchée.	Azimut de l'axe de la lame n° 15 avec la trace du plan d'incidence sur sa surface.	F_o. Rayon ordinaire observé à travers le rhomboïde.	F_e. Rayon extraordinaire observé à travers le rhomboïde.
45°	45°	0	Bleu céleste violacé : minimum.	Blanc sensiblement jaunâtre : maximum.
		22° 30'	Blanc sensiblement.	Jaune.
		45	Blanc.	o
		77 30	Blanc sensiblement.	Rouge brun.
		90	Blanc jaunâtre : minimum.	Violet rougeâtre : maximum.
	52° 45'	0	Violet pur extrêmement sombre : minimum.	Blanc sensiblement : maximum.
		22° 30'	Blanc violacé.	Jaune.
		45	Blanc.	o
		77 30	Blanc jaunâtre.	Pourpre sombre et violacé.
		90	Jaune : minimum.	Bleu : maximum.

D'après ce tableau, on voit d'abord que les intensités des deux rayons ordinaire et extraordinaire ont varié par les mêmes périodes et suivant les mêmes lois que pour une seule lame. On remarque ensuite que les teintes parcourues par le rayon extraordinaire sont celles qui précèdent ou qui suivent l'orangé du premier ordre dans le premier et le second ordre d'anneaux. Ainsi, la teinte orangée, polarisée par le système des deux lames, sous l'incidence perpendiculaire, était bien réellement l'orangé du premier ordre, comme la différence de leurs épaisseurs l'annonçait. En troisième lieu, lorsque l'axe de la lame n° 15, la plus forte des deux, s'est abaissé sur le rayon polarisé, la teinte du rayon extraordinaire a monté dans l'ordre des anneaux comme si le système des deux lames fût devenu plus mince, et au contraire, lorsque le même axe s'est trouvé perpen-

diculaire au plan de réflexion, les teintes de ce rayon ont
descendu dans l'ordre des anneaux comme si le système des
deux lames fût devenu plus épais. Ce phénomène est facile
à concevoir d'après l'action opposée des deux axes. Lorsque
le premier axe de la lame n° 15, se trouve dans le plan d'incidence, le second axe de la lame n° 14, s'y trouve aussi;
par cette disposition l'action polarisante de la première
lame s'affaiblit, celle de la seconde augmente, et comme la
première est la plus forte, leur différence diminue, ce qui
produit le même effet que si le système des deux lames
croisées devenait plus mince. Au contraire, lorsque le second axe de la lame n° 15 se trouve dans le plan d'incidence, le premier axe de la lame n° 14 s'y trouve aussi;
par cette disposition, l'action de la première lame augmente
comme si elle devenait plus épaisse; celle de la seconde diminue comme si elle devenait plus mince; l'excès de la première sur la seconde se trouve donc augmenté, et le
système des deux lames croisées agit comme une lame plus
épaisse. Enfin, ces augmentations et ces diminutions opposées, conspirant toujours pour augmenter ou diminuer,
dans le même sens, l'action du système, les variations des
teintes doivent être plus étendues qu'elles ne le seraient
naturellement pour une seule lame qui aurait polarisé la
même teinte sous l'incidence perpendiculaire, et c'est aussi
ce que l'expérience confirme. En effet, d'après les formules
rapportées dans mon premier Mémoire, on voit qu'une
lame qui polarise l'orangé du premier ordre sous l'incidence
perpendiculaire, ne peut, même lorsqu'on la place sous les
plus grandes incidences, monter que jusqu'au jaune pâle, et
descendre jusqu'au rouge brun du premier ordre, tandis

que le système des lames croisées, exposé au rayon incident sous des incidences beaucoup moindres, a monté jusqu'au blanc parfait du premier ordre, et est descendu jusqu'au bleu du second (*).

Après avoir complètement détaillé cette expérience, je rapporterai plus brièvement celles que j'ai faites de la même manière sur des lames prises dans des ordres d'anneaux différens.

Par exemple, j'ai pris la lame n° 5 de la cinquième expérience rapportée dans mon premier Mémoire, page 89. Cette lame, sous l'incidence perpendiculaire, polarise un rouge qui est intermédiaire entre l'écarlate du second ordre et le pourpre du troisième : son épaisseur, réduite à l'échelle de Newton, est................................. 13

Je la croise à angles droits par la lame n° 6, qui, sous l'incidence perpendiculaire, polarise le vert jaunâtre du troisième ordre : son épaisseur est.......... 10

Différence................................. 3

(*) Pour calculer ces limites, il faut employer l'expression générale des teintes rapportée dans la page 123 de mon premier Mémoire, laquelle est

$$ E' = E + E \left[A \cos 2 (i' - i) + B \cos^2 2 (i' - i) \right] \sin^2 \theta ; $$

où l'on a

$$ A = - 0,195 ; \qquad B = + 0,065 ; $$

les teintes extrêmes répondent au cas où l'on a $i' - i = 0$, $i' - i = 90°$, et $\theta = 90°$, ce qui donne

$$ E' = E - E \cdot 0,13 ; \quad \text{et } E' = E + E \cdot 0,26. $$

En faisant ici $E = 4,9$, qui est l'épaisseur de la lame qui polariserait la même teinte que notre système, on trouvera

$$ E' = 4,263 ; \quad \text{et } E' = 6,174. $$

Cette différence répond un peu au-dessus du blanc du premier ordre, en tirant un peu vers le blanc bleuâtre, car le blanc pur est représenté dans la table par 3,4, et le bleu par 1,55. En effet, le rayon extraordinaire est blanc, et dans l'azimut de 45°, où il est séparé du rayon ordinaire, celui-ci ne renferme plus qu'un violet sombre presque imperceptible. Cette expérience met à une épreuve bien délicate les mesures données par le sphéromètre; car si, au lieu d'avoir 3 pour différence des épaisseurs de nos deux lames, nous avions 3,4, nous tomberions exactement sur le blanc, conformément à l'expérience. La petite différence 0,4 répond à 1,6 du sphéromètre, c'est-à-dire, à un peu moins de $\frac{4}{1000}$ de millimètre. Telle est donc au plus la somme des erreurs que j'ai pu commettre en mesurant les deux lames, en les superposant à angles droits, enfin dans tout le détail des opérations.

De nos deux lames, celle qui est numérotée 5 est la plus forte. Je place son premier axe dans l'azimut de 45°, et je l'incline sur le rayon polarisé; par ce moyen le n° 5 s'affaiblit, et le n° 6 augmente. Par conséquent leur différence diminue; aussi les couleurs montent-elles dans l'ordre des anneaux, comme si le système devenait plus mince. Le rayon extraordinaire arrive au bleu du premier ordre, au violet et même au noir; alors il est nul, et le rayon ordinaire est blanc.

Au contraire, je place le second axe du n° 5 dans l'azimut de 45°, et je l'incline à son tour sur le rayon polarisé; alors ce n° 5 augmente, et le n° 6 diminue; par conséquent leur différence augmente. Aussi les couleurs du rayon extraordinaire descendent-elles dans l'ordre des anneaux, comme si le système devenait plus épais. Il arrive ainsi jusqu'à l'orangé et au rouge brun du premier ordre, tandis que le rayon ordinaire devient violet, bleu, et enfin presque blanc.

Dans la même série d'expériences de laquelle j'ai extrait ces lames, j'en avais une n° 7 que le sphéromètre avait indiquée comme presque exactement égale au n° 6 dont nous venons de faire usage : je fus curieux de les combiner. D'après les mesures rapportées dans mon premier Mémoire : les épaisseurs de ces deux lames étaient

Numéros des lames.	Epaisseur réduite à l'échelle de Newton.	Teinte que la lame polarise.
7	.... $10^P, 1$	Jaune verdâtre du 2ᵉ ordre.
6	.... 10	Vert jaunâtre du 2ᵉ ordre.
	Différence.... $0, 1$	

La différence $0^P, 1$ est presque insensible; et, à ce degré de petitesse, elle tombe dans les limites des erreurs dont les mesures sont susceptibles. Ici l'observation des teintes devient plus minutieusement exacte que le sphéromètre même; car elle montre qu'il existe une petite inégalité entre ces lames, puisque la première donne un peu plus de jaune, la seconde un peu plus de vert. En effet, en croisant ces deux lames à angle droit, le rayon extraordinaire se trouve presque insensible ; cependant on y découvre une faible lueur violacée, ce qui est en effet la première espèce de rayon qui commence l'ordre des anneaux.

Je mets le premier axe du n° 6 dans l'azimut de 45°, et je l'incline sur le rayon polarisé; par ce moyen le n° 6 diminue, et le n° 7 augmente : leur différence augmente donc aussi. En effet, le rayon extraordinaire descend dans l'ordre des anneaux; il passe au bleu du premier ordre, et de-là presque au blanc; tandis que le rayon ordinaire, qui était blanc d'abord, passe au jaune et à l'orangé.

Au contraire, je mets le premier axe du n° 7 dans l'azimut de 45°, et je l'incline sur le rayon polarisé; alors 7 s'affaiblit, et 6 augmente; leur différence, qui était originairement fort petite, devient donc nulle, et ensuite négative. Aussi le rayon extraordinaire, qui d'abord était violet, s'affaiblit encore de plus en plus, devient enfin nul, quand les actions des deux lames sont égales, et ensuite reparaissant de nouveau quand la lame n° 6 est devenue prépondérante, parcourt de nouveau les mêmes anneaux dans un ordre contraire en descendant du violet au bleu, et enfin au blanc du premier ordre, tandis que le rayon ordinaire, qui d'abord était blanc, perd successivement ces rayons.

Ici la variation des teintes indiquait encore une légère différence dans les épaisseurs des deux lames, différence qui, malgré sa petitesse, n'avait pas échappé au sphéromètre. Pour combiner ainsi des lames parfaitement égales, j'en ai enlevé une avec un grand soin d'un cristal bien pur, elle polarisait le pourpre rouge, intermédiaire entre le second ordre et le troisième. J'ai cassé cette lame en deux par ses joints naturels, et j'ai placé les deux fragmens sur l'appareil en les croisant à angles droits. Pour faire cette opération avec exactitude, je commence par fixer invariablement le cristal qui sert à analyser la lumière, de manière qu'il ne divise

23.

point le rayon polarisé; ensuite je place le premier fragment sur l'appareil, ce qui donne en général deux images, et je le tourne jusqu'à ce qu'il n'en donne plus qu'une seule. Alors son premier ou son second axe se trouve dans le plan de polarisation du rayon. Comme je connais la position de ces axes dans chaque lame, je sais toujours quel est celui des deux qui s'y trouve placé : au besoin on reconnaîtrait l'un et l'autre par le sens dans lequel ils font changer les teintes lorsqu'on les incline. Je suppose, par exemple, que j'aie ainsi disposé le premier axe: alors je fais tourner d'un angle droit l'anneau métallique qui porte la lame, ce qui est facile, parce que cet anneau est divisé. Je place ensuite la seconde lame de la même manière, en dirigeant son premier axe dans le plan de polarisation du rayon, et l'amenant tout-à-fait dans cette position par la condition qu'elle ne divise point la lumière. Cela fait, les axes de mes deux lames se trouvent disposés à angles droits; alors, si l'on a bien opéré, on peut tourner le système dans tous les azimuts, en maintenant toujours l'incidence perpendiculaire; il ne donne pas le moindre signe de polarisation : c'est ce que j'ai éprouvé sur les deux fragmens dont je viens de parler, et sur beaucoup d'autres. Même, quand les lames sont très-minces, on peut incliner considérablement les axes de l'une ou de l'autre dans tel azimut que l'on voudra, sans que le système produise aucune polarisation sensible; néanmoins, si on place l'un des axes dans l'azimut de 45°, ce qui est la position la plus inégale où on puisse les mettre, et si on l'incline ensuite beaucoup sur le rayon incident, on finit par apercevoir un rayon extraordinaire qui peu-à-peu descend dans l'ordre des anneaux à mesure que l'inclinaison augmente, précisément comme si le système des deux lames croisées devenait plus épais, c'est-à-dire que d'abord ce rayon est d'un violet très-faible, puis bleu, blanc, jaune, etc. Quand les lames sont assez minces pour donner par elles-mêmes des faisceaux colorés, ce rayon n'est sensible que dans les plus grandes inclinaisons de l'axe que l'on a ainsi abaissé; c'est pour cela qu'il est le plus sensible lorsque cet axe est dans le plan d'incidence même ; mais si on remonte celui-ci, en tournant la lame dans son plan, sans changer l'inclinaison, le rayon extraordinaire remonte peu-à-peu dans l'ordre des anneaux comme il avait d'abord descendu; il devient nul quand l'axe est suffisamment remonté, et ne redevient plus visible ensuite, que lorsqu'en continuant de tourner le système, on a fait descendre au même point l'axe correspondant de l'autre lame : après quoi, en abaissant cet axe comme on avait fait l'autre, le rayon extraordinaire reparaît de nouveau comme auparavant. Ainsi, dans cette expérience, on peut faire tour-à-tour dominer tel ou tel axe, et telle ou telle lame, l'antérieure ou la postérieure, uniquement par le changement d'inclinaison. On verra plus loin, par la théorie, la raison de tous ces phénomènes, et nous parviendrons même ainsi, pour chaque système de lames, à prédire, par le calcul, l'incidence sous laquelle la polarisation doit commencer à se manifester.

Pour faire ces expériences avec exactitude, il faut employer un rayon bien exactement polarisé; il faut de plus que le rhomboïde qui sert pour analyser la lumière soit bien fixé dans une position telle, que le rayon extraordinaire direct y soit tout-à-fait nul; car sans cela on attribuerait à l'interposition de la lame ce qui viendrait de la seule action du rhomboïde : enfin, il faut employer une lumière qui ne soit pas trop vive; car si l'on employait, par exemple, un rayon solaire, alors, outre la lumière directement réfléchie par la surface polarisante, il s'en trouverait aussi une quantité très-sensible qui serait réfléchie irrégulièrement, et c'est même par cette lumière dispersée que tous les corps les plus polis deviennent visibles dans la chambre obscure : or cette lumière n'étant point polarisée comme l'autre, donnerait des images blanches en traversant les lames, ce qui troublerait toute l'exactitude des observations.

Enfin, j'ai voulu voir si les mêmes propriétés se soutiendraient dans tous les ordres d'anneaux : j'ai donc pris dans la même série une lame n° 0, plus épaisse que les précédentes, car elle atteint presque la limite de la polarisation complète; la teinte qu'elle polarise se trouve intermédiaire entre le bleu verdâtre et le rouge pâle du sixième ordre; son épaisseur, réduite à la table de Newton, est de.. 39ᵖ,3

Je l'ai croisée à angles droits par la lame n° 6, dont l'épaisseur, réduite de la même manière, est, comme on l'a vu plus haut............................... 10,0
____
Différence................................. 29,3

Cette différence répond au bleu verdâtre du cinquième ordre : en effet, le rayon extraordinaire, observé sous l'incidence perpendiculaire, est bleu verdâtre; le rayon ordinaire est rouge pâle : mais l'un et l'autre sont incomparablement plus colorés qu'auparavant, parce qu'ils sont montés d'un rang tout entier dans l'ordre des anneaux.

Je mets le premier axe du n° 0 dans l'azimut de 45°, et je l'incline sur le rayon polarisé. Alors le second axe du n° 6 se trouve incliné sur ce même rayon; par conséquent l'action du n° o diminue, celle du n° 6 augmente ; leur différence devient donc moindre. Aussi le rayon extraordinaire monte-t-il au bleu verdâtre plus décidé, et de-là au rouge et au rouge jaunâtre ; ce qui est l'ordre des anneaux quand les lames deviennent plus minces. La lame n° o toute seule, placée dans les mêmes circonstances, n'aurait monté d'elle-même que jusqu'au bleu verdâtre plus décidé : il faut l'influence opposée de la lame n° 6 pour la faire monter au rouge et au rouge jaunâtre ; tout cela est conforme à nos précédens résultats.

Ces expériences me paraissent établir avec certitude la propriété que j'ai annoncée, savoir : si l'on croise deux lames de chaux sulfatée de manière que leurs axes de même nom soient rectangulaires, et si on les présente sous l'incidence perpendiculaire à un rayon polarisé, elles agiront sur lui comme ferait une seule lame égale, à la différence de leurs épaisseurs : si on les incline sur le rayon, elles conserveront aussi les mêmes périodes qu'une semblable lame dans leurs changemens d'intensité ; mais les variations de leurs teintes seront plus étendues. On observe la même chose avec les lames de mica ou de cristal de roche taillées parallèlement à l'axe.

Ce resultat nous conduit à une conséquence bien remarquable qui pourra lui servir d'épreuve. Puisque la loi précédente nous paraît subsister dans tous les ordres d'anneaux, elle doit s'étendre aussi aux lames épaisses, et même d'une épaisseur quelconque ; car en quoi ces épaisseurs diffèrent-elles, sinon en ce qu'elles correspondent à des anneaux plus composés ? ainsi, en croisant de pareilles lames à angles droits, elles doivent donner également des anneaux colorés,

si la différence de leur épaisseur est plus petite que l'épaisseur qui donne des rayons blancs. C'est en effet ce qui a
lieu; et cette expérience, à laquelle j'ai été directement conduit par les résultats précédens, m'a servi à les confirmer et
à les étendre.

J'ai ainsi superposé à angles droits des lames épaisses de
chaux sulfatée, de mica, de cristal de roche, de feldspath,
de strontiane sulfatée, de sulfate de baryte, taillées parallèlement à l'axe de cristallisation; j'ai exposé le système de
ces lames à un rayon polarisé, et en analysant la lumière
transmise au moyen d'un rhomboïde de spath d'Islande,
ou par la réflexion sur une glace, j'ai toujours trouvé que
lorsque la différence des épaisseurs était fort petite, dans
les limites où se produit la polarisation partielle, le rayon
transmis se divisait dans le rhomboïde en deux faisceaux
colorés, de même que dans des lames minces qui auraient
été égales à la différence des épaisseurs. Si l'on incline ces
systèmes sur le rayon polarisé, les deux faisceaux suivent
les mêmes périodes d'intensité que pour une seule lame
mince; mais les variations des teintes sont beaucoup plus
étendues, et dépendent de la somme des épaisseurs.

Bien plus, il n'est pas besoin pour cela que les deux lames
superposées soient de même nature; on peut combiner un
cristal de roche avec une plaque de chaux sulfatée, ou avec
un morceau de sulfate de baryte, pourvu que la différence
des épaisseurs soit comprises dans les limites convenables:
en ayant égard à la différence d'intensité qui peut exister
entre les actions des différens cristaux, le phénomène a toujours lieu également. Je l'ai développé de cette manière dans
des morceaux bien purs, de plus de quatre centimètres d'épais-

seur qui seuls ne donnaient que des images parfaitement blanches, et égales en intensité ; mais combinés à angles droits, ils faisaient paraître à volonté toutes les teintes dans le rayon extraordinaire. Ces teintes, comparées dans leur succession et leurs changemens avec les anneaux formés sur les corps minces, ont toujours confirmé le résultat que j'avais établi dans mon premier Mémoire, savoir que la partie du rayon incident qui perd sa polarisation primitive, suit l'ordre des anneaux réfléchis, tandis que la partie du même rayon qui la conserve, suit les périodes d'intensité et de teinte des anneaux transmis : mais ici ce résultat se trouve établi pour des plaques d'une épaisseur quelconque, au lieu que mes premières expériences n'en démontraient matériellement l'existence que pour des lames d'une épaisseur limitée, et nécessairement fort petite. Pour indiquer ici une analogie qui me servira d'autorité aussi bien que d'exemple, c'est ainsi que Newton, dans son Optique, a commencé par fonder la théorie des accès sur les réflexions et les transmissions de la lumière à travers les lames minces, et l'a ensuite confirmée en l'appliquant à des plaques épaisses d'un quart de pouce et davantage, dans lesquelles il trouva le moyen de rendre les différences des anneaux sensibles, et de la grandeur indiquée par le calcul, quoique les molécules lumineuses en traversant ces plaques éprouvassent leurs accès alternatifs plusieurs centaines de fois, et même plusieurs milliers de fois.

J'ai profité de ces résultats pour faire une expérience qui présentât tout le développement successif des teintes du rayon extraordinaire dans les lames de chaux sulfatée, où ses variations sont extrêmement bornées quand on les emploie dans l'état naturel. Pour cela, j'ai tiré d'un cristal bien pur une plaque qui avait six millimètres d'épaisseur, je l'ai présentée perpendiculairement devant le rayon polarisé, non pas pour voir si elle donnerait des couleurs, puisque son épaisseur excédait de beaucoup la limite à laquelle ce phénomène est sensible, mais afin de voir par la régularité des faisceaux blancs polarisés par les différens points de cette lame, qu'elle était cristallisée régulièrement. M'étant assuré de cette condition indispensable, j'ai fendu cette plaque en deux parties, non pas égales, ce qui n'eût pu arriver que par un hasard tout-à-fait improbable, mais à-peu-près égales : l'une avait pour épaisseur 1330 parties du sphéromètre, et l'autre 1257; la différence est 73 parties. J'ai d'abord placé la première de ces lames sur l'appareil; et, la présentant perpendiculairement au rayon polarisé, je l'ai tournée sur son plan jusqu'à ce qu'elle n'altérât plus la polarisation primitive de ce rayon, ce dont je m'apercevais au moyen d'un rhomboïde de spath d'Islande, dont j'avais préalablement fixé la section principale dans le plan de polarisation. Quand cette condition s'est trouvée remplie, j'ai placé la seconde plaque sur la première, en tournant son axe dans une direction perpendiculaire, ce dont je m'assurais encore par la condition que le rayon incident conservât encore sa polarisation après avoir traversé le système des deux plaques. Cela fait, j'ai fixé les deux plaques l'une à l'autre, et j'ai serré les vis qui les attachaient sur l'appareil. Alors, en inclinant le système sur le rayon incident, et dans le plan de polarisation, le rayon extraordinaire a de même été nul dans le rhomboïde sous toutes les incidences, et la même chose est encore arrivée quand j'ai tourné le système d'un angle droit sur son plan; mais en mettant l'axe d'une des deux lames dans l'azimut de 45°, ce qui plaçait l'axe de l'autre lame dans le même azimut de l'autre côté du plan de polarisation, j'ai eu dans le rhomboïde deux images colorées dont les teintes étaient :

Rayon ordinaire.	Rayon extraordinaire.
Vert.	Rouge jaunâtre.

Les plaques restant ainsi fixées sur l'anneau avec leurs axes dans l'azimut de 45°, si on les incline ensemble dans le plan de polarisation primitive, les deux teintes ne varient pas sensiblement; mais si on écarte tant soit peu les axes de l'azimut de 45°, on a des variations de couleur très-fortes, ce qui est tout simple, puisque les lames sont fort épaisses. Je remets le premier axe de la plaque la plus mince dans le plan primitif de polarisation; je replace cette lame sous l'incidence perpendiculaire, les couleurs deviennent nulles, comme cela doit être. Alors je tourne le tambour de 45°, les teintes se reproduisent comme auparavant. Fixant le tambour dans cet azimut, et le système sur l'anneau, je l'incline sur le rayon polarisé de manière que le plan d'incidence reste toujours dans le même azimut de 45° : alors les couleurs du rayon extraordinaire descendent dans l'ordre des anneaux comme si le système devenait plus épais; ce qui doit être, puisque en inclinant le premier axe de la plaque la plus mince, on affaiblit son action, tandis qu'au contraire on augmente celle de la lame la plus forte, dont on abaisse en même temps le second axe; d'où il suit que l'action du système augmente. Au contraire, en plaçant le premier axe de

la lame la plus forte dans le même azimut de 45°, et l'inclinant de plus en plus sur le rayon polarisé, la différence
des deux lames diminue d'abord par l'accroissement d'inclinaison, et les couleurs montent dans l'ordre des anneaux,
comme si le système devenait plus mince. On arrive ainsi à
un terme auquel les actions des deux lames deviennent
égales ; alors le système ne polarise plus aucune portion de
lumière : au-delà de ce terme, la plaque la plus forte s'affaiblissant toujours par l'accroissement d'inclinaison, tandis
que l'autre augmente sans cesse, celle-ci finit par l'emporter
sur elle, et les couleurs redescendent de nouveau dans l'ordre
des anneaux, comme si le système devenait de plus en plus
épais. On voit dans le tableau suivant la succession de ces
phénomènes avec les incidences du rayon sur les lames,
mesurées d'espace en espace pour un assez grand nombre
de teintes. Pour mieux saisir la relation de ces teintes successives avec les variations d'épaisseur, il faut les comparer
à la table de Newton, où elles sont accompagnées des
couleurs correspondantes. Voyez mon premier Mémoire,
page 56.

Correspondance des anneaux réfléchis et transmis observée avec les lames épaisses de chaux sulfatée croisées à angles droits.

1ʳᵉ Série. L'axe de la lame la plus faible est dirigé dans l'azimut de 45°, et on l'incline dans cet azimut sur le rayon polarisé (*).

Incidence comptée de la perpendiculaire.	Teinte du rayon ordinaire ; anneau transmis.	Teinte du rayon extraordinaire ; anneau réfléchi.	Désignation de l'anneau correspondant de Newton.
0° 0′ 0″	Vert très-beau.	Rouge jaunâtre.	Fin du 3ᵉ ordre.
	Vert vif.	Rouge.	
	Vert blanchâtre.	Rouge bleuâtre.	
	Rouge jaunâtre.	Vert bleuâtre.	4ᵉ ordre.
15 39 40	Rouge.	Vert.	
	Rouge bleuâtre.	Vert jaunâtre.	
21 23 30	Bleu verdâtre.	Rouge.	
25 15 50	Rouge.	Bleu verdâtre.	5ᵉ ordre.
28 46 20	Bleu verdâtre.	Rouge.	
32 23 30	Rouge.	Bleu verdâtre.	6ᵉ ordre.
35 40 30	Bleu verdâtre.	Rouge pâle.	
38 27 24	Blanc rougeâtre.	Bleu verdâtre.	7ᵉ ordre.
42 44 30	Bleu verdâtre.	Blanc rougeâtre.	

Tous les passages du bleu verdâtre au rouge, et du rouge au bleu verdâtre dans les quatre derniers anneaux, se font en passant par un blanc imparfait ; mais cette blancheur est sur-tout sensible dans le passage de la teinte verte à la

____

(*) Le rhomboïde qui sert pour analyser la lumière a sa section principale fixée invariablement dans l'azimut o, c'est-à-dire, dans le primitif plan de polarisation.

teinte rouge de chaque série, le mélange en est plus parfait ; et ainsi cette qualité alterne d'un anneau à l'autre, entre l'anneau réfléchi et l'anneau transmis. Ici nous apercevons les nuances intermédiaires, parce que nous ralentissons à volonté la succession des teintes, et que nous les observons isolément. Newton n'avait pas ces avantages en observant les anneaux colorés ; aussi n'a-t-il pas fait mention de ces passages progressifs dont l'intermédiaire est la blancheur, mais une blancheur imparfaite, parce que les diverses couleurs nécessaires pour produire le blanc n'arrivent pas tout-à-fait au même instant dans chacune des deux images.

2e Série. L'axe de la lame la plus forte est dirigé dans l'azimut de $45°$, et on l'incline dans cet azimut sur le rayon polarisé.

Incidence comptée de la perpendiculaire.	Teintes du rayon ordinaire ; anneau transmis.	Teinte du rayon extraordinaire ; anneau réfléchi.	Désignation de l'anneau correspond. de la table de Newton.
$0°$ $0'$ $0''$	Vert.	Rouge jaunâtre.	
	Violacé.	Jaune.	
12 26 20	Rouge pourpre.	Vert (le plus vif des verts).	Troisième anneau.
	Rouge jaunâtre.	Bleu.	
15 54 10	Jaune.	Indigo.	
	Jaune verdâtre.	Pourpre.	
	Vert jaunâtre.	Ecarlate.	
18 14 30	Vert vif.	Rouge éclatant.	
	Bleu verdâtre.	Orangé brillant.	
	Bleu.	Jaune (le plus beau des jaunes).	
	Violet rougeâtre et sombre.	Vert blanchâtre et blafard.	Second anneau.
24 8 10	Orangé.	Bleu céleste.	
	Jaune pâle presque blanc	Indigo sombre.	
	Blanc légèrement verdâtre.	Violet bleuâtre très-sombre.	
26 15 10	Blanc légèrem. bleuâtre.	Rouge.	
	Blanc bleuâtre.	Orangé.	
	Bleu un peu blanchâtre.	Jaune pâle.	Premier anneau.
29 29 35	Noir ou presque noir, il reste un peu de bleu.	Blanc.	
	Blanc presque parfait.	Blanc verdâtre sombre.	

Incidence comptée de la perpendiculaire.	Teintes du rayon ordinaire ; anneau transmis.	Teintes du rayon extraordinaire ; anneau réfléchi.	Désignation de l'anneau correspond. de la table de Newton
33 51 0	Blanc.	Noir ou presque noir (*).	
	Blanc légèrement verdâtre.	Bleu.	
35 9 50	Noir ou presque noir, il reste un peu de bleu.	Blanc légèrement jaunât.	Répétition du premier anneau.
	Bleu.	Jaune pâle.	
	Blanc bleuâtre.	Orangé.	
38 6 20	Blanc légèrem. verdâtre.	Rouge.	
	Blanc légèrement verdâtre.	Violet bleuâtre et très-sombre.	
	Jaune verdâtre.	Indigo sombre.	
39 39 50	Orangé.	Bleu céleste.	Second anneau.
	Rouge pourpre sombre.	Vert blanchâtre et blafard.	
	Bleu.	Jaune (le plus beau des jaunes).	
	Bleu verdâtre.	Orangé.	
43 9 50	Vert.	Rouge éclatant.	
	Jaune verdâtre.	Pourpre.	
	Jaune.	Indigo.	Troisième anneau.
	Rouge jaunâtre.	Bleu.	
45 16 40	Rouge pourpre.	Vert (le plus vif des verts).	
	Bleu violacé.	Jaune.	
47 55 0	Vert vif.	Rouge.	
	Vert blanchâtre.	Rouge bleuâtre.	
	Rouge jaunâtre.	Vert bleuâtre.	Quatrième anneau.
50 22 20	Rouge.	Vert.	
	Rouge bleuâtre.	Vert jaunâtre.	
52 54 0	Bleu verdâtre.	Rouge.	
54 42 40	Rouge.	Bleu verdâtre.	Cinquième anneau.
58 21 20	Bleu verdâtre.	Rouge.	
59 54 50	Rouge.	Bleu verdâtre.	Sixième anneau.
63 0 30	Bleu verdâtre.	Rouge.	
65 56 30	Blanc rougeâtre.	Bleu verdâtre.	Septième anneau.
68 41 20	Bleu verdâtre.	Blanc rougeâtre.	

Au-delà de ce terme les couleurs sont insensibles, et c'est aussi à ce point que finit la table de Newton.

(*) Il est digne de remarque que le violet qui devrait faire partie de la dernière teinte du premier anneau réfléchi semble y manquer, ce qui fait que cet anneau se termine par une teinte verdâtre. On serait tenter d'attribuer ce phénomène à une absorption opérée par la lame. Il est en effet assez naturel que les lames de chaux sulfatée absorbent les rayons violets en plus grande abondance que les autres, puisqu'elles paraissent jaunâtres par transmission ; et cet effet, insensible sur les lames minces peut et doit le devenir sur les lames épaisses ; mais alors pourquoi le bleu violacé reparait-il au commencement de la série suivante, où il est même plus intense qu'on ne s'attendrait à le voir ? Ne serait-ce pas plutôt un résultat produit par le prisme de spath calcaire, qui sert pour analyser les rayons émergens ? ce prisme dispersant plus les rayons violets que les autres, les réfractant davantage dans ses deux réfractions, ne peut-il pas les faire passer d'un sens dans l'autre avant leur tour ?

J'ai trouvé en général dans les lames isolées, que lorsqu'on a placé ainsi leur axe dans un azimut A, sous une inclinaison quelconque, il faut, pour faire évanouir le rayon extraordinaire, faire tourner la lame dans son plan de l'angle A ou 90° + A, 180° + A, 270° + A. Cela se vérifie également sur le système des deux lames croisées que nous employons ici. Je l'ai vérifié non-seulement pour l'azimut A = 45°, mais pour tout autre, plus grand ou moindre, et cela a lieu de même avant et après que le rayon extraordinaire a passé par le zéro des teintes. Ainsi, la loi des *intensités* subsiste encore, et telle que je l'ai exposée pour les lames minces, dans mon premier Mémoire, page 112. De-là résulte cette conséquence singulière : ayant placé le plan d'incidence dans un certain azimut, et la lame ou le système des deux lames sous une certaine inclinaison, si on le tourne dans son plan jusqu'à ce que le rayon qu'il polarise s'évanouisse, on peut ensuite incliner, tant que l'on voudra, le système des deux lames, ce rayon ne reparaîtra jamais. Ce résultat, que j'ai soigneusement vérifié par l'expérience, tient à la manière dont les molécules lumineuses détournent leur axe de polarisation lorsqu'elles entrent obliquement dans une lame cristallisée ou non cristallisée, et je le considérerai ailleurs.

De plus, l'expérience montre que les teintes dépendent *seulement* de l'inclinaison θ, et de l'angle γ, que l'un des axes de la lame, le premier, par exemple, forme dans le plan de sa surface avec la trace du plan d'incidence. L'azimut A, dans lequel le plan d'incidence se trouve par rapport au plan de polarisation primitif, n'a aucune influence sur ce phénomène, non plus que sous l'incidence perpendicu-

laire l'azimut dans lequel on plaçait l'axe n'influait nullement
sur l'espèce de teinte que chaque lame polarisait. On verra
plus loin que cette indépendance remarquable est parfaitement conforme à la théorie. Une conséquence de cette loi
c'est que, lorsqu'on a atteint dans l'azimut de 45° l'incidence
sous laquelle la teinte du rayon extraordinaire est nulle, si
l'on fixe cette inclinaison et la position de la lame sur son
anneau, afin que son premier axe reste toujours dans le plan
d'incidence, on peut faire tourner le tambour dans tous les
azimuts, la teinte extraordinaire ne changera pas; c'est-à-
dire qu'elle demeurera nulle, comme dans l'azimut pris pour
point de départ : cela est conforme à l'observation, comme
je m'en suis assuré.

En général, relativement à la direction de la polarisation
des molécules lumineuses, les phénomènes des plaques
croisées et rectangulaires suivent, sous toutes les incidences
absolument les mêmes lois que dans les lames minces:
comme j'ai exposé ces dernières par observation dans mon
premier Mémoire, je vais seulement ici les rappeler, et en
montrer l'application.

Soit CP, fig. 1, la trace du plan d'incidence sur la
lame. Plaçons-y son premier axe. Les formules trouvées
dans mon premier Mémoire donnent la règle suivante
pour trouver le sens de la polarisation. Prenez l'azimut
A du plan d'incidence; portez-le dans le plan de la lame,
à partir de la trace CP du plan d'incidence. Soit ACP cet
azimut ainsi couché, CA sera la direction de la polarisation dans la lame. L'axe CP y laissera une partie des molécules lumineuses, et polarisera le reste dans la direction
CP′, telle, que l'angle PCP′ égale l'angle ACP. Lorsque les

molécules lumineuses sortiront de la plaque, l'azimut oblique ACP se transformera de nouveau en azimut droit, et replacera la ligne CA dans le méridien ; ce sera-là le sens de la polarisation ordinaire. L'angle oblique PCP′ égal à A, se transformera de même en un azimut égal à A compté autour du plan de réfraction, et contiendra le rayon qui prend la polarisation extraordinaire ; par conséquent il en résultera l'azimut 2 A à partir du plan du méridien.

Si l'on vérifie cette disposition par l'expérience dans les plaques croisées, précisément comme je l'ai fait pour les lames minces, dans mon premier Mémoire, on trouvera qu'elle a encore lieu. Pour m'en assurer d'une manière nouvelle et différente de celle que j'avais alors employée, j'ai pris une pile de glaces qui, présentée obliquement aux rayons directs, les polarisait entièrement par réfraction : en présentant cette pile au faisceau émergent de manière que sa force réfléchissante fût dirigée dans le méridien suivant CM, j'excluais par les réflexions successives toutes les molécules dont le rayon CM était composé, et je ne voyais plus qu'un faisceau de la couleur CN. Au contraire, si je dirigeais les glaces le long de CN, j'excluais toutes les molécules de CN, et je ne voyais que la couleur CM. Donc, dans le premier cas les molécules de CM avaient leur axe de polarisation tourné dans le sens CM, puisque les glaces les réfléchissaient toutes ; et au contraire, les molécules de CN étaient dirigées dans un autre sens, puisque une partie d'entre elles se transmettait : de plus, ce sens était dirigé suivant CN, puisque en mettant les glaces dans cette direction, toutes les molécules de CN se réfléchissaient. J'ai vérifié ce résultat avec la pile de glaces sous toutes les incidences, et je l'ai toujours trouvé très-exact; c'est-à-dire qu'avant comme après avoir passé par le zéro des teintes, lorsque le premier axe est dirigé dans le plan de réflexion, en couchant les glaces dans le sens du méridien, on fait disparaître tout le rayon ordinaire; et au contraire, on fait disparaître le rayon extraordinaire en les couchant dans l'azimut $2i$. En plaçant les glaces entre ces deux positions, on a du blanc, parce que les deux teintes ordinaire et extraordinaire sont polarisées par la pile en égale quantité.

Ces effets des lames croisées ont lieu de même quand on les place à distance les unes des autres. J'ai placé les deux précédentes à une distance de trois ou quatre centimètres, les résultats ont été les mêmes que lorsqu'elles se touchaient.

J'ai voulu savoir si le zéro des teintes se trouvait toujours sous la même incidence, quelle que fût l'épaisseur des lames, ou s'il dépendait de cette épaisseur; pour cela j'ai pris les mêmes lames dont je viens de parler, et je les ai remises sur l'appareil, de manière que l'axe de la plus forte se trouvât dans l'azimut de 45°, le plan d'incidence étant aussi dans cet azimut. Alors j'ai observé l'incidence qui donnait le zéro des teintes; elle était peu différente de 34°. J'ai découpé d'un morceau de cristal dont j'avais tiré ces deux lames, une autre lame très-mince mais très-irrégulière en épaisseur, et je l'ai ajoutée à la plus forte des deux lames précédentes : alors, pour arriver au zéro des teintes, il a fallu incliner beaucoup plus qu'auparavant, et le zéro n'est pas arrivé, à beaucoup près, au même instant pour toutes les teintes dont le système était bariolé.

Cependant lorsqu'on prend des lames naturelles, je suis assez porté à croire que le zéro arrive sous la même incidence, quelle que soit l'épaisseur, parce qu'en amincissant les lames, on diminue les deux axes dans le même rapport.

C'est en effet ce que l'expérience m'a confirmé pour le mica, sur lequel seul on peut faire ce genre d'expérience. J'ai pris une lame mince qui donnait :

Rayon ordinaire.	Rayon extraordinaire.	
Jaune pâle.	Blanc très-bleuâtre.	Couleurs du 1er ordre.

J'ai placé le premier axe de cette lame dans le méridien, et sous l'incidence perpendiculaire, ensuite j'ai tourné le tambour dans l'azimut de 45°, puis j'ai incliné la lame sur le rayon polarisé ; les teintes ont d'abord baissé dans l'ordre des anneaux, comme si le système était devenu plus mince : je suis arrivé ainsi au zéro des teintes, après quoi elles ont redescendu de nouveau.

J'ai observé l'incidence qui répondait au zéro des teintes, elle était peu différente de 36°, à partir de la perpendiculaire. J'ai ajouté, par-dessus la première lame, une autre qui en avait été d'abord extraite, et qui donnait seule

Rayon ordinaire.	Rayon extraordinaire.
Bleu sombre, mais intense.	Blanc légèrement jaunâtre.

Je l'ai posée sur la précédente, en faisant coïncider les axes ; l'ensemble a donné :

Rayon ordinaire.	Rayon extraordinaire.	
Blanc bleuâtre.	Orangé rougeâtre.	Couleurs du 1er ordre, mais plus basses.

Cependant le zéro des teintes s'est retrouvé à la même incidence rigoureusement. Puis sur ces deux lames j'en ai placé une troisième, qui seule donnait :

Rayon ordinaire.	Rayon extraordinaire.
Jaune rougeâtre.	Blanc sensiblement.

L'ensemble des lames a donné :

Rayon ordinaire.	Rayon extraordinaire.	Couleurs du 2e ordre, comme les valeurs des teintes le promettaient.
Orangé.	Bleu superbe.	

Cependant, en inclinant le système, le zéro des teintes s'est encore retrouvé rigoureusement au même point. Toutes ces lames de mica étaient tirées d'un seul morceau.

Il paraît donc par-là que, quand on pose les unes sur les autres des lames de même nature, le zéro des teintes se retrouve toujours à la même inclinaison. On verra que c'est-là un résultat de la théorie.

J'ai ajouté encore une lame qui donnait seule :

Rayon ordinaire.	Rayon extraordinaire.
Violacé faible.	Blanc presque exactement.

Je l'ai posée sur les trois précédentes, axe pour axe, et l'ensemble a donné dans l'azimut de 45° :

Rayon ordinaire.	Rayon extraordinaire.	Couleurs du 2e ordre confinant au 3e.
Vert.	Orangé très-rouge.	

Cependant, lorsque j'ai incliné le système, le zéro des teintes s'est trouvé rigoureusement à la même inclinaison.

Ces expériences, en prouvant la constance du zéro des

teintes dans le mica, confirment le rapport que j'ai trouvé, dans mon premier Mémoire, entre les épaisseurs des lames et les couleurs du rayon extraordinaire observé sous l'incidence perpendiculaire. En effet, nos quatre lames oscillent autour du blanc du premier ordre, qui, dans la table de Newton, est représenté par 3,4. Désignons par x_1, x_2, x_3, x_4, les quantités qu'il faut ajouter à ce blanc pour avoir leur véritable teinte, nous aurons sur les valeurs de ces quatre quantités les indications suivantes :

Numéros des lames.	Expression analytique des teintes.	Teintes observées.		Conséquences qui en résultent sur le signe de x.
		Ordinaire.	Extraordinaire.	
1	$3,4 + x_1$	Jaune pâle.	Blanc très-bleuâtre.	Donc la teinte extraordinaire est fort au-dessus du blanc ; ainsi x_1 doit être négatif et très-sensible.
2	$3,4 + x_2$	Bleu sombre.	Blanc légèrement jaunâtre.	Donc la teinte extraordinaire est un peu au-dessous du blanc, mais bien peu ; ainsi x_2 doit être positif et très-faible.
3	$3,4 + x_3$	Jaune rougeâtre.	Blanc sensiblem.	Donc la teinte extraordinaire est un peu au-dessus du blanc ; ainsi x_3 est négatif.
	$3,4 + x_4$	Violacé très-faible	Blanc presque exactement.	Donc la teinte extraordinaire est presque du blanc, et x_4 est positif, mais très-faible.

Maintenant, d'après l'observation, les sommes de ces lames ont donné les teintes suivantes :

Numéros des lames su-perposées.	Teintes observées.		Evaluation de la teinte d'après l'observation et suivant la table de Newton.
	Rayon ordinaire.	Rayon extraordinaire.	
1.2.	Blanc bleuâtre.	Orangé rougeâtre.	5,4 Intermédiaire entre l'orangé et le rouge du 1er ordre.
1.2.3.	Orangé.	Bleu superbe.	8,2 Indigo du 2e ordre.
1.2.3.4.	Vert.	Orangé très-rouge.	11,7 Intermédiaire entre l'orangé du 2e ordre et le rouge, mais plus près du rouge.

En admettant les valeurs des teintes observées, on aura les équations de condition suivantes.

$$6,8 + x_1 + x_2 = 5,4.$$
$$10,2 + x_1 + x_2 + x_3 = 8,2.$$
$$13,6 + x_1 + x_2 + x_3 + x_4 = 11,7.$$

Retranchant les deux dernières
l'une de l'autre, on en tire . . . . $3,4 + x_4 = 3,5$ d'où $x_4 = +0,1$.

Retranchant la première de la
seconde . . . . $3,4 + x_3 = 2,8 \qquad x_3 = -0,6$.

x_2 devant être positif et très-faible, je le sup-
pose comme x_4 . . . . $x_2 = +0,1$.

Alors la première équation donne . . . . $x_1 = -1,5$.

Ces valeurs des corrections satisfont aux conditions générales que nous leur avons reconnues ; elles donnent alors
pour les valeurs des teintes des lames.

$$1^{\text{re}} \text{ lame} . . . . 3,4 + x_1 = 1,9.$$
$$2^{\text{e}} . . . . 3,4 + x_2 = 3,5.$$
$$3^{\text{e}} . . . . 3,4 + x_3 = 2,8.$$
$$4^{\text{e}} . . . . 3,4 + x_4 = 3,5.$$

Les plus fortes corrections portent, comme on voit, sur la première lame et la troisième, comme l'indiquaient les observations. Or, nous avons un moyen de les vérifier; c'est de calculer la couleur que doit donner l'ensemble de ces deux lames, et de voir si l'expérience y est conforme. Cette couleur est exprimée par $6,8 + x_1 + x_3 = 4,7$, qui répond exactement au jaune pâle du premier ordre. En effet, en superposant ces deux lames on a eu

Rayon ordinaire.	Rayon extraordinaire.
Bleu.	Jaune pâle.

précisément comme le calcul l'indiquait : on voit donc qu'en partant de la loi que j'ai observée relativement aux lames superposées, on confirme l'analogie de ces teintes avec celles des anneaux, et le rapport de l'épaisseur avec la teinte extraordinaire, indépendamment des mesures prises au sphéromètre; mais il fallait que la loi fût d'abord bien établie avec le sphéromètre, avant que l'on pût en espérer cette confirmation.

Il est important de remarquer que toutes ces lames de mica ont été tirées d'une seule et même bande, qui donnait par-tout la même teinte avant d'être découpée. Desirant pousser plus loin la constance du zéro des teintes, j'ai pris une lame de même nature que les précédentes, et tirée de la même pièce qu'elles; elle donnait

Rayon ordinaire.	Rayon extraordinaire.	
Vert.	Rouge.	C'était celui du 2e ordre.

En la plaçant dans les mêmes positions que les précédentes, le zéro des teintes s'est trouvé rigoureusement au

même point : j'ai alors placé sur elle-même une autre lame
qui seule donnait

Rayon ordinaire.	Rayon extraordinaire.	
Blanc verdâtre.	Pourpre.	C'était celui du 2ᵉ ordre.

L'ensemble a donné

Rayon ordinaire.	Rayon extraordinaire.	
Vert.	Rouge.	C'était celui du 3ᵉ ordre.

Cependant le zéro des teintes s'est retrouvé rigoureusement
au même point de la division qui mesure les incidences.
Pour faire ces expériences avec la dernière exactitude, je
place toujours la première lame sur l'anneau, et je ne fais
que poser ou plutôt glisser les autres dessus, en les tournant de manière que leurs axes soient parallèles, ce qui se
fait suivant le procédé expliqué plus haut. On voit aussi que
cette expérience s'accorde encore parfaitement avec la somme
des teintes : car la première lame, donnant le rouge du
deuxième ordre, a son épaisseur représentée par 11,83 ; la
seconde, étant un pourpre du second ordre, a son épaisseur un peu moindre que $7\frac{1}{3}$, qui représente le violet du
deuxième ordre ; supposez-la 6,8, vous aurez pour la somme
18,63, qui est précisément le rouge du troisième ordre.

On voit que, par ce genre de combinaison, le mica, qui
d'abord semblait offrir le plus d'irrégularité dans les teintes,
est maintenant la substance la plus propre à confirmer le
rapport des épaisseurs avec les teintes, et des teintes avec
les anneaux.

Le phénomène des couleurs développées dans les lames

épaisses par l'opposition de leurs axes est d'une très-grande importance pour la théorie, parce qu'il montre que les modifications éprouvées par les molécules lumineuses dans les lames minces de la nature de celles que nous examinons, se continuent et se poursuivent à toutes les épaisseurs; en conséquence, je crois devoir ajouter quelques détails sur ce sujet.

Je ferai remarquer d'abord en quoi ces phénomènes diffèrent de ceux que M. Arago a observés le premier sur une plaque de cristal de roche taillée perpendiculairement ou presque perpendiculairement à l'axe de cristallisation, résultat que M. Rochon a depuis étendu à toutes les épaisseurs des lames taillées de cette manière : dans ce cas, les teintes sont produites dans une seule lame par l'accroissement progressif de la force répulsive de l'axe, laquelle, d'abord nulle sous l'incidence perpendiculaire, en supposant l'axe mathématiquement rectiligne, se développe graduellement par l'inclinaison. Quant à un autre effet du même genre que M. Arago a également observé à travers des plaques épaisses de flint-glass, on en voit aisément la raison par ce qui précède; car, puisque les lames superposées à angles droits détruisent réciproquement leurs influences, de même, et cela sera prouvé plus loin par la théorie et l'expérience, les lames superposées suivant des angles obliques modifient mutuellement les résultats qu'elles auraient donnés isolément. Si donc les molécules d'un corps sont disposées confusément dans tous les sens, la différence de leurs actions, qui seule reste dans le résultat définitif, sera ou nulle ou fort petite; et dans l'un et l'autre cas, le corps ne changera point la polarisation primitive des molécules qui le traversent sous l'incidence perpendiculaire : car, pour que ce changement ne s'opère pas, il n'est point nécessaire que la somme des actions de la lame soit tout-à-fait nulle, il suffit qu'elle soit moindre que ne serait celle d'une lame cristallisée dont l'épaisseur serait au-dessous de la limite à laquelle la polarisation commence à se produire. Ce ne sont point là les circonstances qui ont lieu dans les lames épaisses et croisées à angles droits. Il s'agit de toutes les lames, les plus régulièrement cristallisées, par exemple de morceaux de chaux sulfatée ou de cristal de roche parfaitement limpides, épais de quatre ou cinq centimètres, qui, présentés à un rayon polarisé, exercent la polarisation totale, de sorte que la lumière transmise, étant ensuite analysée par un rhomboïde de spath d'Islande, se résout en deux faisceaux blancs. Ce sont ces lames qui, croisées avec une autre lame de même nature et d'épaisseur égale, et placées en contact ou à distance, agissent sur la lumière polarisée comme ferait une seule lame égale à leur différence, de sorte que la seconde plaque détruit en partie ou en totalité les modifications que la première avait imprimées aux molécules de la lumière : ce qui prouve évidemment que ces modifications, quelles qu'elles fussent, s'étaient continuées dans toute l'épaisseur de la première lame, suivant les mêmes lois par lesquelles elles se seraient produites si la lumière eût traversé successivement un grand nombre de lames très-minces égales en somme à l'épaisseur totale de la plaque employée dans l'expérience.

J'ai dit que quand on veut croiser des plaques épaisses de nature diverse, il faut, pour obtenir des couleurs dans le rayon que leur système polarise, avoir égard à la différence d'intensité qui existe entre les actions des substances dont

26.

elles sont formées. Je vais en donner des exemples. Je tiens de la complaisance de M. Rochon une plaque de cristal de roche parfaitement limpide, et de plus d'un centimètre et demi d'épaisseur; elle est taillée parallèlement à l'axe de la cristallisation. Je la lui avais fait demander pour y rendre sensibles les phénomènes du croisement des lames, n'ayant eu l'occasion de les appliquer jusqu'alors qu'à des lames de cristal de roche épaisses d'un ou deux millimètres; mais puisque les phénomènes avaient lieu jusqu'à cette épaisseur, qui excède déja beaucoup les limites où l'on peut obtenir des couleurs avec des lames simples, il était naturel de penser qu'ils se produisaient également à toute épaisseur: néanmoins on pouvait souhaiter de s'en assurer. Lorsque je reçus cette plaque, je n'en avais pas d'autre de même substance et de même épaisseur à croiser avec elle; mais j'avais reconnu dans mon premier Mémoire que les expériences faites sur les lames très-minces me donnaient pour l'action du cristal de roche une valeur exactement ou à très-peu de chose près égale à celle de la chaux sulfatée : je pris donc un cristal de chaux sulfatée parfaitement transparent et limpide; et enlevant successivement ses couches avec soin, je l'amenai peu-à-peu jusqu'à être presque égal en épaisseur à la plaque de cristal de roche. Pendant le progrès de l'opération, je croisais de temps en temps les deux plaques, et je les présentais au rayon polarisé; mais tant que la différence de leurs épaisseurs excéda les limites de la polarisation partielle, je m'attendais bien qu'elles ne donneraient pas de couleur; et en effet, elles n'en donnèrent pas. Enfin, lorsque la différence des épaisseurs commença à devenir assez petite, je commençai à voir les premières traces de la coloration

des deux rayons, celui que la lame polarisait étant bleu
verdâtre, l'autre blanc rougeâtre; ce qui est en effet le commencement des anneaux colorés en partant du blanc composé. Ce phénomène n'eut pas d'abord lieu sous l'incidence
perpendiculaire; mais il devint sensible sous des incidences
obliques, en inclinant le premier axe de la plaque de chaux
sulfatée sur le rayon incident, de manière à diminuer son
action : alors, en enlevant une nouvelle couche très-mince
de cette plaque, les couleurs se manifestèrent même sous
l'incidence perpendiculaire, quoique chacune des deux plaques croisées, observées à part, n'en donnât pas la moindre
trace, et fût même bien loin d'en donner. Depuis mon arrivée
à Paris, je me suis procuré un grand nombre d'aiguilles de
cristal de roche, que j'ai combinées les unes avec les autres
sans les tailler, avec la seule attention de ne les croiser
qu'avec des aiguilles ou des plaques d'épaisseur peu différente
de la leur ; je n'en ai pas trouvé une seule qui ne produisît
le phénomène quand on l'exposait ainsi à un rayon polarisé.

J'ai étudié de la même manière les plaques épaisses de
mica, en les croisant avec des lames de chaux sulfatée et de
cristal de roche d'une épaisseur convenable. Il est bien rare
de rencontrer de pareilles plaques de mica qui conservent
leur transparence et la régularité de leur cristallisation; mais
j'ai eu cet avantage, grace à la complaisante générosité de
M. de Drée, qui, possédant une des plus belles collections
de minéralogie qui existent, ne veut en être le maître que
pour en faire part à tous ceux auxquels elle peut être utile.
On a bien voulu me confier, en son nom, un superbe cristal
de mica hexaèdre, l'un des plus beaux, peut-être même le
plus beau qui existe; car, ayant plus de deux millimètres

d'épaisseur, il est encore très-transparent, et conserve toutes les formes de la cristallisation. On conçoit qu'avec cette épaisseur il ne donne pas d'images colorées quand on l'expose seul à un rayon polarisé, quoiqu'il agisse sur la lumière comme un cristal et avec la même régularité; mais il en produit lorsqu'après avoir reconnu ses sections principales, on le croise avec une lame de chaux sulfatée ou de cristal de roche d'une épaisseur convenablement déterminée.

J'ai fait également, dans le cabinet de M. de Drée, l'expérience du croisement des lames sur deux belles aiguilles de béril parfaitement limpides, et qui, essayées séparément, ne donnaient que des images blanches lorsqu'on les exposait au rayon polarisé : en les croisant, elles donnèrent tout de suite les plus vives couleurs.

J'avais déja étudié dans cette vue les propriétés des plaques épaisses de glace. On sait que les molécules de l'eau, en se gelant, prennent une disposition particulière les unes par rapport aux autres, car le volume de l'eau se dilate dans l'acte de la congélation ; mais comme ce liquide, exposé librement à l'atmosphère, est toujours plus ou moins agité, et que l'air qui s'y développe, lorsqu'il se gèle, augmente encore cette agitation, on peut présumer que la glace doit ordinairement avoir une cristallisation un peu confuse, et conséquemment, d'après nos expériences, on doit prévoir que son action totale pour polariser la lumière sera peu considérable. Pour vérifier cette conséquence, j'ai pris d'abord une petite plaque de glace mince et bien transparente; je l'ai pressée quelques minutes entre deux lames de verre un peu chaudes et disposées parallèlement, de manière à y produire, en la fondant, deux surfaces planes à-peu-près paral-

lèles ; après quoi je l'exposai au rayon polarisé sous l'incidence perpendiculaire : bientôt, en la faisant tourner sur
son plan, ou plutôt en tournant l'anneau métallique qui la
portait, je trouvai deux positions rectangulaires où elle ne
polarisait aucune portion de la lumière incidente. C'était
donc là les directions des sections principales résultantes
de toutes les actions des molécules de la plaque. En tournant ces sections dans l'azimut de 45°, qui est celui où
la séparation des teintes est la plus sensible, je vis qu'elle
polarisait un faisceau bleu que je reconnus pour être le bleu
du troisième ordre, bien entendu qu'il ne s'agit pas ici d'un
bleu pur, mais d'une couleur composée où le bleu domine ;
car c'est toujours ainsi qu'il faut concevoir les couleurs des
anneaux.

Ayant fait cette observation, je voulus reconnaître l'influence des deux axes ; je plaçai l'un d'eux dans l'azimut de
45°, et l'inclinant, les couleurs montèrent dans l'ordre des
anneaux comme si la lame fût devenue plus mince : c'était
donc le premier axe.

Cela fait, je plaçai l'autre axe dans le plan d'incidence à
son tour, et l'inclinant sur le rayon incident, les couleurs
baissèrent dans l'ordre des anneaux comme si la lame fût
devenue plus épaisse : l'influence de ce second axe était donc
opposée à celle du premier, puisqu'en l'affaiblissant, l'action
totale de la lame sur la lumière augmentait.

Je remis la lame sous l'incidence perpendiculaire, et la
laissai quelque temps dans cette position ; à mesure qu'elle
se fondait, les teintes montaient dans l'ordre des anneaux.
J'ai vu ainsi le rayon polarisé par cette lame passer au rouge
du deuxième ordre, puis à l'orangé, au jaune, au vert, et
ainsi de suite dans l'ordre des anneaux jusqu'au blanc du

premier ordre; après quoi, continuant toujours, il arriva au bleu, au violet, au violet sombre, et enfin disparut.

Mais avant cette époque, j'avais eu soin d'y vérifier la loi des teintes, qui s'y maintient comme dans les autres lames, c'est-à-dire que si l'on fixe l'inclinaison de la lame sur le rayon polarisé, ainsi que la position de son axe sur sa surface par rapport au plan d'incidence, on peut tourner la lame autour du rayon, ou faire tourner le rayon sur lui-même, sans que la couleur du rayon que la lame polarise éprouve aucune variation. Ceci suppose que la section principale du rhomboïde, qui sert pour analyser la lumière, a été primitivement fixée dans l'un des azimuts $0°$ ou $90°$.

Je pris ensuite un autre morceau de glace épais; quoique transparent, il renfermait de longues aiguilles d'air : j'aplatis de même ce morceau entre deux lames de verre chaudes placées perpendiculairement à ces aiguilles; j'eus ainsi une plaque de glace dont les surfaces étaient à-peu-près parallèles, et qui avait plus de deux centimètres d'épaisseur. Cette plaque, étant exposée au rayon polarisé sous l'incidence perpendiculaire, exerçait la polarisation totale, car la lumière transmise se résolvait en deux images blanches, dont l'une s'évanouissait dans deux positions rectangulaires de la plaque : je plaçai un de ces axes dans l'azimut de $45°$, et je l'inclinai sur le rayon polarisé, les deux images restèrent blanches : plaçant ainsi l'autre axe à son tour et l'inclinant, les images restèrent blanches pendant quelque temps, après quoi le faisceau polarisé par la plaque commença à se colorer et à monter dans l'ordre des anneaux, comme si la lame fût devenue plus mince, et il continua de monter ainsi, en augmentant l'inclinaison, depuis le septième ordre des anneaux jusqu'au premier, après quoi il s'évanouit.

L'épaisseur de la plaque ne permit pas de l'incliner davantage pour voir si le faisceau reparaîtrait comme dans le mica et les lames croisées. Cela était extrêmement probable, néanmoins ce qui précède suffit pour montrer que les phénomènes de la polarisation se rapportaient dans cette plaque à l'influence de deux axes rectangulaires, comme dans les autres lames dont j'ai rapporté les observations. Mais l'action de ces axes était très-faible; car lorsque la plaque avait encore plus d'un centimètre et demi d'épaisseur, et ne donnait point de couleurs sous l'incidence perpendiculaire, une lame de chaux sulfatée d'une épaisseur moindre qu'un millimètre suffisait pour lui en faire produire lorsqu'on les croisait l'une sur l'autre, soit en contact, soit à distance, en disposant leurs premiers axes à angles droits.

M. Arago avait déja remarqué que la glace donne des couleurs comme les lames de mica et de chaux sulfatée, c'est donc à lui qu'il faut rapporter cette première observation; mais c'était un motif pour moi d'essayer si les influences des deux axes seraient sensibles dans la glace, et si le croisement des plaques y développerait des couleurs. Tel est l'objet des expériences que je viens d'exposer.

Comme dans toutes ces expériences les surfaces des lames étaient parallèles entre elles, j'ai voulu savoir si les mêmes propriétés se maintiendraient encore quand la lumière traverserait des prismes dans lesquels les molécules se partageraient certainement en deux faisceaux séparés et distincts, en vertu de la double réfraction. Pour cela j'ai fait tailler une plaque épaisse de cristal de roche parallèlement à l'axe de cristallisation, puis de cette lame j'ai fait extraire deux prismes de manière que leurs angles réfringens fussent égaux, et que chacun d'eux contînt l'axe de cristallisation dans une de ses faces, mais avec cette différence que l'un avait ses arêtes parallèles à cet axe, et l'autre les avait perpendiculaires. En superposant ces deux prismes de manière que leurs angles réfringens fussent tournés du même côté, il est facile de voir qu'ils devaient se correspondre point pour point avec des épaisseurs égales, mais avec des axes croisés à angles droits. Aussi le système de ces prismes ainsi disposés, étant présenté au rayon polarisé, produisit le phénomène de la polarisation partielle; et lorsque j'analysai la lumière transmise, elle se résolut en deux images colorées et complémentaires; ou plutôt, comme la réfraction des deux prismes s'exerçait inégalement sur les diverses molécules lumineuses, il arrivait que ces rayons dispersés s'étendaient et se superposaient en partie, ce qui produisait sur toute l'étendue de l'image une succession de bandes colorées séparées par des intervalles qui devenaient à volonté blancs, colorés ou noirs, selon l'inclinaison que j'avais fait prendre au prisme par rapport au rayon incident; cependant les contours de l'image restaient toujours très-bien terminés. Les angles de ces prismes étaient d'environ 15°; ce qui donnait 30° pour l'angle réfringent de leur somme. Chacun d'eux, pris à part, réfractait doublement la lumière naturelle sans aucune coloration; mais lorsqu'ils étaient superposés, la séparation des images n'était plus sensible à la vue simple à cause de l'opposition de leurs axes. Je me propose d'étudier ces phénomènes dans des prismes d'un plus grand angle pour tâcher d'obtenir les rayons émergens séparés, et savoir comment la coloration s'opère dans chaque faisceau séparément : par la même raison, je me propose d'étendre, autant qu'il me sera possible, mes expé-

riences sur les plaques épaisses; mais dès à présent cette expérience suffit pour prouver que le phénomène des couleurs
rendu sensible par le croisement des axes ne tient pas
nécessairement au parallélisme des deux surfaces de chaque
plaque, ni à l'union des deux faisceaux dans leur intérieur,
puisque dans le cas de nos deux prismes, dont chacun, pris
à part, réfractait doublement la lumière, les faisceaux, en
tombant sur le second prisme, étaient nécessairement distincts et séparés; d'où l'on voit que la modification, quelle
qu'elle soit, qui produit les teintes du faisceau que chaque
lame polarise, selon son épaisseur, est une propriété permanente et durable qui se continue à travers toute l'épaisseur des corps qui en sont doués.

Je partirai donc de ce fait, et de cet autre non moins
certain qui se trouve également établi dans mon premier
Mémoire; savoir, que les lames parallèles à l'axe des cristaux ci-dessus désignés polarisent les rayons lumineux sur
lesquels elles agissent, non pas suivant leur axe de cristallisation, mais suivant une ligne qui fait un angle double
avec le plan de la polarisation primitive. En combinant ces
deux faits par une marche analogue à celle que Newton a
suivie pour les accès de réflexion et de transmission, je vais
en tirer une propriété générale de laquelle on verra découler
ensuite, par des raisonnemens mathématiques, tous les phénomènes dont nous venons de rendre compte, toutes les
formules qui les représentent, telles que je les avais consignées d'après la seule observation dans mon premier Mémoire, et enfin un grand nombre d'autres résultats que l'on
n'avait point encore aperçus, ou que l'on n'avait pas encore
rattachés aux premiers. Ce sera l'objet de la seconde partie
de ce Mémoire.

SECONDE PARTIE.

Lu à l'Institut le 7 décembre 1812.

Dans la première partie du travail que j'ai eu dernièrement l'honneur de lire à la Classe, j'ai exposé les faits simples et généraux qui doivent servir de base à la théorie que je vais essayer d'établir. Le premier de ces faits consiste dans la direction que les lames de chaux sulfatée, de mica, de cristal de roche taillées parallèlement à l'axe de cristallisation impriment aux axes de polarisation des molécules lumineuses, lorsqu'on les expose perpendiculairement à un rayon polarisé. J'ai établi, par un grand nombre d'expériences, que la polarisation opérée par ces lames ne se fait pas parallèlement à leur axe, mais suivant une ligne droite qui fait un angle double avec le plan de polarisation primitive. Le second fait sur lequel je m'appuierai est le rapport constant, la proportionnalité qui existe entre les épaisseurs des lames qui polarisent telle ou telle teinte, et les épaisseurs des corps qui réfléchissent cette même teinte dans les anneaux colorés, lorsque la lumière incidente est blanche. Après avoir prouvé cette proportionnalité par des mesures précises, pour les lames minces, j'ai montré par les phénomènes des lames croisées épaisses, que la même propriété s'étend et se continue à toute distance à travers l'épaisseur des corps. Voilà les faits qui vont me servir de base. Je ne me propose point de chercher une hypothèse qui les explique, je ne veux que les composer ensemble, et les réduire par des considérations mathématiques en un seul fait général qui en sera l'expression abrégée, et duquel on pourra tirer ensuite, par le calcul, non-seulement les faits que je viens de rappeler, mais encore tous les phénomènes composés qui peuvent résulter de leur combinaison.

Considérons d'abord ce qui arrive lorsqu'un rayon blanc polarisé traverse une lame de chaux sulfatée, ou de cristal de roche à surfaces parallèles, et qui contient dans son plan l'axe de cristallisation. Ces substances jouissant de la double réfraction, le rayon, lorsqu'il aura pénétré dans leur intérieur, se partagera en deux faisceaux qui suivront en général des directions différentes. Si l'incidence est perpendiculaire, ces deux faisceaux se confondront, et cela aura lieu ainsi, soit que les forces qui produisent la double réfraction dans les corps émanent d'un seul ou de plusieurs axes situés dans le plan des lames : alors donc le mouvement de translation des deux faisceaux ne différera que par la vîtesse ; or, toutes les expériences faites sur les corps cristallisés prouvent que cette inégalité des vîtesses est toujours fort petite. Par exemple, d'après une observation faite par Malus sur la double réfraction d'une aiguille de cristal de roche, observation rapportée dans son ouvrage, la plus grande vîtesse de la lumière dans cette substance serait $1,558176$, et la plus petite $1,548435$; de sorte que leur différence serait de $0,009741$, par conséquent fort petite. Il en doit être également ainsi de la chaux sulfatée. En effet, par les expériences rapportées dans mon premier Mémoire, j'ai trouvé que ces deux substances, lorsqu'elles sont bien pures, exercent, à trèspeu de chose près, sinon exactement, la même action pour polariser la lumière ; d'où l'on doit conclure que leurs forces pour produire la double réfraction doivent être également très-peu différentes; et les expériences sur les plaques épaisses que j'ai dernièrement rapportées, ont parfaitement confirmé ce résultat. On peut également présumer que cette force est très-peu énergique dans le mica, du moins, si l'on en juge par les variations de ses teintes, et par la comparaison de son action avec celle des autres substances que je viens de désigner; car je trouve par expérience que plus la force de cristallisation est faible, plus les épaisseurs nécessaires pour produire une même teinte sont considérables dans les lames parallèles à l'axe de cristallisation. Or, des différences de vîtesse pareilles à celles que nous venons de considérer, ne peuvent pas, comme on le verra par la suite, produire une différence sensible de teinte, sous l'incidence perpendiculaire, dans des lames assez minces pour produire par elles-mêmes des images colorées, c'est-à-dire comprises, pour la chaux sulfatée, par exemple, et le cristal de roche, entre une épaisseur de $\frac{11}{1000}$ et $\frac{45}{100}$ de millimètre, du moins pour des lames taillées parallèlement à l'axe de cristallisation; et j'ajouterai que j'ai confirmé ce résultat par des expériences directes faites sur des lames croisées épaisses de près d'un centimètre, dans lesquelles je crois avoir rendu sensible l'inégalité des vîtesses en les exposant sous diverses incidences à un rayon polarisé : mais cette différence même à de pareilles épaisseurs a produit des effets encore extrêmement faibles; car, si j'ai pu les apercevoir, c'est en appliquant à la succession des teintes observées sous diverses incidences, les lois générales que j'ai découvertes pour ce genre de phénomènes, et en cherchant les légères modifications que les grandes épaisseurs pouvaient manifester sur les mesures des inclinaisons auxquelles telle ou telle teinte s'observait. Ainsi donc, puisque cette inégalité des vîtesses n'a que des effets absolument insensibles dans les lames minces qui produisent naturellement ces images colorées, je n'y aurai point égard dans un premier exposé de la théorie qu'elle compliquerait inutilement ; et je considérerai les molécules lumineuses de même nature qui traversent de pareilles lames sous l'incidence perpendiculaire, comme ayant toutes d'égales vîtesses, ou, ce qui revient au même, je considérerai les deux faisceaux dont les directions coïncident, comme ne faisant qu'un faisceau unique. Quand nous aurons considéré ce cas simple, nous examinerons les petites modifications que l'inégalité de vîtesse des deux faisceaux exige pour étendre la théorie aux grandes épaisseurs.

Pour procéder méthodiquement dans cette recherche, il faut d'abord nous débarrasser de la complication qu'entraîne la composition des rayons hétérogènes qui forment les diverses teintes que nos lames polarisent : or, nous pouvons aisément le faire, car nous avons prouvé que dans chaque cristal bien pur et homogène, ces teintes varient avec l'épaisseur, précisément comme dans les anneaux, et cela avec une telle rigueur que l'on peut, dans un même cristal, aller jusqu'à prévoir l'épaisseur d'après la teinte, et réciproquement. L'analogie se soutient même dans les variations que ces teintes subissent par les changemens d'inclinaison ; car elles suivent encore en cela l'ordre des anneaux avec une telle fidélité et une sensibilité si grande, que leur accord pourrait servir à confirmer, j'oserais presque dire à perfectionner les résultats des expériences de Newton. Or, cette table des épaisseurs qui nous a été si utile, et qui, d'après les résultats que j'ai rapportés, se trouve maintenant comparée à plus de cinq cents expériences sur nos lames, cette table n'est elle-même que le résultat des expériences que Newton avait d'abord faites sur les anneaux formés par une lumière simple; car bien qu'il ait seulement indiqué les principes sur lesquels elle est fondée, et qu'il n'ait donné aucun détail sur la manière dont il a pu parvenir à en calculer les nombres, jusqu'à y comprendre des dixièmes et des vingtièmes de millionièmes de pouce, on peut bien croire que Newton, s'étant donné la peine d'y joindre des fractions si petites, avait procédé à sa construction par des méthodes exactes, et non par des évaluations arbitraires. J'ai cherché à recomposer cette table, et j'ai réussi à le faire, ou, pour mieux dire, à vérifier par des calculs exacts que les nombres assignés par Newton avec tant de précision pour les épaisseurs des lames minces d'air qui réfléchissent telle ou telle teinte composée, répondaient en effet à la nature des rayons qui composaient cette teinte, et aux proportions suivant lesquelles ils s'y trouvaient mélangés. Pour trouver ces proportions, il faut non-seulement partir des lois reconnues par Newton sur la progression des épaisseurs qui réfléchissent ou qui transmettent une même lumière homogène, il faut encore avoir égard à l'intensité variable de la lumière réfléchie dans la largeur d'un même anneau formé par cette lumière simple; car la réflexion n'est pas invariablement bornée aux épaisseurs 1, 3, 5, 7....., ni la transmission aux épaisseurs intermédiaires 0, 2, 4, 6.......; mais la réflexion et la transmission s'opèrent aussi avant et après ces limites avec une intensité continuellement décroissante; de sorte que près de l'épaisseur 3, par exemple, il y a déja une partie de la lumière

qui est transmise, tandis que la plus forte portion est réfléchie, et ainsi de suite, par une dégradation continuelle. Or,
s'il faut avoir égard à toutes ces choses pour construire
la table de Newton, il en résulte réciproquement que la
table, étant donnée dans toutes ses parties, suppose les élémens simples qui lui servent de base; et ainsi, puisque nous
voyons cette table si rigoureusement d'accord avec les
teintes de nos lames jusque dans leurs plus petites variations, nous sommes en droit de conclure que ces teintes
sont composées de la même manière que la table l'indique,
ou, en d'autres termes; les teintes des lames étant d'accord
avec les lois des anneaux composés lorsqu'on les éclaire
avec une lumière blanche, seraient également d'accord avec
les anneaux simples si on les exposait à une lumière homogène.

D'après cela, nous pouvons assigner ce qui arriverait,
par exemple, si, après avoir polarisé un rayon violet homogène, pris à la dernière extrémité du spectre, on lui
faisait traverser perpendiculairement une de nos lames de
chaux sulfatée; il ne faut pour cela que suivre les lois des
anneaux violets. Si l'on désigne par $2e'$ l'épaisseur moyenne
à laquelle le violet extrême commence d'être polarisé par
la lame pour la première fois, il continuera à être polarisé
ainsi aux épaisseurs $2e'$; $6e'$; $10e'$; $14e'$..... $(4n-2)e'$,
suivant la progression des nombres impairs; et au contraire,
il conservera sa polarisation primitive aux épaisseurs intermédiaires 0; $4e'$; $8e'$; $12e'$..... $(4n-4)e'$, suivant la
progression des nombres pairs; et cela sans fin et sans
bornes, puisque nous avons prouvé par l'expérience que
les mêmes accès se perpétuent à travers des masses épaisses

de quatre centimètres et davantage, dans lesquelles, à en juger d'après l'épaisseur primitive e', ces alternatives ont dû s'accomplir plusieurs centaines de fois, et plusieurs milliers de fois.

Or, quand. les molécules lumineuses sont polarisées par les lames, nous avons vu qu'elles ne tournent pas leur axe de polarisation suivant l'un ou l'autre axe de ces lames, mais suivant une direction qui forme un angle double avec le plan de la polarisation primitive; c'est-à-dire, par exemple, que si ce plan est le méridien, et que le premier axe des lames fasse avec lui un angle i, l'axe de polarisation des molécules qui ont éprouvé l'action de la lame se trouvera à leur sortie dirigé dans un azimut égal à $2i$, ou du moins elles se comporteront ainsi· dans les réfractions et les réflexions qu'on voudra leur faire subir. Quand, au contraire, elles sortent parallèlement à leur polarisation primitive, leur azimut est zéro. Ainsi, en suivant successivement par la pensée la marche d'une même molécule de lumière, à travers une plaque d'une épaisseur quelconque, on voit qu'à l'épaisseur zéro, à son entrée dans la plaque, son axe de polarisation est d'abord tourné dans l'azimut $0°$: puis à l'épaisseur $2e'$, il est tourné dans l'azimut $2i$; à l'épaisseur $4e'$, dans l'azimut 0; à l'épaisseur $6e'$, dans l'azimut $2i$; et ainsi de suite à travers toute l'épaisseur du corps.

Il faut de plus concevoir, conformément aux variations des teintes, que les molécules violettes, par exemple, ne sont pas toutes subitement polarisées aux épaisseurs fixes $2e'$; $6e'$; $10e'$......; mais que ce sont là les épaisseurs moyennes où leur tendance à la polarisation est la plus forte dans chacune de ces alternatives; en sorte que la première polarisation commence à l'épaisseur e', et finit à l'épaisseur $3e'$; la seconde commence à l'épaisseur $5e'$, et se continue jusqu'à l'épaisseur $7e'$, et ainsi de suite jusqu'à la n^e alternative qui commencera à l'épaisseur $e_n = (4n-3)e'$; et qui finira à l'épaisseur $E_n = (4n-1)e'$, comme cela a lieu dans les anneaux colorés.

Il faudra même concevoir que ces accès, car qu'on me permette de les nommer ainsi, sans y attacher pour le moment aucune idée de réalité; que ces accès, dis-je, n'ont pas d'abord toute leur intensité quand ils commencent, et ne l'ont plus quand ils finissent; mais que, semblables à tous les autres mouvemens produits par des causes périodiques, ils ont une intensité d'abord nulle, puis progressivement croissante jusqu'à un *maximum*, et ensuite progressivement décroissante jusqu'à zéro. Il en sera de même des accès intermédiaires dans lesquels la molécule a repris sa polarisation primitive; on ne doit pas les concevoir comme ayant lieu subitement aux époques 0; $4e'$; $8e'$, mais progressivement avant et après ces époques, dans les limites $+e'$ et $-e'$: de sorte que les accès qui ramènent la molécule à sa polarisation primitive commencent quand ceux qui l'en écartent viennent de se terminer, et finissent quand l'accès suivant va commencer à l'en écarter de nouveau.

Cette variation d'intensité, qui d'ailleurs est parfaitement conforme à toutes les idées physiques et mécaniques, a également lieu dans les accès de facile transmission et de facile réflexion, ainsi que j'espère le prouver par l'expérience dans un autre mémoire, où l'on verra que cette considération explique un grand nombre de phénomènes dans lesquels la lumière se réfléchit ou se réfracte, ou se

28.

transmet partiellement, quoiqu'elle ne semblât pas devoir se séparer d'après la théorie des accès.

Quant à cette théorie elle-même, que Newton a établie avec tant de soin dans son Optique, je me suis convaincu, par un examen attentif, qu'elle n'est réellement que l'expression des phénomènes concentrée en un seul résultat unique, et ramenée à une seule propriété des molécules lumineuses; savoir, que ces molécules, en traversant les surfaces réfringentes, acquièrent une certaine constitution ou disposition transitoire qui, dans la suite de leur marche, revient à intervalles égaux. En quoi consiste cette disposition, c'est ce que Newton n'a jamais prétendu expliquer; il a seulement présenté cette propriété comme un fait : il a déterminé par expérience les variations de longueur que les accès éprouvent par les changemens d'incidence; ensuite il a montré comment, au moyen de ces inégalités, on pouvait encore rendre la succession des accès sensible, non plus seulement à travers des corps minces, mais à travers des plaques d'une épaisseur quelconque. Il a ainsi formé sur de pareilles plaques des anneaux colorés d'une nouvelle espèce, dont le premier ne répondait plus à un seul accès, mais au 82386e accès, le second au 82385e, et ainsi de suite en diminuant toujours d'une unité. Ces anneaux projetés sur un carton blanc placé à six pieds de distance de la plaque sur laquelle ils étaient formés, se sont trouvés exactement égaux en grandeur à ceux qui devaient résulter, par le calcul, de la théorie des accès; et leur grandeur pour différentes plaques s'est trouvée réciproque à la racine quarrée des épaisseurs de ces plaques, conformément à la même théorie. Les physiciens qui ont paru considérer l'idée des

accès comme une hypothèse ingénieuse, me semblent n'avoir
pas fait assez d'attention à ces admirables expériences : il
est vrai que le calcul en est assez difficile, sur-tout avec
l'espèce de synthèse dont Newton fait ordinairement usage,
et lui-même, après avoir exposé les plus simples de ces
phénomènes, et les avoir calculés comme nous venons de
le dire, ajoute qu'il en a observé d'autres analogues sur les
plaques inégalement épaisses, et qu'ils lui ont paru toujours
d'accord avec la théorie ; mais que les calculs par lesquels
ils s'en déduisent sont trop divers et trop embarrassés pour
trouver place dans son ouvrage. Aujourd'hui que l'analyse
mathématique est beaucoup plus simple, on peut ramener
ces calculs à des formules faciles à résoudre, même dans les
cas les plus généraux : c'est ce que j'ai fait ; et ces formules,
en éclairant la marche du calcul, n'ont fait que rendre plus
sensible l'accord des phénomènes avec la théorie de Newton.
Newton n'a considéré que la périodicité des accès et les
variations de leur longueur, il m'a semblé que l'examen
minutieux des faits exigeait qu'on y joignît la considération
de leur intensité, et qu'on la supposât variable dans les
diverses périodes d'étendue d'un même accès. De cette manière on embrasse plusieurs phénomènes qui ne semblaient
pas d'abord rentrer dans cette théorie. En général, lorsqu'une même propriété physique tirée de l'expérience représente un très-grand nombre de phénomènes, un résultat
nouveau qui d'abord ne s'y trouverait pas compris, ne doit
pas être considéré comme la détruisant, car les faits ne
sauraient être contraires aux faits : c'est seulement un motif
pour chercher à ramener les nouveaux résultats aux précédens, ou pour étendre ces derniers si leur réunion avec les

autres est impossible. Ainsi, les recherches des physiciens
sur les anneaux colorés pourront faire découvrir encore
beaucoup de phénomènes inconnus à Newton; elles pourront même conduire un jour jusqu'à la connaissance de
leur cause, mais elles ne porteront aucune atteinte à l'existence même des accès et à leur périodicité : or, ce sont là
les seules propriétés qui aient servi de base à Newton pour
construire la table des épaisseurs qui réfléchissent ou transmettent les diverses teintes des anneaux composés, et par
conséquent les conséquences que je déduis de la comparaison de cette table avec les phénomènes des lames cristallisées ne peuvent pas non plus être détruites par des considérations nouvelles, tant que je me borne à rapprocher ces
deux classes de faits par les lois de périodicité qui leur sont
communes, sans prétendre en conclure aucune relation
entre les causes différentes ou semblables par lesquelles ils
sont produits.

Les modifications que nous venons de décrire relativement
à une seule espèce de molécules lumineuses, se produiront
également dans chaque espèce de ces particules avec les
différences qui leur sont propres; c'est-à-dire que les mêmes
modifications exigeront pour chacune d'elles des épaisseurs
différentes ; mais les limites où s'arrêteront leurs axes de
polarisation seront les mêmes, d'après l'expérience, pour les
molécules de toutes les couleurs : or, quelle que soit la
cause physique qui amène ainsi tour-à-tour les axes des
molécules dans l'azimut o et dans l'azimut $2i$, l'effet qui en
résulte ne peut pas être appelé autrement qu'un mouvement
oscillatoire dont les limites sont o et $2i$; par conséquent la
première chose que nous ayons à faire, c'est de déterminer

avec exactitude les lois de ce mouvement, après quoi nous verrons s'il est possible de remonter jusqu'à la loi de la force qui le produit.

Les deux lignes de repos sur lesquelles les molécules s'arrêtent font toujours des angles égaux avec le premier axe des lames, quel que soit l'azimut où celui-ci est placé : c'est donc à partir de cet axe qu'émanent les forces qui produisent le mouvement d'oscillation; mais en étudiant les modifications que les phénomènes éprouvent sous des incidences obliques, nous avons vu que le second axe des lames influe aussi en sens contraire sur la rotation des molècules lumineuses. Nous devons donc concevoir que la force, quelle qu'elle soit, qui fait osciller les molécules, est la différence des actions que les deux axes exercent pour produire cet effet en sens opposé; et la manière la plus générale de la représenter, est de la supposer égale à une fonction quelconque de l'angle que l'un des axes de la lame, le premier, par exemple, forme à chaque instant avec l'axe de polarisation des molécules lumineuses. Si l'on écrit les équations du mouvement de rotation d'une de ces molécules dans les circonstances que nous venons de déterminer, et si l'on introduit dans le calcul la condition que les phénomènes soient symétriques autour du premier axe des lames; conformément à l'observation, on trouve que les limites de chaque oscillation seront toujours dans les azimuts 0 et $2i$, quelle que soit la forme de la fonction qui exprime la force, et quelle que soit l'intensité de cette force, de sorte que ces limites seront communes aux molécules lumineuses de toutes les couleurs, conformément aux observations.

Pour démontrer cette proposition, considérons un rayon

polarisé vertical, qui tombe perpendiculairement au point C, fig. 2, sur une lame de chaux sulfatée; prenons dans le plan de la lame deux axes rectangulaires de coordonnées CZ, CX, dont le premier CZ soit dirigé suivant la direction primitive de l'axe de polarisation des molécules lumineuses. Soit F'CF le premier axe de la lame formant un angle ZCF ou i avec le plan primitif de polarisation, et menons aussi le second axe $f'cf$ qui lui sera perpendiculaire. Lorsque les molécules lumineuses auront pénétré dans l'intérieur de la lame à une certaine profondeur, elles se mettront à osciller autour du premier axe CF. Considérons d'abord celles qui produisent la sensation d'une seule couleur simple, par exemple, les molécules violettes; supposons qu'à un certain instant t leur axe de polarisation soit dirigé suivant CP, et fasse avec leur direction primitive un angle ZCP égal à x. Cela posé, évaluons les actions des deux axes de la lame sur les molécules, et exprimons-les de la manière la plus générale.

Pour cet effet, menons la ligne CR perpendiculaire à l'axe de polarisation des molécules lumineuses. La résultante des forces qui font tourner ces molécules autour de leur centre de gravité, peut à volonté être considérée comme attirant l'axe de polarisation CP vers le premier axe CF de la lame, ou comme repoussant le second axe CR des molécules lumineuses de manière à le rendre perpendiculaire sur CF : ces deux manières sont absolument indifférentes pour la représentation des phénomènes, et peuvent être également bien employées. La seconde est plus conforme à l'idée que l'on se fait des forces qui produisent la double réfraction, forces qui, dans le mouvement du rayon,

agissent comme répulsives; mais la première est plus simple à énoncer, parce qu'elle rapporte immédiatement les
phénomènes au mouvement de l'axe de polarisation P'CP,
et c'est pourquoi nous en ferons usage.

Dans la position des molécules et de la lame que nous
venons de supposer, l'axe de polarisation CP fait avec le
premier axe CF un angle PCF égal à $i - x$. Représentons
par $\varphi (i - x)$ la force émanée de CF qui tend à faire venir
l'axe CP sur sa direction, et par conséquent à augmenter
l'angle x; le signe φ indiquant une fonction de forme
quelconque. Nous voyons par les phénomènes que cette
force agit exactement de la même manière de part et d'autre
de l'axe CF, puisque les demi-amplitudes des oscillations sont exactement les mêmes de part et d'autre de cet
axe, et qu'elles sont aussi les mêmes lorsque l'azimut de la
lame est $+ i$ ou $- i$; par conséquent la fonction φ devra
être telle qu'elle ne change pas de valeur absolue, mais
seulement de signe, quand la quantité qu'elle renferme passe
du positif au négatif, c'est-à-dire qu'on aura en général :

$$\varphi (\varepsilon) = - \varphi (- \varepsilon).$$

Nous mettons le signe $-$, parce que d'un côté de l'axe CF
de la lame la force attractive tend à augmenter l'angle x, et
que de l'autre elle tend à le diminuer.

Considérons maintenant l'action du second axe Cf de la
lame : celle-ci, étant opposée à la précédente, tendra à repousser les molécules lumineuses, et à les empêcher d'avancer vers l'axe CF : la manière la plus simple de représenter
cet effet, c'est de concevoir les forces qui émanent de Cf
comme tendant à repousser le second axe CR des molécules

lumineuses, avec une force qui dépend de l'angle fCR, et que l'on peut par conséquent représenter par $\varphi_{,} (fCR)$ ou $\varphi_{,} (i - x)$; $\varphi_{,}$ pouvant être en général une fonction distincte de φ. De plus, il faudra également concevoir que cette force s'exerce de la même manière et avec une égale intensité de part et d'autre de l'axe Cf, à cela près que sa direction absolue change, ainsi que son action pour augmenter ou diminuer l'angle x. On aura donc encore ici :

$$\varphi_{,} (\varepsilon) = - \varphi_{,} (\varepsilon).$$

Alors, si l'on représente par t le temps, dont nous prendrons la différentielle seconde pour constante, la force accélératrice $\frac{d^2 x}{d t^2}$ qui tendra à chaque instant à faire tourner la molécule autour de son centre de gravité, de manière à augmenter l'angle x, sera la différence des deux précédentes, ou $\varphi (i - x) - \varphi_{,} (i - x)$; ce qui donnera l'équation :

$$\frac{d^2 x}{d t^2} = \varphi (i - x) - \varphi_{,} (i - x),$$

d'où l'on tire en intégrant

$$\frac{d x^2}{d t^2} = 2 \int \varphi (i - x) \, dx - \int \varphi_{,} (i - x) \, dx + \text{const.}$$

soit $\qquad \int \varphi (\varepsilon) \, d\varepsilon = \psi \varepsilon, \quad \int \varphi_{,} (\varepsilon) = \psi_{,} \varepsilon,$

on aura $\frac{d^2 x}{d t^2} = 2 \psi (i - x) - 2 \psi_{,} (i - x) + \text{const.}$

Or, on a vu que les fonctions φ et $\varphi_{,}$ sont assujéties aux conditions de symétrie,

$$\varphi (\varepsilon) = - \varphi (- \varepsilon) \quad \varphi_{,} (\varepsilon) = - \varphi_{,} (- \varepsilon),$$

par conséquent, si l'on multiplie par $d\varepsilon$, et qu'on intègre

$$\int \varphi\varepsilon\, d\varepsilon = \int - d\varepsilon \cdot \varphi\,(-\varepsilon); \qquad \int \varphi_{,}(\varepsilon)\, d\varepsilon = \int - d\varepsilon\, \varphi_{,}(-\varepsilon)$$

ou', d'après notre notation :

$$\psi\varepsilon = \psi\,(-\varepsilon) \qquad \psi_{,}\varepsilon = \psi_{,}\,(-\varepsilon).$$

Nous devons déterminer la constante de notre intégrale de manière que l'axe de polarisation des molécules lumineuses se trouve primitivement dirigé suivant CZ, ce qui exige qu'à l'origine du mouvement on ait en même temps

$$\frac{dx}{dt} = 0 \qquad x = 0.$$

Ces conditions iutroduites dans notre intégrale donnent

$$0 = 2\psi\, i - 2\psi_{,}\, i + \text{const.}$$

Par conséquent, en prenant la valeur de la constante, et la substituant dans l'intégrale

$$\frac{dx^2}{dt^2} = 2\left[\psi\,(i-x) - \psi\,(i)\right] - 2\left[\psi_{,}\,(i-x) - \psi_{,}\,(i)\right],$$

la valeur de la vîtesse devient alors constamment nulle, quel que soit le temps, lorsque x est nul; ce qui montre que l'azimut $x = 0$ de la polarisation primitive est une des limites des oscillations; mais de plus cette vîtesse devient encore nulle quand $x = 2i$, puisque l'on a alors

$$\frac{d^2 x}{dt^2} = 2\left[\psi\,(-i) - \psi\,(i)\right] - 2\left[\psi_{,}\,(-i) - \psi_{,}\,(i)\right];$$

équation dont le second membre devient identiquement nul en vertu des conditions de symétrie auxquelles les fonctions

ψ et ψ, sont assujéties : ainsi, quelle que soit la nature des forces exercées par les deux axes de la lame, et quelle que soit leur intensité, les limites des oscillations des molécules lumineuses seront toujours les azimuts o et $2i$, et ces limites, indépendantes de l'intensité des forces, seront par conséquent les mêmes pour les molécules de toutes les couleurs : ce qui est conforme aux observations.

L'action du cristal sur les molécules lumineuses pourrait encore être représentée d'une autre manière, en attribuant aux deux pôles de la molécule les attractions et les répulsions que nous avons supposé émaner des deux axes; pour cela il faudrait regarder l'axe PCP' des molécules lumineuses comme attiré par CF et repoussé par Cf avec des forces dépendantes de l'angle $i - x$, et dont l'expression la plus générale serait $\varphi\,(i - x)$ et $\varphi,\,(i - x)$: en effet on aurait encore comme tout-à-l'heure

$$\frac{d^2 x}{d t^2} = \varphi\,(i - x) - \varphi,\,(i - x).$$

Généralement toutes les suppositions qu'on pourra faire sur les directions des forces seront également admissibles, lorsqu'elles se réduiront à produire une résultante attractive qui sera fonction de l'angle $(i - x)$, et qui tendra à faire osciller l'axe de polarisation des molécules lumineuses autour du premier axe CF des lames cristallisées : par conséquent tout ce que les phénomènes indiquent de certain, c'est l'existence d'une pareille force, de quelque manière qu'elle résulte de l'attraction des molécules lumineuses pour les molécules du cristal; et aussi, tout ce que nous nous proposons d'établir dans ces calculs, c'est l'existence de cette résultante, et la loi de son action.

Maintenant, quelle sera la vîtesse de rotation des molécules dans chacun des points de leur oscillation? quelle
sera la durée des oscillations, et quel sera le rapport de
cette durée avec leur amplitude? La résolution de ces questions est nécessaire pour connaître les lois du mouvement
des molécules d'une manière complète; mais on ne peut y
parvenir qu'en déterminant la nature de la force qui produit
ces mouvemens; et, par une circonstance assez remarquable,
cette nature, ou plutôt la fonction qui l'exprime, peut se
tirer des observations.

Pour concevoir comment cela se peut faire, il faut d'abord
examiner comment les oscillations des molécules de diverses
couleurs se mêlent dans l'intérieur du cristal; c'est-à-dire
qu'en partant des lois que nous avons reconnues pour les
oscillations des molécules d'une seule couleur, il faut en
déduire la composition des teintes qui a lieu dans les deux
images lorsque la lumière incidente est blanche. Or, c'est
ce que la théorie des oscillations permet de faire avec la
plus grande facilité, non pas d'une manière vague et hypo-
thétique, mais avec une telle rigueur, que l'on peut assigner
pour chaque épaisseur l'espèce de la teinte, et sa composition en rayons simples, pour toute la série des anneaux.

C'est une observation générale, que toutes les forces connues qui agissent sur la lumière pour la réfracter, ou la
réfléchir, agissent sur les molécules de nature diverse avec
une intensité inégale. L'action de ces forces est toujours
plus grande sur les rayons violets que sur les rayons rouges,
et elle diminue d'une de ces limites à l'autre en même temps
que la réfrangibilité. Je me suis assuré par des expériences
directes que cela a lieu également pour les forces qui pro-

duisent la double réfraction, même dans les corps où ce phénomène est le plus intense; par exemple, dans la chaux carbonatée. Nous pouvons donc prévoir qu'il en sera encore ainsi pour les forces qui produisent les oscillations de la lumière, puisque nous avons prouvé que ces forces, par les variations que l'inclinaison leur fait subir, sont tout-à-fait analogues à celles qui produisent la double réfraction; et ce résultat deviendra encore bien plus évident par les expériences détaillées que j'exposerai à la suite de ces recherches, et desquelles il résulte que les intensités de ces actions sont proportionnelles au carré du sinus de l'angle formé par les axes des lames avec les rayons réfractés, ce qui est précisément la loi des forces qui produisent la double réfraction. Enfin, à défaut de toutes ces analogies, l'observation directe conduirait encore aux mêmes conséquences; car puisque les couleurs composées que les lames polarisent s'accordent constamment et dans la plus grande rigueur avec les successions des teintes consignées dans la table des épaisseurs de Newton, il faut bien que les intensités des actions exercées sur les molécules de même couleur soient proportionnelles entre elles dans les deux phénomènes, et qu'ainsi les accès de transmission et de réflexion des molécules de nature diverse aient entre eux précisément les mêmes rapports que les épaisseurs qu'elles traversent pendant une de leurs oscillations.

Cela posé, lorsqu'un rayon blanc polarisé tombe sur une de nos lames, on peut lui appliquer rigoureusement la construction géométrique par laquelle Newton a représenté dans son Optique le progrès des molécules lumineuses, et leur mélange à travers les diverses épaisseurs d'un même corps ; il faut seulement dans cette construction regarder la longueur des accès comme représentant l'épaisseur que la lumière traverse dans nos lames pendant la durée d'une oscillation. Ainsi, dans les phénomènes de la réflexion, les molécules pénètrent ensemble jusqu'à une petite profondeur sans éprouver aucune tendance à se réfléchir, et si l'épaisseur du corps est moindre que cette profondeur, elles se transmettent librement : de même, dans les phénomènes de la polarisation, toutes les molécules pénètrent ensemble jusqu'à une petite profondeur sans éprouver aucun dérangement dans leurs axes de polarisation, et si l'épaisseur des lames est moindre que cette limite, elles conservent toutes leur polarisation primitive. Dans la réflexion, ce premier intervalle est égal à la moitié de la longueur d'un accès. Dans les phenomènes de la polarisation, ce sera la moitié de l'épaisseur que la lumière traverse pendant la durée d'une oscillation entière. Dans la réflexion, au-delà de cette limite, les molécules violettes commencent à se réfléchir ; puis ensuite les violettes et les bleues ; puis les violettes, les bleues et les vertes ; et ainsi de suite, jusqu'aux rouges, qui se réfléchissent les dernières, mais cependant à très-peu de distance des autres. Alors le rayon réfléchi devient successivement violet, bleu, et presque tout de suite blanc, par le concours de la réflexion de toutes les couleurs. De même dans nos lames le premier rayon qu'elles polarisent est violet ; puis à une épaisseur un peu plus grande, ce violet se mêle à l'indigo et forme un bleu, lequel se change presque aussitôt en blanc par le mélange de toutes les autres couleurs : c'est le blanc que Newton a nommé du premier ordre ; et de même que dans les anneaux il arrive une épaisseur où le blanc est le plus abondant qu'il est possible, en sorte que la lumière transmise est nulle ou presque nulle, de même dans nos lames il y a une certaine épaisseur à laquelle le rayon blanc qu'elles polarisent contient toute ou presque toute la lumière incidente, de sorte qu'il n'y a aucune ou presque aucune portion de cette lumière qui conserve sa polarisation primitive. Dans la réflexion, lorsque l'épaisseur devient un peu plus grande, les diverses couleurs qui composaient le blanc du premier ordre s'en séparent tour-à-tour dans l'ordre suivant lequel elles y étaient entrées; c'est-à-dire, les derniers rayons violets d'abord, parce que leurs accès sont les plus courts; puis les violets et les bleus; puis les bleus, les verts et enfin les rouges; ce qui change successivement ce blanc en jaune pâle, en orangé, en orangé rougeâtre, et en un rouge qui se terminerait enfin par la privation absolue de lumière, c'est-à-dire par le noir, si, presque à la même épaisseur ne commençait le second accès des rayons violets, ce qui fait suivre immédiatement ce rouge sombre par un pourpre très-faible, auquel succède de nouveau un violet, un bleu, un vert, et toutes les couleurs du second anneau, lesquelles dominent tour-à-tour dans le mélange, et y sont plus séparées que dans le premier anneau, parce que la différence d'étendue de leurs accès a eu plus d'espace pour s'y manifester : de même et absolument de même, dans nos lames les épaisseurs qui répondent aux oscillations des diverses molécules étant inégales aussi bien que leurs vîtesses, et cette inégalité étant proportionnelle à la longueur de leurs accès, on conçoit que de pareilles modifications de teintes doivent s'y reproduire, et elles s'y reproduisent en effet avec la plus grande grande fidélité; c'est-à-dire qu'après l'épaisseur où les molécules lumineuses se trouvent toutes ensemble dans leur première oscillation, il arrive que les molécules violettes se séparent des autres, les devancent, et commencent une seconde oscillation qui les ramène vers la polarisation primitive, lorsque les molécules bleues, les orangées et les rouges n'ont pas encore tout-à-fait terminé leur première oscillation. Alors, si on coupe la lame à cette épaisseur, on trouve que le faisceau polarisé par elle est un blanc légèrement jaunâtre; puis, à une épaisseur un peu plus grande, ce jaune se change en orangé, il a alors perdu des molécules violettes, bleues et vertes, qui sont déja dans leur seconde oscillation; bientôt après il ne conserve plus qu'un petit nombre de rayons d'un rouge sombre : toutes les autres molécules sont déja entrées dans leur seconde oscillation, et par conséquent la portion de lumière qui, en traversant le rhomboïde, se dirige vers la polarisation primitive, forme l'espèce de teinte qui résulte du mélange de toutes les couleurs privé d'un petit nombre de rayons rouges, c'est-à-dire un blanc bleuâtre; au-delà de ce terme une portion des premières molécules violettes commence déja sa troisième oscillation quand les dernières molécules rouges n'ont pas encore fini la première. Alors la teinte que la lame polarise à cette épaisseur, est un pourpre extrêmement faible et sombre qui bientôt passe au bleu, au vert, et à toutes les couleurs du second anneau. En poursuivant toujours, par la pensée, cette suite de mouvemens oscillatoires dont les vitesses sont inégales pour les molécules lumineuses de différentes espèces, on conçoit que les diverses couleurs, qui chacune occupent une certaine étendue dans le spectre, doivent se mêler de plus en plus dans leurs limites aux deux extrémités de l'oscillation, et y produire enfin deux images blanches, comme cela arrive dans les anneaux réfléchis et transmis, en vertu de l'inégale longueur des accès; lorsque l'épaisseur du corps est devenue assez considérable pour que les anneaux de toutes les couleurs et de différens ordres se mêlent dans le faisceau réfléchi et dans le faisceau transmis. Cette parfaite identité dans la succession des teintes, dans leurs mélanges progressifs, dans les périodes de leurs intensités, enfin dans les plus petites circonstances des changemens de leurs nuances, suffirait pour montrer l'accord qui existe entre les lois de périodicité qui lient ces deux classes de phénomènes, quand même les mesures des épaisseurs prises de part et d'autre avec un soin extrême et scrupuleusement comparées n'auraient pas déja établi d'une manière rigoureuse et directe l'existence de ces rapports.

On voit par ce que je viens de dire comment les teintes polarisées par les lames à leurs épaisseurs successives dépendent des temps des oscillations. De plus, nous avons reconnu que l'amplitude des oscillations est la même pour toutes les molécules lumineuses et égale à $2i$, c'est-à-dire au double de l'angle formé par le premier axe des lames avec le plan de polarisation primitif. Or, en faisant varier cet angle depuis o jusqu'à $360°$, on trouve par expérience que la teinte polarisée par une même lame est rigoureusement constante. Par conséquent les temps des oscillations doivent aussi être parfaitement égaux dans tous les cas, puisque l'espèce de teinte que la lame polarise dépend uniquement de cette durée : ainsi la force qui produit les oscillations est telle, que leur durée est absolument indépendante de leur amplitude; cette indépendance offre une condition à laquelle les forces dont il s'agit doivent satisfaire, et leur détermination d'après cette condition est un véritable problème de tautochronisme.

Reprenons donc l'équation différentielle

$$\frac{d^2 x}{dt^2} = \varphi\,(i-x) - \varphi_{,}\,(i-x),$$

et faisons pour plus de simplicité $v = (i-x)$; comme les fonctions φ et $\varphi_{,}$ ne contiennent que cette quantité, nous pourrons faire $\varphi\,(i-x) - \varphi_{,}\,(i-x) = F\,(i-x) = Fv$, et notre équation différentielle deviendra en y substituant ces valeurs $\frac{d^2 v}{dt^2} = -F\,(v)$. La première intégrale de cette équation devra être prise de manière que la vitesse $\frac{dx}{dt}$ ou $-\frac{dv}{dt}$ soit nulle quand x est nulle; c'est-à-dire quand $v = +i$: ensuite, pour avoir le temps T d'une oscillation entière qui s'exécute dans l'arc $2i$, il faudra prendre la valeur de t dans la seconde intégrale depuis $x = 0$ jusqu'à $x = 2i$; c'est-à-dire depuis $v = +i$ jusqu'à $v = -i$; la première de ces limites répond au commencement de l'oscillation; la seconde à la fin; et la valeur moyenne $v = 0$ répondrait exactement au milieu du temps T; car le mouvement de la molécule lumineuse est symétrique dans les deux moitiés de l'oscillation. En effet, si l'on suppose $v = i - x$ dans l'expression générale trouvée plus haut pour $\frac{dx^2}{dt^2}$, on trouve :

$$\frac{dx^2}{dt^2} = 2\left[\psi\,(v) - \psi\,(i)\right] - 2\left[\psi_{,}\,(v) - \psi_{,}\,(i)\right],$$

30.

et comme, en changeant $+ v$ en $- v$, les fonctions ψ et $\psi_{,}$ conservent la même valeur, il s'ensuit que le carré de la vîtesse $\frac{dx^2}{dt^2}$ est le même dans les deux cas pour des valeurs égales de v. Or l'arc v commence au milieu de l'amplitude de l'oscillation totale, par conséquent le temps employé à parcourir la semi-amplitude sera le même des deux côtés.

D'après cela on voit que si, au lieu de prendre la seconde intégrale de t depuis $v = + i$ jusqu'à $v = - i$, on la prend seulement depuis $v = 0$ jusqu'à $v = + i$, on aura la valeur du temps employé dans une demi-oscillation, c'est-à-dire, de $\frac{1}{2} T$; et en doublant le résultat, on aura T. C'est ainsi que nous opérerons dans le calcul qui va suivre, afin d'éviter les difficultés analytiques attachées aux intégrales qui vont du positif au négatif en passant par zéro.

Cela posé, je remarque que la fonction $- F(v)$ exprime la force répulsive composée qui agit à chaque instant sur la molécule lumineuse. Cette force est nulle lorsque l'axe de polarisation de la molécule est dirigé suivant l'un des deux axes de la lame; car alors il se trouve nécessairement perpendiculaire à l'autre, et ni l'un ni l'autre n'exerce alors d'action sur la molécule pour le faire tourner. La fonction $- F(v)$ doit donc devenir nulle quand $v = 0$; et par conséquent on peut concevoir son expression développée suivant les puissances ascendantes de v, ce qui donne une série de cette forme :

$$F v = a v^{\alpha} + b v^{6} + c v^{\gamma} \ldots \ldots$$

a, b, c étant des constantes, et α, 6, γ des exposans positifs qui peuvent d'ailleurs être quelconques. Nous supposerons que ces exposans sont rangés par ordre de grandeur, et que α est le plus petit d'entre eux. D'après cela, notre équation différentielle deviendra :

$$\frac{d^2 v}{dt^2} = -\, av^\alpha - bv^\varepsilon - cv^\gamma \ldots\ldots$$

multipliant une fois par dt et intégrant :

$$\frac{dv^2}{dt^2} = -\,\frac{2a\,v^{\alpha+1}}{\alpha+1} - \frac{2b\,v^{\varepsilon+1}}{\varepsilon+1} - \frac{2c\,v^{\gamma+1}}{\gamma+1} \ldots\ldots + \text{const.}$$

La constante doit être déterminée de manière que la vîtesse $\frac{dx}{dt}$ ou $\frac{dv}{dt}$ soit nulle quand $x = 0$, ce qui donne $v = i$, on a donc

$$0 = -\,\frac{2a\,i^{\alpha+1}}{\alpha+1} - \frac{2b\,i^{\varepsilon+1}}{\varepsilon+1} - \frac{2c\,i^{\gamma+1}}{\gamma+1} \ldots\ldots + \text{const.}$$

Et par conséquent :

$$\frac{dv^2}{dt^2} = \frac{2a\left(i^{\alpha+1} - v^{\alpha+1}\right)}{\alpha+1} + \frac{2b}{\varepsilon+1}\left(i^{\varepsilon+1} - v^{\varepsilon+1}\right) + \frac{2c}{\gamma+1}\left(i^{\gamma+1} - v^{\gamma+1}\right)\ldots$$

Faisons maintenant $v = iv'$, ce qui donne $dv = idv'$, et $dv^2 = i^2 dv'^2$, notre équation divisée par i^2 deviendra

$$\frac{dv'^2}{dt^2} = \frac{2a\,i^{\alpha-1}}{\alpha+1}\left(1 - v'^{\alpha+1}\right) + \frac{2b\,i^{\varepsilon-1}}{\varepsilon+1}\left(1 - v'^{\varepsilon+1}\right) + \frac{2c\,i^{\gamma-1}}{\gamma+1}\left(1 - v'^{\gamma+1}\right)$$

d'où l'on tire

$$dt = dv'\left[\frac{2a\,i^{\alpha-1}}{\alpha+1}\left(1 - v'^{\alpha+1}\right) + \frac{2b\,i^{\varepsilon-1}}{\varepsilon+1}\left(1 - v'^{\varepsilon+1}\right) + \frac{2c\,i^{\gamma-1}}{\gamma+1}\left(1 - v'^{\gamma+1}\right)\ldots\right]^{\frac{1}{2}}$$

Pour avoir le temps $\frac{1}{2}$T correspondant à une demi-oscillation, il faut prendre l'intégrale de dt, depuis $v = 0$ jusqu'à $v = i$, ou, puisque $v = iv_{,}$, depuis $v' = 0$ jusqu'à $v' = 1$. Or, si l'on développe le second membre en série suivant les puissances de i, en commençant par le terme $\frac{2\,a\,i^{\alpha-1}}{\alpha+1}\left(1-v_{,}^{\alpha+1}\right)$, qui contient la plus petite puissance de i, on voit que la valeur de t, prise entre ces limites, ne saurait être indépendante de i, à moins qu'on n'ait $\alpha-1=0$, et ensuite $b = 0$, $c = 0$, ce qui donne

$$F v = a v,$$

a étant une constante arbitraire. De là, en remettant pour v et $F v$ leurs valeurs en x, on a cette condition

$$\varphi\,(i - x) - \varphi_{,}\,(i - x) = a\,(i - x),$$

à laquelle les fonctions φ et φ' doivent satisfaire, quels que soient i et x. Nous reviendrons tout-à-l'heure sur cette condition; mais auparavant nous allons en profiter pour déterminer le temps T : nous ferons seulement cette remarque, qu'il est facile de voir que cette forme de la force répulsive produira en effet le tautochronisme, et même est indispensablement nécessaire pour le produire; car elle exprime que, dans tous les points de l'oscillation, l'intensité de la force qui fait tourner l'axe de la molécule lumineuse est proportionnelle à l'arc qui lui reste à décrire pour coïncider avec le premier axe de la lame : d'où il suit que la molécule parviendra toujours à cette position dans le même temps en partant du repos, quelle que soit l'étendue des oscillations.

Reprenons notre équation différentielle en v, en y faisant $\alpha = 1$, et $b\, c \ldots$ nuls. elle deviendra

$$\frac{d^2 v}{d t^2} = -\, a v,$$

dont l'intégrale est

$$v = m \cos. \left[t \sqrt{a} + n \right],$$

m et n étant deux constantes arbitraires. D'abord on en déterminera une par la condition que $\frac{d v}{d t}$ doit être nul quand $t = 0$, ce qui donne $m \sin. n = 0$, et partant $n = 0$; car, si on faisait m nul, il n'y aurait pas d'oscillation du tout. On a donc ainsi d'abord, en mettant pour v sa valeur $i - x$,

$$x = i - m \cos. t \sqrt{a},$$

de plus, quand $t = 0$, il faut que l'arc x soit nul, ce qui donne $m = i$. On a donc définitivement

$$x = i - i \cos. t \sqrt{a}, \text{ ou bien } x = 2i \sin.^2 \tfrac{1}{2} t \sqrt{a}.$$

De là il résulte que le temps d'une oscillation entière dans l'arc $2\,i$ est donné par l'équation

$$t \sqrt{a} = \pi, \text{ d'où } t = \frac{\pi}{\sqrt{a}},$$

π étant la demi-circonférence dont le rayon égale l'unité.

La force accélératrice qui tend à faire tourner les molécules lumineuses, est proportionnelle à $i - x$, c'est-à-dire, à l'angle que leur axe de polarisation forme à chaque instant avec le premier axe de la lame. On peut donc assimiler ces phénomènes à ceux que produirait la torsion d'un fil vertical sur des aiguilles qui y seraient suspendues horizontalement par leur centre de gravité. Le point de repos du fil, celui où sa torsion est nulle, coïncide avec le sens de la polarisation primitive. Il est dirigé dans le méridien; c'est-là qu'il faut d'abord concevoir que le premier axe de la lame est placé. En le tournant dans l'azimuth i, on tord le fil de l'angle i; ce qui produit d'abord une force de torsion proportionnelle à i. L'axe de polarisation se met alors en mouvement; il suit l'axe de la lame, et tourne vers lui en décrivant un angle x: sa force de torsion est constamment proportionnelle à l'angle $i - x$; c'est ainsi qu'il continue ses oscillations.

Essayons de comparer cette force à la pesanteur. Pour cela, cherchons quelle force il faudrait à chaque instant appliquer perpendiculairement à l'extrémité d'une aiguille égale en longueur à la molécule lumineuse, pour faire décrire à cette aiguille autour de son centre des oscillations pareilles à celles que la molécule exécute, et lui imprimer à chaque instant la vîtesse de rotation qu'a réellement la molécule à chaque point de son oscillation. Pour cela, reprenons l'équation différentielle

$$\frac{d^2 x}{d t^2} = a\,(i - x),$$

dans laquelle on doit regarder i et x comme des arcs de cercle mesurés sur le contour de la circonférence décrite par l'extrémité de l'axe de polarisation des molécules lumineuses; soit r la longueur de cet axe à partir du centre de rotation. Désignons par p la pesanteur terrestre sous la latitude de Paris, par g le double de l'espace que cette pesanteur fait décrire aux corps pendant la première seconde sexagésimale; espace qui, exprimé en mètres, est égal à

9,8088. Désignons de même par φ la force accélératrice qui sollicite l'aiguille dans l'arc $i - x$, nous aurons,

$$\varphi = p \cdot \frac{a\,(i - x)}{g},$$

et le coëfficient de p dans le second membre étant évalué en nombres, donnera à chaque instant le rapport de la force φ à la pesanteur p.

La force φ étant variable avec l'arc x, évaluons-la pour un instant déterminé, par exemple, pour l'instant où la rotation de la molécule commence; nous aurons alors $x = 0$, puisque l'arc x est compté à partir du commencement de l'oscillation, et la valeur de φ pour ce cas sera

$$\varphi = \frac{p\,a\,i}{g}.$$

Cette expression est encore variable avec l'arc i, et lui est proportionnelle. Mais la plus grande valeur de i que nous ayons besoin de considérer, c'est celle qui répond à l'angle droit; car alors l'étendue entière des oscillations s'exécutant dans l'arc $2\,i$, on voit que les axes de rotation des particules décrivent une demi-circonférence; ce qui, à cause de la forme symétrique des molécules lumineuses, ramène les mêmes phénomènes que si elles n'avaient pas été déviées de leur polarisation primitive. Au-delà de ce terme, et pour de plus grandes valeurs de i, la même raison de symétrie ramène également les mêmes phénomènes qui avaient lieu dans la première moitié de la circonférence. Nommons donc r le rayon de la molécule lumineuse, c'est-à-dire, la distance de son centre de rotation à l'extrémité de son axe de polarisation; et désignant comme ci-dessus par π la demi-circonférence dont le rayon égale l'unité, nous aurons dans le cas de l'angle droit

$$i = \frac{\pi r}{2}, \quad \text{ce qui donne} \quad \varphi = \frac{p \cdot \pi a r}{2 g};$$

La constante a peut s'évaluer d'après le temps des oscillations; car, en exprimant ce temps par T, nous avons trouvé plus haut

$$T = \frac{\pi}{\sqrt{a}}, \quad \text{ce qui donne} \quad a = \frac{\pi^2}{T^2},$$

et par conséquent

$$\varphi = \frac{p \cdot \pi^3 r}{2 g \cdot T^2}.$$

L'homogénéité de cette expression est évidente; car $g\,T^2$ exprime le double de l'espace qu'un corps pesant décrirait pendant le temps T d'une oscillation; et comme r exprime aussi une ligne, et π un nombre abstrait, on voit que le coëfficient de p dans le second membre est un nombre abstrait. Par conséquent, si l'on connaissait le rayon r de la molécule exprimée en parties du mètre, et le temps T de l'oscillation exprimé en parties de la seconde sexagésimale, on pourrait réduire le second membre en nombres, et l'on connaîtrait le rapport numérique de la force φ à la pesanteur terrestre pour le cas que nous avons considéré.

La valeur de l'espace g se déduit, comme on sait, de la longueur du pendule à secondes. Introduisons son expression dans notre formule. Si l'on nomme λ cette longueur exprimée en mètres, on a à Paris, d'après l'observation, $\lambda = 0^{m},99384$; et par la théorie de la pesanteur, en prenant

pour unité de temps la seconde sexagésimale, mesurée par
une oscillation de λ, on a

$$g = \frac{\pi^2 \lambda}{1''^2},$$

π étant, comme précédemment, le rapport abstrait de la
circonférence au diamètre, en éliminant g au moyen de cette
expression, la valeur de φ devient

$$\varphi = \frac{p \cdot \pi \cdot 1''^2 \cdot r}{2 \, T^2 \cdot \lambda}.$$

Ces oscillations des particules lumineuses sont si rapides,
que le temps T est absolument inappréciable pour nos
sens, mais nous pouvons le calculer d'après les observations. Si l'on représente par e' la plus petite épaisseur, à
laquelle la force polarisante de la lame commence à être
sensible : il résulte de l'expérience, comme on le verra tout-
à l'heure, que le temps employé par la lumière pour traverser cet espace, est égal à la moitié du temps d'une oscillation
complète, lorsque la force polarisante de la lame a pris tout
son accroissement. Nommons R le rayon moyen de l'orbe
terrestre. La lumière parcourt cet espace en 8' 13" ou 493";
par conséquent le temps qu'elle mettrait dans le vide pour
parcourir l'espace e', serait proportionnellement $\frac{e' \cdot 493''}{R}$.
Mais dans l'intérieur d'un corps réfringent, sa vîtesse est
plus considérable, suivant la proportion du sinus d'incidence au sinus de réfraction; nommant donc m ce rapport
pour l'espèce de lame que nous considérons, le temps du
trajet dans l'espace e' sera moindre dans le même rapport;
nous aurons $\frac{e' \cdot 493''}{m R}$ pour le nombre de secondes que la

lumière ordinaire emploie à y traverser l'espace e'. Ce sera donc la valeur de $\frac{1}{2}\,T$, et par conséquent on aura

$$T = \frac{e' \cdot 986''}{m\,R};$$

Mettant donc pour T cette valeur dans l'expression de la force accélératrice, elle devient

$$\varphi = p \cdot \frac{m^2\,\pi\,R^2\,r}{2\lambda \cdot e'^2 \cdot (986)^2}.$$

Dans les lames de chaux sulfatée bien pure, l'épaisseur qui répond au blanc du premier ordre est $0^{mm},031144$, comme je l'ai montré dans mon premier Mémoire. Dans la table de Newton, l'épaisseur correspondante est représentée par $3^p,4$; et le commencement du noir, ou la valeur de e' pour les premières molécules violettes de l'extrémité du spectre, se trouve représenté dans la même table par $1 \cdot \frac{2}{7}$. Ainsi, proportionnellement, nous aurons la valeur de e' relativement à ces mêmes particules dans nos expériences par la proportion $3, \frac{2}{5} : 1, \frac{2}{7} :: 0^{mm},031144 : e'$; ce qui nous donnera

$$e' = 0,^{mm}011777,$$

ou en parties du mètre

$$e' = 0^m,000011777.$$

On a de plus dans la chaux sulfatée $m = \frac{61}{41}$ d'après les expériences de Newton, et enfin nous avons la longueur du pendule à secondes $\lambda = 0^m,99384$. En substituant ces données dans l'expression de φ, on trouve

$$\varphi = p \cdot \frac{R^2\,r}{0 \cdot 00003854}.$$

Ici R et r ne sont plus que des nombres abstraits de mètres. On voit que le rapport absolu de la force φ à la pesanteur p dépend de la grandeur du rayon r de la molécule lumineuse, et lui est proportionnel; de sorte que, plus on supposera pour φ une valeur faible, plus il faudra que le rayon r des molécules soit petit, pour qu'elles fassent leurs oscillations dans le temps assigné. Supposons par exemple $\varphi = 100000000.\, p$, c'est-à-dire que la force φ soit cent millions de fois aussi intense que la pesanteur. Alors $\frac{\varphi}{p}$ étant connu et égal à 100000000, on en tirera

$$\frac{R^2 r}{0,000003854} = 100000000 \quad \text{ou} \quad r = \frac{3854}{R^2};$$

c'est-à-dire que, dans cette supposition, le rayon des molécules lumineuses serait égal à trois mille huit cent cinquante-quatre mètres divisés par le carré de la distance de la terre au soleil exprimée en mètres; et d'après ce que nous avons remarqué tout-à-l'heure, si l'on voulait supposer la force φ plus faible, les dimensions des particules lumineuses diminueraient proportionnellement. Ce résultat nous donne une prodigieuse idée de la ténuité de la lumière; mais aussi, quelle ténuité ne doit-elle pas avoir pour se transmettre librement à travers des corps aussi denses que le verre, et pour produire tous les autres phénomènes de ce genre que nous observons !

Le calcul que nous venons de faire nous a donné l'expression de la force attractive exercée à l'extrémité de l'axe de la molécule lumineuse, quand cet axe fait un angle droit avec l'axe du cristal. Cette force attractive varie proportionnellement à l'arc $i - x$, et elle devient nulle quand cet arc est nul; c'est-à-dire, quand l'axe de polarisation des particules devient parallèle au premier axe du cristal : c'est alors que la vîtesse de circulation est la plus grande. Pour trouver l'expression de cette vîtesse, reprenons l'expression différentielle

$$\frac{d^2 x}{d t^2} = a\,(i - x),$$

qui en intégrant donne

$$\frac{d x^2}{d t^2} = -\,a\,(i - x)^2 + \mathrm{C}.$$

La vîtesse doit être nulle à l'instant du départ lorsque $x = 0$; ce qui donne

$$0 = -\,a i^2 + \mathrm{C};$$

par conséquent

$$\frac{d x^2}{d t^2} = a\,[\,i^2 - (i - x)^2\,].$$

Cette vîtesse est encore nulle quand $x = 2 i$, à l'autre terme de l'oscillation, après le temps T. Elle atteint son maximum au milieu de l'oscillation, quand $x = i$; ce qui donne

$$\frac{d x}{d t} = i \sqrt{a};$$

son *maximum maximorum* a lieu quand $i = \dfrac{\pi r}{2}$, r étant le rayon de la molécule lumineuse : ainsi, en la nommant v dans cette circonstance, on a

$$v = \frac{\pi r}{2} \sqrt{a}.$$

Or, nous avons trouvé plus haut la valeur de $\sqrt{a}$ en

fonction du temps T de l'oscillation , et cette valeur est

$$\sqrt{a} = \frac{\pi}{T} \, ;$$

ainsi, en éliminant a, nous aurons

$$v = \frac{\pi^2 r}{2\,T}.$$

Comparons cette vîtesse à la vîtesse de translation de la lumière dans le cristal. Pour cela, nommons, comme ci-dessus, R le rayon de l'orbe terrestre que la lumière traverse en $493''$. La vîtesse de la lumière dans le vide sera $\dfrac{R}{493''}$, et dans le cristal elle sera $\dfrac{m\,R}{493}$, en désignant par m le rapport du sinus d'incidence au sinus de réfraction. Ainsi , en nommant V cette vîtesse de translation, nous aurons

$$\frac{v}{V} = \frac{\pi^2 r \, . \, 493''}{2\,T\,m\,R} \, ,$$

où l'on voit qu'en effet le second membre exprime bien un nombre abstrait. Or, nous avons plus haut exprimé le temps T en fonction de l'épaisseur e' que la lumière traverse pendant le temps d'une demi-oscillation, et nous avons trouvé

$$T = \frac{2\,e' \, . \, 493''}{m\,R} \, ;$$

substituant donc pour T cette valeur, R disparaît, et il reste

$$\frac{v}{V} = \frac{\pi^2}{4} \cdot \frac{r}{e'} \, ,$$

ou en réduisant le coëfficient $\frac{\pi^2}{4}$ en nombres,

$$\frac{\upsilon}{V} = 2,4674 \cdot \frac{r}{e'} \; ;$$

et comme il est certain que le rayon r des molécules lumineuses est excessivement petit par rapport à l'épaisseur e', qui est de $\frac{12}{1000}$ de millimètre dans la chaux sulfatée et le cristal de roche taillés parallèlement à l'axe de cristallisation, on voit que la vîtesse de circulation de la molécule lumineuse est excessivement petite comparativement à son mouvement de translation : ce qui montre que ces oscillations, si rapides qu'elles nous paraissent, n'ont rien que de très-proportionné à la vîtesse de translation des particules.

La condition du tautochronisme des oscillations nous a donné une relation entre les deux forces émanées des deux axes de la lame. Si l'on supposait que ces deux forces fussent exprimées par des fonctions de même forme, on pourrait déterminer, d'après cette condition, l'expression la plus générale de chacune d'elles ; car, puisque l'on doit avoir toujours

$$\varphi \, (i - x) - \varphi_{,} \, (i - x) = a \, (i - x),$$

a étant une constante, on ne peut, dans ce cas, rien supposer de plus général que de faire

$$\varphi \, (i - x) = m \, (i - x) + \pi \, (i - x)$$
$$\varphi_{,} \, (i - x) = n \, (i - x) + \pi \, (i - x),$$

$\pi \, (i - x)$ étant une fonction arbitraire, et m et n deux constantes telles que $m - n$ soit une quantité positive ; car il faut que $m - n$ soit égal à a, et a doit être positif pour qu'il y ait un mouvement d'oscillation tel que nous l'avons supposé.

On voit que dans ces expressions $m - n$ est proportionnelle à la différence des actions des deux axes, et peut servir à la représenter.

Nous avons trouvé plus haut que le temps d'une oscillation entière dans l'arc $2i$ était égal à $\frac{\pi}{\sqrt{a}}$, et puisque nous avons $a = m - n$, en nommant m et n les énergies respectives des deux axes de la lame, nous aurons aussi :

$$T = \frac{\pi}{\sqrt{m - n}}.$$

Cette expression nous montre que les oscillations seront plus rapides à mesure que les axes seront plus différens en intensité, et réciproquement qu'elles se ralentiront quand la différence des intensités deviendra moindre. Cela explique l'inégalité que l'on observe sous ce rapport entre les cristaux de nature diverse, et même entre différens morceaux de cristaux de même nature qui exigent des épaisseurs différentes pour polariser la même teinte dans l'azimut $2i$. Car ces épaisseurs sont plus grandes à mesure qu'il se fait moins d'oscillations, pendant que la lumière parcourt le même espace dans le cristal ; et quoique la vîtesse de la lumière ne soit pas la même dans les cristaux de nature différente, cependant on ne peut pas attribuer le phénomène dont nous parlons à cette inégalité, puisqu'elle est certainement bien petite dans des cristaux de même nature, lorsque la pesanteur spécifique n'y fait apercevoir aucune inégalité appréciable, tandis que néanmoins les épaisseurs de ces cristaux qui polarisent la même teinte, diffèrent souvent de plus d'un dixième de leurs valeurs totales. Il est bien plus naturel de croire que l'existence des forces qui pola-

risent ainsi les molécules et les font osciller dans l'intérieur
du cristal, dépendent de l'arrangement des particules dont
le cristal est composé; et suivant qu'elles le seront d'une manière ou d'une autre, d'une façon plus régulière ou plus confuse, il doit en résulter sur les coëfficiens m et n de très-
grandes variations. Aussi les différences dont nous parlons
paraissent-elles dépendre principalement de la constitution
du cristal, car elles sont liées avec la transparence des lames,
leur élasticité, leur mollesse, etc.... comme je l'ai déja fait
remarquer dans mon premier Mémoire.

On peut même concevoir que la différence des coëfficiens
m et n soit si petite dans certaines substances, qu'elles ne
produisent pas d'oscillation; car si $m - n$ est nul, le temps
des oscillations devient infini, et par conséquent l'oscillation
n'a pas lieu. Enfin on pourrait imaginer aussi des lois telles,
que le mouvement des particules lumineuses ne fût plus oscillatoire, et se changeât en une circulation continue.

Les résultats auxquels nous venons de parvenir, et les
calculs mêmes sur lesquels ils sont établis, supposent que
l'action du cristal sur la lumière est complète, c'est-à-dire,
que les molécules lumineuses ont pénétré assez avant dans
son intérieur, pour que les forces qui les sollicitent soient
désormais constantes. Pour savoir ce qui se passe avant cette
limite, il semble qu'il n'y ait qu'à suivre une marche analogue à celle que l'auteur de la Mécanique céleste a tracée
en calculant la marche de la lumière lorsqu'elle s'approche
de la surface des corps, et qu'elle pénètre dans l'intérieur
de leur substance. Mais dans le cas des oscillations, nous
avons deux difficultés de plus à surmonter.

La première tient à la nature même des forces qui sollicitent les molécules lumineuses. Dans la réfraction ordinaire la direction de ces forces est connue ; on sait qu'elles se réduisent à une attraction perpendiculaire à la surface des corps, et qui, semblable aux affinités chimiques, n'est sensible qu'à des distances très-petites. Mais dans le nouveau genre de phénomènes que nous entreprenons ici de considérer, nous ne savons pas par quelles périodes s'exercent les forces qui font osciller les molécules lumineuses ; nous ignorons si l'étendue des oscillations est toujours la même, ou si elles n'ont pas une amplitude d'abord très-petite, et ensuite successivement croissante, jusqu'à une certaine profondeur après laquelle elle devient constante. Il paraît même qu'il faut avoir égard aux actions de ce genre, exercées sur les molécules lumineuses par les forces réfringentes ordinaires qui ont lieu près de la première surface du cristal ; car, quoique ces forces ne s'étendent pas jusqu'à la profondeur à laquelle l'effet de la cristallisation commence à devenir sensible, cependant je me suis assuré par des expériences directes qu'elles modifient la lumière d'une manière analogue à ce que ferait un cristal ; c'est-à-dire, par exemple, qu'un rayon polarisé, en tombant obliquement sur la surface d'un morceau de verre quelconque, et s'y réfractant, éprouve dans la direction de ses axes des déviations analogues à celles qu'un cristal produirait ; et quoique j'aie reconnu la nécessité de donner à ces expériences, pour les rendre calculables, plus de précision que je n'ai pu encore le faire, cependant j'ai constaté avec certitude l'existence des actions dont je viens de parler, et par conséquent il sera nécessaire de les bien connaître avant d'aller plus loin dans cette théorie, puisque ce sont elles qui commencent à agir sur les rayons.

32.

Une autre difficulté de ce genre de recherches tient à la nature même du mouvement oscillatoire. Dans la théorie de la réfraction ordinaire, la translation des molécules lumineuses se fait toujours dans un même sens ; elles n'éprouvent ni oscillation, ni rebroussement dont il faille tenir compte. Cela fait que les intégrales peuvent être aisément étendues dans toute la longueur de la trajectoire qu'elles décrivent ; mais lorsqu'il s'agit d'un mouvement oscillatoire, le changement de signe des vîtesses, et les alternatives des directions, donnent lieu à des difficultés de calculs qu'il ne paraît pas aisé de surmonter.

Ne pouvant donc suivre ici une marche théorique, nous sommes obligés de revenir à l'expérience, et d'y chercher directement les profondeurs diverses auxquelles pénètrent les molécules lumineuses de différente nature avant de commencer leurs oscillations. Or, cela est extrêmement facile d'après les rapports constants et la proportionnalité soutenue qui existent entre les longueurs des accès de réflexion et les épaisseurs auxquelles nos oscillations répondent. En effet, d'après les calculs établis par Newton dans son Optique, si l'on désigne par $2e'$ la longueur d'un accès pour une molécule lumineuse d'une longueur déterminée, il résulte de l'expérience que la moitié de cette longueur, ou e', sera la plus petite épaisseur à laquelle cette molécule commencera à se réfléchir pour la première fois. Ainsi, en désignant de même par $2e'$ l'épaisseur de nos lames qui répond à la durée d'une oscillation pour la même espèce de particules lumineuses, épaisseur qui est aussi donnée par l'expérience, on voit que la moitié de cette épaisseur ou e' sera la profondeur à laquelle cette molécule commencera à osciller ; et le même calcul qui a donné à Newton le rapport de longueur des accès pour les molécules lumineuses de diverses couleurs, nous donnera également les profondeurs diverses auxquelles ces molécules commencent leurs oscillations.

Nous avons vu plus haut, qu'en nommant m le rapport de réfraction dans le cristal, et R la distance de la terre au soleil, la lumière traverse l'espace e' dans un temps exprimé par $\frac{e' \cdot 493''}{m\mathrm{R}}$; de sorte qu'en nommant T le temps d'une oscillation entière, on a

$$T = \frac{e' \cdot 986''}{m\,\mathrm{R}}.$$

Or, nous avons trouvé aussi $T = \frac{\pi}{\sqrt{a}}$, par conséquent $a = \frac{\pi^2}{T^2}$ on a donc aussi

$$a = \frac{\pi^2\, m^2\, \mathrm{R}^2}{e'^2 \cdot (986'')^2},$$

de sorte que l'intensité de l'action des forces polarisantes sur les molécules lumineuses de nature diverse, dépend de la valeur du coëfficient $\frac{m}{e'}$, et en raison de son carré.

Ce coëfficient est le quotient du rapport de réfraction qui convient à chaque molécule lumineuse, et de l'épaisseur à laquelle sa polarisation commence. Or, puisque les couleurs des rayons extraordinaires s'accordent parfaitement avec les couleurs des anneaux, il faut bien que les épaisseurs e' soient aussi proportionnelles entre elles dans les deux genres de phénomènes, et c'est ce que l'expérience confirme. Soit e', l'épaisseur primitive pour les premières molécules violettes qui confinent au noir; ε, l'épaisseur correspondante dans les

derniers rayons rouges qui sont à l'autre extrémité du spectre; on a, selon les expériences de Newton :

$$e_{,} = \varepsilon_{,}\ 0,6300.$$

Ce rapport lui a paru sensiblement le même dans toutes
les substances; et s'il n'est pas rigoureusement exact, il est
du moins peu différent de la vérité, puisqu'il s'accorde très-
bien avec les phénomènes. Nommons de même μ le rapport
du sinus d'incidence au sinus de réfraction pour ces mêmes
rayons rouges extrêmes, et m le rapport analogue pour les
derniers rayons violets visibles, on a encore, suivant les expériences de Newton $m = \dfrac{\mu \cdot 78}{77}.$

Ce rapport est celui qu'il avait obtenu en faisant des expériences sur la dispersion du verre ordinaire, qui est peu
différente de celle de nos cristaux; et regardant seulement
cette évaluation comme approchée, elle serait encore suffisante, car les résultats que nous obtiendrons n'ont pas besoin d'une plus grande exactitude. D'après ces données, on
aura

$$\frac{m}{e_{,}} = \frac{\mu}{\varepsilon_{,}} \cdot \frac{78}{77 \cdot 0,6300};$$

Par conséquent a étant l'intensité des forces répulsives
pour les rayons violets extrêmes, on aura

$$a = \frac{\pi^2 R^2}{(986)^2} \frac{\mu^2}{\varepsilon_{,}^2} \cdot \frac{78^2}{77^2 \cdot 0,6300^2} = \frac{\pi^2 R^2 \mu^2}{(986)^2 \varepsilon'^2} \cdot 2,5854;$$

Mais en représentant par α l'intensité correspondante pour
les rayons extrêmes du rouge, on aura

$$\alpha = \frac{\pi^2 R^2}{986^2} \cdot \frac{\mu^2}{\varepsilon_{,}^2};$$

de là on tire

$$a = \alpha \cdot 2,5854,$$

c'est-à-dire, que l'intensité de la force répulsive qui s'exerce *sur les dernières molécules violettes est deux fois et demie aussi forte que celle qui s'exerce sur les dernières molécules rouges, à distances égales de leurs centres;* ce qui, relativement à l'ordre d'intensité, s'accorde avec tous les résultats physiques que l'on a pu observer sur les molécules diverses.

Maintenant, si l'on nomme T et θ les temps des oscillations correspondans à ces deux espèces de molécules, on aura

$$T = \frac{\pi}{\sqrt{a}}; \quad \theta = \frac{\pi}{\sqrt{\alpha}},$$

par conséquent

$$T = \theta \frac{\sqrt{\alpha}}{\sqrt{a}};$$

or

$$\frac{\sqrt{\alpha}}{\sqrt{a}} = \frac{1}{\sqrt{2,5854}} = 0,62192;$$

par conséquent

$$T = \theta \cdot 0,62192,$$

c'est-à-dire, que le temps des oscillations des dernières molécules violettes est moindre que le temps des oscillations des dernières molécules rouges; les premières oscillent plus rapidement que les autres dans le rapport de 62 à 100.

Il est vrai que les molécules violettes se transportent aussi plus rapidement que les autres; et si l'excès de leur accélération de vitesse compensait la rapidité de leurs oscillations.

il serait possible qu'elles n'eussent pas fait plus d'oscillations
que d'autres, én traversant la même épaisseur; mais il n'en
est pas ainsi; car d'après ce que nous avons trouvé plus
haut par l'expérience, les épaisseurs e' traversées dans une
demi-oscillation par les molécules violettes, sont moindres
que les épaisseurs e, également parcourues dans une demi-
oscillation par les molécules rouges; et dans cette évaluation,
qui est purement expérimentale, la vîtesse de translation et
celle de circulation entrent toutes deux, et ont leur plein
et entier effet.

Ce que nous venons de démontrer en comparant les molécules de lumière rouge aux molécules de lumière violette,
a lieu proportionnellement pour toutes les autres espèces
de molécules comprises entre ces deux-là, en employant les
nombres qui leur conviennent. Ainsi, nous pourrons appliquer à nos lames la construction donnée par Newton dans
la 4ᵉ partie du 2ᵉ livre de l'Optique; car cette construction
n'est autre chose que celle des formules rapportées page [illegible]
et appliquées à chaque espèce de molécules. Ainsi, ayant
construit cette figure, que nous avons ici rapportée fig. 3,
si l'on veut savoir quelle espèce de couleur composera le
rayon extraordinaire pour une épaisseur donnée, on mènera
une ligne A'H' parallèle à la ligne AH, à une distance HH'
qui exprime cette épaisseur; les couleurs sur lesquelles passera cette ligne dans les espaces qui conviennent aux anneaux
réfléchis, seront précisément les couleurs du rayon extraordinaire que montrera la lame sous l'incidence perpendiculaire; ou, ce qui revient au même, on se servira de la table
que Newton a déduite de ces mêmes formules, et que j'ai
rapportées dans mon premier Mémoire, page 56.

Ainsi, en partant des considérations que je viens d'exposer, on pourra calculer d'avance pour chaque épaisseur de nos lames l'espèce de teinte qu'elles doivent polariser sous l'incidence perpendiculaire, et on connaîtra ces teintes en les rapportant à la table de Newton. De plus, les limites des oscillations des molécules lumineuses étant zéro et $2i$, le rayon incident polarisé se divisera dans l'intérieur des lames en deux faisceaux colorés dont les axes de polarisation seront tournés dans chacun de ces azimuts. Supposant l'incidence perpendiculaire, et les deux surfaces de lame parallèles, les deux faisceaux ne se sépareront point en la traversant : par conséquent, si on les observe à l'œil nu, ils se confondront en un seul rayon blanc; mais si on les fait passer perpendiculairement à travers un rhomboïde de chaux carbonatée, dont la section principale fasse un angle α avec le plan de polarisation primitive, ils se sépareront en deux faisceaux, dont les intensités suivront les lois observées par Malus pour les rhomboïdes de chaux carbonatée, c'est-à-dire, qu'en nommant E la teinte polarisée par la lame dans l'azimut $2i$, et désignant par O la teinte complémentaire qui a repris sa polarisation primitive, les rayons ordinaires, extraordinaires, F_o F_e, auront pour valeur

$$F_o = O \cos^2 \alpha + E \cos^2 (2i - \alpha)$$
$$F_e = O \sin^2 \alpha + E \sin^2 (2i - \alpha).$$

Ces expressions représenteront les phénomènes qui auront lieu si on analyse le rayon transmis en le faisant réfléchir sur une seconde glace. Ce sont précisément les mêmes que j'avais trouvées dans mon premier Mémoire par la seule comparaison empirique des observations.

1812.   33

Ainsi la théorie que je viens d'exposer reproduit fidèlement et avec exactitude les deux lois générales qui lui
servent de base, celle des teintes et celle de la direction de
la polarisation. Il est même aisé de se convaincre qu'elle
n'est autre chose que l'expression abrégée et simplifiée de
ces deux lois qui renferment tous les phénomènes que peuvent présenter les lames observées par transmission sous
l'incidence perpendiculaire. Je vais maintenant montrer que
la même théorie reproduit avec une égale exactitude tous
les autres phénomènes de la réflexion et de la réfraction
sous toutes les incidences quelconques, soit que le lumière
incidente traverse une ou plusieurs lames, soit que les axes
des lames se trouvent superposés parallèlement ou croisés
sous un angle quelconque. Ce sera l'objet de la troisième
partie de mon travail.

TROISIÈME PARTIE,

Lue à l'Institut en janvier 1813.

Les recherches que j'ai eu jusqu'à présent l'honneur de
lire à la Classe, ont eu pour objet de constater par expérience le mouvement oscillatoire que prennent les molécules de la lumière, lorsqu'on leur fait traverser certaines
substances cristallisées. J'ai déduit de l'observation les lois
générales de ce mouvement pour l'incidence perpendiculaire,
et j'ai fait voir ensuite qu'elles reproduisaient fidèlement les
phénomènes qui leur avaient servi de base. Pour éprouver
maintenant cette théorie d'une manière plus générale, il faut
en faire sortir d'autres phénomènes indépendans de ceux qui

ont servi à l'établir. Il faut en déduire toutes les conséquences qu'elle comporte, et voir si l'expérience les réalise; c'est ce que j'ai fait en détail pour les diverses substances auxquelles ma théorie s'applique. Mais je me bornerai en ce moment à considérer les effets qui ont lieu lorsque la lumière traverse successivement plusieurs lames de ces substances, ou qu'elle se réfléchit à la seconde surface d'une d'entre elles sous l'incidence perpendiculaire.

Lorsqu'un rayon de lumière traverse perpendiculairement une lame de chaux sulfatée ou de cristal de roche taillée parallèlement à l'axe, nous avons vu que les molécules lumineuses pénètrent d'abord jusqu'à une petite profondeur sans éprouver de déviation sensible dans leurs axes de polarisation; mais arrivées à cette profondeur, qui est différente pour chacune d'elle selon leur couleur et leur réfrangibilité, elles se mettent à osciller autour de l'axe de la lame avec des vîtesses différentes dans des amplitudes égales, et ces oscillations se continuent ensuite à travers toute l'épaisseur du corps cristallisé. De là nous avons déduit par des raisonnemens mathématiques les modifications que les rayons polarisés éprouvent en traversant ces lames, c'est-à-dire, leur partage en deux faisceaux de polarisation diverse, les couleurs de ces faisceaux, et le sens de leur polarisation.

Maintenant, lorsque les particules lumineuses arrivent à la seconde surface des lames, à la surface par laquelle elles doivent sortir, elles se trouvent en général dans des périodes différentes de leurs oscillations, les unes au commencement, d'autres au milieu, d'autres à la fin. Pour prévoir l'effet qu'elles devront éprouver en arrivant à une seconde lame, il faut premièrement déterminer l'état où

33.

elles sont quand elles sortent ainsi de la première ; quel est le sort de ces molécules lorsque le corps cesse d'agir sur elles comme cristal. S'arrêtent-elles sur le point de repos près duquel elles se trouvent, ou continueront-elles à achever leur oscillation commencée? Pour décider cette question par la théorie, il faudrait savoir comment les forces qui produisent ces phénomènes décroissent près des surfaces des corps, et c'est ce que nous ignorons. Il faut donc sur ce point consulter l'expérience. Or, d'après les proportions rigoureuses qu'elle nous découvre entre les teintes des faisceaux polarisés et celles des anneaux réfléchis ou transmis, on voit qu'une partie des molécules lumineuses qui se trouve vers les limites de chaque oscillation, se polarise dans un sens et le reste dans l'autre ; de même qu'une partie de la lumière est réfléchie et l'autre transmise vers les limites de chaque anneau ; et ainsi, le sens de la polarisation pour chaque molécule est déterminé par la tendance qu'elle avait à l'instant de sa sortie du corps.

Il est impossible de dire rigoureusement en quoi consiste cette tendance, tant que nous ne savons pas comment, et par quelles causes, l'action du corps varie près de sa surface ; mais les effets qu'elle produit sont incontestables : ils se manifestent sur-tout quand les molécules lumineuses sortent d'une lame pour entrer dans une autre. C'est ce que nous allons développer.

Lorsqu'on place l'une sur l'autre, à distance, plusieurs lames dont les surfaces et les axes sont parallèles, l'action totale de ce système sur la lumière est exactement la même que celle d'une seule lame dont l'épaisseur et la nature seraient les mêmes que celles des lames superposées. Pour

vérifier ce fait d'une manière rigoureuse, il faut prendre une
lame de chaux sulfatée bien pure, la fendre avec adresse environ jusqu'à la moitié de sa longueur, la diviser ainsi en deux
ou plusieurs lames plus minces, et introduire entre les morceaux une petite bande de papier noir. Cette bande, quoique
mince par rapport aux mesures ordinaires, sera encore très-
épaisse comparativement à l'étendue des oscillations ; car dans
la chaux sulfatée, lorsque leur étendue est arrivée à l'uniformité, elle ne surpasse pas $0^{mm},023$ pour les molécules violettes
de l'extrémité du spectre. Maintenant, lorsqu'on expose une
lame ainsi découpée à un rayon polarisé sous l'incidence perpendiculaire, on peut la tourner dans tous les azimuts, si
on analyse la lumière émergente avec un rhomboïde de spath
d'Islande, les deux faisceaux dans lesquels le rayon se divisera, seront absolument de même teinte dans la partie de la
lame qui est découpée, et dans celle qui ne l'est pas. Or, les
teintes des faisceaux dépendent absolument du nombre d'oscillations que les particules lumineuses font à travers la substance des lames ; et comme dans le cas présent elles partent
également du même état, c'est-à-dire, de la polarisation
commune qu'elles avaient dans le rayon incident, il s'ensuit
que les teintes des faisceaux émergens étant les mêmes, les
nombres d'oscillations sont les mêmes aussi. Pour comprendre la conséquence de ceci, soit AB, fig. 4, la surface de sortie
du premier corps, et ab la distance à cette surface à laquelle
s'est terminée la dernière oscillation que la molécule y a
faite en éprouvant l'action toute entière du corps. Supposons que la distance Bb soit ε. Si le corps se fût continué,
la molécule aurait terminé son oscillation à une distance
de AB exprimée par $2e'-\varepsilon$, e' étant l'épaisseur totale qu'elle

traverse pour une oscillation. Maintenant si A′B′ représente la surface d'une autre lame placée à distance, il faudra, d'après la loi que nous avons observée, que la molécule lumineuse, en entrant dans cette surface, y continue son oscillation, et arrive enfin au repos à une distance de A′B′ égale à $2e' - \varepsilon$, comme si le corps n'eût pas été interrompu, et cela doit se répéter autant de fois qu'on voudra.

Voilà ce que l'expérience prouve; car si cela n'avait pas lieu, et si les molécules, en entrant dans la seconde lame, ne commençaient leur oscillation qu'à la profondeur e', comme dans la première, alors, dans le passage d'une lame à une autre, il y aurait des molécules qui perdraient précisément une demi-oscillation, et d'autres plus, d'autres moins. Or, pour peu qu'on multipliât les intervalles des lames, cela suffirait pour séparer les molécules d'une manière notable ; car, d'après la table de Newton, si le bleu du second ordre est représenté par le nombre 9, la valeur de e' pour les premières molécules violettes est $1\frac{2}{7}$: d'où il suit que par une section faite dans une pareille lame, le nombre 9 se réduirait à $7\frac{5}{7}$ pour la partie découpée, tandis qu'il répondrait encore à 9 pour l'autre. Or, $7\frac{5}{7}$ est extrêmement près du violet du second ordre; par conséquent l'on apercevrait une différence de teinte sensible entre les deux parties de la lame, ce qui est contraire à l'observation. La différence serait encore plus grande, si l'on formait dans la lame plusieurs sections au lieu d'une, et la teinte devrait en être changée de manière à devenir tout autre. Puis donc que rien de tout cela n'arrive, il faut que la compensation des mouvemens ait lieu suivant la loi que nous venons d'exposer, et que toutes les causes qui avaient retardé ou accéléré les mouvemens de la molécule lumineuse à sa sortie de la première lame, changent de sens lorsqu'elle arrive à la seconde, c'est-à-dire, que ce qui avait été un principe de retard, le devienne d'accélération, et réciproquement.

Parmi les nombreuses épreuves que j'ai faites pour constater ce principe, j'en rapporterai une très-frappante. J'avais pris une lame de chaux sulfatée bien pure, qui par réfraction polarisait le verd du troisième ordre, lequel, dans la table de Newton, répond à l'épaisseur 16ᵖ,25. J'ai réussi à fendre cette lame en quatre autres que je n'ai pas d'abord enlevées, et qui même n'étaient séparées de la lame totale que dans une moitié de sa longueur. Ce système, exposé perpendiculairement à un rayon polarisé, a donné précisément les mêmes teintes dans la partie découpée et dans celle qui ne l'était pas. Or, en enlevant successivement les quatre lames partielles, j'ai trouvé que la première, considérée isolément, polarisait un jaune du premier ordre légèrement orangé : l'ensemble des trois autres donnait un rouge orangé du second ordre. La seconde lame, enlevée à son tour, polarisait le jaune-pâle du premier ordre : l'ensemble des deux dernières donnait un violet du second ordre extrêmement faible d'intesité, et enfin chacune de celles-ci prise à part polarisait le blanc du premier ordre. En assignant à chacune de ces lames les valeurs qui leur correspondent dans la table de Newton, j'ai trouvé

Pour la 1ʳᵉ 4,85
  2ᵉ 4,40
  3ᵉ 3,50   16,25.
  4ᵉ 3,50

Ces valeurs satisfont également aux teintes que les lames
ont présentées dans leurs combinaisons successives, car la
somme des trois dernières donne 11,4 intermédiaire entre
l'orangé du second ordre et le rouge. Enfin, la somme des
deux dernières donne 7, et répond à un violet extrêmement faible et presque nul, qui se trouve en effet dans le
passage du premier au second anneau. Mais maintenant la
lame totale étant ainsi résolue en quatre autres du premier
ordre, c'est-à-dire, dans chacune desquelles les molécules
lumineuses ne font qu'une oscillation ou un peu plus d'une
oscillation entière, on voit que la moindre perte d'épaisseur
dans la manière dont les oscillations se renouent d'une lame
à une autre, deviendrait extrêmement sensible; car si cette
perte répondait par exemple à une demi-oscillation, comme
cela a lieu à l'entrée de la lumière dans la première surface, la somme des quatre lames se serait trouvée diminuée
de $5^p\frac{1}{7}$, ce qui l'aurait réduite à 11^p25; et alors, au lieu de
polariser le verd vif du troisième ordre, elle aurait polarisé le rouge éclatant du second. Puis donc que rien de
tout cela n'arrive, il faut en conclure que les oscillations se
renouent d'une lame à une autre, quand leurs axes sont
parallèles, comme s'il n'y avait pas entre elles de séparation.

Cette compensation peut encore se prouver d'une autre
manière. Si l'on superpose un nombre quelconque de lames
dont les axes soient parallèles, et qu'on les mêle comme on
voudra dans un ordre arbitraire, la teinte des faisceaux
qu'elles donnent ne change point. J'avais déja décrit cette
observation. Or, selon qu'on met en avant une lame plus
épaisse ou plus mince, les diverses molécules lumineuses
se trouvent plus ou moins près de leur dernière oscillation

à l'instant où l'action du corps sur elles commence à n'être plus constante. Il faut donc qu'elles conservent, en arrivant sur la seconde lame, des traces de ces états divers, et de même en passant de la seconde à la troisième; et ainsi de suite, puisqu'après les avoir traversées toutes, elles se retrouvent constamment dans les mêmes dispositions.

On voit par ces exemples que les molécules lumineuses qui ont traversé de pareilles lames, ont acquis des dispositions qu'elles conservent et transportent avec elles à toutes distances quand elles en sont sorties. Ainsi les molécules qui se trouvaient au commencement d'une oscillation, quand l'influence du corps sur elles a commencé à devenir variable, conservent une modification ou disposition telle, qu'elles pénètrent dans le second milieu plus avant que d'autres avant de parvenir au repos, et ainsi de suite. Chacune de ces molécules, selon la période des accès où elle se trouve à l'instant de sa sortie du premier corps, porte avec elle des dispositions qui en dépendent dans le second.

De quelle nature sont ces modifications ? Tiennent-elles seulement à la direction différente dans laquelle les molécules lumineuses tournent leurs axes aux divers périodes de leurs oscillations, différence qui modifierait ensuite l'action que la seconde lame exercerait sur elle ? ou bien tiendraient-elles à quelque propriété physique que ces molécules acquerraient dans l'intérieur des lames, et qui aurait des intensités différentes dans les différens périodes d'une même oscillation ? Ce sont des questions que je ne cherche point ici à résoudre; il me suffit d'avoir constaté par l'expérience que ces affections singulières existent et conservent leur influence après que la lumière est sortie des corps qui les produisaient. On voit d'ailleurs qu'il ne serait pas juste de vouloir tirer ces phénomènes de la théorie que j'ai exposée, puisque cette théorie ne s'applique qu'aux cas où l'action des lames sur la lumière est complète, et qu'ici au contraire il s'agit de déterminer ce qui arrive quand cette action devient variable près de la surface des corps.

En comparant les lois des teintes avec celle des anneaux, nous avons trouvé que les molécules primitivement polarisées par la réflexion ne commençaient à osciller·dans la première lame qu'après avoir traversé une certaine épaisseur e'. Cette épaisseur est très-considérable relativement à la distance à laquelle agissent les forces réfringentes ordinaires, et ces dernières se sont déja compensées bien avant que la molécule arrive à l'épaisseur e' ; ceci est conforme. avec les indications de plusieurs autres phénomènes où l'on peut comparer les deux genres de réfraction. Mais on peut aussi prouver d'une manière frappante que la même chose a encore lieu à la surface de sortie, et que quand les molécules lumineuses s'y trouvent, elles sont tout-à-fait hors de l'action des forces qui produisent la réfraction extraordinaire dans l'intérieur du cristal. Elles en sont, dis-je, aussi éloignées que si elles en étaient à 100 mètres de distance. Pour prouver cette vérité, j'ai disposé un rayon polarisé SL, fig. 5, de manière qu'il tombât perpendiculairement sur une lame L de chaux sulfatée, et je me suis assuré que cette condition était remplie en dirigeant la lame de manière que le rayon réfléchi LR tombât sur la surface même, ou tout près de la surface AB, qui avait produit la polarisation. Dans ce cas, il s'opère deux réflexions sur la lame, l'une à sa première surface, l'autre à la seconde. La première ne donne qu'un rayon blanc, cela est un fait bien sûr, et il est reconnu qu'à cette distance les forces polarisantes du cristal n'ont pas d'action sensible. La portion de lumière qui a échappé à cette première réflexion se divise en deux genres de polarisation en traversant la lame; et quoique les deux faisceaux qui composent cette lumière ne se séparent point sous l'incidence perpendiculaire, ils sont cependant réfléchis chacun avec le genre de polarisation qu'ils ont acquise selon les lois de la double réfraction; par conséquent le faisceau réfracté ordinairement se réfléchit ordinairement, *et vice versâ*. Mais dans cette réflexion, il se passe un autre phénomène; lorsqu'on analyse par un cristal la lumière réfléchie, on trouve qu'elle se divise en deux couleurs, précisément comme si elle avait traversé deux lames parallèles égales en épaisseur à la lame L. Cela ne peut pas se reconnaître sur le faisceau ordinaire, qui reprend sa polarisation primitive, parce que ce faisceau reste mêlé avec la lumière blanche réfléchie par la première surface, laquelle reste aussi à l'état ordinaire; mais on s'en aperçoit sur la teinte du faisceau extraordinaire, qui se trouve ainsi tout-à-fait séparé de l'autre lorsque l'axe de la lame est tourné dans l'azimut de 45°; c'est-à-dire, forme un angle de 45° avec le plan de polarisation primitive du rayon incident. Alors on voit que ce faisceau réfléchi diffère de la teinte du faisceau que la lame polarise par transmission, et en rapportant ces deux teintes à la table de Newton, on voit que la première répond toujours à une épaisseur double de l'autre; c'est-à-dire, double de l'épaisseur de la lame soumise à l'expérience.

Par exemple, j'ai pris la lame n° 9 de l'expérience rapportée page 89 de mon premier Mémoire : cette lame.

34.

réduite à l'échelle de Newton, a pour épaisseur $4^p,6$: vue par transmission dans l'azimut de 45°, elle polarise le jaune du premier ordre. Le faisceau qui conserve la polarisation primitive est un bleu très-faible et sombre; mais en observant cette lame par réflexion sous l'incidence perpendiculaire, on a un rayon extraordinaire qui, au lieu d'être jaune, est d'un beau bleu céleste, et le rayon ordinaire est blanc légèrement jaunâtre. En effet, deux fois $4^p,6$ font $9^p,2$, qui répond au bleu du second ordre, bleu très-vif et très-lumineux.

Autre exemple : j'ai pris la lame n° 3 de la même expérience; son épaisseur réduite est exprimée par $13^p,8$, et, conformément à ce nombre, elle polarise par transmission le rouge pourpre du troisième ordre; le faisceau qui conserve sa polarisation primitive est jaune. Par réflexion cette lame donne un rayon extraordinaire rouge. En effet, deux fois $13,8$ font $27,6$, qui est presque exactement le rouge du quatrième ordre.

Enfin, j'ai pris une lame que je n'ai point mesurée, mais qui, sous l'incidence perpendiculaire, polarisait par transmission un jaune légèrement verdâtre. L'autre faisceau était pourpre; je juge d'après la teinte que c'est le jaune du second ordre qui est représenté dans la table de Newton par $10\frac{2}{3}$. Cette lame observée, par réflexion, doit donner un rayon extraordinaire correspondant à l'épaisseur double, c'est-à-dire à $20\frac{4}{3}$: c'est donc le rouge bleuâtre du troisième ordre, au lieu du jaune du second. En effet, cela se trouve parfaitement conforme à l'expérience; le rayon extraordinaire réfléchi s'est trouvé d'un rouge rose, espèce de teinte qui est particulière au rouge du quatrième anneau.

Dans ces expériences, je ne pouvais voir que la teinte du

faisceau réfléchi qui perdait sa polarisation primitive; l'autre
faisceau, qui la conservait, se mêlait à la lumière blanche
réfléchie par la première surface de la lame, et y produisait
seulement une légère coloration. Je ne pouvais donc juger
des teintes qu'isolément; et quoique l'ensemble des expériences montrât avec évidence que le faisceau extraordinaire
réfléchi répondait à une épaisseur double, on aurait pu
toujours élever des doutes sur la parfaite comparaison des
teintes, et supposer que le faisceau réfléchi pouvait différer
plus ou moins de cette loi. Pour éloigner tout soupçon, j'ai
placé derrière la lame, et parallèlement à sa surface, une
glace étamée GG qui en était éloignée d'un décimètre : cette
glace recevait donc aussi les rayons transmis sous l'incidence
perpendiculaire, et elle les renvoyait avec leur polarisation
primitive, comme on peut aisément le vérifier par l'expérience,
le tain ne faisant qu'augmenter l'intensité de la réflexion. En
plaçant mon œil tout près de la lame de verre horizontale AB
qui produisait par sa réflexion le rayon polarisé, je pouvais
voir à-la-fois et à côté les unes des autres, 1º l'image blanche
réfléchie directement par la glace étamée; 2º l'image réfléchie directement par la seconde surface de la lame de chaux
sulfatée; 3º l'image de la lumière qui avait traversé une seule
fois la lame, et que la glace étamée renvoyait à mon œil;
4º enfin, la lumière qui, après avoir traversé une première
fois la lame et avoir été réfléchie par la glace, traversait
encore la lame de nouveau. Or, en analysant cette dernière
portion de la lumière qui avait traversé deux fois la lame cristallisée, on y découvrait un rayon extraordinaire précisément
de même teinte que celui qui était renvoyé par la seconde
surface de la lame elle-même; par exemple, avec la dernière

lame des expériences précédentes, les deux faisceaux étaient également d'un rouge rose sans que l'on pût apercevoir la plus légère différence entre eux; mais de plus, comme les points où ces rayons divers rencontraient la lame n'était pas rigoureusement les mêmes, il arrivait que dans le rayon réfléchi du dehors, on pouvait voir aussi le rayon ordinaire qui était vert, au lieu que dans la lumière réfléchie par la seconde surface de la lame, ce faisceau se confondait avec la lumière blanche que la première surface réfléchissait; ainsi, dans cette expérience, comme dans les précédentes, on voit que la lumière réfléchie par la seconde surface d'une lame de chaux sulfatée est modifiée précisément de la même manière que celle qui traverse deux fois la lame après en être sortie : or, cette lumière est réfléchie par l'action des forces répulsives ordinaires de la face d'émergence, par conséquent ces forces n'agissent qu'après que celles qui produisent la polarisation dans le cristal ont cessé d'être sensibles.

En admettant ce résultat, qui recevra encore d'autres confirmations plus frappantes par les phénomènes de la réflexion sous les incidences obliques, on voit que le doublement des teintes réfléchies sous l'incidence perpendiculaire est un résultat nécessaire de la théorie des oscillations. De plus, puisque la seconde surface ne fait que renvoyer les molécules lumineuses sans changer la direction de leurs axes, on voit que la polarisation du faisceau réfléchi doit être dirigé exactement dans le même sens que celle du faisceau transmis, c'est-à-dire, dans l'azimut $2i$, si l'on désigne par i l'angle formé par le plan de polarisation primitive des molécules incidentes avec l'axe de la lame cristallisée; et par conséquent, lorsqu'on voudra analyser cette lumière réfléchie en se servant d'un prisme de cristal d'Islande, ou de la réflexion sur une glace, on voit que pour que la séparation des teintes des deux faisceaux soit complète, il faudra placer l'axe de la lame de manière que l'on ait $i = 45°$: tous ces résultats sont exactement conformes aux observations.

D'après ce que nous venons de voir, lorsque plusieurs lames sont superposées de manière que leurs axes soient parallèles, leurs actions sur la lumière s'ajoutent ; elles se retranchent, au contraire, lorsque les axes sont rectangulaires. Ce fait n'est pas moins constant que le précédent. Je l'ai établi de même, au commencement de ces recherches, par un grand nombre d'expériences, et j'ai prouvé qu'il s'étend à des plaques d'une épaisseur quelconque, ce qui nous a fourni le moyen d'y rendre sensibles les oscillations des molécules lumineuses, et les couleurs résultantes de ces oscillations. Généralement, soit E l'épaisseur de la première lame, E' celle de la seconde ; si elles sont de même nature, et cristallisées de la même manière, la teinte de la polarisation définitive est celle que produirait l'épaisseur E' — E : si les lames ne sont pas de même nature, ou si elles sont inégalement cristallisées, il faut avoir égard à l'intensité de leurs actions. On doit donc regarder ce fait comme une condition qui établit la manière dont les oscillations doivent se lier dans le passage d'une lame à l'autre, lorsque les axes sont croisés à angles droits ; et ceci nous offre encore une confirmation de ce que nous avions trouvé plus haut, savoir, que les molécules lumineuses, après être sorties de la première lame, conservent des traces des actions qu'elles y ont subies, et se trouvent par-là différemment disposées à obéir à l'action de la seconde lame, quand elles commencent à y pénétrer.

Ces effets résultant de la variation des forces près des surfaces des corps, nous sommes obligés de les tirer immédiatement de l'expérience ; mais quant au sens de la polarisation définitive, comme il dépend de l'action totale des lames, on peut dans tous les cas le déduire immédiatement de la théorie, et l'expérience s'y trouve exactement conforme. Ainsi, lorsque plusieurs lames sont superposées de manière que leurs axes soient parallèles, si on les expose perpendiculairement à un rayon polarisé, on trouve que le sens de la polarisation définitive du rayon émergent sera le même que s'il n'eût traversé qu'une seule de ces lames, ce qui au reste semble presque évident de soi-même ; mais ce qui l'est moins, et ce qui est également indiqué par la théorie comme par l'expérience, c'est que le sens de la polarisation définitive est encore le même pour une seule lame que pour deux systèmes de lames superposées à angles droits, avec cette seule différence que, dans ce dernier cas, les molécules lumineuses se trouvent diamétralement retournées, de façon que leurs axes ont décrit une demi-circonférence ; ce qui, à cause de leur symétrie, ne change nullement les influences qu'elles éprouvent de la part des cristaux qu'elles peuvent ensuite traverser.

La démonstration de cette propriété est facile par la théorie ; car soit ACA', fig. 6, l'axe de la première lame ou du premier système de lames formant un angle $ACZ = i$ avec la direction primitive CZ de la polarisation ; une partie des molécules incidentes conservera ses axes dans la direction CZ ou dans l'azimut zéro, et le reste tournera les siens dans l'azimut $2i$, sur la direction de la ligne CR. Cela posé, si BCB′ représente l'axe de la seconde lame, elle formera avec CR un angle RCB $= 90 - i$; ainsi celles des molécules lumineuses qu'elle enlevera à la direction CR seront amenées de l'autre côté de CB, et tournées dans une direction telle, que leurs axes forment avec CB un angle égal à $90 - i$; or CB fait avec CZ un angle égal à $90° + i$; ainsi la direction des axes de ces molécules fera avec CZ un angle égal à la somme des précédens, c'est-à-dire à $90 + i + 90 - i$ ou $180°$; elles se trouveront donc retournées sur la ligne CZ. On démontrera de même que les molécules lumineuses qui seront tirées par la seconde lame hors de la direction CZ, seront amenées par elle dans la direction CR′, c'est-à-dire sur le prolongement de la première polarisation, ce qui est précisément la propriété que nous avons énoncée, et que l'expérience confirme.

De plus, si les plaques ainsi croisées sont également épaisses, il est facile de démontrer que les molécules lumineuses, après les avoir traversées toutes deux, auront toutes complètement repris leur polarisation primitive : car si nous considérons d'abord le faisceau qui, ayant traversé la première plaque, a repris sa polarisation suivant CZ, les molécules qui le composent auront fait dans cette plaque un nombre pair d'oscillations. Par conséquent, en traversant la seconde plaque, qui est supposée d'une épaisseur parfaitement égale à la première, elles y feront encore un nombre pair d'oscillations, et le même nombre pair que dans la première lame, puisque la durée des oscillations ne dépend point de leur amplitude. Ainsi, lorsque ces molécules auront traversé la seconde plaque, elles auront toutes replacé de nouveau leurs axes suivant la direction de la polarisation primitive CZ. Considérons maintenant l'autre faisceau, qui, après avoir traversé la première plaque, a perdu sa polarisation primitive, et a tourné ses axes dans l'azimut CR. Les molécules qui le composent ont fait dans la première plaque un nombre impair d'oscillations; par conséquent elles en feront encore un nombre impair, et le même nombre impair dans la seconde, qui est supposée d'une épaisseur parfaitement égale. Or, chaque oscillation impaire amène leurs axes sur la direction CZ', diamétralement opposée à la direction CZ de la polarisation primitive; par conséquent, en définitif, les axes des molécules que nous considérons se trouveront aussi retournées point pour point sur la ligne CZ, ce qui ne changera en rien les propriétés qu'elles montreront quand on leur fera traverser un cristal d'Islande; d'où l'on voit qu'en vertu de l'action successive des deux plaques égales et ainsi disposées, toute la lumière incidente, après les avoir traversées, aura complètement repris sa polarisation primitive, quel que soit l'azimut où l'on tourne simultanément les axes des deux plaques, pourvu que leurs surfaces restent toujours perpendiculaires au rayon incident; résultat en apparence fort extraordinaire, et qui pourtant n'est qu'une conséquence très-simple de la théorie.

Si les deux plaques ainsi croisées à angles droits ont des épaisseurs inégales e e', on prouvera de la même manière que la teinte polarisée par leur système doit être celle que polariserait une seule plaque égale en épaisseur à leur différence; car si la plaque antérieure est e, et la postérieure e', celle-ci sera plus forte que l'autre ou plus faible : si elle est plus forte, on pourra la décomposer par la pensée en deux, l'une de l'épaisseur e, qui détruira l'effet de la première; l'autre de l'épaisseur $e' - e$, qui agira ensuite comme elle aurait fait sur un rayon polarisé qui lui serait parvenu directement. Si au contraire e' est plus mince que e, il suffira de remarquer que la teinte produite par le système de deux plaques croisées est la même, quelle que soit celle des deux plaques qui reçoive la première le rayon. Ainsi, en retournant le système des deux plaques proposées, la teinte ne changera pas; mais alors on pourra lui appliquer la démonstration précédente, et par conséquent la teinte qu'il polarisera sera encore celle qui convient à la différence des épaisseurs.

Généralement, lorsqu'on place différentes lames les unes sur les autres, de manière que leurs axes soient tournés dans d'autres directions que le parallélisme ou la perpendicularité, les teintes polarisées par leur système sont très-variables, même sous l'incidence perpendiculaire : cependant ces variations sont assujéties à des lois constantes que l'on découvrirait si l'on pouvait savoir par la théorie la manière dont les oscillations doivent se rejoindre, et, pour ainsi dire, se renouer d'une lame à l'autre; mais si cela n'est pas possible, du moins quant à présent, on peut toujours déterminer, dans tous les cas, les directions dans lesquelles les polarisations des faisceaux émergens pourront être dirigées; et de cette manière, tous les phénomènes qui devront être produits par un pareil système de lames se trouveront exprimés en formules générales dans lesquelles il ne restera plus à déterminer que quelques coëfficiens.

Prenons d'abord, par exemple, le cas où l'on superposerait deux lames en croisant leurs axes de manière qu'ils forment entre eux un angle constant a : soit, comme précé-

demment, i l'azimut de l'axe de la première lame, i' l'azimut
de l'axe de la seconde, on aura par supposition

$$i'' - i = a.$$

Maintenant la première lame laisse une partie de la lumière
qui la traverse dans la direction de sa polarisation primitive, c'est-à-dire dans l'azimut zéro ; et elle polarise le reste
dans l'azimut $2i$. Ces deux faisceaux, que nous pouvons
séparer par la pensée, tombant ensuite sur la seconde lame,
y éprouvent des effets analogues : une partie de la lumière
qui était restée dans l'azimut zéro, y restera encore; une
autre partie sera amenée par l'action de la seconde lame
dans l'azimut $2i'$, le reste de la lumière a été polarisé par la
première lame dans l'azimut $2i$, une portion y restera encore; mais une autre partie sera polarisée de nouveau par
la seconde lame. Pour savoir dans quel sens s'opérera cette
polarisation, il faut connaître l'angle que la précédente fait
avec l'axe de la seconde lame. Or celui-ci est placé dans
l'azimut i', la première polarisation avait lieu dans l'azimut
$2i$; par conséquent elle forme avec l'axe de la seconde lame
un angle égal à $i' - 2i$: sa nouvelle direction l'amènera de
l'autre côté de cet axe à la même distance, c'est-à-dire dans
l'azimut $i' + i' - 2i$ ou $2(i' - i)$; il pourra donc y avoir
en tout, et il y aura en général quatre directions de polarisation, dans les azimuts 0, $2i$, $2i'$, $2(i' - i)$. Si l'on analyse la lumière émergente avec un rhomboïde de spath calcaire dont la section principale soit dirigée dans l'azimut 0,
chacun de ces faisceaux donnera deux portions de lumière
ordinaire et extraordinaire, de sorte qu'en représentant
leurs intensités par des coëfficiens indéterminés A A_1 A_2 A_3,

on aura, d'après la loi de la double réfraction du spath
d'Islande, ces deux valeurs pour les intensités des deux
rayons ordinaire et extraordinaire:

$$F_o = A + A_1 \cos^2 2i + A_2 \cos^2 2i'' + A_3 \cos^2 2(i'-i),$$
$$F_e = \quad\quad A_1 \sin^2 2i + A_2 \sin^2 2i'' + A_3 \sin^2 2(i''-i).$$

Nous faisons ici abstraction de la lumière blanche perdue
par la réflexion; elle ne nous intéresse point dans cette
recherche. Substituant au lieu de $i'-i$ sa valeur constante a,
il vient

$$F_o = A + A_1 \cos^2 2i + A_2 \cos^2 2i'' + A_3 \cos^2 2a,$$
$$F_e = \quad\quad A_1 \sin^2 2i + A_2 \sin^2 2i'' + A_3 \sin^2 2a;$$

à quoi il faut toujours joindre

$$i' - i = a.$$

Maintenant, pour déterminer les coëfficiens $A\ A_1\ A_2\ A_3$, mettons dans l'azimut o l'axe de la lame antérieure, de celle qui
est traversée la première par le rayon polarisé, alors l'action
de cette lame sur le rayon ne changera absolument rien à
la polarisation primitive; par conséquent les termes dus à
cette action disparaîtront d'eux-mêmes de la formule, et il ne
restera que les termes dus à l'influence de la seconde lame
considérée à part. Or, ces termes sont connus, d'après notre
théorie, et d'après les expériences contenues dans mon premier Mémoire. Faisons donc $i = o$, nous aurons alors $i'' = a$,
et en substituant ces valeurs, il viendra

$$F_o = A + A_1 + (A_2 + A_3) \cos^2 2a; \quad F_e = (A_2 + A_3) \sin^2 2a.$$

Or, d'après notre théorie, en nommant O_1 le faisceau que

la seconde lame ne polarise pas dans la transmission directe, et E_t celui qui devient alors extraordinaire, les valeurs précédentes de F_o et F_e doivent se réduire à celles-ci

$$F_o = O_t + E_t \cos^2 2a; \qquad F_e = E_t \sin^2 2a;$$

par conséquent il faudra qu'on ait

$$A + A_t = O_t \qquad A_1 + A_3 = E_t.$$

Réciproquement, je dis que si l'on met l'axe de la seconde lame dans le méridien, il ne changera pas non plus la teinte que la première lame aurait donnée si elle eût agi seule, du moins tant que la section principale du rhomboïde qui sert pour analyser la lumière restera dans le méridien. En effet, lorsque la lumière a traversé la première lame, une partie est restée polarisée suivant le méridien CM, fig. 7, et l'autre a été polarisée suivant la ligne CR dans un azimut égal à $2i$. L'axe de la seconde lame, que nous supposons également dirigé suivant CM, n'agit point du tout sur la première partie, qui est tournée sur sa direction : quant à l'autre faisceau, qui est polarisé suivant CR, elle en laissera une partie; mais si elle polarise le reste, ce sera pour le faire passer de l'autre côté du méridien en CR', dans un azimut égal à $-2i$, ou, ce qui reviendrait au même, elle lui fera décrire un angle double de RCM, c'est-à-dire, $RCM + MCR'$. Or, le faisceau ainsi polarisé suivant CR', et celui qui est polarisé suivant CR tombant après leur émergence sur le rhomboïde de spath calcaire, dont la section principale est dirigée suivant CM, ils s'y réfracteront de la même manière, et par conséquent le résultat sera le même que si la polarisation suivant CR n'avait pas été troublée.

Ceci n'aurait plus lieu si on tournait le rhomboïde, et les couleurs changeraient; mais ce n'est pas là le cas que nous considérons.

Ainsi donc, en nommant O le faisceau polarisé ordinairement par la première lame, et E' le faisceau polarisé par la seconde lame, on doit avoir, quand i'' est nul,

$$F_o = A + A_2 + (A_1 + A_3)\cos^2 2a \qquad F_e = (A_1 + A_3)\sin^2 2a.$$

Or, sans la présence de la deuxième lame, on aurait

$$F_o = O + E\cos^2 2a \qquad F_e = E\sin^2 2a;$$

par conséquent

$$A + A_2 = O \qquad A_1 + A_3 = E;$$

on a déja

$$A + A_1 = O_, \qquad A_2 + A_3 = E_,:$$

De-là on tire d'abord

$$A_2 = O - A \qquad A_3 = E - A_1 = E - O_, + A$$
$$A_1 = O_, - A \qquad A_3 = E_, - A_2 = E_, - O + A.$$

Ces deux valeurs de A_3 devant être égales entre elles, il faut, pour qu'elles soient possibles, que l'on ait toujours

$$E - O_, = E_, - O \quad \text{ou} \quad E + O = E_, + O_,;$$

et en effet cette condition est toujours satisfaite; car $E + O$ est la somme des deux faisceaux qui traversent la première lame, lorsqu'elle est seule exposée au rayon polarisé; et $E' + O'$ est la somme des deux faisceaux qui traversent la seconde quand on la substitue à la première. Or, chacune de ces sommes est égale à la lumière incidente moins la somme des rayons réfléchis qui forment du blanc, et que nous négligeons dans ces calculs.

On voit par-là qu'un de nos trois coëfficiens restera indéterminé. Supposons que ce soit A, nous aurons alors

$$A_1 = O_1 - A$$
$$A_2 = O_1 - A$$
$$A_3 = \frac{E + E_1 - O - O_1 + 2A}{2};$$

ce qui donne pour les deux rayons

$$F_o = A + (O_1 - A)\cos^2 2i + (O - A)\cos^2 2i' + \frac{(E + E_1 - O - O_1 + 2A)\cos^2 2a}{2}$$

$$F_e = \quad (O_1 - A)\sin^2 2i + (O - A)\sin^2 2i' + \frac{(E + E_1 - O - O_1 + 2A)\sin^2 2a}{2},$$

en se rappelant toujours que $a = i' - i$.

Voilà tout ce qu'on peut trouver de général et de commun à toutes les lames, parce que la partie de la formule qui se trouve maintenant déterminée dépend du simple mélange de leurs teintes, au lieu que le coëfficient A dépend de la teinte particulière donnée par la somme ou la différence de leurs épaiseurs quand les axes des lames sont croisés sous l'angle a. Cependant il existe un cas où F_o et F_e sont tout-à-fait indépendans de A : c'est celui où deux lames égales sont croisées à 45° ; alors $2a = 90°$, par conséquent $\sin^2 2a = 1$; de plus $\sin^2 2i' = \sin^2 2(i + 45°) = \cos^2 2i$, par conséquent il devient

$$F_e = (O_1 - A)\sin^2 2i + (O - A)\cos^2 2i + \frac{E + E_1 - O - O_1 + 2A}{2}.$$

Maintenant, si les lames sont égales en épaisseur, $O_{,} = O$ et $E_{,} = E$; par conséquent, les coëfficiens de $\sin^2 2i$ et de $\cos^2 2i$ devenant égaux, i disparaît de la formule, et il reste

$$F_e = O - A + E - O + A \qquad \text{ou} \qquad F_e = E,$$

c'est-à-dire que la teinte du rayon extraordinaire est constante dans tous les azimuts, ainsi que son intensité; et l'une et l'autre sont égales à $E_{,}$, c'est-à-dire au maximum de la teinte extraordinaire que chacune de ces lames aurait donnée par transmission sous l'incidence perpendiculaire, en plaçant son axe dans l'azimut de $45°$, par rapport au plan primitif de polarisation. Ce résultat m'avait été donné ainsi par le calcul avant que je l'eusse observé par expérience; mais je l'ai vérifié plusieurs fois depuis, en me servant de deux moitiés d'une même lame que je croise l'une sur l'autre sous l'angle de $45°$, par la méthode décrite plus haut, page 180. Si l'on expose un pareil systême à un rayon polarisé, et si l'on analyse la lumière transmise en se servant d'un rhomboïde de cristal d'Islande, dont la section principale soit dirigée dans le plan primitif de polarisation, on trouve que la teinte extraordinaire est constante, quelque position que l'on donne aux lames en les tournant dans leur plan. L'intensité et la couleur de cette teinte sont les mêmes qu'aurait données une seule des deux lames dans l'azimut de $45°$, comme on peut s'en assurer facilement en écartant un peu le rayon visuel du point où les lames se croisent : en un mot, dans cette circonstance le systême produit précisément le même effet qu'une plaque de cristal de roche taillée perpendiculairement à l'axe de cristallisation, et présentée de même perpendiculairement au rayon polarisé : il ne faut pourtant pas se hâter de conclure de cette ressemblance l'identité complète de ces deux genres d'action ; car si l'on tourne le rhomboïde qui sert pour analyser la lumière, les teintes varient tout autrement dans les lames croisées que dans la plaque de cristal de roche, différence dont nous expliquerons la cause plus loin.

Les teintes données par les lames égales et croisées à 45° ne sont pas seulement constantes sous l'incidence perpendiculaire, elles le sont encore sous toutes les incidences et dans tous les azimuts, pourvu que le rhomboïde qui sert pour analyser la lumière ait sa section principale parallèle ou perpendiculaire au plan du méridien.

Mais si l'on tourne le rhomboïde dans son plan en laissant toujours sa première surface perpendiculaire aux rayons incidens, on voit les teintes des deux faisceaux se mêler d'une manière fort compliquée : la complication augmente encore, si les lames, au lieu d'être égales, sont inégales en épaisseur, et elle change suivant l'angle sous lequel elles sont croisées : mais toute cette difficulté n'est qu'apparente ; car, puisque nous avons trouvé que la lumière, après avoir traversé les deux lames, est généralement partagée en quatre faisceaux, dont nous avons déterminé les sens de polarisation, il est bien facile de déterminer la manière dont ces faisceaux se diviseront en tombant perpendiculairement sur la face naturelle d'un rhomboïde de spath d'Islande dont la section principale fera un angle connu avec la direction de la polarisation de chaque faisceau. Si nous nommons α l'azimut de la section principale du cristal par rapport au plan de polarisation primitif, il n'y a qu'à diminuer de α tous les angles contenus sous les signes de sinus et de cosinus, et mettre, au lieu du terme constant A, A $\cos^2 \alpha$ dans le rayon ordinaire, et A $\sin^2 \alpha$ dans le rayon extraordinaire, de cette manière on aura

$$F_o = A\cos^2\alpha + (O_, - A)\cos^2(2i-\alpha) + (O-A)\cos^2(2i''-\alpha) + \frac{(E+E_, -O-O_, +2A)}{2}\cos^2(2a-\alpha)$$

$$F_e = A\sin^2\alpha + (O_, - A)\sin^2(2i-\alpha) + (O-A)\sin^2(2i''-\alpha) + \frac{(E+E_, -O-O_, +2A)}{2}\sin^2(2a-\alpha)$$

Suivons les conséquences de cette formule, et commençons par les lames croisées à angles droits. Dans ce cas, on aura $a = 90°$, puisque a est l'angle des lames; cette supposition donne $2i'' - \alpha = 2i - \alpha + 180°$; et ensuite

$$F_e = A\sin^2\alpha + (O_, + O - 2A)\sin^2(2i-\alpha) + \frac{(E+E_, -O-O_, +2A)}{2}\sin^2\alpha;$$

si, de plus, les deux lames sont égales en epaisseur, on a $O = O'$, $E = E_,$; et dans ce cas, F_e est nul, quel que soit i sous l'incidence perpendiculaire, lorsque α est zéro; c'est ce que l'expérience constate d'une manière certaine : on a donc alors

$$0 = (O_, + O - 2A)\sin^2 2i,$$

et comme l'équation doit être satisfaite, quel que soit i, il s'ensuit qu'on a

$$O + O_, = 2A,$$

relation qui dans le cas actuel où $O = O_,$ se réduit à $O = A$. Servons-nous donc de cette valeur de A, et substituons-la en général dans le cas où α n'est pas nul, a étant toujours égal à $90°$, nous aurons

$$F_e = O\sin^2\alpha + E\sin^2\alpha,$$

36.

ou simplement

$$F_e = (O + E) \sin^2 \alpha;$$

c'est-à-dire que le rayon extraordinaire, observé à travers le
rhomboïde, sera toujours blanc et d'une intensité précisément
égale à ce qu'il aurait été si la lumière était arrivée directement au rhomboïde. Ce résultat est parfaitement conforme
à l'expérience, comme je m'en suis plusieurs fois assuré. De
plus, comme F_e ne contient plus i, on voit que ce résultat
a lieu quelque position que l'on donne au système des deux
lames dans son plan : en les faisant tourner sur elles-mêmes,
la valeur de F_e n'éprouve aucun changement, ce que j'ai
également vérifié.

Venons maintenant au cas où les deux lames toujours
égales entre elles seraient croisées sous l'angle de 45° : dans
ce cas, on aura donc $a = 45°$, et la valeur de F_e devient

$$F_e = A \sin^2 \alpha + (O-A) \sin^2 (2i-\alpha) + (O-A) \cos^2 (2i-\alpha) + (E-O+A) \cos^2 \alpha;$$

en réunissant les termes susceptibles de réduction, A disparaît, et il reste

$$F_e = O + (E - O) \cos^2 \alpha,$$

ou bien

$$F_e = O \sin^2 \alpha + E \cos^2 \alpha.$$

La valeur de F_e est donc précisément la même qu'elle
serait si la lumière ne traversait qu'une seule lame dont
l'axe serait situé dans l'azimut de 45°. Le rayon extraordinaire donnera la teinte E séparée de l'autre quand α sera
nul, c'est-à-dire quand la section principale du rhomboïde
sera dans le méridien : au contraire, il donnera la teinte O

lorsque cette section principale sera perpendiculaire au méridien, ce qui donne $\alpha = 90°$; enfin il passera par le blanc dans la position intermédiaire du rhomboïde, où l'on aura $\alpha = 45°$. De plus, comme l'azimut i de la première lame a disparu de la formule, on voit que la position des lames autour du rayon polarisé n'influe pas sur le phénomène, et qu'ainsi on ne changera nullement les teintes en tournant le système dans son plan d'une manière quelconque. J'ai vérifié par l'expérience ces résultats du calcul, et j'ai trouvé qu'elle les reproduisait très-exactement. Cependant, lorsque j'ai fait tourner le système sur son plan, j'ai trouvé quelques petites variations à la vérité extrêmement légères, mais pourtant sensibles, dans les intensités des faisceaux; et lorsque j'ai tourné le rhomboïde dans la position où les deux images doivent être blanches, j'y ai quelquefois aperçu une légère coloration; mais ces petites différences viennent probablement de ce que, pour analyser la lumière, je me sers d'un prisme de spath d'Islande dont les faces, quoique peu inclinées l'une sur l'autre, rendent cependant impossible l'égalité absolue des deux images : sans doute aussi une partie de cette inégalité venait de ce que je n'avais à ma disposition que des moyens très-imparfaits pour rendre la première face de ce prisme perpendiculaire au rayon incident sur lequel les lames avaient agi; mais la coloration seule peut rendre ces petits écarts sensibles, et on ne les aperçoit nullement quand les axes sont rectangulaires, parce qu'alors les deux faisceaux sont blancs.

On peut encore tirer de nos formules plusieurs conséquences intéressantes; en voici une, par exemple, qui rend bien sensibles les modifications diverses que la lumière

éprouve en traversant successivement deux lames croisées.
Supposons que l'axe de la première lame soit situé invariablement dans le plan du méridien, on aura

$$i = 0 \qquad i'' = a,$$

ce qui, étant introduit dans la formule générale de la page 283,
donne

$$F_o = O_{,} \cos^2 \alpha + \frac{(E + E_{,} + O - O_{,})}{2} \cos^2 (2a - \alpha)$$

$$F_e = O_{,} \sin^2 \alpha + \frac{(E + E_{,} + O - O_{,})}{2} \sin^2 (2a - \alpha),$$

ou parce que $E_{,} + O_{,} = E + O$,

$$F_o = O_{,} \cos^2 \alpha + E' \cos^2 (2a - \alpha)$$
$$F_e = O_{,} \sin^2 \alpha + E' \sin^2 (2a - \alpha).$$

L'effet est donc le même que si la seconde lame existait
seule; et cela est tout simple, puisque i étant nul, la première laisse à toute la lumière incidente sa polarisation primitive. Maintenant mettons la seconde lame, au lieu de la
première, dans l'azimut o, nous aurons alors $i' = 0$, d'où,
à cause de $a = i' - i$, on tire $i = - a$, et les valeurs de
F F_e deviennent

$$F_o = O \cos^2 \alpha + (O_{,} - A) \cos^2 (2a + \alpha) + \frac{(E + E_{,} - O - O_{,} + 2A)}{2} \cos^2 (2a - \alpha)$$

$$F_e = O \sin^2 \alpha + (O_{,} - A) \sin^2 (2a + \alpha) + \frac{(E + E_{,} - O - O_{,} + 2A)}{2} \sin^2 (2a - \alpha).$$

Or ces valeurs différeront toujours des premières, et la différence ne s'évanouirait pas même quand les lames seraient
égales en épaisseur, car alors on aura

$$F_o = O \cos^2 \alpha + (O - A) \cos^2 (2a + \alpha) + (E - O + A) \cos^2 (2a - \alpha)$$
$$F_e = O \sin^2 \alpha + (O - A) \sin^2 (2a + \alpha) + (E - O + A) \sin^2 (2a - \alpha),$$

valeurs qui différeront des premières, du moins en général, car elles contiennent A, et les autres ne le contiennent point. C'est aussi ce que l'expérience confirme.
Ainsi, un même système de deux lames également épaisses
exposées perpendiculairemént à un rayon polarisé, ne produit pas le même effet sur la lumière lorsque l'axe de la
première lame est dans le méridien, et lorsque l'axe de la
seconde s'y trouve : dans le premier cas, la première lame
n'agit point du tout sur la lumière, et la seconde seule exerce
la polarisation ; dans le second cas, la lame postérieure n'agit
point sur la lumière qui n'a pas été polarisée par la première
lame, mais elle agit sur celle que cette lame a déviée : voilà
pourquoi il faut avoir égard à l'ordre dans lequel s'opèrent
les actions successives. Il n'y aurait qu'un cas où la teinte
donnée par le système serait la même dans les deux circonstances, et ce cas serait celui où les deux lames auraient
des épaisseurs égales et croisées à $45°$, ce qui ferait disparaître A, et nous ramenerait au cas que nous avons examiné plus haut.

Généralement, quand les lames ont leurs axes parallèles.
on a $i = i''$, ou $a = 0$, ce qui donne, en supposant α nul.

$$F_o = 2A + \frac{(E + E_{,} - O - O_{,})}{2} + (O + O_{,} - 2A)\cos^2 2i$$

$$F_e = (O + O_{,} - 2A)\sin^2 2i.$$

Dans ce cas, si l'on nomme $\varphi(e + e')$ la teinte du rayon extraordinaire qui répond à la somme des épaisseurs des deux lames.
on a par l'expérience les mêmes phénomènes que donnerait
une seule lame égale à leur somme, c'est-à-dire que $\varphi(e + e')$

est le rayon extraordinaire dans sa plus grande intensité, et par conséquent le rayon ordinaire est la teinte complémentaire, c'est-à-dire $\dfrac{O + E + O_{,} + E_{,}}{2} - \varphi\,(e + e')$, et l'on a, α étant toujours nul,

$$F_{o} = \frac{(O + E + O_{,} + E_{,})}{2} - \varphi\,(e + e') + \varphi\,(e + e')\cos^{2} 2i$$

$$F_{e} = \varphi\,(e + e')\sin^{2} 2i.$$

Il faut donc qu'on ait dans ce cas

$$O + O_{,} - 2A = \varphi\,(e + e'),$$

ce qui donne

$$2A + \frac{(E + E_{,} - O - O_{,})}{2} = O + O_{,} - \varphi\,(e + e') + \frac{E + E_{,} - O - O_{,}}{2}$$

ou

$$\frac{E + E_{,} + O + O'}{2} - \varphi\,(e + e'),$$

ce qui s'accorde avec la valeur de F , qui exprime les teintes du rayon ordinaire.

Au contraire, si les lames sont à angles droits, α étant toujours nul, a est égal à 90°, et l'on a $i' = 90 + i$, ce qui donne

$$F_{o} = 2A + \frac{E + E_{,} - O - O_{,}}{2} + (O + O_{,} - 2A)\cos^{2} 2i'$$

$$F_{e} = (O + O_{,} - 2A)\sin^{2} 2i'.$$

Dans ce cas, si l'on nomme e' l'épaisseur de la lame la plus épaisse, et $\varphi\,(e' - e)$ la teinte extraordinaire que donnerait une lame égale en épaisseur à $e' - e$, l'expérience montre que le système fait le même effet qu'une pareille lame, c'est-à-dire qu'il donne une teinte extraordinaire $\varphi\,(e' - e)$, et une teinte ordinaire $\dfrac{O + E + O_{,} + E_{,}}{2} - \varphi\,(e' - e)$; par conséquent on a

$$F_{\circ} = \frac{(O + E + O_{,} + E_{,})}{2} - \varphi\,(e' - e) + \varphi\,(e' - e)\cos^{2} 2\,i''$$

$$F_{e} = \varphi\,(e' - e)\sin^{2} 2\,i''.$$

Il faudrait donc qu'on eût dans le cas actuel

$$O + O' - 2A = \varphi\,(e' - e),$$

ce qui donnerait

$$2A + \frac{E + E_{,} - O - O_{,}}{2} = \frac{(E + E_{,} + O + O_{,})}{2} - \varphi\,(e' - e),$$

précisément comme le veut l'expérience. Ces valeurs de $O + O' - 2A$ sont ainsi connues pour les azimuts o et 90°; mais quelle sera leur valeur en général, c'est une chose que je n'ai pas encore cherché à déterminer, et qui ne peut l'être que par l'expérience.

De même que nous avons établi sans aucune hypothèse les formules générales de la page 283 pour deux lames superposées, on pourrait également obtenir de la même manière celles qui conviendraient à un nombre quelconque de lames; mais cela n'étant point utile pour les applications, il nous suffit d'avoir montré comment on peut y arriver.

On peut encore tirer de nos formules plusieurs autres conséquences intéressantes que l'expérience confirme toujours. Or, si l'on considère que les faits auxquels le calcul vient de nous conduire, soit pour la réflexion, soit pour la transmission des teintes, n'étaient nullement prévus par l'observation, qu'ils ne sont entrés pour rien dans les fondemens de la théorie, et que néanmoins l'expérience se trouve constamment d'accord avec eux, lorsqu'on les vérifie avec les précautions nécessaires, on conviendra qu'un pareil accord offre une confirmation assez frappante de cette théorie, qui, ainsi que je l'ai déja remarqué, n'est point fondée sur une hypothèse, mais sur le simple développement des faits observés. J'espère montrer que la considération des incidences obliques ne lui est pas moins favorable, et qu'elle prédit encore avec autant de simplicité que de certitude tous les phénomènes que ces incidences peuvent présenter. Pour le moment, je me bornerai à une seule remarque. L'application scrupuleuse de cette théorie aux phénomènes nous a fait voir que la lumière, en traversant nos lames, y prend certaines propriétés ou dispositions particulières dont elle conserve encore des traces après sa sortie. Les phénomènes que nous avons considérés ne nous ont pas permis de prononcer sur la nature de ces modifications, et je me suis abstenu de former à cet égard aucune hypothèse, m'étant toujours proposé de ne point aller au-delà de l'expérience. Mais par d'autres observations que j'aurai dans peu l'honneur de soumettre à la Classe, je suis parvenu à prouver que les molécules lumineuses, dans certaines circonstances déterminées, acquièrent ainsi des propriétés permanentes qui ne tiennent point seulement à un changement de direction de leurs axes, mais à une véritable modification physique, telle que serait, par exemple, l'électricité ou le magnétisme pour un corps électrisé ou aimanté. Dans les expériences des lames croisées que nous avons discutées tout-à-l'heure, ces modifications se sont manifestées à nous par leurs variations, par les changemens qu'elles éprouvaient aux surfaces d'entrée et de sortie, lorsque l'action des cristaux sur la lumière était devenue variable. De même, dans les nouvelles expériences dont je parle, ces nouvelles propriétés de la lumière se sont principalement manifestées par le développement graduel et progressif de leur intensité: c'est pourquoi il a fallu les établir directement par l'expérience, et l'on ne peut pas les demander à la théorie des oscillations, qui est uniquement propre au cas où l'action du cristal sur la lumière est devenue constante. Pour me servir ici d'un exemple qui rendra la chose sensible, c'est ainsi que dans la théorie du magnétisme les expériences faites avec des aiguilles aimantées à saturation ne sont pas propres à faire découvrir le mode graduel et progressif par lequel l'aimantation s'opère.

QUATRIÈME PARTIE.

Lue le 5 avril 1813.

DANS les premières parties de ce Mémoire, j'ai déterminé complètement tous les phénomènes de polarisation qui s'observent par réflexion ou par réfraction sous l'incidence perpendiculaire dans les lames minces ou épaisses de chaux sulfatée, de mica, de cristal de roche, et de beaucoup d'autres corps taillés parallèlement à leur axe de cristallisation. J'ai montré que tous ces phénomènes sont liés entre eux, et peuvent se déduire avec la plus grande rigueur d'une même théorie, qui n'est au fond que leur expression la plus générale. Maintenant, pour mieux éprouver cette théorie, il faut l'appliquer aux phénomènes qu'offrent ces mêmes plaques sous des incidences obliques, et voir si elle peut servir encore à les prédire, à les représenter: l'épreuve sera d'autant plus rigoureuse, que ces phénomènes sont nombreux, variés, et que les plus remarquables d'entre eux ne se montrent pas directement, de sorte qu'on ne peut les découvrir que lorsqu'on y est conduit comme je l'ai été par une théorie qui permette de les prévoir. En effet, on peut se demander d'abord suivant quel sens s'opérera la polarisation dans nos plaques lorsqu'elles seront inclinées sur le rayon incident? et, si on analyse la lumière transmise en se servant d'un rhomboïde de spath d'Islande placé dans une direction connue relativement à l'axe de cristallisation des plaques, quel sera le rapport d'intensité des deux rayons ordinaire et extraordinaire? Dans quelles circonstances l'un ou l'autre de ces rayons deviendra nul? où atteindra-t-il ses *maxima* et *minima* d'intensité? et si, avant de tomber sur le rhomboïde, le rayon a traversé plusieurs lames inclinées les unes sur les autres d'un angle donné, et disposées comme on voudra entre elles, quelles modifications ce rayon aura-t-il acquises, et quel changement en résultera-t-il dans les intensités des deux faisceaux donnés par le rhomboïde? Jusqu'ici nous n'avons parlé que de la direction, de la polarisation et de l'intensité des images; mais si la lame est assez mince pour donner des faisceaux colorés, quelles variations les teintes de ces faisceaux éprouveront-elles par le changement d'incidence? comment varieront-elles? suivant quelles lois? Si la lame est trop épaisse pour donner immédiatement des images colorées, ne peut-on pas lui en faire produire encore en modifiant le rayon lumineux par d'autres plaques convenablement disposées, comme je l'ai fait pour l'incidence perpendiculaire? et alors quelles seront les couleurs données par la plaque sous chaque incidence. Quels rapports existera-t-il entre ces couleurs et l'épaisseur ou l'inclinaison des plaques que le rayon aura traversées? quelle sera l'incidence à laquelle une couleur désignée se montrera? et réciproquement, quelle sera la couleur que l'on obtiendra sous chaque incidence donnée? De plus, j'ai fait déja remarquer que si l'on croise à angles droits deux lames d'épaisseur parfaitement égale, ou mieux encore, deux fragmens d'une même lame, il ne se produit plus aucune polarisation sous l'incidence perpendiculaire, mais la polarisation et les couleurs commencent à se montrer quand on incline le système de deux lames sur le rayon polarisé. Il faut dire pourquoi ces couleurs se développent par l'obliquité, et sous quelles incidences elles doivent commencer à paraître. De-là, passant aux phénomènes produits par la réflexion, il faut montrer comment ils sont liés aux précédens; par exemple, quelle sera la direction de la polarisation pour les faisceaux lumineux réfléchis à la seconde surface d'une plaque donnée? dans quel cas ces faisceaux pourront-ils échapper à la réflexion? pourquoi, lorsque les lames sont assez minces, la réflexion donne-elle des couleurs? pourquoi ces couleurs sont-elles différentes suivant l'inclinaison et suivant les positions de la lame sur son plan? quels rapports ont-elles avec les couleurs transmises? par quelle raison ces couleurs cessent-elles de se manifester lorsque l'épaisseur des lames excède certaines limites? et quand elles ne se montrent plus immédiatement,

ne peut-on pas les déterminer de nouveau à reparaître, en
modifiant convenablement la lumière incidente? enfin, quels
rapports généraux tous ces phénomènes peuvent-ils avoir
avec la position de l'axe de cristallisation, et quels changemens éprouvent-ils quand les plaques sont taillées en divers
sens autour de cet axe? Toutes ces questions se trouvent
résolues d'une manière simple et directe par la théorie des
oscillations de la lumière que je présente aujourd'hui.

Dans ces recherches, je ferai d'abord abstraction de la
portion de lumière blanche réfléchie à la première surface
des lames. On sait que cette réflexion est indépendante de la
figure des molécules du corps réflecteur, et j'ai ajouté des
preuves décisives de ce fait à celles que l'on avait déja. Je
ferai également abstraction de la faible portion de lumière
qui se trouve polarisée dans l'acte de la réfraction même et
perpendiculairement au plan de réfraction. On sait que
ce phénomène, presque insensible dans une réfraction
unique, est également indépendant de la cristallisation.

Maintenant, lorsqu'un rayon lumineux polarisé tombe
sur une lame de chaux sulfatée sous une incidence déterminée, et dans une direction donnée relativement aux axes
de cette lame, dans quel sens les molécules lumineuses
tournent-elles leurs axes de polarisation lorsqu'elles la traversent? et si elles oscillent autour de leur centre de gravité,
comme sous l'incidence perpendiculaire, quelles sont l'étendue et les limites des oscillations? Voilà les questions qu'il
faut examiner d'abord.

Pour y répondre, il faut savoir que les surfaces réfringentes, même celles des corps non cristallisés, dévient les
axes de polarisation des molécules lumineuses qui les tra-

versent obliquement. Je me suis assuré par des expériences directes que ce genre d'action est très-sensible, et je fais en ce moment construire un instrument qui en donnera la mesure exacte; mais ici il nous suffira de savoir qu'elle existe, et qu'elle imprime une direction aux axes de polarisation des molécules lumineuses, avant que celles-ci aient pénétré dans les lames assez profondément pour en éprouver l'influence comme corps cristallisé. Cette direction primitive est donc celle à partir de laquelle les axes de la lame exercent leurs forces répulsives. Or, je l'ai déterminée d'après l'expérience dans mon premier Mémoire, et toutes les observations que j'ai rapportées depuis, particulièrement celles des lames croisées, ont confirmé avec évidence les résultats auxquels j'étais parvenu. Voici la règle qui en résulte. Soit, fig. 8, MCS le plan de polarisation primitive du rayon SC. Je supposerai que c'est le méridien. Le plan d'incidence SCT coupe la surface de la lame suivant une ligne CT, qui est d'une grande importance dans ces phénomènes. Soit A l'azimut de ce plan, ou l'angle dièdre qu'il forme avec le méridien, prenez dans le plan de la lame un angle oblique TCA égal à cet azimut : la ligne CA représentera la direction de la polarisation des molécules lumineuses, lorsqu'elles commencent à subir l'action de la lame, comme corps cristallisé. Tracez aussi dans le plan de la lame les deux axes rectangulaires CP, CR, et nommez i l'angle que le premier d'entre eux forme avec la trace CT du plan d'incidence. Lorsque le premier axe CP sera dirigé suivant CA, aucune des molécules lumineuses ne perdra sa polarisation primitive, ou du moins elles l'auront entièrement reprise après leur sortie, et la lame n'agira pas plus que ne ferait un morceau de verre. Alors, quand les molécules sortiront de la lame, l'*azimut oblique* TCA se transformera en un azimut droit de même valeur, compté à partir du plan d'incidence, et les axes de polarisation se trouveront replacés dans le plan du méridien comme auparavant; mais si le premier axe CP de la lame ne coïncide pas avec la direction CA de la polarisation primitive, les molécules lumineuses se mettront à osciller autour de l'axe CP, comme elles auraient fait si l'incidence, au lieu d'être oblique, eût été perpendiculaire; c'est-à-dire que l'oscillation aura pour limite une ligne CL, formant avec CP un angle égal à celui que CP forme avec CA. Celles des molécules lumineuses qui feront un nombre pair d'oscillations en traversant la lame, reviendront dans la direction CA de la polarisation primitive; quand elles sortiront de la lame, l'azimut oblique ACT se transformera pour elles en un azimut droit de même valeur, comme précédemment, et elles paraîtront n'avoir point perdu leur polarisation primitive, parce qu'elles l'auront reprise; mais il n'en sera pas ainsi des molécules qui auront tourné leurs axes suivant la ligne CL. Car cette ligne forme avec CA un angle égal à 2PCA ou $2(i - A)$; ainsi, en ajoutant l'angle ACT, qui est A, on aura l'angle TCL égal à $A + 2(i - A)$. Maintenant, lorsque les molécules lumineuses sortiront de la lame, l'azimut oblique TCL ou $A + 2(i - A)$ se transformera en un azimut droit de même valeur, compté à partir du plan d'incidence. Si l'on veut le compter à partir du méridien CM, il faudra en retrancher l'azimut de CM, relativement au plan d'incidence, c'est-à-dire A, et ainsi il restera $2(i - A)$ pour l'angle formé par le méridien avec la direction de la nouvelle polarisation imprimée par la lame à une portion des molécules lumineuses : ce sera l'azimut de cette nouvelle polarisation.

Par conséquent, si l'on analyse la lumière émergente en se servant d'un rhomboïde de spath d'Islande dont la section principale soit dirigée dans le plan du méridien, ce rhomboïde recevra une portion de lumière O polarisée suivant le méridien, et une autre portion E dirigée suivant l'azimut $2(i-A)$; par conséquent les intensités des deux rayons F_o F_e, ordinaire et extraordinaire, seront

$$[1] \quad F_o = O + E \cos^2 2(i-A) \qquad F_e = E \sin^2 2(i-A):$$

d'après cela on voit que le rayon extraordinaire F_e deviendra encore nul quand on aura $i-A = 90$ ou $i = 90 + A$. Il est aisé d'en voir la raison physique. Dans ce cas, le premier axe CP de la lame formera un angle droit avec la direction CA de la polarisation primitive; par conséquent l'étendue des oscillations sera de deux angles droits. Ainsi les molécules qui auront fait un nombre d'oscillations impair reviendront sur la direction Ca, prolongement de CA, comme celles qui auront fait un nombre d'oscillations pair; elles seront seulement retournées point pour point, mais ce retournement ne change en rien leurs propriétés. Lors donc que les molécules seront sorties de la lame, leurs axes se retrouveront tous replacés dans le méridien, comme si elles n'avaient pas fait d'oscillations, et voilà pourquoi le rayon F_e s'évanouit. Si le rhomboïde qui sert pour analyser la lumière n'avait pas sa section principale dirigée dans le plan du méridien, mais dans l'azimut α, alors l'angle de cette section principale avec le plan de polarisation nouvelle serait $\alpha - 2(i-A)$, et par conséquent on aurait

$$[2] \quad F_o = O \cos^2 \alpha + E \cos^2 \left[\alpha - 2(i - A) \right]$$
$$F_e = O \sin^2 \alpha + E \sin^2 \left[\alpha - 2(i - A) \right];$$

les angles i et A doivent être comptés dans un même sens à partir du plan d'incidence, par exemple, de l'est à l'ouest. Voyez fig. 9. L'angle α doit aussi être compté dans le même sens, mais à partir du méridien. Si l'incidence est perpendiculaire, $i - $ A devient l'azimut droit du premier axe de la lame, compté à partir du méridien, et l'on retombe sur les formules que j'ai données page 257.

Les formules [1] sont précisément celles que j'avais trouvées d'après la simple observation dans mon premier Mémoire; mais je n'avais pas aperçu alors comment elles se rapportaient à deux sens de polarisation différens. J'avais bien remarqué la compensation parfaite qui s'opérait entre l'azimut droit A et l'angle oblique ACT; j'avais bien remarqué aussi que ces formules s'accordaient avec celles que j'avais trouvées sous l'incidence perpendiculaire, mais je ne les avais pas liées les unes aux autres par la théorie des oscillations, et par conséquent je n'en avais pas déduit les formules [2]. Maintenant on voit que cette théorie des oscillations s'applique encore avec le même succès aux incidences obliques, et les formules qu'elle donne pour déterminer le sens de la polarisation des faisceaux sous toutes les incidences étant parfaitement conformes aux résultats des observations, fournissent une nouvelle confirmation de cette théorie.

Nous n'avons considéré que l'action d'une seule lame; si le rayon en traversait successivement plusieurs, on connaîtrait les directions de la polarisation définitive de la même manière : car d'abord, par les formules que nous venons d'exposer, on connaîtrait les directions des axes des faisceaux polarisés par la première lame; appliquant ensuite à chacun de ceux-ci les mêmes formules, on connaîtrait la manière dont il se résout dans la seconde lame, et ainsi de suite : le calcul serait absolument le même que nous avons fait plus haut sous l'incidence perpendiculaire pour les lames croisées sous un angle quelconque.

Supposons, par exemple, qu'après être sorties de la première lame, les molécules lumineuses tombent sur une seconde lame parallèle à la première et croisée sur elle à angle droit. Soit, fig. 10, CP' la direction du premier axe de cette seconde lame perpendiculaire à CP : représentons toujours par CA la direction des axes de polarisation des molécules lumineuses lorsqu'elles se sont introduites dans l'intérieur de la première lame, et qu'elles n'ont pas encore subi son action comme corps cristallisé. Prolongez les lignes CA, CP, de l'autre côté du point d'incidence C ; alors ACa est la direction des axes pour les molécules lumineuses qui ont conservé leur polarisation primitive, et LCl formant avec CP un angle $LCP = ACP$, sera la direction des axes pour celles qui auront changé de polarisation. Maintenant, lorsque la seconde lame agira sur ces deux faisceaux, les molécules dirigées suivant CA termineront leurs oscillations dans une amplitude égale à $2ACP'$. Or $ACP' = 90 + ACP$; et on a aussi $lcP' = 90 + ACP$; ainsi la ligne Cl, prolongement de CL, sera la limite de ces oscillations. Il est facile de prouver de la même manière que les molécules dirigées suivant CL, en sortant de la première lame, termineront leurs

38.

oscillations dans la seconde suivant Ca prolongement de CA.
Ainsi il n'y aura encore que deux directions distinctes de
polarisation; et de plus, on peut prouver ici, comme pour
l'incidence perpendiculaire, que le faisceau qui perd définitivement sa polarisation, et qui, en sortant de la seconde
lame, se trouve polarisé suivant Cl, est précisément celui
qu'aurait donné une seule lame égale en action à la différence
des deux lames superposées, en ayant égard à la variation
opposée d'intensité que chacune d'elles subit par l'inclinaison.

Nous avons vu plus haut que lorsqu'on présente une lame
de chaux sulfatée à un rayon polarisé, et sous l'incidence
perpendiculaire, si l'on analyse la lumière réfléchie perpendiculairement par cette lame, on trouve que le rayon extraordinaire a la même teinte qu'il aurait s'il était produit
par un rayon transmis à travers une lame d'une épaisseur
double. Nous avons expliqué ce fait en remarquant que la
lumière arrivée à la seconde surface de la lame se trouve
hors de la portée des forces dépendantes de la figure des
molécules du cristal; et par conséquent, lorsqu'elle revient
sur elle-même, elle éprouve les mêmes influences que si elle
était réfléchie d'une distance quelconque au-dehors du corps.
Voici maintenant un autre fait en apparence contradictoire.
Exposez une semblable lame à un rayon polarisé, mais sous
une incidence oblique, sous celle qui produirait par réflexion
la polarisation complète sur la première surface; mettez de
plus le plan d'incidence dans l'azimut de 9o, et ensuite
tournez l'axe de la lame à 45º de ce plan; alors vous verrez
que la lumière réfléchie est entièrement colorée, et colorée de
la même teinte que la lame polarise par transmission sous cette
incidence: si vous la tournez sur son plan, la teinte réfléchie

change d'intensité et de couleur. Quelle est la liaison de ce fait avec le premier que nous avons rapporté? ne semble-t-il pas que la lumière, dans son trajet à travers la lame oblique, avant et après la réflexion, traverse ainsi deux fois son épaisseur, ce qui devrait doubler le nombre de ses oscillations, et par conséquent rendre la teinte du rayon réfléchi différente de celle du rayon polarisé par la lame sous la même incidence? Cela paraît ainsi au premier coup-d'œil, mais la théorie des oscillations fait voir que cela n'est pas.

Soit, fig. 11, SC le rayon incident polarisé dans le plan du méridien SCM; soit SCT le plan d'incidence supposé perpendiculaire au précédent; et soit CT sa trace sur la lame. Si, à partir de CT, on prend sur la surface de cette dernière l'angle oblique TCA égal à un angle droit, la ligne CA sera la direction de l'axe de polarisation des molécules lumineuses, lorsqu'elles seront entrées dans l'intérieur de la lame, et qu'elles commenceront à ressentir l'influence de la cristallisation. Maintenant dans le plan de la lame menons la ligne CP à 45° sur CT, pour représenter son premier axe, et examinons quel sera l'état des molécules lumineuses quand elles se présenteront à la seconde surface de la lame pour en sortir. Il y en aura une partie qui auront repris leur polarisation primitive, celles-là auront leurs axes de polarisation dirigés suivant CA, c'est-à-dire perpendiculairement à CT. Quand elles parviendront à la seconde surface de la lame, elles y éprouveront les mêmes effets que si elles tombaient sur un morceau de verre, ou plus exactement sur la première surface de la lame elle-même. Or, elles se trouveront alors tournées, et inclinées de manière qu'elles seront tout-à-fait inaccessibles à ce genre de réflexion, et de

même par cette raison, en arrivant à la première surface
de la lame, elles n'en avaient rien éprouvé : elles sortiront
donc encore librement par la seconde surface comme elles
étaient entrées par la première, et par conséquent aucune
de ces molécules qui compose le faisceau ordinaire n'entrera
dans la lumière réfléchie.

Considérons maintenant les autres molécules qui ont
perdu leur polarisation primitive, et qui composent le faisceau extraordinaire; celle-ci ont leurs axes de polarisation
à 45° de CP. Ainsi, puisque l'angle CPA est de 45°, elles sont
dirigées suivant CT, c'est-à-dire dans le plan d'incidence
même. Or, ces molécules n'échappent point à la réflexion;
au contraire, elles sont dans la situation la plus favorable
pour la subir; mais de plus, celles d'entre elles qui l'éprouvent
cessent tout-à-fait leurs oscillations, et même elles perdent
momentanément toute tendance à les continuer, parce qu'elles
sont complétement polarisées par la force réfléchissante de la
seconde surface qui les polarise complétement suivant CT :
elles rentrent donc dans la lame précisément comme elles y
étaient entrées d'abord, sous la même inclinaison, en faisant le
même angle de 45° avec l'axe, et polarisées comme la première
fois : elles sont dans le même état qu'un rayon polarisé qu'on
introduirait derrière la lame avec ces conditions, ou plutôt
elles se retrouvent précisément dans le même état où elles
étaient en arrivant à la première surface de la lame pour la
première fois. Ainsi donc elles doivent recommencer de
même leurs oscillations en partant d'une position de polarisation primitive commune et également influencée ;
elles doivent traverser de nouveau la lame comme la première fois, sans se désunir, puisqu'elles partent du même

état, et qu'elles sont soumises aux mêmes forces; leurs oscillations ne les séparent pas plus dans ce second trajet, qu'elles ne les ont séparées dans le premier; et voilà de quelle manière elles composent un rayon réfléchi exactement de même teinte que le rayon polarisé par transmission sous cette incidence.

On voit que cette permanence est due uniquement à la nouvelle polarisation complète que ces molécules reçoivent à la seconde surface : elle ne pourrait pas avoir lieu sans cette circonstance, et les molécules en rentrant dans la lame continueraient ou reprendraient leurs oscillations. C'est ce qui arrive sous l'incidence perpendiculaire, parce que les surfaces qui reçoivent le rayon perpendiculairement à sa direction ne font que le renvoyer sans modifier en rien la position des axes de ses molécules. Les forces réfringentes et réfléchissantes paraissent alors se faire équilibre dans ce genre d'action.

En revenant à l'incidence oblique, on observe que la teinte du rayon réfléchi change lorsqu'on tourne la lame sur son plan, sans changer l'incidence ni l'azimut du plan de réflexion; en même-temps son intensité diminue, et elle devient nulle lorsque l'un ou l'autre axe de la lame coïncide avec la trace CT du plan d'incidence. La raison de ce dernier phénomène est évidente, car si le premier axe CP de la lame coïncide avec CT, il se trouve à angle droit sur CA. Ainsi, dans ce cas, l'amplitude des oscillations est égale à une demi-circonférence, c'est-à-dire que les molécules qui devraient composer la teinte extraordinaire, ont simplement leurs axes retournés et dirigés suivant Ca, prolongement de CA, ce qui fait qu'elles échappent de même à la réflexion sur la seconde surface : si au contraire le premier axe CP est rectangulaire sur CT, il coïncide alors avec CA, et il ne se produit point d'oscillation, ce qui fait que toutes les molécules échappent ensemble à la réflexion en arrivant à la seconde surface. Entre ces deux limites l'intensité du rayon réfléchi varie, et elle est a son maximum dans le cas que nous avons considéré d'abord, lorsque l'axe CP forme avec CA un angle de 45°; mais de plus, la teinte du rayon réfléchi varie avec l'azimut en même-temps que son intensité, parce que l'action de la lame sous une même incidence varie avec la position de son axe relativement au plan d'incidence : elle est la plus faible possible lorsque cet axe coïncide avec CT; et au contraire elle atteint son maximum lorsqu'il lui est perpendiculaire, comme nous l'avons démontré plus haut par l'expérience. La teinte du rayon qui perd sa polarisation primitive, et qui seule subit la réflexion à la seconde surface de la lame, doit donc varier quand on tourne la lame sur son plan; et en même temps son intensité doit changer selon que la direction des particules lumineuses les présente à la surface d'émergence dans un sens plus ou moins favorable à la réflexion.

Lorsque l'épaisseur des lames excède une certaine limite, elles ne produisent plus de couleur, et le rayon réfléchi est blanc; mais les molécules qui composent ce blanc n'en ont pas moins fait leurs oscillations en revenant de la seconde surface, et d'après la théorie on voit qu'il est aisé de rendre l'effet de ces oscillations sensible : il suffit pour cela de faire passer perpendiculairement le rayon réfléchi à travers une seconde plaque d'une épaisseur à-peu-près égale à la première, et dont les axes soient croisés à angles droits sur les siens; car l'action de cette seconde plaque, démêlant les

molécules que la première avait rassemblées, donnera par
transmission un rayon extraordinaire tel que le comporte la
différence d'épaisseur des deux plaques, et si cette différence
est assez petite pour produire des couleurs, le rayon réfléchi
par la première plaque et transmis par la seconde paraîtra
coloré lorsqu'on l'analysera avec un rhomboïde de spath
d'Islande, au lieu qu'il aurait paru blanc si la seconde
plaque avait seulement été exposée à une lumière incidente directe, ou à un rayon polarisé par la réflexion.
J'avais tiré ces conséquences de la théorie, et je les avais
complétement rédigées telles qu'on les vient de lire, avant
de les avoir vérifiées par l'expérience; mais je viens de le
faire sur deux plaques épaisses de chaux sulfatée, et l'observation s'y est trouvée parfaitement conforme.

Je puis également tirer de la théorie un autre phénomène
remarquable, et qui m'a été très-utile dans le commencement
de mes recherches pour déterminer exactement les couleurs
polarisées par les lames d'épaisseurs diverses : je veux parler
de l'effet qu'elles produisent sur les rayons de lumière directe
que l'on fait tomber sur leur surface avec une incidence
telle, qu'elles puissent les polariser par réflexion. J'ai décrit
ces phénomènes dans mon premier Mémoire. Soit, fig. 12,
LL le plan de la lame, que je suppose horizontal. Désignons
par CZ la trace du plan d'incidence, que je supposerai être
le méridien : le rayon naturel qui tombe sur la lame dans ce
plan éprouve d'abord une première polarisation à sa surface
antérieure. Soit B la lumière blanche qui en résulte, et qui est
polarisée ordinairement dans le plan vertical ZCZ. Le reste
de la lumière naturelle qui a échappé à cette réflexion traverse
la lame; mais elle ne s'y polarise point, ou plutôt elle n'y

éprouve qu'une polarisation confuse qui ne range point les
axes de ses molécules sur un nombre fini de directions autour du point d'incidence. Ceci a été démontré par l'observation dans mon premier Mémoire, et l'on en voit bien
aisément la cause par la théorie des oscillations. Car nous
avons prouvé que l'axe CP du cristal laisse toujours à une
partie des molécules leur polarisation primitive, et tourne
les axes des autres dans l'azimut $2i$, en supposant que i
désigne l'azimut de l'axe du cristal autour du plan de polarisation. Or, dans un rayon naturel, les axes de polarisation
des molécules lumineuses sont dirigés dans tous les sens
possibles ; ainsi l'azimut $2i$ aura toutes les valeurs possibles
depuis zéro jusqu'à la circonférence entière ; c'est-à-dire que
tous les axes de polarisation seront distribués uniformément
autour du point d'incidence C : aussi la lumière transmise
dans ces circonstances ne présente-t-elle aucun vestige de
polarisation quand on l'analyse avec un rhomboïde de spath
d'Islande, et elle donne deux images blanches égales en
intensité. Maintenant, lorsque cette lumière blanche arrive
à la seconde surface de la lame ; elle s'y trouve hors de l'influence des forces répulsives dues à la cristallisation. Nous
avons prouvé plus haut ce fait ; elle y subit une réflexion
partielle qui, à cause de l'incidence où l'on a placé la lame,
polarise complétement le faisceau réfléchi, et tourne les axes
de polarisation de ses particules dans la direction ZZ du plan
d'incidence. Maintenant, lorsque ce faisceau rentre dans la
lame, les molécules qui le composent se mettent de nouveau
à osciller autour de l'axe de cristallisation CP ; mais alors elles
partent d'une position commune, qui est celle que la polarisation par réflexion leur a imprimée : une partie de ces molécules

faisant un nombre d'oscillations pair, se retrouve à sa sortie dans la direction de sa polarisation primitive CZ : cette portion, que nous nommerons O, s'ajoute à la lumière B, polarisée dans le même sens à la première surface, et forme un faisceau ordinaire B + O. Le reste de la lumière réfléchie qui a fait un nombre d'oscillations impair tourne, à sa sortie, ses axes dans un azimut double de l'angle ZCP; et par conséquent, si CP forme un angle de 45° avec CZ, la direction de cette polarisation extraordinaire sera CX, perpendiculaire à la première, et de plus la teinte de ce faisceau est la même que celle que la lame polarise par transmission sous l'incidence perpendiculaire. Ainsi, en recevant l'ensemble de toute la lumière réfléchie sur un verre noir placé sous l'inclinaison de la polarisation complète, et de manière que le plan d'incidence soit perpendiculaire au plan de polarisation ordinaire Zz le faisceau polarisé suivant Zz n'éprouvera aucune réflexion en tombant sur ce verre, et le traversera ou se combinera avec sa substance; mais le faisceau extraordinaire, polarisé suivant ZX, subira sur ce même verre la réflexion partielle; il sera même placé dans la situation la plus favorable pour la subir, et ainsi il donnera un rayon réfléchi qui sera tout entier composé de la teinte que la lame polarise par transmission sous cette incidence, par conséquent aussi sous l'incidence perpendiculaire; car ces deux teintes sont les mêmes dans la position présente de l'axe, à 45° du plan de la polarisation primitive ZZ.

Si l'épaisseur de la lame cristallisée excède certaines limites que nous avons fixées, la teinte ainsi réfléchie sur le verre noir est blanche; mais il est facile de prouver que les oscillations ont eu également lieu dans cette lumière ainsi mêlée.

39.

Pour cela, au lieu de recevoir les faisceaux réfléchis sur un verre noir, il faut les analyser avec un prisme de cristal d'Islande; et avant qu'ils parviennent au prisme, il faut leur faire traverser une plaque de chaux sulfatée d'une épaisseur à-peu-près égale à la première, qui lui soit à-peu-près parallèle, et dont les axes soient dirigés à angles droits sur les siens. La lumière réfléchie, après avoir traversé cette seconde plaque, se divisera dans le prisme en deux faisceaux colorés; mais les teintes de ces faisceaux seront incomparablement moins vives que celles que l'on observait sur le verre noir avec les lames minces, et ceci est encore une conséquence de la théorie des oscillations; car, d'après cette théorie, la seconde plaque cristallisée n'agit pas seulement sur les portions de lumière O et E qui ont subi l'action de la première plaque, elle agit encore sur la portion de lumière blanche B qui, s'étant réfléchie à la première surface de la première lame, a été polarisée par cette réflexion dans le même sens que O. Puisque la seconde plaque est, par supposition, trop épaisse pour donner immédiatement des couleurs, elle séparera B en deux faisceaux blancs de polarisation diverse, qui se mêleront avec les faisceaux colorés provenant de E et de O, et affaibliront leurs teintes, conformément à l'observation.

Pour éviter cet inconvénient, il faudrait ne pas faire tomber sur la première plaque un rayon de lumière naturelle, mais un faisceau blanc déja polarisé perpendiculairement à la direction Z Z du plan d'incidence : par ce moyen il ne se ferait aucune réflexion à la première surface de la première plaque; toute la réflexion s'opérait à la seconde surface, et la lumière ainsi modifiée traversant ensuite la seconde plaque

rectangulaire sur l'autre, serait divisée par le prisme de cristal
en deux faisceaux dont les teintes ne seraient point affaiblies
par un mélange de lumière blanche; mais alors il est visible
que l'on retombe sur la disposition d'appareil que nous
avons décrite plus haut, page 3o4, et dont les effets se sont
trouvés conformes à ce que la théorie indiquait.

J'ose croire que les résultats que je viens d'exposer sont
assez nombreux et assez d'accord avec la théorie des oscillations pour l'établir avec quelque certitude, quand même
cette théorie ne serait pas déja l'expression simple et rigoureuse des phénomènes qui ont lieu sous l'incidence perpendiculaire, comme je l'ai déja remarqué plus haut; mais ce
qui prouve qu'elle en est véritablement l'expression simple,
c'est l'accord parfait des phénomènes avec toutes les conséquences qu'on en déduit.

Jusqu'ici je n'ai considéré que la direction de la polarisation produite par les plaques sous les diverses incidences,
je viens maintenant à la considération des teintes, qui, ainsi
que je l'ai déja dit plusieurs fois, suivent des lois absolument indépendantes des intensités. Pour découvrir les causes
des variations qu'elles éprouvent sous les diverses incidences,
il faut considérer qu'elles dépendent en général du nombre
d'oscillations que font les molécules lumineuses en traversant les lames cristallisées. Or, dans chaque position donnée,
le nombre d'oscillations dépend de trois élémens : du trajet
que la lumière fait dans le cristal, de l'intensité de la force
répulsive qui produit la polarisation exercée par la lame,
enfin de la vîtesse de translation des molécules lumineuses.
La détermination complète et rigoureuse de ces trois élémens supposerait la connaissance des lois suivant lesquelles

la double réfraction s'opère dans les corps cristallisés que nous examinons, et si cette loi a été découverte par Huyghens pour la chaux carbonatée qui polarise les molécules lumineuses dans le sens de son axe, et dans la direction perpendiculaire, il est assez peu probable que la même construction s'applique encore à nos cristaux qui exercent la polarisation suivant des sens différens; ou du moins, si la marche du rayon dans ces deux cas se fait de la même manière, on n'en peut être assuré que par des expériences directes que je n'ai point encore tentées, et qui paraissent devoir être fort difficiles à cause du peu d'écart des deux faisceaux ordinaire et extraordinaire qui traversent ces corps, ce qui indique l'extrême faiblesse de leurs actions. Car dans toutes les substances cristallisées où l'on peut observer ainsi des couleurs, soit en les réduisant en lames minces, soit par le croisement des plaques épaisses, je trouve toujours que la double réfraction y est extrêmement faible, et communément plus faible que dans le cristal de roche, où elle est déja vingt fois moindre que dans la chaux carbonatée, suivant. les résultats observés par Malus. Mais en attendant que l'on ait pu faire les expériences délicates que cette recherche exige, la faiblesse même des actions dont nous venons de parler permet de les représenter par une approximation qui, si elle n'est pas absolument rigoureuse, ce qu'il serait difficile de prononcer avec certitude, est du moins assez approchée pour représenter les phénomènes avec une exactude égale à celle des observations les plus précises.

Voici le principe : dans les cristaux que nous examinons, la double réfraction est très-faible; en sorte que le rayon ordinaire et le rayon extraordinaire s'écartent très-peu l'un de l'autre, et si peu, que leur séparation dans des plaques à surfaces parallèles ne devient sensible qu'à travers de très-grandes épaisseurs. Cela est ainsi, par exemple, dans le cristal de roche et dans la chaux sulfatée. On aura donc déja une évaluation très-approchée du trajet que fait la lumière à travers ces substances, en calculant ce trajet pour le rayon ordinaire, et avec le rapport ordinaire de réfraction. Quant à l'intensité même de la force répulsive qui produit la réfraction extraordinaire, on sait que dans la chaux carbonatée elle est proportionnelle au carré du sinus de l'angle que l'axe de cristallisation forme avec le rayon réfracté extraordinaire : ainsi, par analogie, on peut essayer s'il n'en serait pas de même dans les cristaux que nous examinons, et par une approximation analogue à celle dont nous avons fait tout-à-l'heure usage, on peut calculer cet angle avec le rapport de réfraction qui convient au rayon ordinaire. Enfin, quant au troisième élément, qui est la vîtesse du rayon extraordinaire, il est également visible qu'elle sera très-peu différente de celle du rayon ordinaire, et qu'ainsi on pourra employer l'une pour l'autre dans une première approximation. En effet, si on emploie ces élémens approchés, pour les plaques de chaux sulfatée, par exemple, et si l'on multiplie la longueur du trajet que la lumière fait dans ces plaques par le carré du sinus de l'angle que le rayon réfracté forme avec l'axe de cristallisation, le produit, réduit à l'échelle de la table de Newton, par le même facteur constant qui convient à l'incidence perpendiculaire, exprime à très-peu de chose près la teinte du rayon que la plaque polarise; et cette expression devient tout-à-fait rigoureuse, tout-à-fait conforme aux expériences, si l'on y joint un facteur dépendant probablement de la vîtesse, et qui varie seulement entre neuf dixièmes et l'unité.

Considérons, par exemple, fig. 13, une plaque LL parallèle à l'axe de cristallisation, et supposons que l'on incline cette plaque sur le rayon incident polarisé, en maintenant son premier axe LL dans le plan d'incidence. Soit MI le rayon incident, IR le rayon réfracté, et P IP′ la normale au point d'incidence. Nommons θ l'angle d'incidence MIP′, et θ' l'angle de réfraction PIR. Alors le trajet de la lumière dans la plaque sera IR ou $\dfrac{e}{\cos.\,\theta'}$, en nommant e l'épaisseur IP de la plaque sous l'incidence perpendiculaire. La force répulsive qui produit la réfraction extraordinaire sera proportionnelle au carré du sinus de l'angle PRI, c'est-à-dire, au carré du cosinus de l'angle θ', et par conséquent, si on la représente par l'unité sous l'incidence perpendiculaire, elle sera exprimée par $\cos^2\theta'$ sous l'incidence θ. Le produit de ces deux quantités sera donc $\dfrac{e}{\cos.\,\theta'}\cdot\cos^2\theta'$, ou simplement $e\cos.\,\theta'$, et cette expression représentera à très-peu près l'épaisseur à laquelle répond la lame sous l'incidence. Mais pour rendre cette expression tout-à-fait rigoureuse, il faut, comme je l'ai dit, lui ajouter un facteur très-peu différent de l'unité, et qui se trouve être de la forme $1 + a\sin^2\theta' + b\sin^4\theta'$; ce qui la change en

$$\frac{e\cos.\,\theta'}{1 - a\sin^2\theta' - b\sin^4\theta'}.$$

On peut déterminer les coëfficiens a et b par deux observations de teintes faites sous des incidences diverses, et quant à l'angle θ', on le calculera comme à l'ordinaire d'après l'incidence θ au moyen de la condition

$$\sin. \theta' = \frac{\sin. \theta}{K},$$

K étant le rapport constant de réfraction. D'après les expériences de Newton, ce rapport serait pour la chaux sulfatée $\frac{9.1}{7.1}$ ou à très-peu près $\frac{3}{2}$. Nous adopterons ce résultat dans nos calculs.

Si au contraire, au lieu d'incliner le premier axe de la plaque sur le rayon incident polarisé, on incline le second axe, on aura bien encore $\frac{e}{\cos. \theta'}$ pour le trajet que fait la lumière; mais les termes qui expriment l'action des forces seront différens. En effet, la force exercée par le premier axe est alors constante, puisque cet axe reste perpendiculaire au rayon réfracté; mais s'il émane aussi des forces du second axe, l'action de celles-ci doit varier par l'inclinaison, et par conséquent il en doit résulter, comme tout-à-l'heure, un facteur proportionnel à cos² θ'. Si au contraire les forces qui font osciller la lumière dépendent seulement du premier axe, alors la variation d'épaisseur désignée par $\frac{e}{\cos. \theta'}$ sera la seule cause qui produira le changement des teintes, quand on inclinera la lame dans cette direction, et par conséquent le facteur qui dépend de cette variation sera le seul auquel il faille avoir égard. Or, l'expérience m'a fait voir que c'est ainsi que la chose se passe; car de cette manière on représente parfaitement les changemens des teintes observées, sans qu'il soit nullement besoin d'employer une variation d'intensité proportionnelle à cos² θ'. Ce résultat me paraît donc prouver que toute la force émane réellement du premier axe. D'ailleurs il ne change rien à notre théorie des oscillations de la lumière, comme nous l'avons dit dans la page 228; car nous avions dès-lors prévu et indiqué la possibilité de représenter tous les phénomènes en n'employant qu'une seule force émanée du premier axe. Nous devrons seulement admettre que cette force devient nulle d'elle-même quand l'axe de polarisation des molécules lumineuses devient parallèle à la ligne dont elle émane. Alors les changemens d'actions qui s'observent dans les positions où cette force doit rester constante, et que nous avions d'abord représentés par une force émanée du second axe, devront être uniquement attribués au changement d'épaisseur; mais il faudra toujours joindre à ces expressions un facteur peu différent de l'unité et de la forme $1 + a \sin^2 \theta' + b \sin^4 \theta'$, ce qui donnera l'expression

$$\frac{e}{\cos \theta' \left[1 + a' \sin^2 \theta' + b' \sin^4 \theta' \right]}.$$

On déterminera de même les valeurs des coëfficiens a' et b' d'après l'observation de deux teintes sous des incidences diverses; et l'on trouvera ainsi qu'ils sont de signe contraires à ce qu'ils étaient quand on inclinait le premier axe sur le rayon polarisé.

Pour vérifier ces formules, et connaître le degré d'exactitude qu'elles comportent, c'est peu de les appliquer à des lames minces où les variations des teintes sont peu considérables, il faut les appliquer à des plaques épaisses où l'on rendra le développement des couleurs sensible par le croisement; alors on aura de nombreuses séries de teintes où l'on verra si nos formules suffisent toujours pour le représenter.

Soit A une plaque épaisse de chaux sulfatée dont la mesure sera donnée par le sphéromètre : je la place dans une position constamment perpendiculaire au rayon polarisé, et je tourne son premier axe de manière qu'il forme un angle de 45° avec le plan de polarisation primitive, que je suppose être le plan du méridien. La lumière transmise à travers cette première plaque sera modifiée en raison de son épaisseur ramenée à l'échelle de Newton ; c'est-à-dire que si l'épaisseur ainsi réduite est e, le faisceau polarisé par cette lame aura la teinte e, et cette teinte sera blanche si e excède $49^r,67$, qui répond au blanc rougeâtre du septième ordre d'anneaux. Cette lumière étant ainsi modifiée, faisons-lui traverser une seconde plaque B, dont l'épaisseur réduite à l'échelle de Newton soit e', et dont les axes de même nom soient croisés à angles droits sur ceux de la première ; alors la teinte polarisée par ce système sera $e' - e$ sous l'incidence perpendiculaire, et cette teinte variera si l'on incline e' sur le rayon incident : car, si l'on met le premier axe de e' dans le plan d'incidence, son action s'affaiblira ; et au contraire, elle augmentera si on y met son second axe. Ainsi, e restant toujours perpendiculaire au rayon polarisé, tandis que e' varie, la teinte observée sera également variable, et pourra être calculée par les formules que nous avons données plus haut.

Par exemple, j'ai pris ainsi deux plaques épaisses de chaux sulfatée dont les épaisseurs mesurées au sphéromètre étaient

$$A = 1055 \qquad B = 1118,$$

40.

d'où l'on tire

$$A - B = 63.$$

Diverses expériences m'avaient appris que le bleu du second ordre qui, dans la table de Newton, est représenté par le nombre 9, répondait à-peu-près dans ces plaques à $37^p,8$ du sphéromètre, de sorte qu'en réduisant les épaisseurs observées suivant ce rapport, on aura

$$e = 251 \qquad e' = 266 \qquad e' - e = 15.$$

Ainsi, selon cette évaluation, la teinte polarisée par le système des deux lames sous l'incidence perpendiculaire aurait dû être le bleu du troisième ordre; mais l'observation montrait, au lieu de ce bleu, le vert jaunâtre du même ordre, intermédiaire entre le vert vif et le jaune blanchâtre, et dont l'épaisseur ainsi calculée est exprimée par 16,88; d'où l'on doit comprendre de quelle extrêmement petite quantité il faudrait faire varier le facteur dans l'une ou l'autre de ces lames pour l'accorder avec l'observation : mais cela ne sera pas nécessaire, car on peut éviter à cet égard toute hypothèse, en prenant la teinte observée pour une des données à laquelle on satisfait; c'est-à-dire que trouvant cette teinte exprimée par 16,88, il faut assujétir nos épaisseurs e e' à la condition

$$e' - e = 16,88,$$

condition qui nous déterminera une quelconque entre elles, lorsque l'autre sera connue.

Supposons maintenant qu'ayant tourné les axes du système dans l'azimut de 45°, j'incline le premier axe de e' dans cet azimut, e restant toujours perpendiculaire au rayon incident : alors, si l'on désigne par E la teinte polarisée par le système sous l'incidence θ, et pour l'angle de réfraction θ', on aura

$$E = \frac{e' \cos. \theta'}{1 - a \sin^2 \theta' - b \sin^4 \theta'} - e.$$

Or, notre équation de condition relative à l'incidence perpendiculaire donne

$$e = e' - 16,88, \text{ ou généralement } e = e' - (E);$$

(E) désignant la teinte polarisée par le système sous l'incidence perpendiculaire; ainsi, en éliminant (E), il vient sous toute autre incidence

$$[1] \qquad E = (E) - e' + \frac{e' \cos \theta'}{1 - a \sin^2 \theta' - b \sin^4 \theta'};$$

au contraire, si on place le second axe de la plaque B dans le plan d'incidence, et qu'on l'incline sur le rayon polarisé, on augmentera l'action de B, celle de A restant la même, et la formule des teintes sera

$$E = \frac{e'}{\cos. \theta' \left[1 + a' \sin^2 \theta' + b' \sin^4 \theta' \right]} - e,$$

ou en éliminant e comme précédemment, au moyen de sa valeur déduite de l'incidence perpendiculaire,

$$[2] \qquad E = (E) - e' + \frac{e'}{\cos. \theta' \left[1 + a' \sin^2 \theta' + b' \sin^4 \theta' \right]}.$$

On voit par ces expressions que lorsqu'on incline le second axe de e' sur le rayon incident, les teintes E polarisées par le système vont continuellement en descendant dans l'ordre des anneaux comme si le système devenait plus épais, parce que le dernier terme de la formule [2] où cos. θ' se trouve au dénominateur, augmente avec l'inclinaison, et surpasse toujours le terme négatif — e'. Au contraire, lorsqu'on incline le premier axe de e' de manière à l'affaiblir, les teintes montent dans l'ordre des anneaux comme si le système devenait plus mince, parce qu'alors cos. θ' se trouvant au numérateur, affaiblit constamment le dernier terme de la formule [1]. Même si e et e' sont entre eux dans des rapports convenables, il peut y avoir une valeur de θ' telle, que les termes variables de la formule [1] détruisent exactement les termes constans; alors on aura E nul, c'est-à-dire que les actions des deux plaques croisées se feront équilibre sous cette incidence, et le rayon qui les aura traversées toutes les deux aura repris complétement sa polarisation primitive. Au-delà de cette limite E devient négatif, c'est-à-dire que la plaque e perpendiculaire au rayon incident l'emporte sur e' affaiblie par l'obliquité, et alors les teintes du rayon E redescendent de nouveau dans l'ordre des anneaux, comme elles avaient monté avant cette limite.

Tout ce jeu de nos formules est exactement conforme à l'expérience; mais pour mieux juger de cet accord, il faut en déduire les nombres mêmes qui expriment les différentes teintes que l'inclinaison doit développer : à cet effet, il faut déterminer les coëfficiens a et b, a' et b'. Considérons d'abord la formule [1] qui convient au cas où l'on incline le premier axe. En y faisant $e'=266$ (E)$=16,88$, valeurs que nous avons déterminées plus haut ; elle devient

$$E = -249,12 + \frac{266 \cos.\ \theta'}{1 - a \sin^2 \theta' - b \sin^4 \theta'}.$$

J'ai déterminé les coëfficiens a et b par deux observations

d'incidence. La première était celle à laquelle le système,
avant d'être remonté jusqu'au zéro des teintes, polarisait le
bleu du second ordre, qui est représenté par 9 dans la table
de Newton : la seconde incidence, beaucoup plus considérable, répondait au cas où le système, après avoir passé par
le zéro des teintes, était redescendu au bleu verdâtre du
même ordre, qui est représenté par 9,71. On avait alors

Angle d'incidence θ.	Angle de réfraction θ'.	Teinte du rayon extraordi- naire; observée.	Valeur de E conclue de la teinte.
33° 22′ 20″	21° 30′ 50″	Bleu du 2ᵉ ordre.	9
75 24 10	40 10 35	Bleu verdâtre du 2ᵉ ordre.	— 9,71

Je donne le signe — à cette dernière teinte, parce que
le rayon n'y arrivait qu'après avoir remonté toute la série
des anneaux, et avoir passé par le zéro des teintes. Avec
ces données j'ai trouvé

$$a = + 0,28 \qquad b = + 0,2,$$

ce qui donne

$$E = - 249,12 + \frac{266 \cdot \cos \theta'}{1 - 0,28 \sin^2 \theta' - 0,2 \sin^4 \theta'}.$$

Avec cette formule j'ai calculé les valeurs de E pour toutes
les teintes que j'avais observées sous diverses inclinaisons du
système, et j'ai comparé les résultats avec les valeurs de E,
que la table de Newton indiquait d'après la teinte observée :
j'ai formé ainsi le tableau suivant.

Application de la formule [1] pour les plaques croisées quand on incline le premier axe.

$$E = 249,12 - \frac{266 . \cos \theta'}{1 - 0,28 \sin^2 \theta' - 0,2 \sin^4 \theta'} :$$

Incidence observée. θ.	Teinte du rayon ordinaire; observée.	Teinte du rayon extraordinaire; observée.	Valeur de la teinte E, d'après la formule.	Valeur de E, d'après la teinte observée.	
0° 0′ 0″	Violacé.	Vert pâle blanchâtre.	16,88	16,88	Supposé intermédiaire entre le vert et le jaune du 3ᵉ ordre.
12 30 40	Rouge.	Vert très-beau du 3ᵉ ordre.	15,66	16,25	Supposé exactement le vert du 3ᵉ ordre.
17 35 40	Jaune.	Bleu.	14,60	15,10	Supposé exactement le bleu du 3ᵉ ordre.
19 38 20	Jaune orangé.	Indigo.	13,95	14,25	Supp. exactement l'indigo du 3ᵉ ordre.
24 18 0	Vert.	Rouge du 2ᵉ ordre.	12,48	12,25	Supposé intermédiaire entre le rouge et l'écarlate du 3ᵉ ordre.
26 37 20	Bleu.	Orangé.	11,46	11,11	Supp. exactement l'orangé du 2ᵉ ordre.
33 22 20	Orangé.	Bleu.	9,00	9,00	Supposé exactement le bleu du 2ᵉ ordre.
36 4 50	Jaune pâle.	Indigo.	7,83	8,17	Supp. exactement l'indigo du 2ᵉ ordre.
37 19 20	Blanc bleuâtre.	Violacé.	7,28	7,10	Supposé exactement le violet du 2ᵉ ordre.
37 50 40	Presque blanc.	Rouge du 1ᵉʳ ordre.	7,05*	5,80	Supposé exactement le rouge du 1ᵉʳ ordre.
39 24 40	Blanc un peu bleuâtre.	Orangé.	5,88*	5,11	Supp. exactement l'orangé du 1ᵉʳ ordre.
41 8 50	Bleu un peu blanchâtre.	Jaune pâle.	5,53*	4,60	Supposé exactement le jaune pâle du 1ᵉʳ ord.
44 7 40	Noir presque exactement.	Blanc brillant du 1ᵉʳ ordre.	4,10	3,40	Supposé exactement le blanc du 1ᵉʳ ordre.
51 25 0	Blanc brillant.	Noir ou bien très-sombre.	0,58	0	Supposé exactement le noir.
58 18 10	Violet très-sombre.	Blanc un peu jaunâtre.	2,75	3,40	Supposé exactement le blanc du 1ᵉʳ ordre.
63 13 20	Bleu.	Orangé.	5,10	5,10	Supp. exactement l'orangé du 1ᵉʳ ordre.
66 11 40	Vert blanchâtre	Rouge sombre du 1ᵉʳ ordre.	6,31	5,80	Supposé exactement le rouge du 1ᵉʳ ordre.
70 56 20	Jaune.	Indigo.	8,20	8,20	Supposé l'indigo du 2ᵉ ordre.
75 24 10	Rouge.	Vert un peu blanchâtre.	9,68	9,71	Supposé le vert du 2ᵉ ordre.
		Sommes....	164,32	161,33	

Une partie de la différence que nous trouvons ici entre les deux sommes, tient certainement aux erreurs des observations que nous avons marquées d'un astérisque. La première et la plus forte porte sur le rouge du premier ordre. J'ai fixé cette teinte à l'instant où le violet du second ordre venait de cesser, parce que c'était alors que la teinte m'a paru la plus pure. Il paraît que Newton l'a fixée plus près de l'orangé. Il en est de même de l'orangé et du jaune du premier ordre, il paraîtrait les avoir fixés plus près du blanc. Peut-être aussi les incidences correspondantes à ces teintes sont-elles un peu fautives, du moins leur différence semblerait l'indiquer. Si l'on retranchait ces trois observations du résultat, leur somme serait suivant le calcul 18,46, suivant l'observation des teintes 15,51 ; et ces nombres étant respectivement retranchés de 164,32 et 161,33, donnent pour résultat du calcul 145,86, de l'expérience 145,82, c'est-à-dire que l'erreur se réduit à rien. On n'a pu pousser plus loin l'incidence ; mais on voit par la formule que, même en faisant $\theta = 90°$, on aurait trouvé $E = -11,44$, c'est-à-dire l'orangé du deuxième ordre, qui suit presque immédiatement la dernière des teintes que nous avons observées.

J'ai fait ensuite le même calcul pour la formule [2], qui est relative au cas où l'on incline le second axe : dans ce cas on a

$$E = (E) - e' + \frac{e'}{\cos. \theta' \left[1 + a' \sin^2 \theta' + b' \sin^4 \theta' \right]},$$

ou en mettant pour (E) e' leurs valeurs numériques,

$$E = -249,12 + \frac{266}{\cos. \theta' \left[1 + a' \sin^2 \theta + b' \sin^4 \theta' \right]};$$

ici le terme variable surpasse toujours le terme constant : la valeur de E est donc toujours positive et croissante. J'ai déterminé les coëfficiens a' et b' par l'observation des incidences où le système polarisait le rouge du cinquième ordre et le blanc rougeâtre du septième, qui est la dernière teinte où la coloration soit sensible. J'ai eu ainsi

Angle d'incidence θ.	Angle de réfraction θ'.	Teinte du rayon extraordinaire ; observée.	Valeur de E conclue de la teinte.
42° 11' 30"	26° 35' 55"	Rouge du 5ᵉ ordre.	34
59 20 10	34 59 30	Blanc rougeâtre du 7ᵉ ordre.	49,67

En calculant avec ces nombres, on représentait à très-peu près les observations ; mais leur ensemble m'a montré qu'il valait mieux ajouter 0,5 à la valeur de la première teinte, ce qui suppose seulement qu'au lieu de l'observer au même point que Newton, je l'ai observée un peu plus bas. Au reste, peu importe la valeur que nous donnions à nos constantes, pourvu qu'elles représentent bien les résultats observés. Etablissant donc le calcul avec ces données, je trouve pour les deux coëfficiens a' et b' les valeurs suivantes

$$a' = 0,153915 \qquad b' = 0,33353,$$

ce qui donne la formule générale des teintes

$$E = -\, 249,12 + \frac{266}{\cos. \theta' \left[1 + 0,153915 \sin^2 \theta' + 0,33353 \sin^4 \theta'\right]};$$

alors j'ai calculé, comme précédemment, les valeurs de E pour toutes les incidences que j'avais observées, et qui correspondaient à des teintes indiquées par Newton. La comparaison de ces calculs avec l'évaluation faite d'après la teinte au moyen de la table de Newton, m'a donné le tableau suivant.

Application de la formule [2] *pour les plaques croisées quand on incline le deuxième axe.*

Incidence observée, θ.	Teinte du rayon ordinaire ; observée.	Teinte du rayon extraordinaire ; observée.	Valeur de la teinte E, d'après la formule.	Valeur de E, d'après la teinte observée.	
0° 0′ 0″	Rouge violacé.	Vert jaunâtre du 3ᵉ ordre.	16, 88	16, 88	
7 12 0	Bleu.	Jaune paille.	17, 50	17, 50	Supposé le jaune du 3ᵉ ordre.
15 51 0	Vert.	Rouge très-beau du 3ᵉ ordre.	19, 93	19, 67	Supposé entre le rouge et le rouge bleuâtre du 3ᵉ ordre.
22 50 0	Rouge.	Vert très-beau du 4ᵉ ordre.	23, 04	22, 75	Supposé exactement le vert du 4ᵉ ordre.
30 29 0	Vert.	Rouge du 4ᵉ ordre.	27, 47	26, 00	Supposé exactement le rouge du 4ᵉ ordre.
36 22 10	Rouge.	Bleu verdâtre du 5ᵉ ordre.	31, 43	29, 67	Supposé exactement le bleu verdâtre du 5ᵉ ordre.
42 11 30	Bleu verdâtre.	Rouge.	34, 50	34, 00	Supposé exactement le rouge du 5ᵉ ordre.
46 7 30	Rouge.	Bleu verdâtre du 6ᵉ ordre.	38, 85	38, 00	Supposé le bleu verdâtre du 6ᵉ ordre.
50 6 40	Bleu verdâtre.	Rouge.	42, 06	42, 00	Supposé exactement le rouge du 6ᵉ ordre.
53 45 30	Blanc rougeâtre	Bleu ve r de du 7ᵉ ordre.	45, 08	45, 80	Supposé exactement le bleu verdâtre du 7ᵉ ordre.
59 20 10	Bleu verdâtre.	Blanc rougeâtre	49, 67	49, 67	Supposé exactement le blanc rougeâtre du 7ᵉ ordre.
		Sommes....	346, 43	341, 94	

Ainsi, d'après la comparaison des deux sommes, on voit que l'on rendrait la différence nulle, si, au lieu de supposer

41.

la teinte E représentée par 16,88 sous l'incidence perpendiculaire, on prenait E = 16,44, c'est-à-dire un vert jaunâtre du troisième ordre, mais moins jaunâtre que nous ne l'avions d'abord pensé : cette correction accorderait aussi à très-peu de chose près la comparaison de la première expérience avec la formule. Au reste, l'écart dont nous parlons ici est beaucoup trop petit pour pouvoir être constaté autrement que par un très-grand nombre d'observations. On n'a pas mesuré d'inclinaison plus grande que 59° $20'$ $10''$, parce que au-delà de ce terme il n'y avait plus de coloration sensible.

Je vais maintenant appliquer les mêmes formules à deux autres plaques A et B dont la première, constamment perpendiculaire au rayon polarisé, avait pour épaisseur 417^p du sphéromètre, tandis que la seconde, que je plaçais sous des inclinaisons diverses, avait pour épaisseur 463 parties. Ces plaques étant croisées à angles droits l'une sur l'autre, et exposées sous l'incidence perpendiculaire au rayon polarisé, donnaient un rayon ordinaire d'un très-beau bleu, et un rayon extraordinaire orangé légèrement rougeâtre : cet orangé appartenait au second ordre d'anneaux, et je le représenterai par $11^r,3$ de la table de Newton. J'ajoute ainsi $0^p,19$ à la valeur $11,11$ assignée par Newton pour l'orangé du second ordre, afin d'exprimer que la teinte que nous considérons tire un peu vers le rouge. D'après cela, en nommant comme ci-dessus e e' les épaisseurs de nos deux plaques réduites à l'échelle de Newton, la condition relative à l'incidence perpendiculaire donnera

$$e' - e = 11,3\,;$$

d'autres expériences faites précédemment m'avaient appris

qu'en réduisant la plaque fixe e à l'échelle de Newton, il fallait la compter pour $97^p,20$, ce qui revient à y regarder le bleu du second ordre comme représenté par 38,6, au lieu de $37^p,8$, que nous avions employé dans l'expérience précédente. Cette évaluation introduite dans l'équation précédente détermine e', et l'on en tire

$$e = 97,20 \qquad e' = 108,5:$$

ces deux plaques n'étaient point tirées du même cristal.

Nous pouvons maintenant appliquer à ces données les formules générales que nous avons trouvées tout-à-l'heure pour les variations des teintes, et en conservant aux coëfficiens a et b, a' et b', les mêmes valeurs qui ont si bien satisfait à l'expérience précédente, nous aurons, lorsqu'on incline le premier axe de e',

$$E = -\, 97,20 + \frac{108,5 \cdot \cos.\,\theta'}{1 - 0,28 \sin^2\theta' + 0,2 \sin^4\theta'};$$

lorsqu'on incline le second axe de e'

$$E = -\, 97,20 + \frac{108,5}{\cos.\,\theta'\,[1 + 0,153915 \sin^2\theta' + 0,33353 \sin^4\theta']}.$$

Pour vérifier ces résultats, j'ai placé successivement l'un et l'autre axe de e' dans l'azimut de 45°, et je l'ai incliné sur le rayon polarisé, en maintenant toujours le plan d'incidence dans cet azimut, comme les formules le supposent. J'ai observé les incidences sous lesquelles paraissaient successivement les différentes teintes, et calculant les valeurs de θ correspondantes, j'ai comparé les valeurs de E données par nos formules à celles qui résultaient de l'observation; j'ai formé ainsi les tableaux suivans.

Application de la formule [1] *pour les plaques croisées quand on incline le premier axe de e'.*

$$\mathrm{E} = -97,20 + \frac{108,5 \cos. \theta'}{1 - 0,28 \sin^2 \theta' - 0,2 \sin^4 \theta'}.$$

Incidence observée, θ.	Teinte du rayon ordinaire; observée.	Teinte du rayon extraordinaire; observée.	Valeur de la teinte E, d'après la formule.	Valeur de E, d'après la teinte observée.	
0° 0′ 0″	Bleu très-beau.	Orangé un peu rougeât. 2ᵉ ord.	11, 30	11, 30	
3 8 50	Bleu très-beau.	Orangé couleur d'or.	11, 27	11, 19	Serait exactement l'orangé du 2ᵉ ordre.
9 10 20	Indigo.	Jaune.	11, 04	10, 40	Serait exactement le jaune du 2ᵉ ordre.
22 48 20	Rouge violacé.	Vert.	9, 70	9, 71	Serait exactement le vert du 2ᵉ ordre.
30 16 0	Jaune.	Bleu.	8, 61	9, 00	Serait exactement le bleu du 2ᵉ ordre.
36 40 0	Vert jaunâtre.	Indigo superbe	7, 50	8, 20	Serait exactement l'indigo du 2ᵉ ordre.
40 33 10	Presque blanc.	Violet très-beau mêlé de rouge	6, 78	6, 50	Serait un mélange de violet du 2ᵉ ordre et de rouge du 1ᵉʳ.
46 22 40	Blanc sensiblement.	Orangé brillant	5, 63	5, 16	Serait exactement l'orangé du 1ᵉʳ ordre.
49 24 0	Bleu.	Jaune pâle.	5, 05	4, 60	Serait exactement le jaune du 1ᵉʳ ordre.
58 51 0	Noir ou presque noir ; il reste un peu de bleu et de rouge jaunâtre.	Blanc.	3, 19	3, 40	Serait exactement le blanc du 1ᵉʳ ordre.
79 8 10	Blanc.	Noir.	0, 07	0, 00	Noir.
		Sommes....	80, 14	79, 46	

Ici la différence des teintes observées et calculées est presque insensible : cependant aucune de ces observations n'a été employée pour déterminer les élémens de la formule qui a servi à les calculer. On n'a pu incliner davantage le systême; mais il est aisé de voir d'après la formule qu'on n'aurait presque pas dépassé la dernière teinte; car, même en faisant $\theta = 90°$, ce qui donne $\theta' = 41° 48' 30''$, on trouve $E = -0,25$, ce qui n'atteint pas même le bleu du premier ordre, qui suit immédiatement la dernière teinte que nous avons observée ; car ce bleu est représenté par 1,55 dans la table de Newton.

Application de la formule [2] *pour les plaques croisées quand on incline le second axe de* e'.

$$E = -97,20 + \frac{108,5}{\cos. \theta' \left[1 + 0,153915 \sin^2 \theta' + 0,33353 \sin^4 \theta' \right]}.$$

Incidence observée, θ.	Teinte du rayon ordinaire; observée.	Teinte du rayon extraordinaire ; observée.	Valeur de E, d'après la formule.	Valeur de E, d'après la teinte observée.	
0° 0' 0''	Bleu superbe.	Orangé un peu rougeâtre du 2ᵉ ordre.	11,30	11,30	
16 8 10	Vert.	Rouge superbe	12,59	12,67	Supposé l'écarlate.
23 58 0	Vert jaunâtre.	Gris de lin du 3ᵉ ordre.	14,05	13,88	Supposé intermédiaire entre l'indigo et le pourpre du 3ᵉ ordre.
27 21 10	Jaune.	Bleu,	14,83	15,10	Supposé exactement le bleu du 3ᵉ ordre.
32 14 50	Rouge.	Vert superbe.	16,08	16,25	Serait le vert du 3ᵉ ordre.
39 6 50	Bleu violacé sombre.	Jaune blanchâtre (couleur de bois blanc)	18,04	18,10	Supposé intermédiaire entre le jaune du 3ᵉ ordre et le rouge.
44 43 50	Vert très-beau.	Rouge du 3ᵉ ordre très-beau.	19,81	19,70	Supposé intermédiaire entre le rouge et le rouge bleuâtre du 2ᵉ ordre.
53 21 10	Rouge.	Vert du 4ᵉ ord.	22,66	22,75	Supposé le vert du 4ᵉ ordre.
64 22 40	Vert.	Rouge du 4ᵉ ordre.	26,32	26,00	Serait exactement le rouge du 4ᵉ ordre.
78 9 50	Rouge.	Bleu verdâtre du 5ᵉ ordre.	29,95	29,67	Serait exactement le bleu verdâtre du 5ᵉ ordre.
		Sommes....	185,63	185,42	

Ici la différence des teintes observées et des teintes calculées est encore insensible : cependant aucune de ces teintes n'est entrée comme élément dans la formule qui les représente avec tant de précision. Il n'a pas été possible d'incliner davantage le système; mais on voit par la formule même qu'on n'aurait pas descendu beaucoup plus bas dans l'ordre des anneaux; car, même en faisant $\theta = 90°$, on aurait eu $E = 31,13$, qui n'arrive pas au rouge du cinquième ordre, teinte immédiatement consécutive à la dernière que nous avons observée; car le rouge du cinquième ordre est représenté par 34 dans la table de Newton. Cette valeur extrême de E est même plus faible que celle qui répondrait au blanc composé intermédiaire entre le bleu verdâtre et le rouge du cinquième ordre; car, d'après les valeurs de ces deux teintes, la moyenne serait $\frac{29,67 + 34}{2}$, ou $31,83$.

Dans toutes les expériences précédentes la plaque oblique et mobile était plus épaisse que celle qui restait constamment perpendiculaire au rayon polarisé. J'ai voulu changer cette circonstance. Pour cela j'ai laissé perpendiculairement au rayon la même plaque qui m'avait servi dans la dernière expérience, et dont l'épaisseur réduite à l'échelle de Newton était représentée par $97^p,2$; mais je l'ai croisée avec une autre plaque moins épaisse qu'elle, car la première mesurée au sphéromètre se trouvait de 417^p, comme je l'ai dit plus haut, tandis que cette dernière n'avait que 284^p. En croisant les axes de ces deux plaques à angles droits, et exposant le système au rayon polarisé sous l'incidence perpendiculaire, j'ai vu qu'il polarisait un bleu verdâtre du cinquième ordre très-pâle, c'est-à-dire déja fort mêlé avec le rouge qui vient après. Or, ce bleu verdâtre est représenté dans la table de

Newton par 29,67, et le rouge qui le suit l'est par 34, de sorte que la teinte moyenne, qui est un blanc composé, serait exprimée par $\frac{29,67 + 34}{2}$, ou 31,83. Mais comme notre bleu verdâtre était encore un peu coloré, je prendrai une évaluation un peu plus faible, et je le supposerai représenté par 31,7 ; ainsi, en nommant toujours e la plaque la moins épaisse qui est ici la plaque mobile, et e' la plaque la plus épaisse qui est fixe, nous aurons pour l'incidence perpendiculaire cette condition

$$e' - e = 31,7.$$

J'ai déja dit plus haut que la plaque désignée ici par e' avait pour valeur 97,2 de l'échelle de Newton, et nous l'avons employée avec cette valeur dans le calcul de l'expérience précédente, où elle était désignée par e comme étant la moins épaisse. Cette valeur étant adoptée pour e', nous déterminerons e d'après l'équation que nous venons d'établir, et nous aurons ainsi

$$e' = 97,2 \qquad e = 65,5.$$

Maintenant, puisque la plaque e est mobile, c'est d'elle que dépendent les variations des teintes ; ainsi, en substituant sa valeur dans nos formules, nous aurons,

quand on incline le premier axe de e sur le rayon polarisé,

$$[3] \quad E = 97,20 - \frac{65,5 \cos. \theta'}{1 - 0,28 \sin^2 \theta'^2 - 0,2 \sin^4 \theta'} \, ;$$

quand on incline le deuxième axe de e,

$$[4] \quad E = 97,20 - \frac{65,5}{\cos. \theta' \, [1 + 0,153915 \sin^2 \theta' + 0,33353 \sin^4 \theta']} \, .$$

On voit par ces expressions que lorsque l'incidence θ augmentera dans la seconde formule, la valeur de la teinte E deviendra moindre, c'est-à-dire qu'elle montera dans l'ordre des anneaux comme si le système devenait plus mince; et au contraire, dans la première, à mesure que θ augmentera, E augmentera comme si le système devenait plus épais. Ces résultats, donnés par la théorie, offrent ainsi une marche opposée à ceux de l'expérience précédente; mais l'observation les confirme également.

Pour les vérifier, j'ai observé, de même que dans les expériences précédentes, les incidences auxquelles se sont développées les teintes successives que le système a parcourues; et en comparant les valeurs de E calculées pour ces incidences avec celles qu'indiquaient les teintes, j'ai formé les tableaux suivans :

Application de la formule [4] *quand on incline le deuxième axe de la lame oblique* e.

$$E = 97,20 - \frac{65,5}{\cos. \theta' \left[1 + 0,153915 \sin^2 \theta' + 0,33353 \sin^4 \theta' \right]}.$$

Incidences observées, θ.	Teinte du rayon ordinaire; observée.	Teinte du rayon extraordinaire; observée.	Valeur de E, d'après la formule.	Valeur de E, d'après la teinte; observée.	
0° 0' 0	Rouge.	Bleu verdâtre très-pâle du 5ᵉ ordre.	31, 30	31, 70	
24 6 40	Rouge.	Bleu verdâtre décidé.	30, 00	29, 67	Serait le bleu verdâtre du 5ᵉ ordre exactem.
47 28 0	Bleu-verdâtre.	Rouge du 4ᵉ ordre.	26, 00	26, 00	Serait le rouge du 4ᵉ ordre exactement.
64 14 30	Rouge.	Vert superbe du 4ᵉ ordre.	22, 70	22, 75	Serait le vert du 4ᵉ orrait exactement.
77 45 0	Vert.	Rouge du 3ᵉ ordre tirant au rouge bleuàtre	20, 45	20, 57	Serait le rouge bleuâtre du 3ᵉ ordre exactement.
		Sommes....	130, 83	130, 79	

Les différences des teintes calculées aux teintes observées sont tout-à-fait insensibles. On n'a pas pu incliner la plaque davantage; mais la formule fait voir qu'on ne serait pas allé beaucoup plus loin, puisque en faisant $\theta = 90°$, elle donne $E = 19,9$, valeur qui est intermédiaire entre la dernière teinte que nous venons d'observer, c'est-à-dire le rouge bleuâtre, dont la valeur est $20,67$, et le rouge décidé qui le suit, et dont la valeur est $18,71$; ainsi l'on n'aurait pas monté d'une teinte entière au-delà de celles que nous avons observées.

Application de la formule [3] *quand on incline le premier axe de la lame* e.

$$E = 97,20 - \frac{65,5 \cos. \theta'}{1 - 0,28 \sin^2 \theta' - 0,2 \sin^4 \theta'}.$$

Incidences observées, θ.	Teinte du rayon ordinaire; observée.	Teinte du rayon extraordinaire; observée.	Valeur de E, d'après la formule; calculée.	Valeur de E, d'après la teinte; observée.	
o° o′ o″	Rouge.	Bleu verdâtre très-pâle.	3i, 70	3i, 7	
34 37 3o	Bleu verdâtre.	Rouge.	33, 70	34, o	Serait le rouge du 5ᵉ ordre exactement.
66 49 5o	Rouge.	Bleu verdâtre.	37, 49	38, o	Serait le bleu verdâtre du 6ᵉ ordre exactement.
		Sommes....	102, 89	103, 70	

. On voit que la différence des teintes observées et calculées est extrêmement faible. On n'a pas pu pousser plus loin l'inclinaison; mais la formule montre qu'on n'aurait pas beaucoup dépassé la dernière teinte que nous avons obser-

42.

vée, car en faisant $\theta = 90°$ dans notre formule, elle donne pour limite $E = 38,7$, c'est-à-dire presque exactement la teinte à laquelle nous sommes arrivés.

J'ose croire que les expériences précédentes sont assez concluantes et assez nombreuses pour prouver avec évidence, 1° que le changement des teintes par l'inclinaison dans les lames croisées se fait par des lois extrêmement régulières; 2° que ces variations suivent toujours la série des teintes observées par Newton dans les anneaux colorés; 3° enfin, que les lois de ces phénomènes sont représentées ou exactement, ou à très-peu de chose près, par les formules que nous avons données plus haut, d'après la théorie des oscillations.

Jusqu'ici nous avons supposé qu'une des deux plaques croisées restait constamment perpendiculaire au rayon polarisé; mais on pourrait supposer aussi que les deux plaques sont superposées, et qu'on les incline ensemble. Soit A la plus forte de ces deux plaques, et B la plus faible: si on incline le premier axe de A sur le rayon polarisé, on incline en même temps le second axe de B. Par conséquent l'action de A diminue, et celle de B augmente : d'où il suit que la différence A—B de ces actions devient moindre, et la teinte polarisée par le système monte dans l'ordre des anneaux comme s'il devenait plus mince. Si cette influence opposée de l'inclinaison sur les deux plaques A et B peut aller jusqu'à les rendre égales, la teinte polarisée par le système sera le noir; alors, en augmentant l'inclinaison dans le même sens, celle qui était d'abord la plus faible deviendra la plus forte, et réciproquement : d'où il suit que le système descendra de nouveau dans l'ordre des anneaux comme s'il devenait de plus en plus épais. Si au contraire on incline sur le rayon polarisé le second axe de la lame la plus forte A, et le premier axe de la lame la plus faible B, on augmente l'action de A, on diminue celle de B ; ainsi la différence A—B devient plus considérable, et la teinte polarisée par le système descend constamment dans l'ordre des anneaux comme s'il devenait plus épais. J'ai rapporté plus haut dans les premières parties de ce Mémoire les expériences nombreuses qui prouvent que les phénomènes ont réellement lieu de cette manière dans les plaques croisées, soit minces, soit épaisses ; et l'on voit que ces phénomènes sont des conséquences nécessaires et simples de la théorie des oscillations.

Mais puisque nous avons trouvé plus haut les lois suivant lesquelles les actions des plaques augmentent ou diminuent par l'inclinaison, selon celui de leurs axes que l'on incline, on peut se demander s'il ne serait pas possible de calculer par ces lois les phénomènes dont nous venons de parler, et qui ont lieu lorsqu'on incline à-la-fois les deux plaques de manière à faire varier simultanément leurs actions en sens contraires. C'est ce que j'ai fait, et j'ai trouvé que lorsque l'épaisseur des plaques n'excédait pas quatre cents parties du sphéromètre, la différence de l'observation et du calcul était extrêmement faible, ou même insensible, mais qu'il n'en était plus tout-à-fait ainsi quand on augmentait considérablement l'épaisseur, jusqu'à la porter, par exemple, pour chaque plaque, à douze ou treize cents parties du sphéromètre. Cette différence ne saurait pourtant être attribuée à l'erreur de nos premières lois, car nous les avons vérifiées dans des limites d'épaisseur aussi considérables que celles que je viens de supposer, et elles y satisfaisaient parfaitement. Il faut donc nécessairement qu'il y ait entre les deux problèmes quelque circonstance physique qui ne soit pas la même, et à laquelle nous n'ayons pas fait attention. C'est en effet ce qui a lieu; car, lorsqu'on n'incline que la seconde des deux plaques, elle agit toujours sur un rayon déja modifié par la première; tandis que lorsqu'on incline à-la-fois les deux plaques, les variations d'action que la première éprouve, s'exercent sur un rayon direct qui n'a reçu aucune modification de cette espèce. Il est donc possible que les changemens de cette action ne soient pas les mêmes dans les deux cas. En outre, quand les plaques sont toutes deux inclinées, une portion de la lumière qui traverse la première est polarisée par réfraction perpendiculairement au plan d'incidence, et arrive sur la seconde plaque avec cette modification; tandis que cela n'avait pas lieu lorsque la première plaque était perpendiculaire au rayon polarisé. La réflexion à la seconde surface de la première plaque ne se fait pas non plus de la même manière. Ces dissemblances peuvent suffire pour amener les différences dont j'ai parlé, et qui, dans des plaques dont l'épaisseur est douze ou treize cents parties du sphéromètre, changent de trois ou quatre degrés l'incidence à laquelle les plaques devraient se compenser exactement.

J'ai déja fait remarquer que si l'on croise à angles droits l'une sur l'autre deux lames d'épaisseur égale, ou plus exactement deux fragmens d'une même lame, la polarisation produite par ce systême est exactement nulle sous l'incidence perpendiculaire, et l'on en voit aisément la cause par la théorie des oscillations. Mais si l'on place le premier axe d'une des deux lames dans un certain azimut, et qu'on l'incline sur le rayon polarisé, on trouvera

que la polarisation commence à se manifester au-delà d'une
certaine incidence qui dépend de l'épaisseur des deux plaques, et qui est d'autant moindre, qu'elles sont plus épaisses.
Cette polarisation, lorsqu'elle commence, est d'abord très-
faible, et s'exerce sur le bleu du premier ordre; après quoi,
à mesure que l'inclinaison augmente, elle descend dans l'ordre des anneaux, comme si le système devenait de plus en
plus épais. La cause de tous ces phénomènes est évidente
d'après notre théorie : les deux lames qui étaient égales
sous l'incidence perpendiculaire, ne le sont plus sous des
incidences obliques; celle dont le premier axe s'incline a diminué, celle dont le second axe s'incline a augmenté : la
polarisation observée est due à l'excès de la seconde sur la
première; mais cette polarisation ne doit point se manifester
avant une certaine limite d'incidence; car les oscillations ne
commencent à s'exécuter dans une plaque que lorsqu'elle a
une certaine épaisseur déterminée; de même que dans les
anneaux colorés, la réflexion ne commence à être sensible
qu'à une certaine limite d'épaisseur au-dessous de laquelle
toute la lumière est transmise. Ici cette limite, d'après nos
premières expériences, est d'environ $\frac{12}{1000}$ de millimètre pour
la chaux sulfatée. Ainsi, tant que l'accroissement de l'inclinaison n'aura pas fait varier l'action totale du système de
cette quantité, il ne produira aucune polarisation sensible,
conformément à l'expérience; et l'on peut même, d'après nos
formules, déterminer la limite de cet effet pour les lames
minces, lorsque leur épaisseur est donnée.

Ces mêmes formules confirment également un fait que
j'avais déjà remarqué dans mon premier Mémoire relativement aux lames minces que l'on expose directement à un

rayon polarisé, et dont on incline successivement les deux axes. C'est que l'inclinaison du second axe y produit des changemens de teintes plus sensibles que celles du premier à égalité d'incidence, en sorte qu'elles descendent plus qu'elles ne montent dans l'ordre des anneaux. Les lois générales que je viens d'exposer pour les lames épaisses, confirment cette remarque sur une échelle de teintes beaucoup plus étendue; et en outre, le principe qui nous a servi à les obtenir, montre la liaison de ce phénomène avec les variations d'intensité de la force répulsive.

J'ai voulu savoir si les mêmes lois que j'avais obtenues dans la chaux sulfatée pour le développement des teintes par l'inclinaison, se soutiendraient également dans le cristal de roche, et si elles conserveraient de même leurs rapports avec les variations de la force répulsive. Pour cela j'ai fait polir une aiguille bien pure de cristal de roche, de manière à en former une plaque épaisse d'environ neuf millimètres, dont les surfaces fussent parallèles à l'axe de cristallisation, et je l'ai croisée avec une plaque à-peu-près égale de chaux sulfatée; car l'observation des lames minces de ces deux substances m'avait fait connaître que les énergies de leurs actions étaient sensiblement égales, ainsi que je l'ai rapporté dans mon premier Mémoire, et toutes les expériences que j'ai faites depuis plus en grand sur les lames épaisses, ont confirmé ce résultat. Le système de mes deux plaques ainsi croisées devait donc produire des couleurs, et en effet elles se sont développées sous l'incidence perpendiculaire; elles ont même varié avec l'incidence entre certaines limites, comme cela devait encore arriver. Mais, quoique l'artiste qui avait travaillé la plaque de cristal de roche, se fût efforcé de

rendre ses deux surfaces parallèles, il lui avait été impossible
d'y réussir complétement sur de si petites dimensions, ce
qui produisait entre ses diverses parties une inégalité d'é-
paisseur à la vérité fort légère, mais cependant sensible par
l'observation des teintes; car trois centièmes de millimètre
en plus ou en moins sur cette épaisseur, font varier la
teinte de $3^p 2$ dans la table de Newton. Il devait donc arriver,
comme cela eut lieu en effet, que la forme prismatique de
ma plaque altérait la régularité et l'uniformité des couleurs
transmises; de sorte que chaque image n'était pas d'une seule
couleur uniforme, comme cela arrive quand les surfaces des
plaques sont parfaitement parallèles, mais qu'elles offraient
une dégradation de nuances qui y faisait concourir et mêler
à-la-fois plusieurs teintes voisines. C'est ainsi que des anneaux
colorés, formés régulièrement entre deux objectifs, peuvent
être changés et mêlés différemment lorsqu'on les observe à
travers un prisme; mais ici la grande cause de leur mélange tenait à la succession graduellement variée des épaisseurs de la plaque dans ses différens points.

Ne pouvant rien espérer de plus régulier dans ce genre de
plaques, je cherchai à affaiblir l'influence de leur inégalité
en diminuant la force répulsive du cristal. Pour cela, je fis
tailler une autre plaque dans laquelle l'axe de cristallisation,
au lieu d'être parallèle aux surfaces, faisait avec elles un
angle de 40°. En effet, toutes les expériences que j'avais
faites précédemment sur les variations des teintes, annon-
çant de la manière la plus évidente le rapport de ce genre
d'action avec la force répulsive de l'axe, il y avait tout lieu
de croire que cette action deviendrait moindre quand on
diminuerait l'angle de l'axe avec le rayon réfracté. La chose

arriva en effet ainsi, comme on le verra par les expériences que je vais rapporter.

L'épaisseur de cette plaque est de 1415 parties du sphéromètre, ce qui fait environ trois millimètres. L'angle de l'axe de cristallisation avec sa surface a été mesuré par M. Cauchois au moyen de la réflexion de la lumière, et il l'a trouvé de 40°. En présentant cette plaque au rayon polarisé, sous l'incidence perpendiculaire, fig. 14, et en analysant la lumière transmise au moyen d'un rhomboïde de spath d'Islande, elle ne donne point de couleurs; mais si on l'incline, comme le représente la figure 15, de manière à abaisser son axe A'B' sur le rayon réfracté, on affaiblit son action; aussi commence-t-on à apercevoir des couleurs au-delà d'une certaine limite d'incidence. Ces couleurs répondent d'abord au septième ordre d'anneaux de Newton, c'est-à-dire aux anneaux les plus composés; et à mesure que l'on augmente l'inclinaison, on les voit remonter de plus en plus dans l'ordre des anneaux comme si la plaque devenait plus mince. Il est visible, en effet, que l'angle B'TI ou T formé par le rayon refracté avec l'axe du cristal, est moindre dans les incidences obliques que dans l'incidence perpendiculaire, où il était égal à BAI; car en nommant a l'angle ABI, et désignant par θ' l'angle de réfraction A'IR, on aura B'TI ou T égal à $90 - (a + \theta')$, valeur toujours au-dessous de $90 - a$, lorsque θ' est positif, et qui diminue de plus en plus à mesure que θ' augmente.

Au contraire, si l'on incline la plaque sur le rayon du côté opposé, comme le montre la fig. 16, on augmente l'angle du rayon réfracté avec l'axe; car alors l'angle B'TI ou T devient égal à $90 - a + \theta'$ ou $90 - (a - \theta')$, par conséquent plus grand que 90 — a. Ainsi, la plaque étant trop épaisse pour donner des couleurs sous l'incidence perpendiculaire, si on l'incline dans ce dernier sens on ne doit jamais en apercevoir, et c'est en effet ce qui a lieu.

En nous reportant au premier de ces deux cas, j'ai mesuré les incidences qui répondaient aux premières teintes de la table de Newton. J'ai commencé par celles qu'il était possible de voir sous les plus grandes inclinaisons, parce qu'elles sont les plus vives, et de-là je suis revenu de teinte en teinte jusqu'au blanc rougeâtre du septième ordre : c'est ainsi que j'ai reconnu l'ordre auquel répondaient les teintes observées. Voici maintenant le tableau de ces résultats.

Azimut de la section principale de la plaque.	Teinte du rayon ordinaire.	Teinte du rayon extraordinaire.	Incidence.
45°	Vert...............	Rouge du 3ᵉ ordre........	78° 48' 5o"
	Rouge...........	Vert du 4ᵉ ordre	73 58 5o
	Bleu verdâtre......	Rouge du 4ᵉ ordre........	68 44 3o
	Rouge	Bleu verdâtre du 5ᵉ ordre...	65 2 3o
	Bleu verdâtre......	Rouge du 5ᵉ ordre........	6a 24 5o
	Rouge...........	Bleu verdâtre du 6ᵉ ordre..	59 39 1o
	Bleu verdâtre......	Rouge du 6ᵉ ordre........	57 49 3o
	Blanc rougeâtre....	Bleu verdâtre du 7ᵉ ordre...	54 55 o
	Bleu verdâtre......	Blanc rougeâtre du 7ᵉ ordre.	5a 45 3o

En allant d'une de ces teintes à la suivante, il y a un moment où les deux images passent par un blanc composé. Cette circonstance, la nature des teintes, leur succession et leur nombre nous montrent avec évidence que les couleurs du rayon extraordinaire répondent aux quatre derniers ordres d'anneaux de la table de Newton, et que le premier rouge qui répond à la plus grande incidence est celui du 3ᵉ ordre : c'est ce que le calcul confirmera plus loin dans manière la plus certaine. Je ne présente ici ces résultats que comme des faits que nous généraliserons plus loin, et dont nous trouverons la loi.

En inclinant la plaque sur le rayon incident dans le sens opposé, quelque inclinaison qu'on lui donne, on n'aperçoit jamais de couleurs.

Le premier élément qu'il faut connaître pour calculer ces phénomènes, c'est l'action de la plaque sous l'incidence perpendiculaire. Quand nous l'aurons déterminée, nous saurons dans quel rapport elle se trouve affaiblie par l'inclinaison de l'axe sur le plan des lames, et nous verrons si cet affaiblissement est toujours réglé sur celui de la force répulsive combiné avec le changement d'épaisseur.

Pour résoudre cette question, j'ai croisé cette plaque que je nommerai A avec une autre plaque de chaux sulfatée B beaucoup moins épaisse. J'ai exposé le système à un rayon polarisé, sous l'incidence perpendiculaire et dans l'azimut de 45° : en analysant la lumière transmise, j'ai reconnu qu'il polarisait le jaune du premier ordre. Si l'on inclinait le premier axe de la plaque A de manière à l'affaiblir, le rayon extraordinaire montait dans l'ordre des anneaux comme si le système fût devenu plus mince; il arrivait ainsi presque tout de suite au zéro des teintes. Après quoi, en continuant toujours à incliner la plaque dans le même sens, on recommençait une autre série de teintes qui descendaient constamment dans l'ordre des anneaux. Cette expérience montre que la plaque de cristal de roche, sous l'incidence perpendiculaire, était plus forte que la plaque de chaux sulfatée avec laquelle je l'avais croisée, puisqu'il fallait l'affaiblir, et renforcer cette dernière pour que l'action devînt égale.

Pour vérifier ce résultat d'une autre manière, j'ai incliné la plaque de cristal de roche en sens contraire, sans changer l'azimut de son axe, mais seulement de manière à augmenter l'angle T que formait cet axe avec le rayon réfracté. De cette manière j'augmentais l'action de la plaque A; et puisqu'elle était déja plus forte que l'autre sous l'incidence perpendiculaire, les teintes polarisées par le système devaient constamment descendre dans l'ordre des anneaux comme s'il fût devenu plus épais. C'est aussi ce qui a eu lieu réellement, comme je m'en suis assuré par l'expérience.

Il suit de-là que pour rendre la plaque de chaux sulfatée égale en action à celle de cristal de roche sous l'incidence perpendiculaire, il faudrait lui ajouter une épaisseur qui, considérée isolément et sous cette incidence, polarisât le jaune du premier ordre: celui-ci est représenté par $4^p,6$ dans la table de Newton; ainsi, en le multipliant par 4 on aura $18^p,4$ pour le nombre de parties du sphéromètre qui représente cette épaisseur.

Ces observations faites, j'ai procédé à la mesure des épaisseurs par le moyen du sphéromètre, et j'ai trouvé

Epaisseur de la plaque de cristal de roche A $= 1415^p$.
Epaisseur de la plaque de chaux sulfatée B $= 810$.

Mais ces épaisseurs ne donnent point la compensation exacte: pour obtenir cette dernière, nous avons vu qu'il fallait ajouter $18^p,4$ à la plaque de chaux sulfatée, ce qui porte son épaisseur à 828, et l'on a alors, dans la compensation parfaite,

Plaque de chaux sulfatée parallèle à l'axe...... 828^p.
Plaque de cristal de roche oblique à l'axe...... 1415.

Ici nous voyons bien clairement l'influence de l'obliquité de l'axe; car les lames de chaux sulfatée et de cristal de roche parallèles à l'axe se compensent à égalité d'épaisseurs; au lieu que, dans le cas présent, si nous représentons par l'unité la force de la plaque de chaux sulfatée pour faire osciller la lumière, celle de la plaque de cristal de roche sera exprimée par $\frac{828}{1415}$, en raison inverse de leurs épaisseurs.

Mais quel rapport ce résultat a-t-il avec l'intensité de la force répulsive qui produit la réfraction extraordinaire? Pour le savoir, il faut se rappeler le principe général que j'ai énoncé plus haut : c'est que l'action d'une plaque quelconque est toujours, à très-peu de chose près, exprimée par le produit de la force répulsive et de la longueur du trajet suivant laquelle elle agit. Soit, fig. 14, ABCD notre plaque de cristal de roche, et LI la direction du rayon incident perpendiculaire. Si la double réfraction du cristal de roche est soumise aux mêmes lois que Huyghens a découvertes pour le spath d'Islande, le rayon incident LI se divisera en entrant dans le cristal, parce que le rayon réfracté est incliné sur l'axe AC. Mais à cause du peu d'intensité de la double réfraction dans le cristal de roche, cette séparation est tout-à-fait insensible dans les plaques qui n'ont que cinq ou six centimètres d'épaisseur; et ainsi nous pouvons, relativement à ces plaques, calculer la force répulsive d'après la direction du rayon ordinaire. Ici donc elle sera exprimée par le carré du sinus de l'angle IAB, puisque AB est l'axe; ou, ce qui revient au même, elle le sera par le carré du cosinus de l'angle ABI, que nous avons appelé a. De plus le trajet que fait la lumière dans la plaque est égal à IA, c'est-à-dire à son épaisseur même, que nous désignerons par e, en sorte que $e \cos^2 a$ sera l'expression de son action sous l'incidence perpendiculaire. Si nous voulons la comparer à une plaque d'épaisseur égale, mais dont l'axe soit parallèle aux surfaces, l'action de celle-ci serait simplement e, en faisant l'angle a égal à zéro. Ainsi, en prenant cette dernière pour unité, l'action de la plaque oblique sur l'axe sera exprimée par $\dfrac{e \cos^2 a}{e}$, ou simplement $\cos^2 a$. Or, ici on a

$$a = 40^\circ, \text{ par conséquent log. cos. } a = \bar{1},8842540.$$
$$\text{Et ensuite}\dots\dots\dots\dots\text{log. } \cos^2 a = \bar{1},7685080.$$

Mais d'un autre côté nous savons que ce même rapport est égal à $\frac{828}{1415}$; car, puisque la chaux sulfatée et le cristal de roche parallèle à l'axe se compensent dans le rapport d'égagalité, on peut regarder le nombre 828 comme représentant l'épaisseur d'une plaque de cristal de roche parallèle à l'axe, et qui compenserait exactement la plaque oblique.

$$\text{Log. } 828 = 2,9180303$$
$$\text{Log. } 1415 = 3,1507564$$
$$\overline{\text{Log. rapport } 1,7672739}$$

Ce logarithme est presque égal au précédent. Pour savoir à quoi répond la différence, partons du rapport $\frac{828}{1415}$ et calculons l'angle a d'après sa valeur; on aura dans cette hypothèse

$$\text{Log. } \cos^2 a = 1,7672739$$
$$\text{Donc log. cos. } a = 1,8836369$$
$$\text{Ce qui donne } a = 40^\circ\ 5'\ 50''$$

au lieu de $a = 40°$ qui a été obtenu par des mesures directes. Ainsi l'erreur totale serait de $5'\ 5o''$, et elle doit être répartie sur la mesure de l'angle du prisme, sur la forme de la plaque de cristal qui sans doute n'avait pas ses surfaces mathématiquement parallèles, et dont les couleurs n'étaient par conséquent pas rigoureusement uniformes, enfin sur l'écart du rayon ordinaire et du rayon extraordinaire que nous avons négligé; mais en admettant la possibilité de toutes ces causes d'erreur, on voit qu'elles ont très-peu influé sur le résultat définitif, et qu'on aurait pu calculer l'angle des deux faces de la lame d'après les épaisseurs de compensation; ou, réciproquement, on aurait pu prédire les épaisseurs d'après la mesure de l'angle, sans s'écarter sensiblement de l'observation. Nous admettrons donc que dans les plaques où l'axe est oblique sur les surfaces, la force qui fait osciller la lumière est, sous l'incidence perpendiculaire, proportionnelle à l'intensité de la force réfringente extraordinaire, c'est-à-dire au carré du sinus de l'angle formé par l'axe du cristal avec le rayon réfracté; de plus nous adopterons pour épaisseur moyenne de la plaque de cristal de roche celle qui se déduit de cette loi et de l'épaisseur $8{\scriptstyle2}8$ de la plaque de chaux sulfatée observée; c'est-à-dire qu'en la nommant e nous prendrons $e = \dfrac{828}{\cos^{2},40°} = 1401.$

Cet élément principal de nos recherches étant ainsi déterminé, nous allons suivre les conséquences du même principe sous les incidences obliques; mais pour le faire avec tout le développement nécessaire, il faut étendre la série des teintes auxquelles nous l'appliquerons.

Pour cela j'ai préparé le rayon polarisé incident en le

faisant passer à travers une plaque de chaux sulfatée placée perpendiculairement à sa direction, et tournée de manière que sa section principale croisât à angles droits celle de la plaque de cristal de roche. L'épaisseur de cette plaque de chaux sulfatée était de 504 parties du sphéromètre; or, j'ai fait voir que lorsque deux plaques sont ainsi croisées, l'action totale de leur système sur les oscillations de la lumière est égale à la différence de leurs épaisseurs. Ainsi, dans toutes les inclinaisons que prenait la plaque de cristal de roche, la plaque de chaux sulfatée qui restait constamment perpendiculaire au rayon, retranchait toujours de son épaisseur ainsi réduite 504 parties du sphéromètre. Aussi est-il arrivé que, sous l'incidence perpendiculaire, et pour des inclinaisons peu considérables, la plaque de cristal de roche l'a d'abord emporté sur l'autre, de manière qu'on n'apercevait pas de couleurs. Peu-à-peu, en augmentant l'inclinaison, les couleurs ont commencé à se développer, en commençant par le septième ordre d'anneaux et remontant depuis ce terme, dans l'ordre assigné par Newton, jusqu'au blanc du premier ordre, suivi du bleu et enfin du noir. Alors l'action de la plaque de cristal de roche inclinée, étant réduite par l'inclinaison, se trouvait égale à celle de la plaque de chaux sulfatée; mais en continuant à diminuer son action par l'inclinaison, elle est devenue plus faible : alors le système a de nouveau donné des couleurs qui ont descendu dans l'ordre des anneaux depuis le premier ordre jusqu'au septième. Après ce terme l'action de la plaque de cristal était tellement réduite par l'inclinaison, qu'elle ne retranchait plus assez de la plaque de chaux sulfatée pour que la différence tombât dans les limites d'épaisseur qui peuvent donner des couleurs; et alors les deux faisceaux, devenus une seconde fois blancs, ont dû nécessairement rester blancs sous toutes les inclinaisons plus grandes, ce qui est en effet arrivé.

Pour mieux constater la marche de ces résultats et leur conformité avec la théorie des oscillations, je rapporterai ici les incidences que j'ai mesurées à diverses époques de la série des anneaux. Je dois faire remarquer que l'observation précise des teintes a présenté quelques difficultés à cause de la forme un peu prismatique de la plaque de cristal de roche. Le peu de grosseur des aiguilles d'où ces plaques sont tirées ne permet pas à l'opticien de leur donner des surfaces exactement parallèles; de-là résultent des inégalités d'épaisseur dans les diverses parties d'une même plaque, et conséquemment des inégalités de couleur : ces inégalités deviennent de moins en moins sensibles à mesure que l'inclinaison augmente, parce que leur influence se trouve réduite dans la même proportion que l'action totale de la lame elle-même. Aussi dans les grandes inclinaisons les deux faisceaux paraissent chacun d'une teinte parfaitement uniforme, au lieu que sous les petites inclinaisons, où l'action de la plaque est plus forte, l'image du disque lumineux qui forme chaque faisceau ne se trouve pas exactement de même teinte dans ses diverses parties; ce qui fait qu'il est en général difficile d'assigner chaque teinte avec précision, et qu'on ne peut obtenir cet avantage que dans les teintes dont les variations sont les moins sensibles, telles que sont, par exemple, le blanc du premier ordre, et le vert du troisième. Voici maintenant les résultats des observations.

*Lame de chaux sulfatée perpendiculaire au rayon polarisé,
et croisée avec la plaque de cristal de roche inclinée.*

Azimut de la section principale de la plaque de cristal de roche.	Rayon ordinaire.	Rayon extraord.	Incidence.	Ordre d'anneaux auquel répond le rayon extraordin.
45°	Bleu verdâtre.	Blanc rougeâtre.	9° 12′ 30″	7ᵉ ordre.
	Bleu verdâtre.	Rouge pâle.	11 55 0	6ᵉ ordre.
	Rouge.	Vert.	16 52 30	4ᵉ ordre.
	Vert.	Rouge.	17 52 0	3ᵉ ordre.
	Noir.	Blanc.	24 12 40	
	Blanc.	Noir (il reste un peu de rouge jaunâtre et de bleu à cause de la forme prismatique).	25 29 10	1ᵉʳ ordre.
	Noir (il reste du rouge jaunâtre et du bleu).	Blanc sensiblement.	26 25 0	
	Vert très-beau.	Rouge.	31 25 20	3ᵉ ordre.
	Rouge.	Vert.	32 46 10	4ᵉ ordre.
	Vert bleuâtre.	Rouge.	34 0 40	
	Rouge.	Bleu verdâtre.	35 22 10	5ᵉ ordre.
	Bleu verdâtre.	Rouge pâle.	36 34 20	
	Blanc rougeâtre.	Bleu verdâtre.	38 14 10	6ᵉ ordre.
	Bleu verdâtre.	Blanc rougeâtre.	39 4 10	

L'effet du croisement des plaques se montre ici avec évidence ; car les couleurs qui avaient commencé dans la première expérience sous l'incidence de 59°, lorsque le rayon arrivait directement à la plaque de cristal de roche, ont commencé ici sous l'incidence de 9° 13′ ; et après avoir par-

44.

couru deux fois la série entière des anneaux, elles ont fini de nouveau par deux faisceaux blancs, ce qui n'avait nullement lieu dans le premier cas. Je n'assurerai point cependant que la première teinte que j'ai indiquée répondît exactement au septième ordre d'anneaux; je pourrais même m'être trompé d'un rang dans quelques-unes des autres couleurs; et on ne s'étonnera pas de ces incertitudes, si l'on considère que les trente-trois teintes qui composent les sept anneaux de la table de Newton se succèdent ici deux fois dans un intervalle de $30°$, puisqu'elles commencent à se montrer sous l'incidence de $9° 13'$, et qu'elles finissent sous celle de $39°$. Il en résulte que le passage d'une de ces teintes à la suivante est extrêmement rapide, ce qui rend leur observation précise fort difficile. Cette difficulté est encore augmentée par la forme prismatique de la plaque qui, étant d'une épaisseur sensiblement inégale, donne des couleurs un peu différentes dans ses diverses parties; ce qui contribue à augmenter le mélange de teintes, et peut même les monter ou les abaisser d'un rang dans la table de Newton. Aussi, en rapportant cette première expérience, je n'ai pour but que de montrer les limites d'incidence dans lesquelles les couleurs naissent et sont comprises, réservant la recherche d'une plus grande rigueur pour les expériences suivantes, où la plaque de cristal de roche sera croisée avec des plaques plus minces de chaux sulfatée, ce qui rendra la succession des teintes plus lente et plus facile à déterminer exactement.

Néanmoins, à travers ces causes inévitables d'irrégularités, on peut déja reconnaître la loi remarquable qui lie les incidences correspondantes aux différentes teintes. Cette loi est la même que j'ai déja énoncée en parlant de la chaux sulfatée, et elle consiste en ce que les actions de ces plaques comparées, soit à elles-mêmes sous des incidences diverses, soit les unes aux autres pour différentes épaisseurs, sont, à très-peu de chose près, proportionnelles au produit de la force répulsive extraordinaire par la longueur du trajet durant lequel elle agit; en sorte que toutes les fois que ce produit est le même dans différentes lames, ou dans des systêmes de ces lames assemblées comme on voudra, la teinte est aussi la même, ou à très-peu près la même, quelle que soit d'ailleurs la position de l'axe du cristal relativement aux surfaces par lesquelles le rayon entre ou sort.

· Nommons e l'épaisseur de la plaque de cristal de roche exprimée en parties du sphéromètre, et réduite à l'échelle de Newton. Nommons θ l'angle d'incidence LIP (fig. 15), et θ' l'angle de réfraction correspondant. Si l'on néglige la différence de direction des deux rayons ordinaire et extraordinaire, comme nous l'avons déja fait pour la chaux sulfatée, la longueur du trajet oblique IR, que la lumière parcourt en traversant la plaque, sera égale à $\frac{e}{\cos. \theta'}$. L'angle B'TI, formé par le rayon réfracté IR avec l'axe A'B' de la plaque, est égal à $90° - (a + \theta')$, comme nous l'avons dit plus haut. Par conséquent le carré du sinus de cet angle qui exprime la force de la réfraction extraordinaire sera $\sin^2 [90° - (a + \theta')]$ ou $\cos^2 (a + \theta')$; multipliant cette quantité par $\frac{e}{\cos. \theta}$, on aura le produit

$$\frac{e \cos^2 [a + \theta']}{\cos. \theta'},$$

qui exprimera, à très-peu de chose près, l'action de la

plaque sous les incidences diverses. Afin de comparer ce résultat à l'expérience, j'ai formé les valeurs de la fonction précédente pour les incidences extrêmes, et pour celles où les deux plaques se compensent : pour effectuer ces évaluations, il faut connaître le facteur constant qui doit ramener nos plaques à la table de Newton. Or, j'ai trouvé dans mon premier Mémoire, pour le cristal de roche et la chaux sulfatée bien pure, que le bleu du second ordre, qui, dans la table de Newton, est représenté par 9, répond en parties du sphéromètre à 36 ou 37 parties à-peu-près. Donc, pour réduire à cette table l'épaisseur de la plaque de cristal de roche, qui est de 1401 parties du sphéromètre, on peut, au moins dans un premier essai, se borner à la diviser par 4, ce qui la réduirait à 350^p; mais le résultat moyen des expériences m'a conduit à y ajouter 3 parties, ce qui la porte à 353. Pour réduire de même l'épaisseur de la plaque de chaux sulfatée qui a été trouvée de 504 parties, il faut lui faire subir la même opération, ce qui la ramène à 126^p. Ces évaluations seront suffisamment exactes pour l'objet que nous avons en vue, et qui est seulement de fixer les limites des couleurs diverses. Il faut de plus se rappeler que l'angle formé par l'axe de cristallisation avec les surfaces de la plaque est de 40°. Enfin, pour calculer l'angle de réfraction θ', il faut avoir le rapport du sinus de réfraction au sinus d'incidence : nous le supposerons égal à $\frac{25}{16}$, conformément aux expériences de Newton. Avec ces données j'ai calculé le tableau suivant :

Angle d'incidence compté de la perpendiculaire. θ.	Augle de réfraction θ'.	Valeur de la fonction $\dfrac{e\cos^2(a+\theta')}{\cos.\ \theta'}$	Epaisseur de la plaque de chaux sulfatée.	Différences.	Désignation de la teinte; calculée.
$7°\ 49'\ 40''$	$5°\ 0'\ 0''$	i7 6	i26	5o	Blanc rougeâtre du 7e ordre.
2i 44 45	i3 43 0	i26,5	i26	0, 5	Noir.
35 i9 0	2i 42 5o	85	i26	4i	Rouge pâle du 6e ordre.

Telles sont donc les incidences auxquelles la formule indique les teintes que nous considérons ; ces indications diffèrent peu de celles de l'expérience ; mais pour mieux les comparer, rapprochons-les pour les mêmes teintes, nous aurons ainsi :

Désignation des teintes.	Incidences ; calculées.	Incidences ; observées.	Excès de l'observation.
Blanc rougeâtre du 7e ordre ..	$7°\ 49'\ 40''$	$9°\ i3'\ 20''$	$i°\ 23'\ 5o''$
Noir	2i 44 45	25 29 i0	3 44 25
Rouge pâle du 6e ordre	35 i9 0	39 4 i0	3 45 i0

On voit que l'écart de la formule, d'abord très-faible sous les incidences peu différentes de la perpendiculaire, augmente ensuite avec l'obliquité; mais ne dépasse jamais 3° 45'' pour l'évaluation de l'incidence sous laquelle on aperçoit telle ou telle couleur. Ainsi, déja notre formule représente, à très-peu de chose près, les expériences ; mais on s'en approchera bien davantage encore, et on la rendra tout-à-fait exacte, en lui donnant un diviseur de la forme

$$1 + m \sin^2 (a + \theta') + n \sin^4 (a + \theta'),$$

dans lequel m et n seront des coëfficiens constans qu'il faudra déterminer par observation, et qui seront nécessairement peu considérables. C'est ainsi que nous en avons agi pour la chaux sulfatée; mais il ne faut pas entreprendre une recherche si délicate sur cette première expérience, où les teintes n'ont pas pu être rigoureusement déterminées, par les raisons que j'ai rapportées plus haut.

Cette expérience faite, j'ai laissé la plaque de cristal de roche sur l'appareil; mais j'ai enlevé la lame de chaux sulfatée : je l'ai fendue en deux parties à-peu-près égales en épaisseur, au moins à la vue, et j'ai croisé une seule d'entre elles avec la plaque de cristal de roche, en la replaçant dans une situation constamment perpendiculaire au rayon polarisé. L'épaisseur de cette plaque était de 231 parties du sphéromètre, et, réduite à la table de Newton, elle valait 57,75. Alors les couleurs n'ont commencé à se montrer que sous des incidences plus considérables; elles ont d'abord monté dans l'ordre des anneaux, comme dans l'expérience précédente; elles ont également passé par le zéro des teintes; et ensuite elles ont redescendu de nouveau dans l'ordre des anneaux, mais non pas jusqu'au blanc composé; car sous l'incidence de 77° sexagésimaux, elles n'étaient encore arrivées qu'au sixième ordre, au lieu que dans l'expérience précédente les couleurs sont revenues ainsi au blanc composé lorsque l'incidence a été d'environ 39°. Tout cela est parfaitement indiqué par les valeurs de la fonction.

$$\frac{e \cos^2 (a + \theta') \, [\, 1 - m \sin^2 a - n \sin^4 a \,]}{\cos. \theta' \, [\, 1 - m \sin^2 (a + \theta') - n \sin^4 (a + \theta') \,]} ;$$

car, dans la première expression, ces valeurs étaient compensées par une plaque de chaux sulfatée dont l'épaisseur,
réduite à l'échelle de Newton, était de 126 parties du sphéromètre. Les couleurs commençaient donc à paraître lorsque
l'épaisseur de la plaque de cristal de roche, réduite par l'inclinaison et diminuée de 126 parties, entrait dans les limites
de la table de Newton, c'est-à-dire entre zéro et $49^p \frac{2}{7}$. Maintenant que nous employons une plaque de chaux sulfatée
dont l'épaisseur est seulement $57^p,75$, il faut substituer ce
nombre au nombre 126 dans nos soustractions, et alors on
voit que les couleurs doivent commencer et finir à de plus
grandes inclinaisons.

Mais pour mieux montrer cet accord, je rapporterai d'a-
bord la série des observations telles qu'elles ont été faites,
et je calculerai ensuite plusieurs d'entre elles, de manière
à montrer leur accord avec la formule.

*Plaque de chaux sulfatée croisée avec la même plaque de
cristal de roche.*

Epaisseur de la plaque de cristal de roche réduite à
l'échelle de Newton pour l'incidence perpendi-
culaire. . . . .353^p.
Epaisseur de la plaque de chaux sulfatée per-
pendiculaire. . . . . $57,75$.

1812.   45

Azimut de la section principale des plaques.	Rayon ordinaire.	Rayon extraord.	Incidence sur la plaque de cristal de roche.	Ordre d'anneanx auquel répond le rayon extraord.
45°	Bleu verdât. faible	Blanc rougeâtre.	29° 55′ 0″	7ᵉ ordre.
	Blanc rougeâtre.	Bleu verdâtre.	31 4 0	
	Bleu verdâtre.	Rouge pâle.	32 49 20	6ᵉ ordre.
	Rouge.	Bleu verdâtre.	33 54 40	
	Bleu verdâtre.	Rouge.	35 19 50	5ᵉ ordre.
	Rouge.	Vert bleuâtre.	36 23 10	
	Vert bleuâtre.	Rouge.	37 37 50	4ᵉ ordre.
	Rouge.	Vert.	39 3 40	
	Vert.	Rouge.	40 25 40	3ᵉ ordre.
	Rouge.	Vert vif.	41 46 10	

Entre ce rouge et ce vert, le rayon extraordinaire passe par un jaune imparfait tel que doit être celui du troisième ordre. Au-delà du vert, les couleurs se succèdent avec beaucoup plus de rapidité, ce qui est en effet un des caractères des couleurs de cet ordre, comme on peut le voir d'après les épaisseurs très-peu différentes auxquelles ces couleurs répondent dans la table de Newton. Par cette raison l'influence de la forme prismatique de la plaque de cristal de roche devient plus sensible. Ainsi on passe bien du vert au bleu, ce qui rend l'image ordinaire jaune, et de-là on aperçoit le gris de lin qui suit le bleu et confine au pourpre du troisième ordre dans la série des anneaux; mais on ne peut jamais obtenir toute l'image extraordinaire bleue ou gris de lin. Je passe donc par-dessus ces couleurs, et j'arrive au rouge du second ordre dont la couleur se soutient plus long-temps, comme l'indique la table de Newton; et à partir de ce terme, je continue la série des observations, en m'arrêtant seulement aux teintes les plus tranchées et les plus durables.

Azimut de la section principale des plaques.	Rayon ordinaire.	Rayon extraord.	Incidence sur la plaque de cristal de roche.	Ordre d'anneaux auquel répond le rayon extraordin.
45°	Vert.	Rouge.	42° 59′ 0″	
	Bleu.	Jaune.	43 49 5o	
	Rouge bleuâtre.	Vert imparfait.	44 13 5o	2ᵉ ordre.
	Jaune.	Bleu	44 54 5o	
	Jaune verdâtre.	Pourpre du 2ᵉ ordre.	42 25 5o	
	Bleu.	Orangé.	46 5 2o	
	Mélange de bleu et de rouge jaunâtre très-faible	Blanc.	47 15 o	1ᵉʳ ordre.
	Blanc.	Noir sensiblement (il reste un bleu très-faible).	48 41 5o	
	Bleu verdâtre presque nul.	Blanc brillant.	5o 21 2o	
	Blanc bleuâtre.	Rouge orangé sombre.	51 23 1o	1ᵉʳ ordre.
	Jaune.	Bleu céleste.	53 35 4o	
	Bleu.	Orangé.	54 35 1o	2ᵉ ordre.
	Vert d'eau blanchâtre.	Rouge pourpre.	55 22 1o	
	Jaune.	Bleu.	56 28 3o	
	Rouge pourpre.	Vert.	57 11 4o	
	Bleu.	Jaune légèrement rougeâtre.	58 23 3o	3ᵉ ordre.
	Vert vif.	Rouge.	59 29 2o	
	Rouge.	Vert très-beau.	61 49 5o	4ᵉ ordre.
	Vert.	Rouge.	64 23 4o	
	Rouge.	Bleu verdâtre.	67 5o 3o	5ᵉ ordre.
	Bleu verdâtre.	Rouge.	7o 14 1o	
	Rouge.	Bleu verdâtre.	77 8 2o	6ᵉ ordre.

La disposition de l'appareil n'a pas permis de voir les images sous des inclinaisons plus grandes. Cependant les couleurs sont encore extrêmement sensibles, ce qui prouve bien que l'on n'est pas arrivé à la fin des anneaux, résultat conforme à la progression des teintes observées. Dans l'expérience précédente, où la plaque de cristal de roche était croisée avec une plaque de chaux sulfatée plus épaisse, on ne voyait déja plus de couleurs sous l'incidence de 40°.

Toutes ces expériences sont parfaitement représentées en supposant que l'action variable de la plaque de cristal de roche soit exprimée par la formule :

$$\frac{e \cos^2 (a + \theta') \left[1 - m \sin^2 a - n \sin^4 a \right]}{\cos. \theta' \left[1 - m \sin^2 (a + \theta') - n \sin^4 (a + \theta') \right]};$$

alors, en nommant A l'épaisseur constante de la plaque de chaux sulfatée, qui reste perpendiculaire au rayon incident, on aura pour l'expression générale de la teinte extraordinaire

$$E = \frac{e \cos^2 (a + \theta') \left[1 - m \sin^2 a - n \sin^4 a \right]}{\cos. \theta' \left[1 - m \sin^2 (a + \theta') - n \sin^4 (a + \theta') \right]} - A.$$

Dans notre expérience on a

$$e = 353 \qquad A = 57{,}75.$$

De plus, le rapport du sinus d'incidence au sinus de réfraction dans le cristal de roche $= \frac{25}{16}$, dont le logarithme est $0{,}1938200$. J'ai déterminé m et n de manière à satisfaire à la première incidence observée et à la dernière ; j'ai trouvé ainsi $m = 0{,}134107$, $n = 0{,}0374223$; ce qui donne, en faisant $a = 40°$,

$$353 \left[1 - m \sin^2 a - n \sin^4 a \right] = 331{,}185 ;$$

et alors la formule devient pour notre plaque

$$E = \frac{331,185 \cos^2 (a + \theta')}{\cos. \theta' \left[1 - 0,134107 \sin^2 (a + \theta') - 0,0374223 \sin^4 (a + \theta') \right]};$$

avec ces données, j'ai calculé les valeurs numériques de la formule pour diverses teintes intermédiaires entre les extrêmes, et j'ai trouvé les résultats suivans, que j'ai comparés à l'observation.

Incidence observée. θ.	Angle de réfraction. θ'.	Action de la plaque de cristal de roche d'après la formule.	Action constante de la plaque de chaux sulfatée.	Différence, ou valeur de la teinte calculée.	Teinte observée.	Évaluation de l'action du système d'après la teinte.
29° 55' 0"	18° 36' 50"	107,42	57,75	49,67	Blanc rougeâtre du 7ᵉ ordre.	49,67
41 46 10	25 14 0	74,37	57,75	16,62	Vert du 3ᵉ ordre.	16,25
48 41 50	28 44 10	58,08	57,75	0,33	Noir.	0,00
57 11 40	32 32 30	41,75	57,75	16,00	Vert du 3ᵉ ordre.	16,25
77 8 20	38 36 50	19,75	57,75	38,00	Bleu verdâtre du 6ᵉ ordre.	38,00

On voit qu'ayant seulement plié notre formule aux observations extrêmes, elle satisfait d'elle-même et avec une égale exactitude aux observations intermédiaires. Car, par exemple, l'incidence où le rayon extraordinaire est nul, se trouve ici déterminée par notre formule tout aussi bien que par l'observation.

Enfin, j'ai compensé la même plaque de cristal de roche avec une autre plaque de chaux sulfatée dont l'épaisseur, exprimée en parties du sphéromètre, s'est trouvée de 397 parties qui, réduites à l'échelle de Newton, en prenant 36 pour le bleu du second ordre, valent 99ᵖ,25; mais j'ai trouvé qu'on accordait mieux les observations en supposant cette plaque égale à 99,50. Je l'ai placée de même dans une position constamment perpendiculaire au rayon polarisé. Alors

j'ai observé l'apparition des couleurs et leurs ordres successifs plutôt que dans l'expérience précédente, mais plus tard
que dans la première. En voici le résultat observé pour un
certain nombre de teintes dans la série des anneaux.

Plaque de chaux sulfatée croisée avec la plaque de cristal
de roche.

Epaisseur de la plaque de cristal de roche réduite à
l'échelle de Newton pour l'incidence per-
diculaire.............................353ᵖ.
Epaisseur de la plaque de chaux sulfatée..... 99,5o.

Azimut de la plaque de cristal de roche.	Rayon ordinaire.	Rayon extraord.	Incidence sur la plaque de cristal de roche.	Ordre d'anneaux auquel répond le rayon extraordin.
45°	Blanc rougeâtre.	Bleu verdâtre.	18° 56′ 4o″	7ᵉ ordre.
	Bleu verdâtre.	Rouge.	22 0 20	5ᵉ ordre.
	Rouge.	Vert vif.	25 21 10	4ᵉ ordre.
	Vert.	Rouge.	26 27 0	3ᵉ ordre.
	Rouge.	Vert.	27 22 3o	3ᵉ ordre.
	Bleu.	Orangé.	28 5o 4o	2ᵉ ordre.
	Bleu très-sombre, presque nul.	Blanc.	3i 3o 0	1ᵉʳ ordre.
	Blanc.	Noir.	3a 34 5o	
	Noir ou presque noir.	Blanc brillant.	33 58 3o	1ᵉʳ ordre.
	Bleu très-beau.	Orangé.	36 3i 20	2ᵉ ordre.
	Rouge.	Vert.	38 9 20	3ᵉ ordre.
	Vert.	Rouge.	39 14 20	3ᵉ ordre.
	Rouge.	Vert vif.	4o 3o 0	4ᵉ ordre.
	Vert bleuâtre.	Rouge.	44 29 1o	5ᵉ ordre.
	Bleu verdâtre.	Rouge.	47 55 3o	6ᵉ ordre.
	Blanc rougeâtre.	Bleu verdâtre.	5o 2 1o	7ᵉ ordre.

Pour comparer ces observations à la théorie, j'ai encore càlculé la valcur de la plaque oblique de cristal de roche au moyen de la même formule

$$E = \frac{331,185 \cos^{2}(a + \theta')}{\cos.\ \theta'\left[1 - 0,134107 \sin^{2}(a + \theta') - 0,0374223 \sin^{4}(a + \theta')\right]},$$

que nous avons formée précédemment; et, sans aucune autre préparation, j'ai cherché les teintes qui en résultaient sous diverses incidences. J'ai formé ainsi le tableau suivant, qui offre la comparaison de ces résultats avec l'observation.

Incidence sur la plaque de cristal de roche; observée. θ.	Angle de réfraction. θ'.	Valeur de la fonction E; calculée.	Epaisseur de la plaque constante de chaux sulfatée.	Différence ou action du système, calculée.	Teinte extraordinaire; observée.	Evolution de l'action du système d'après la teinte.
25° 21′ 10″	15 54 20	121,53	99,50	22,03	Vert du 4ᵉ ordre.	22,$\frac{3}{4}$
32 34 50	20 9 30	99,50	99,50	0,0	Noir.	0,00
40 30 0	24 33 40	77,63	99,50	21,87	Vert du 4ᵉ ordre.	22,$\frac{3}{4}$
50 20 20	29 22 40	55,22	99,50	44,28	Bleu verdâtre du 7ᵉ ordre.	45,$\frac{1}{5}$

Il n'y a que des différences très-petites entre les teintes observées et les teintes calculées. Cependant il faut remarquer que l'incidence du rayon sur la plaque de cristal de roche a toujours été assez voisine de la perpendicularité pour que la forme prismatique de la plaque ait toujours eu une influence sensible; c'est-à-dire que l'on apercevait des différences sensibles de nuances en observant à travers différens points de cette plaque; et comme, à parler rigoureusement, on ne peut répondre de se tenir toujours au même point, il s'ensuit que, même une grande partie de nos petites erreurs doit être attribuée à cette cause inévitable.

Ayant déterminé et confirmé par ces expériences la loi suivant laquelle la plaque de cristal de roche s'affaiblit par l'inclinaison, notre formule doit nous indiquer aussi sous quelle incidence il faut abaisser cette plaque pour obtenir des couleurs par le seul affaiblissement de son action, sans la croiser avec une autre plaque : cela aura lieu lorsque la quantité

$$E = \frac{331,185 \cos^2 (a + \theta')}{\cos. \theta' \left[1 - 0,134107 \sin^2 (a + \theta') - 0,0374223 \sin^4 (a + \theta') \right]}$$

commencera à entrer dans les limites d'épaisseur où les couleurs se produisent naturellement; c'est-à-dire deviendra moindre que $49 \frac{2}{3}$, qui correspond au blanc rougeâtre du septième ordre d'anneaux. Pour voir si ce résultat se réalisait, j'ai observé sous quelle incidence les couleurs commençaient réellement à se produire quand on abaissait la plaque, et j'ai mesuré ainsi plusieurs incidences qui correspondaient aux premières teintes que l'on pouvait obtenir. Ces mesures sont rapportées plus haut, page 339; ensuite j'ai calculé, par la formule, quelles étaient les épaisseurs auxquelles répondait l'action de la plaque sous ces incidences diverses, et j'ai comparé ces résultats du calcul avec les épaisseurs véritables conclues des teintes observées. J'ai obtenu ainsi le tableau suivant :

Incidence sur la plaque de cristal de roche ; observ. $\theta.$	Angle de réfraction. $\theta'.$	Valeur de la fonction E ; calculée.	Teinte du rayon extraordinaire ; observée.	Valeur de l'action de la plaque conclue de la teinte ; observée.
52° 45′ 30″	30° 37′ 50″	49, 73	Blanc rougeâtre du 7ᵉ ordre.....	49, 67
54 55 0	31 35 0	45, 62	Bleu verdâtre du 7ᵉ ordre......	45, 80
57 49 30	32 48 0	40, 70	Rouge du 6ᵉ ordre...........	42, 00
59 39 10	33 31 30	37, 81	Bleu verdâtre du 6ᵉ ordre......	38, 00
62 24 50	34 33 30	33, 82	Rouge du 5ᵉ ordre...........	34, 00
65 2 30	35 28 0	30, 43	Bleu verdâtre du 5ᵉ ordre......	29, 67
68 44 30	36 37 0	26, 33	Rouge du 4ᵉ ordre...........	26, 00
73 58 50	37 57 40	21, 82	Vert du 4ᵉ ordre............	22, 75
78 48 50	38 53 20	18, 89	Rouge du 3ᵉ ordre...........	18, 71
	Somme...	305, 15	Somme.............	307, 06

On voit que les évaluations particulières des teintes s'accordent avec l'observation aussi bien qu'on peut le desirer dans des expériences où les sens sont pris pour juges. La somme de toutes les valeurs conclues de l'observation des teintes ne diffère de celle qui se conclut de la formule que de $2^r,45$ ou $\frac{1}{125}$ de leur valeur totale ; de sorte, que pour faire disparaître l'écart, il suffirait de supposer que j'ai observé cette série sur un point de la plaque où l'épaisseur était de $\frac{1}{125}$ plus grande que j'ai supposée ; et comme l'épaisseur moyenne de la plaque, observée au sphéromètre, est de 1401 parties, on voit que la différence dont il s'agit répondrait à 11 parties du sphéromètre, ou à $\frac{25}{1000}$ de millimètre, quantité que l'on n'aurait même pas espéré de pouvoir rendre sensible dans les expériences de ce genre, et qui ne peut en effet le devenir que par la comparaison des observations avec une loi extrêmement approchée. C'est-là, en effet, tout ce que je me suis proposé de prouver dans cette comparaison. Je ferai remarquer que nous sommes arrivés

presque à la limité des teintes que peut donner notre plaque ;
car en supposant l'incidence de 90° on trouve $E = 16,20$,
ce qui répond exactement au vert du troisième ordre qui
suit le rouge du même ordre que nous avons observé.

Dans tout ce qui précède, nous n'avons croisé la plaque
de cristal de roche qu'avec des plaques de chaux sulfatée
beaucoup plus faibles qu'elles, c'est pourquoi il a fallu
abaisser son axe sur le rayon polarisé pour lui faire produire des couleurs. Mais on peut encore lui en faire produire par un mouvement contraire, c'est-à-dire en l'inclinant
de manière à augmenter l'angle de l'axe de cristallisation
avec le rayon réfracté. Pour cela il faut remarquer que
l'action de notre plaque sous l'incidence perpendiculaire où
θ' est nul, se réduit à $353 \cos^2 a$, qui, en mettant pour a
la valeur 40° donne $207^p,15$. Par conséquent, si on la croise
avec une plaque de chaux sulfatée parallèle à l'axe, dont
l'action soit peu différente de $207^p,15$, on pourra voir des
couleurs en l'inclinant dans les deux sens, et ces couleurs
s'observeront ainsi tant que la différence positive ou négative des deux plaques ne sortira pas des limites de la table
de Newton.

Pour réaliser cette conséquence de notre théorie, j'ai
croisé la plaque de cristal de roche avec une plaque de
chaux sulfatée dont l'épaisseur était de 820 parties du sphéromètre, ce qui se réduit à 205 parties de la table de
Newton, en supposant le bleu du second ordre représenté
par 36 parties du sphéromètre, ce qui est sa valeur moyenne.
Comme les incidences qui donnaient des couleurs étaient
comprises dans des limites très-peu éloignées de la perpendiculaire, les teintes se succédaient avec beaucoup de rapi-

dité à mesure que l'inclinaison changeait, et la forme prismatique de la plaque exerçait toute son influence : c'est pourquoi je n'ai point cherché à observer un grand nombre de teintes ; j'ai seulement déterminé les limites où les couleurs commençaient et finissaient de se montrer ; et j'ai mesuré aussi l'incidence pour un beau vert qui, d'après la succession des couleurs, s'est trouvé être celui du quatrième ordre. J'ai obtenu les résultats suivans :

Azimut de la section principale de la plaque de cristal de roche.	Incidence sur la plaque de cristal de roche ; observée. θ.	Teinte du rayon extraordinaire ; observée.
45°	$+$ 14° 55′ 20″	Blanc. Fin des couleurs.
	$+$ 7 10 20	Vert du 4ᵉ ordre.
	$-$ 10 31 0	Blanc. Fin des couleurs.

J'ai donné à l'incidence θ le signe positif quand l'inclinaison de la plaque était dirigée de manière à affaiblir son action, en diminuant l'angle de l'axe de cristallisation avec le rayon réfracté. Au contraire, j'ai donné à θ le signe négatif quand on inclinait la plaque dans le même azimut, mais en sens opposé, de manière à augmenter l'angle de l'axe de cristallisation avec le rayon réfracté, ce qui augmentait l'action de la plaque. Pour introduire dans notre formule générale cette inversion de circonstances, il faut y faire θ' négatif dans le facteur $\cos^2 (a + \theta')$, qui est proportionnel à la force répulsive de la réfraction extraordinaire ; mais quant au facteur que nous avons introduit au dénominateur

46.

pour rendre les observations concordantes avec la formule, j'ai trouvé qu'il ne fallait pas y faire cette inversion de signe, et que dans tous les cas il fallait y faire θ' positif. Comme l'introduction de ce facteur n'est jusqu'ici pour moi qu'un résultat de l'expérience, je ne chercherai point à expliquer cette particularité. Avec ces précautions j'ai calculé l'action variable de la plaque de cristal de roche pour ces incidences diverses au moyen de la formule

$$E = \frac{331,185 \cos^2 (a + \theta')}{\cos. \theta' \left[1 - 0,134107 \sin^2 (a + \theta') - 0,0374223 \sin^4 (a + \theta') \right]};$$

et j'ai soustrait les résultats du nombre 205 qui exprimait l'action constante de la plaque de chaux sulfatée; j'ai obtenu ainsi les valeurs des teintes, et en les rapprochant de l'observation, j'ai formé le tableau suivant:

Incidence observée. θ.	Angle de réfraction. θ'.	Valeur de E ; calculée.	Action constante de la plaque perpendiculaire.	Différence ou valeur de la teinte ; calculée.	Teinte observée.	Evaluation de l'action du système d'après la teinte.
$+14° 55' 20''$	$+9° 30' 30''$	155,60	205	49,60	Blanc du 7ᵉ ordre.	49, 67
$+7\ \ 10\ \ 30$	$+4\ 35\ \ \ 0$	182,35	205	22,65	Vert du 4ᵉ ordre.	22, 75
$-10\ \ 31\ \ \ 0$	$-6\ \ 42\ \ 30$	253,68	205	48,68	Blanc du 7ᵉ ordre.	49, 67

Ces résultats s'accordent aussi bien que l'on pouvait l'espérer. La nécessité de prendre θ' constamment positif dans le dénominateur se fait déja sentir sur la dernière observation; car si on le prenait négatif comme au numérateur, alors on trouverait pour la dernière teinte 46,72, valeur fort au-dessous de la limite 49,67; mais cette nécessité sera encore plus sensible à de plus grandes obliquités.

Cette observation étant achevée, j'ai placé sur la plaque de chaux sulfatée une autre plaque de même nature tirée du même morceau, et dont l'épaisseur était égale à 310 parties du sphéromètre, ce qui, réduit à l'échelle de Newton, vaut $77^p,5$; et comme la première plaque valait 205, il en ré-sulte que leur somme valait $282^p,5$. Cette épaisseur surpasse de beaucoup l'action de la plaque de cristal de roche sous l'incidence perpendiculaire; car celle-ci est seulement égale à $207^p,15$, comme nous l'avons vu plus haut. La diffé-rence 75,35 excédant de beaucoup les limites de la table de Newton, on voit que le système ne peut pas produire de couleurs sous l'incidence perpendiculaire, et il n'en donnera pas davantage tant que l'on inclinera l'axe de la plaque de cristal de roche de manière à affaiblir sa force répulsive. C'est aussi ce qui est arrivé.

Mais en abaissant l'axe en sens contraire, dans le même azimut, de manière à augmenter l'angle qu'il formait avec le rayon polarisé, on a augmenté l'action de la plaque: aussi a-t-on commencé à voir les couleurs paraître au-delà d'une certaine incidence, lorsque l'excès des plaques de chaux sulfatée sur la plaque de cristal de roche oblique a commencé à entrer dans les limites de la table de Newton. Ces couleurs ont monté dans l'ordre des anneaux; elles ont passé par le noir, et sont redescendues par les mêmes pé-riodes; et enfin elles se sont terminées de nouveau par le blanc composé, après avoir parcouru deux fois les *trente-trois* teintes de la table de Newton dans une différence d'in-cidence de 25°. Tous ces résultats sont parfaitement con-formes à notre formule, comme le montre le tableau suivant:

Incidence ob-servée. θ.	Angle de ré-fraction. θ'.	Valeur de E ; cal-culée.	Action des plaques per-pendiculai-res.	Différence ou valeur de la teinte ; calculée.	Teinte du rayon ex-traordinaire; observée.	Valeur de la teinte dans la table de Newton.
— 4° 23′ 0″	— 2° 48′ 10″	226, 20	282, 5	56, 30	Blanc.	49,67 Serait le blanc rou-geâtre du 7ᵉ ordre.
— 16 51 20	— 10 41 40	282, 79	282, 5	0, 29	Noir.	0,00
— 29 47 20	— 18 32 20	342, 79	282, 5	60, 29	Blanc.	49,67 Serait le blanc rou-geâtre du 7ᵉ ordre.

On voit ici comment le jeu de la formule s'accorde encore avec l'observation. D'abord la plaque de cristal de roche était plus faible que le système des plaques de chaux sulfatée; mais en l'inclinant, de manière à rendre θ' négatif, son action a augmenté; elle est devenue égale à celle des plaques de chaux sulfatée, après quoi elle les a surpassées. Il n'est pas du tout étonnant que les limites extrêmes des teintes répondent à des épaisseurs un peu plus fortes que l'expression du dernier blanc rougeâtre donné par Newton; car dans l'impossibilité où j'étais de déterminer exactement cette limite, je me suis arrêté à des incidences telles que je fusse bien certain de ne plus apercevoir du tout de coloration, et c'est ce qui m'a fait sortir un peu au-delà des limites de la table de Newton.

On voit aussi dans ces expériences la nécessité de prendre toujours θ', avec le même signe, dans le dénominateur de la formule; car si on le prenait négatif, on s'écarterait considé-rablement des observations. Au reste, en exposant les for-mules dont je viens de faire usage, je suis loin de prétendre qu'elles soient les seules qui puissent représenter les obser-vations, ni même qu'elles soient applicables à tous les cas possibles, du moins en ce qui concerne l'introduction du facteur variable qui contient les coëfficiens arbitraires m et n. J'ai seulement voulu montrer que les variations des teintes, sous les incidences diverses, sont assujéties à des lois dont on ne peut méconnaître la constance; et dont la marche se trouve représentée par les formules, d'une manière simple et commode, qui permet d'en prévoir facilement et sûrement les effets.

La conséquence la plus générale des expériences précédentes, c'est que *l'espèce de teinte polarisée par chaque plaque, sous une incidence donnée, dépend de l'angle que le rayon réfracté forme avec l'axe de cristallisation, et de la longueur du trajet que ce rayon parcourt à travers la substance du cristal.* Ainsi, toutes les fois que l'un de ces deux élémens variera, on doit s'attendre à voir varier la teinte; et si, au lieu d'une plaque terminée par des surfaces planes, on emploie une plaque terminée par des surfaces courbes, la combinaison de ces deux variations, qui aura lieu à-la-fois sous chaque incidence, devra y produire des zones colorées dont la figure et la teinte dépendront de la forme de la plaque, de sa position dans le cristal, et de l'incidence du rayon sur sa surface, suivant des lois calculables d'après notre théorie.

On conçoit encore que, si l'on taille une plaque à surfaces planes et parallèles, dans une direction telle que l'axe du cristal fasse un grand angle avec ses surfaces, on conçoit, dis-je, qu'en inclinant convenablement cette plaque sur un rayon polarisé, le rayon réfracté pourra se rapprocher de plus en plus de l'axe de cristallisation, et même lui devenir parallèle. Alors, si l'action répulsive émanée de cet axe était la seule cause qui pût polariser la lumière, il ne devrait plus, dans cette circonstance, se produire aucun dérangement dans les axes de polarisation du rayon. Mais on sait que dans le cristal de roche, il se produit des couleurs même dans des plaques perpendiculaires à l'axe, lorsqu'elles sont suffisamment épaisses, et qu'on les expose perpendiculairement à un rayon polarisé. Cette action, comme on le verra dans la dernière partie de ce Mémoire, est totalement distincte de la force répulsive principale. Son action s'affaiblit à mesure que l'angle du rayon réfracté augmente, et elle finit par devenir insensible à certaines limites de cet angle que nous déterminerons. Or, dans les plaques taillées comme nous venons de le dire, on doit finir par développer cette action ; et alors elle doit modifier les phénomènes que nous avions, jusqu'à présent, considérés dans des limites où son influence était insensible. C'est, en effet, ce qui a lieu, comme je m'en suis assuré par l'expérience, avec des plaques taillées de manière à développer les circonstances favorables de ce phénomène. Mais l'examen de ce cas doit entrer dans une dernière partie, où je considérerai les plaques perpendiculaires à l'axe, et où je donnerai les lois suivant lesquelles cette action s'exerce, non plus de manière à faire osciller la lumière, mais de manière à la faire tourner d'un mouvement continu.

Néanmoins, avant de terminer cette quatrième partie, je crois devoir résumer les conséquences auxquelles nous avons été conduits par les expériences qui s'y trouvent rapportées. Lorsque nous avons analysé les phénomènes que présentent les plaques de chaux sulfatée, sous l'incidence perpendiculaire, nous avons vu qu'ils démontraient nécessairement l'existence d'une force en vertu de laquelle les molécules lumineuses oscillaient autour de l'axe de cristallisation. De plus, comme les phénomènes des incidences obliques nous montraient l'action de la plaque décroissante quand on inclinait cet axe, et croissante quand on inclinait la ligne perpendiculaire, nous avions été porté à croire que toute la force d'oscillation, n'émanait pas seulement de l'axe de cristallisation, mais aussi de la ligne qui lui était perpendiculaire; de sorte que l'action totale, sous une inclinaison quelconque, dépendait de la différence des effets opposés que ces deux axes rectangulaires pouvaient produire. Cependant nous remarquâmes, page 3r3, que cette idée n'était pas une conséquence nécessaire des faits, et que la seule chose rigoureusement indiquée était l'existence d'une résultante. Les expériences exactes faites sous des incidences obliques, dans cette quatrième partie, viennent de décider la question en nous montrant que les variations d'intensité que l'action de la plaque éprouve lorsqu'on incline la ligne perpendiculaire à l'axe, ne dépendent pas d'une force particulière émanée de cette ligne, mais de la simple augmentation d'épaisseur occasionnée par l'accroissement d'inclinaison. De façon, qu'en dernière analyse, tous les phénomènes se réduisent à cette loi simple : à mesure que l'axe de cristallisation s'incline sur le rayon réfracté, la force qui fait osciller les particules lumineuses diminue, et le nombre des oscillations faites dans le même espace décroît comme le carré du sinus de l'angle que cet axe forme avec le rayon réfracté; mais en même-temps le trajet de la lumière dans la plaque s'augmente par l'obliquité; et les oscillations en deviennent plus nombreuses dans le même espace. Ces deux élémens, modifiés par un facteur presque constant, qui dépend probablement de la vîtesse, déterminent dans tous les cas les teintes que les plaques doivent présenter.

CINQUIÈME PARTIE,

Lue le 31 mai 1813.

Expériences sur les plaques de cristal de roche taillées perpendiculairement à l'axe de cristallisation.

LORSQU'ON fait passer un rayon polarisé perpendiculairement à travers une plaque de cristal de roche perpendiculaire à l'axe, il perd sa polarisation primitive ; et si on l'analyse avec un prisme ou un rhomboïde de cristal d'Islande, il donne deux faisceaux dont la couleur et l'intensité dépendent de la direction de la section principale du rhomboïde , ainsi que de l'épaisseur de la plaque interposée. Quand la plaque est assez mince pour donner ainsi des faisceaux colorés, la teinte de ces faisceaux varie, à mesure que l'on tourne le cristal d'Islande autour du rayon incident, en le maintenant toujours sous l'incidence perpendiculaire. Ce fait a été observé, pour la première fois, par M. Arago. Pour étudier les lois de ces variations, j'ai rendu le rhomboïde mobile autour du rayon, et je l'ai fait tourner ainsi, avec l'alidade d'un cercle divisé en demi-degrés. J'ai ensuite observé successivement, à l'aide de cet appareil, plusieurs plaques de cristal taillées perpendiculairement à l'axe. Celles dont j'ai fait d'abord usage étaient tirées d'une même aiguille très-pure. C'était la première dont je m'étais servi pour former des lames minces parallèles à l'axe ; et j'insiste sur cette circonstance, afin d'établir d'une manière plus rigoureuse l'identité des observations. J'ai aussi essayé successivement plusieurs autres aiguilles., afin d'éviter les phénomènes qui pourraient être produits par des irrégularités accidentelles de cristallisation. Enfin, j'ai aussi fait amincir successivement plusieurs de ces plaques, et je les ai observées dans leurs états divers. De sorte que ces dernières observations comparées, soit entre elles, soit aux observations semblables faites sur d'autres plaques tirées des mêmes aiguilles, offrent un ensemble complet d'expériences par lesquelles on peut constater la nature de tous les phénomènes que produisent les plaques de cristal de roche taillées perpendiculairement à l'axe de cristallisation. Je vais rapporter ces expériences en commençant par les lames les plus minces, quoiqu'elles n'aient pas toujours été observées dans l'ordre de leurs épaisseurs, puisque quelques-unes ont été successivement amincies. Mais cet ordre fera mieux connaître la série des phénomènes : d'ailleurs j'aurai toujours soin d'indiquer les plaques qui se rapportent, et qui ont été successivement déduites d'une même plaque, amincie à divers degrés d'épaisseur.

Dans toutes ces expériences, la section principale du rhomboïde ou du prisme de spath d'Islande est d'abord placée dans l'azimut zéro, c'est-à-dire qu'elle coïncide avec le plan primitif de polarisation. Je la fais tourner successivement dans divers azimuts, et je note la teinte observée de chaque faisceau dans ces différentes positions. Dans les premières expériences que je fis de cette manière, je faisais parcourir ainsi à la section principale du rhomboïde tous les azimuts, mais je me suis bientôt aperçu que les deux faisceaux changeaient constamment de rôle dans les azimuts $0°$ et $90°$, ou plus généralement dans les azimuts α et $90 + \alpha$, α étant quelconque; de sorte qu'après chaque période de $90°$ la teinte du rayon ordinaire s'est échangée avec celle du rayon extraordinaire, et réciproquement. Cette remarque une fois faite et bien constatée, il m'a suffi d'observer les variations des teintes depuis l'azimut o° jusqu'à l'azimut 90°, pour connaître la loi de ces variations dans tout le reste de la circonférence; et l'on conçoit même *à priori* que la chose doit être ainsi, car on sait par expérience que toutes les actions extraordinaires et ordinaires des rhomboïdes de spath d'Islande échangent leurs valeurs dans les azimuts qui diffèrent d'un angle droit. Quelle que soit donc la modification subie par les rayons qui traversent une plaque de cristal de roche perpendiculaire à l'axe, on doit s'attendre que cet échange aura encore lieu dans les mêmes limites, puisqu'il dépend uniquement de la nature de l'action exercée par le rhomboïde, et non pas de la nature de la modification imprimée au rayon.

J'ai vérifié qu'en tournant les plaques de cristal dans leur plan, l'incidence restant toujours perpendiculaire et le rhomboïde restant fixe, la teinte des faisceaux ordinaire et extraordinaire ne change point. Ce fait avait été remarqué par M. Arago, dès ses premières expériences.

Enfin, j'ai indiqué à chaque expérience quel était l'ordre d'anneaux auquel appartenait la teinte du rayon extraordinaire lorsque l'azimut du rhomboïde était placé dans l'azimut zéro; j'ai en effet observé que la nature des teintes de ce rayon pour les épaisseurs diverses de la plaque répondait aux différens ordres d'anneaux colorés, et à des ordres d'autant plus élevés dans la table de Newton, que l'épaisseur devenait moindre. Pour constater cet ordre dans chaque expérience, j'inclinais la plaque de cristal de roche dans l'azimut de 45°: alors la force répulsive de la double réfraction augmentée par l'inclinaison, on voit la teinte du rayon extraordinaire descendre graduellement dans l'ordre des anneaux comme si la plaque devenait de plus en plus épaisse ; et par le nombre ainsi que la succession des teintes que ce rayon parcourt avant d'arriver à la blancheur, on juge aisément et sûrement de l'ordre d'anneaux duquel il est parti.

Iere EXPÉRIENCE. *Plaque n° 1, épaisseur en parties du sphéromètre 177, en millimètres 0^{mm},400. Cette plaque provient de la plaque n° 2 de l'expérience suivante, qui a été amincie.*

Sens du mouvement du rhomboïde.	Azimut du rhomboïde.	Teinte du rayon ordinaire.		Teinte du rayon extraordinaire.
De la droite à la gauche de l'observateur.	0° 0'	Blanc.		Bleu sombre.
	9 45	Blanc.		Bleu violacé, si faible qu'il est presqu'imperceptible : min.
	11 30	Blanc.		Rouge jaunâtre ou violacé jaunâtre très-sombre.
	20	Blanc.		Jaune pâle.
	30	Blanc.		Jaune très-pâle.
	40	Blanc.		Blanc à peine jaunâtre
	50	Blanc à peine bleuâtre		Blanc à peine jaunâtre, images sensiblement égales en intensité.
	60	Blanc légèrem. bleuât.		Blanc sensiblement.
	70	Blanc bleuâtre		Blanc.
	80	Bleu blanchâtre.		Blanc.
	90	Bleu sombre.		Blanc.
	90 + 0° 0'	Bleu sombre.		Blanc.
	9 45	Bleu violacé presque noir.		Blanc.
	11 30	Violacé jaunâtre très-sombre.		Blanc.
	20	Jaune pâle.		Blanc.
	30	Jaune très-pâle.		Blanc.
	40	Blanc à peine jaunâtre		Blanc.
	50	Blanc à peine jaunâtre		Blanc à peine bleuâtre, images sensiblement égales en intensité.
	60	Blanc sensiblement.		Blanc légèrem. bleuât.
	70	Blanc.		Blanc bleuâtre.
	80	Blanc.		Bleu blanchâtre.
	90	Blanc.		Bleu sombre.

Sens du mouvement du rhomboïde.	Azimut du rhomboïde.	Teinte du rayon ordinaire.		Teinte du rayon extraordinaire.
De la droite à la gauche de l'observateur.	180 + 0° 0'	Blanc.		Bleu sombre.
	9 45	Blanc.		Bleu violacé presque nul : minimum.
	11 30	Blanc.		Rouge jaunâtre très-sombre.
	20	Blanc.		Jaune pâle.
	30	Blanc.		Jaune très-pâle.
	40	Blanc.		Blanc à peine jaunâtre
	50	Blanc à peine bleuâtre		Blanc à peine jaunâtre, images sensiblement égales en intensité.
	60	Blanc légèrem. bleuât.		Blanc sensiblement.
	70	Blanc bleuâtre.		Blanc.
	80	Bleu blanchâtre.		Blanc.
	90	Bleu sombre.		Blanc.
	270 + 0° 0'	Bleu sombre.		Blanc.
	9 45	Bleu violacé presque noir.		Blanc.
	11 30	Rouge jaunâtre très-sombre.		Blanc.
	20	Jaune pâle.		Blanc.
	30	Jaune très-pâle.		Blanc.
	40	Blanc à peine jaunâtre		Blanc.
	50	Blanc à peine jaunâtre		Blanc à peine bleuâtre, images sensiblement égales en intensité.
	60	Blanc sensiblement.		Blanc légèrem. bleuât.
	70	Blanc.		Blanc bleuâtre.
	80	Blanc.		Bleu blanchâtre.
	90	Blanc.		Bleu sombre.

La succession des teintes en inclinant la plaque dans l'azimut de 45°, montre que le bleu observé dans l'azimut 0° est le bleu du premier ordre avoisinant au noir.

La loi de ces teintes est évidente. En tournant le rhomboïde de droite à gauche, et de l'azimut 0° jusqu'à l'azimut 90°, le rayon extraordinaire, par exemple, parcourt un certain nombre de teintes; ces teintes sont les mêmes et dans le même ordre que celles que parcourt ensuite le rayon ordinaire depuis 90° jusqu'à 180°. Ensuite ces mêmes teintes passent de nouveau au rayon extraordinaire, qui les parcourt une seconde fois en allant de 180° à 270°, et enfin ces mêmes teintes reviennent encore une fois au rayon ordinaire, qui les parcourt de 270° à 360°. La même alternative a lieu pour les teintes qui formaient d'abord le rayon ordinaire, quand on tournait le rhomboïde de 0 à 90°. Enfin on peut également vérifier sur ces observations ce que nous avons dit de l'échange des teintes entre les azimuts α et 90° + α.

Ces lois s'observent également dans toutes les autres expériences du même genre, quelle que soit l'épaisseur de la plaque de cristal de roche, et je les ai constatées de la même manière. Cette remarque une fois faite nous permettra d'abréger les tableaux suivans, et nous nous bornerons à y consigner les teintes observées en allant de 0° à 90°.

2ᵉ EXPÉRIENCE. *Plaque nᵒ 2 , épaisseur en millimètres mesurée au sphéromètre ,* $0^{mm},488$. *C'est d'elle que provient la plaque nᵒ 1 de l'expérience précédente.*

Sens du mouvement du rhomboïde.	Azimut de la section principale du rhomboïde.	Teinte du rayon ordinaire.		Teinte du rayon extraordinaire.
De droite à gauche.	0° $0'$	Blanc.		Bleu sombre.
	10	Blanc.		Bleu très-sombre presque insensible.
	11 30	Blanc presque total.		Bleu extrêmement sombre , presque imperceptible.
	15	Blanc.		Orangé rougeâtre ou rouge orangé extrêmement sombre.
	20	Blanc sensiblement.		Orangé jaunâtre, couleur de buis.
	30	Blanc.		Orangé jaunâtre.
	35	Blanc.		Jaune pâle.
	40	Blanc.		Jaune très-pâle.
	50	Blanc.		Jaune extrêmement pâle.
	60	Blanc légèrement bleuâtre.		Jaune extrêmement pâle.
	65	Bleu blanchâtre.		Blanc légèrement jaunâtre.
	70	Bleu moins blanchât.		Blanc sensiblement.
	75	Bleu clair.		Blanc sensiblement.
	80	Bleu céleste.		Blanc.
	85	Bleu sombre.		Blanc.
	90	Bleu sombre.		Blanc.

Ici les rayons ont changé de rôle comme dans l'expérience précédente, et les teintes se continuent dans les autres quadrans suivant la loi que nous avons exposée. De plus, la manière dont les teintes se succèdent quand on incline la plaque dans l'azimut de 45ᵒ, indique que la teinte du rayon extraordinaire dans l'azimut 0ᵒ appartient au premier ordre.

3ᵉ Expérience. *Plaque n⁰ 3 , tirée de la même aiguille de cristal de roche. Epaisseur en parties du sphéromètre* 524ᵖ, *en millimètres* 1ᵐᵐ,184.

Sens du mouvement du rhomboïde.	Azimut du rhomboïde.	Teinte du rayon ordinaire.		Teinte du rayon extraordinaire.
De droite à gauche.	0⁰ . 0′	Blanc légèrem. jaunât.		Bleu un peu blanchât.
	10	Blanc extrêmement peu jaunâtre.		Bleu plus sombre.
	20	Blanc sensiblement.		Bleu très-sombre , un peu violacé.
	28 30	Blanc.		Indigo violacé extrêmement sombre et presque insensible : minimum.
	31	Blanc sensiblement.		Violacé rougeâtre extrêmement sombre.
	35	Blanc sensiblement.		Rouge un peu jaunât.
	40	Blanc sensiblement.		Orangé rougeâtre.
	50	Blanc à peine bleuâtre		Orangé jaunâtre.
	55	Blanc à peine bleuâtre		Jaune.
	60	Blanc très-légèrement bleuâtre.		Jaune.
	65	Blanc très-légèrement bleuâtre.		Jaune pâle.
	70	Blanc légèrem. bleuât.		Jaune tres-pâle.
	75	Blanc bleuâtre.		Jaune très-pâle.
	80	Blanc très-bleuâtre.		Jaune extrêmem. pâle.
	85	Bleu blanchâtre.		Blanc jaunâtre.
	90	Bleu un peu blanchât.		Blanc légèrem. jaunât.

A 90⁰ les rayons ont changé de rôle comme dans les expériences précédentes ; de plus, en inclinant la plaque dans l'azimut de 45⁰, la succession des teintes montre que la couleur du rayon extraordinaire dans l'azimut 0⁰ appartient encore au premier ordre.

4ᵉ **Expérience.** *Plaque nᵒ 4, tirée de la même aiguille de cristal de roche. C'est celle qui a donné la plaque nᵒ 3. Epaisseur en parties du sphéromètre* 927ᵖ, *en millimètres* 2ᵐᵐ,094.

Sens du mouvement du rhomboïde.	Azimut de la section principale du rhomboïde.	Teinte du rayon ordinaire.		Teinte du rayon extraordinaire.
De droite à gauche.	0°	Jaune orangé.		Blanc bleuâtre ou bleu blanchâtre.
	10	Jaune brillant.		Bleu blanchâtre plus foncé.
	20	Jaune un peu pâle.		Bleu plus foncé.
	30	Jaune très-pâle.		Bleu très-beau.
	40	Blanc jaunâtre.		Bleu sombre et pur.
	45	Blanc très-faiblement jaunâtre.		Bleu très-sombre et pur.
	50	Blanc à peine jaunâtre		Bleu très-sombre un peu violacé : minim.
	55	Blanc presque parfait.		Violacé rougeâtre.
	60	Blanc sensiblement.		Rouge violacé.
	65	Blanc sensiblement.		Rouge.
	70	Blanc à peine bleuâtre		Rouge orangé.
	75	Blanc à peine bleuâtre		Orangé foncé.
	80	Blanc un peu bleuâtre		Orangé brillant et jaunâtre.
	85	Blanc faiblem. bleuât.		Jaune orangé brillant.
	90	Blanc bleuâtre ou bleu blanchatre.		Jaune orangé.

Ici les rayons ont encore changé de rôle. Quand on incline la plaque dans l'azimut de 45°, la succession des teintes indique que la teinte du rayon extraordinaire dans l'azimut 0° appartient encore au premier ordre.

Remarquons, de plus, qu'ici le minimum d'intensité du rayon extraordinaire a eu lieu dans l'azimut de 50°, tandis que dans l'expérience précédente ce minimum se trouvait à 28° 30'; dans la seconde, à 11° 30', et dans la première, à

9° 45′. L'azimut auquel ce minimum s'observe s'approche donc de zéro à mesure que la plaque s'amincit.

5ᵉ Expérience. *Plaque n° 5, tirée de la même aiguille que les précédentes. Epaisseur au sphéromètre* 1504ᵖ, *en millimètres* 3ᵐᵐ,478. *Cette plaque, et celles que j'ai employées dans les expériences suivantes, proviennent d'une même plaque qui avait d'abord* 13ᵐᵐ,5 *d'épaisseur, et qui a été successivement amincie à divers degrés.*

Sens du mouvement du rhomboïde.	Azimut de la section principale du rhomboïde.	Teinte du rayon ordinaire.		Teinte du rayon extraordinaire.
De droite à gauche.	0°	Rouge violacé.		Blanc sensiblement.
	10	Rouge pourpre.		Blanc à peine bleuâtre
	20	Rouge jaunâtre.		Blanc légèrem. bleuât.
	30	Orangé.		Bleu blanchâtre.
	40	Jaune.		Bleu.
	50	Jaune clair.		Indigo.
	60	Jaune clair.		Indigo.
	70	Jaune clair.		Indigo superbe et pur de teinte.
	80	Blanc à peine jaunâtre		Indigo violacé très-sombre (gris de lin).
	85	Blanc sensiblement.		Violacé rougeâtre.
	90	Blanc sensiblement.		Rouge violacé.

Ici les rayons changent de rôle. Le minimum d'intensité a eu lieu vers 80°. Quand on incline la plaque dans l'azimut de 45°, l'ordre des teintes indique que la teinte du rayon extraordinaire dans l'azimut 0° appartient encore au premier ordre.

48.

6ᵉ **Expérience.** *Plaque n° 6. Epaisseur en parties du sphéromètre 2233, en millimètres 5ᵐᵐ,044. C'est cette lame amincie qui a donné la précédente.*

Sens du mouvement du rhomboïde.	Azimut de la section principale du rhomboïde.	Teinte du rayon ordinaire.		Teinte du rayon extraordinaire.
De droite à ganche.	0°	Bleu.		Orangé brillant.
	10	Bleu indigo.		Jaune orangé.
	20	Indigo sombre.		Jaune citron un peu verdâtre.
	30	Indigo violacé.		Vert jaunâtre.
	40	Violet rougeâtre.		Vert moins jaunâtre, clair.
	5o	Rouge pourpre.		Vert bleuâtre.
	6o	Rouge.		Vert bleuâtre ou bleu verdâtre clair.
	70	Rouge jaunâtre.		Bleu céleste clair.
	8o	Orangé très-rouge.		Bleu céleste.
	90	Orangé brillant.		Bleu.

A 90° les rayons ont changé de rôle comme dans les expériences précédentes. De plus, quand on incline la plaque dans l'azimut de 45°, la succession des teintes du rayon extraordinaire indique que la teinte de ce rayon dans l'azimut 0° appartient au second ordre.

Ici nous remarquons une circonstance importante. Au degré d'épaisseur où se trouve maintenant la plaque, le rayon extraordinaire n'a plus de minimum comme dans les expériences précédentes; mais, à mesure que l'on tourne le rhomboïde de droite à gauche, il remonte dans l'ordre des anneaux, c'est-à-dire que de l'orangé il passe au jaune, au verd, au bleu, et c'est là qu'il s'arrête; au lieu que dans l'expérience précédente, où il partait du blanc, qui est une

couleur du premier ordre, il montait de là au blanc bleuâtre, au bleu, à l'indigo, et au violet sombre presque noir.
Enfin dans les expériences où la plaque était encore plus
mince, ce rayon répondant d'abord au bleu du premier
ordre, passait de là à l'indigo et au violet sombre presque
nul, qui sont les couleurs qui se succèdent en remontant
dans l'ordre des anneaux. De ce rapprochement, qui sera
confirmé par toutes les expériences qui vont suivre, nous
devons conclure comme fait général, que, dans l'aiguille dont
ces plaques étaient tirées, le rayon extraordinaire monte
dans l'ordre des anneaux lorsqu'on tourne le rhomboïde de
droite à gauche, et si cette rotation le fait monter jusqu'à la
dernière teinte des anneaux qui confine au noir, il redescend ensuite par les mêmes degrés; ou, ce qui revient au
même, on peut concevoir qu'il monte encore dans la table
de Newton, si l'on veut prolonger cette table en sens contraire au-delà du noir.

En assimilant ici ces couleurs à celles des anneaux, je ne
prétends pas dire qu'elles soient rigoureusement composées
d'une manière identique, ni qu'elles répondent aux mêmes
proportions d'épaisseur des plaques, je ne veux qu'indiquer
l'ordre suivant lequel elles se succèdent à mesure que l'on
tourne le rhomboïde , et donner un moyen facile de les
prévoir.

Nous avons vu que les teintes des rayons ordinaire et extraordinaire s'échangent, en général, dans les azimuts α et
$90^\circ + \alpha$. Par conséquent, lorsqu'on a tourné le rhomboïde
de 90°, si on continuait à le tourner davantage, les teintes
du rayon ordinaire observées dans le premier quadrans pas-
seraient au rayon extraordinaire dans le second, ainsi que

nous l'avons expliqué en détail dans la première expérience. Or, dans le cas actuel, en écrivant les teintes du rayon extraordinaire les unes au-dessous des autres, dans la première moitié de la circonférence, on obtiendrait la série suivante de teintes.

Sens du mouvement du rhomboïde.	Azimut de a section principale du rhomboïde.	Teinte du rayon ordinaire.		Teinte du rayon extraordinaire.
De droite à gauche.	0°	Bleu.		Orangé brillant.
	10	Bleu indigo.		Jaune orangé.
	20	Indigo sombre.		Jaune citron un peu verdâtre.
	30	Indigo violacé.		Vert jaunâtre.
	40	Violet rougeâtre.		Vert moins jaunâtre, clair.
	50	Rouge pourpre.		Vert bleuâtre.
	60	Rouge.		Vert bleuâtre ou bleu verdâtre clair.
	70	Rouge jaunâtre.		Bleu céleste clair.
	80	Orangé très-rouge.		Bleu céleste.
	90	Orangé brillant.		Bleu.
	90° + 10°	Jaune orangé.		Bleu indigo.
	20	Jaune citron un peu verdâtre.		Indigo sombre.
	30	Vert jaunâtre.		Indigo violacé.
	40	Vert moins jaunâtre clair.		Violet rougeâtre.
	50	Vert bleuâtre.		Rouge pourpre.
	60	Vert bleuâtre ou bleu verdâtre clair.		Rouge.
	70	Bleu céleste clair.		Rouge jaunâtre.
	80	Bleu céleste.		Orangé très-rouge.
	180	Bleu.		Orangé brillant.

Alors les molécules des diverses couleurs sembleraient entrer dans le rayon ordinaire successivement et dans l'ordre de leur réfrangibilité, de manière qu'on les aurait toutes parcourues entre les azimuts 0° et 90° + 60 ou 150°. Mais en comparant cette expérience avec celles que nous avons

faites avec d'autres plaques, d'épaisseur différente, on voit
qu'une pareille supposition serait beaucoup trop particulière;
car cette succession continue des teintes dans l'ordre de la
réfrangibilité tient uniquement à ce que les couleurs développées par la plaque à cette épaisseur répondent au second
ordre d'anneaux, dans lequel les couleurs sont plus séparées,
plus distinctes, et se rejoignent accidentellement comme le
voudrait cette supposition. On verra dans l'expérience suivante un exemple semblable et encore plus frappant.

7e Expérience. *Plaque n° 7. Epaisseur en parties du sphéromètre* 2649ᵖ, *en millimètres* 5ᵐᵐ,985. *C'est d'elle qué
provient la plaque employée dans l'expérience précédente.*

Sens du mouvement du rhomboïde.	Azimut de la section principale du rhomboïde.	Teinte du rayon ordinaire.		Teinte du rayon extraordinaire.
De droite à gauche.	0°	Vert superbe.		Rouge éclatant.
	10	Vert bleuâtre.		Rouge orangé.
	20	Bleu.		Orangé brillant.
	30	Indigo.		Jaune.
	40	Indigo superbe.		Jaune verdâtre.
	50	Indigo violacé.		Vert jaunâtre.
	60	Violacé rougeâtre.		Vert un peu jaunâtre.
	70	Rouge pourpre.		Vert.
	80	Rouge un peu pourpre.		Vert plus beau.
	90	Rouge éclatant.		Vert superbe.

J'écris tout de suite la série des teintes dans le quadrans suivant.

	Azimut	Teinte du rayon ordinaire.		Teinte du rayon extraordinaire.
	90° + 0°	Rouge éclatant.		Vert superbe.
	10	Rouge orangé.		Vert bleuâtre.
	20	Orangé brillant.		Bleu.
	30	Jaune.		Indigo.
	40	Jaune verdâtre.		Indigo superbe.
	50	Vert jaunâtre.		Indigo violacé.
	60	Vert un peu jaunâtre.		Violacé rougeâtre.
	70	Vert.		Rouge pourpre.
	80	Vert plus beau.		Rouge un peu pourpre.
	180	Vert superbe.		Rouge éclatant.

En inclinant la plaque dans l'azimut de 45° sur le rayon incident, la succession des teintes a montré que la teinte du rayon extraordinaire dans l'azimut 0° répondait au rouge du second ordre. D'après cela, en jetant un coup-d'œil sur les couleurs du second ordre de la table de Newton que j'ai rapportée page 336 de mon premier Mémoire, on voit d'abord que les teintes du rayon extraordinaire ont monté dans l'ordre des anneaux, à mesure que l'on tournait le rhomboïde de 0° à 90°, conformément à ce que toutes les expériences précédentes nous avaient indiqué. De plus, à partir de cette dernière position, les teintes du rayon extraordinaire se sont échangées avec celles qu'avait parcourues le rayon ordinaire dans le premier quadrans; c'est-à-dire qu'elles ont répondu aux anneaux transmis au lieu de répondre aux anneaux réfléchis. Or, dans le second ordre d'anneaux, la succession des teintes pour les anneaux réfléchis et transmis est telle, que, si on les écrit les unes sous les autres comme nous venons de le faire, elles forment une série de couleurs qui se succèdent dans l'ordre de la réfrangibilité. Par conséquent, si l'on se bornait à étudier les phénomènes offerts par une seule plaque égale en épaisseur à la précédente, on pourrait croire que la loi des teintes a pour période une demi-circonférence, et que, dans cet intervalle, elles parcourent successivement toutes les couleurs dans l'ordre de la réfrangibilité. C'est aussi la conclusion à laquelle M. Arago avait été conduit par ses premières expériences : dans lesquelles il employait une plaque de cristal de roche perpendiculaire ou à-peu-près perpendiculaire à l'axe, et d'une épaisseur peu différente de 6 millimètres, selon ce qu'il nous apprend lui-même dans le Bulletin des

Sciences. Mais la comparaison des expériences faites avec des plaques d'épaisseur diverses, montre que cette période de 180° est purement accidentelle, et tient à la correspondance des teintes des couleurs réfléchies et transmises en diverses parties du second anneau. La seule loi constante et générale relativement à la succession des teintes, c'est qu'elles montent dans l'ordre des anneaux à mesure que l'on tourne le rhomboïde de 0° à 90°, et qu'elles s'échangent entre les deux rayons ordinaire et extraordinaire, dans les azimuts α et 90° + α.

8e EXPÉRIENCE. *Plaque n° 8. Epaisseur en parties du sphéromètre* 3091^p, *en millimètres* 7^{mm},082. *C'est d'elle que proviennent les précédentes.*

Sens du mouvement du rhomboïde.	Azimut de la section principale du rhomboïde.	Teinte du rayon ordinaire.		Teinte du rayon extraordinaire.
De droite à gauche.	0°	Vert clair un peu jaunâtre.		Pourpre.
	10	Vert.		Rouge.
	20	Vert foncé.		Rouge.
	30	Vert vif.		Rouge un peu plus jaune.
	40	Vert bleuâtre.		Rouge un peu plus jaunâtre.
	45	Bleu verdâtre.		Rouge jaunâtre.
	50	Bleu légèrement verdâtre.		Jaune rougeâtre.
	60	Bleu très-beau.		Jaune pâle blanchâtre.
	65	Indigo superbe.		Jaune pâle légèrement verdâtre.
	70	Indigo superbe.		Jaune verdâtre.
	75	Indigo légèrem. violacé		Vert très-jaunâtre.
	80	Bleu violacé.		Vert jaunâtre.
	85	Violacé rougeâtre.		Vert un peu jaunâtre.
	90	Pourpre.		Vert clair un peu jaunâtre.

A 90° les rayons ont échangé leurs teintes comme précé-demment. Quand on incline la plaque dans l'azimut de 45°, la succession des teintes montre que celle du rayon extrordinaire dans l'azimut 0° est le pourpre du troisième ordre. De plus, si on consulte la table de Newton, on verra que les teintes de ce rayon ont monté dans l'ordre des anneaux à mesure que le rhomboïde a tourné de 0° à 90°, et même on peut remarquer que le rouge du second anneau qui confine au pourpre du troisième, se maintient dans des limites d'épaisseur plus étendues que les autres couleurs du même anneau : aussi, dans notre expérience, cette teinte rouge s'est maintenue très-long-temps dans le rayon extraordinaire, car on l'a constamment observée de 0° à 45°.

9ᵉ Expérience. *Plaque n° 9. Épaisseur en parties du sphéromètre* 3513ᵖ, *en millimètres* 7ᵐᵐ,935. *C'est d'elle que provient la précédente.*

Sens du mouvement du rhomboïde.	Azimut de la section principale du rhomboïde.	Teinte du rayon ordinaire.		Teinte du rayon extraordinaire.
De droite à gauche.	0°	Orangé rougeâtre.		Bleu.
	10	Jaune citron.		Gris de lin.
	20	Jaune verdâtre.		Rouge pourpre.
	30	Vert jaunâtre.		Rouge.
	40	Vert.		Rouge.
	50	Vert.		Rouge.
	60	Vert un peu bleuâtre.		Rouge un peu jaunâtre
	70	Vert bleuâtre.		Rouge plus jaunâtre.
	80	Bleu verdâtre.		Rouge jaunâtre.
	90	Bleu.		Orangé rougeâtre.

A 90° les rayons ont échangé leurs teintes comme précé-demment. En inclinant la plaque dans l'azimut de 45°, la succession des teintes montre que la teinte du rayon extraordinaire dans l'azimut 0° est le bleu du troisième ordre. En effet, en consultant la table de Newton, on voit qu'immédiatement au-dessus de ce bleu on trouve le gris de lin, le pourpre, et ensuite le rouge du second ordre, qui se maintient dans des limites d'épaisseur plus étendues que les autres couleurs du même anneau; telle est en effet, dans le cas actuel, la série des teintes que nous observons.

Avant que la plaque fût amenée à ce degré d'épaisseur, je l'avais déja fait servir à d'autres expériences, mais alors je n'avais qu'un appareil divisé de 22° 3o′ en 22° 3o′; divisions dont j'estimais assez exactement les moitiés lorsque je le jugeais nécessaire; cela suffira pour ces observations, car à mesure que l'on descend vers des anneaux plus composés, la variation des teintes dans les différens azimuts se fait par moins d'intermédiaires; et aussi ce n'est qu'en arrivant vers les premiers anneaux, que j'ai senti la nécessité de recourir à un appareil plus précis. Je vais rapporter ces expériences à la suite les unes des autres sans autre détail; leur analogie avec les précédentes suffit pour qu'on les interprète sans difficulté.

Numéros des expériences avec l'épaisseur des plaques en millimètres.	Sens du mouvement du rhomboïde.	Azimut du rhomboïde.	Teinte du rayon ordinaire.		Teinte du rayon extraordinaire.	Ordre d'anneaux auquel répond le rayon extraordin. dans l'azimut o.
10e Expérience. Epaiss. 9mm,102.	De droite à gauche.	0° 0'	Rouge pourpre.		Vert superbe.	Vert vif du 3e ordre.
		22 30	Rouge jaunâtre ou jaune rougeâtre.		Bleu.	
		45	Jaune un peu verdâtre ou blanc verdâtre.		Gris de lin.	
		67 30	Vert un peu jaunâtre.		Rouge bleuâtre.	
		90	Vert superbe.		Rouge pourpre.	
11e Expérience. Epaiss. 10mm,124.	De droite à gauche.	0° 0'	Rouge de sang.		Vert un peu blanchâtre.	Vert du 3e ordre, mais plus bas que le vert de l'expérience précédente, en tirant vers le jaune du 3e ordre, qui est un jaune pâle et imparfait.
		11 15	Rouge vif.		Vert.	
		22 30	Rouge.		Vert.	
		33 45	Rouge jaunâtre.		Vert blanchâtre.	
		45	Jaune rougeâtre.		Bleu verdâtre.	
		56 15	Jaune moins rougeâtre.		Bleu.	
		67 30	Blanc légèrement verdâtre.		Gris de lin (bleu mêlé de rouge).	
		78 45	Vert pâle.		Pourpre.	
		90	Vert un peu blanchâtre.		Rouge de sang.	
12e Expérience. Epaiss. 11mm,971.	De droite à gauche.	0° 0'	Vert bleuâtre.		Rouge pâle jaunâtre.	Rouge du 3e ordre tirant au jaune.
		11 15	Vert bleuâtre lavé de rouge.		Blanc rougeâtre.	
		22 30	Rouge.		Vert pâle blanchâtre.	
		33 45	Rouge de sang.		Vert un peu pâle.	
		45	Rouge.		Vert.	
		67 30	Rouge.		Vert bleuâtre.	
		90	Rouge pâle jaunâtre.		Bleu verdâtre.	
13e Expérience. Epaiss. 13mm,416.	De droite à gauche.	0° 0'	Vert.		Rouge.	Rouge du 4e ordre.
		22 30	Vert bleuâtre.		Rouge jaunâtre.	
		45	Bleu verdâtre.		Blanc légèrement jaunâtre.	
		67 30	Rouge pâle.		Vert.	
		90	Rouge.		Vert.	

Pour savoir jusqu'à quel point on pouvait compter sur la généralité des résultats précédens, j'ai fait tailler des plaques de deux autres aiguilles très-pures, et j'ai observé leurs épaisseurs, ainsi que les couleurs qu'elles donnaient sous l'incidence perpendiculaire dans les différens azimuts du rhomboïde. Voici le tableau de ces résultats, où j'ai rapproché les plaques qui appartiennent à une même aiguille.

Expériences faites avec diverses plaques de cristal de roche tirées d'une même aiguille, et taillées perpendiculairement à l'axe de cristallisation. Numérotées B.

Épaisseur des plaques en millimètres.	Sens du mouvement du rhomboïde.	Azimut du rhomboïde.	Teinte du rayon ordinaire.		Teinte du rayon extraordinaire.	Désignation de l'ordre d'ann. auquel répond le rayon extraordin. dans l'azimut 0°.
N° 1 . . . 1mm,145.	De droite à gauche.	0°	Blanc.		Bleu.	1er ordre.
		10	Blanc.		Bleu sombre.	
		20	Blanc.		Bleu un peu violacé très-sombre	
		30	Blanc.		Violet bleuâtre à peine sensible : minimum.	
		40	Blanc.		Orangé rougeâtre sale.	
		50	Blanc.		Jaune couleur de buis.	
		60	Blanc légèrement bleuâtre.		Jaune.	
		70	Blanc légèrement bleuâtre.		Jaune.	
		80	Bleu blanchâtre.		Jaune pâle.	
		90	Bleu.		Blanc.	
N° 2 . . . 2mm,094.	De droite à gauche.	0°	Orangé.		Blanc très-légèrement bleuâtre.	1er ordre.
		10	Jaune.		Bleu blanchâtre.	
		20	Jaune.		Bleu.	
		30	Jaune pâle.		Bleu plus sombre et très-beau.	
		40	Jaune très-blanchâtre.		Indigo très-sombre et très-beau de ton.	
		50	Jaune presque blanc.		Indigo extrêmement sombre, peut-être un peu violacé : minim.	
		60	Blanc sensiblem.		Violet rougeâtre très faible d'intensité.	
		70	Blanc sensiblem.		Rouge bleuâtre.	
		80	Blanc un peu bleuâtre.		Rouge orangé.	
		90	Blanc très-légèrement bleuâtre.		Orangé.	

Epaisseur des plaques en millimètres.	Sens du mouvement du rhomboïde.	Azimut du rhomboïde.	Teinte du rayon ordinaire.		Teinte du rayon extraordinaire.	Désignation de l'ordre d'ann. auquel répond le rayon extraordin. dans l'azimut o°.
N° 3...2mm,929.	De droite à gauche.	o°	Blanc légèrement violacé.		Jaune citron.	1er ordre.
		10	Blanc violacé rougeâtre (lilas).		Jaune très-pâle.	
		20	Violet rougeâtre.		Jaune extrêmem. pâle presque blanc.	
		30	Rouge violacé.		Blanc presque parfait.	
		40	Rouge jaunâtre.		Blanc sensiblem.	
		50	Orangé foncé.		Blanc sensiblem.	
		60	Orangé jaunâtre.		Blanc sensiblem.	
		70	Jaune.		Blanc sensiblem.	
		80	Jaune clair.		Blanc sensiblem.	
		90	Jaune citron.		Blanc légèrement violacé.	
N° 4...3mm,810.	De droite à gauche.	o°	Bleu un peu blanchâtre.		Jaune.	1er ordre?
		10	Bleu.		Jaune.	
		20	Bleu.		Jaune.	
		30	Bleu un peu violacé (gris de lin).		Jaune plus pâle.	
		40	Violet rougeâtre.		Jaune blanchâtre.	
		50	Rouge violacé.		Blanc légèrement bleuâtre.	
		60	Rouge un peu jaunâtre.		Blanc légèrement bleuâtre.	
		70	Rouge orangé.		Bleu blanchâtre.	
		80	Orangé.		Bleu céleste un peu blanchâtre.	
		90	Jaune.		Bleu un peu blanchâtre.	

Les périodes de ces teintes suivent dans chaque plaque la loi accoutumée. Mais la variation des teintes avec les épaisseurs s'écarte dans les deux dernières plaques de ce que l'on obtient généralement. Par exemple, la plaque n° 3 ne devrait pas donner un rayon ordinaire blanc légèrement violacé, mais rouge pourpre sombre; cela tient à ce que l'ai-

guille dont ces plaques étaient tirées avait dans sa cristallisation une particularité dont nous parlerons plus tard.

Expérience sur cinq plaques tirées d'une autre aiguille C.

Epaisseur des plaques en millimètres.	Sens du mouvement du rhomboïde.	Azimut du rhomboïde.	Teinte du rayon ordinaire.		Teinte du rayon extraordinaire.	Ordre d'ann. auquel répond le rayon extraordinaire dans l'azim. o.
N° 1...1mm,032.	De droite à gauche.	0°	Blanc sensiblement.		Bleu.	1er ordre.
		10	Blanc sensiblement.		Bleu sombre.	
		20	Blanc.		Indigo extrêmem. sombre.	
		25	Blanc.		Violacé rougeâtre à peine sensible : minimum.	
		30	Blanc.		Rouge orangé très-sombre.	
		40	Blanc.		Orangé sombre.	
		50	Blanc sensiblement.		Orangé jaunâtre.	
		60	Blanc sensiblem. un peu bleuâtre.		Jaune.	
		70	Blanc bleuâtre.		Jaune pâle.	
		80	Bleu blanchâtre.		Jaune très-pâle.	
		90	Bleu.		Blanc sensiblem.	
N° 2...2mm,084.	De droite à gauche.	0°	Jaune orangé.		Blanc légèrement bleuâtre.	1er ordre.
		10	Jaune brillant.		Blanc bleuâtre.	
		20	Jaune.		Bleu.	
		30	Jaune pâle.		Bleu sombre.	
		40	Jaune pâle presque blanc.		Indigo très-sombre.	
		50	Blanc sensiblement.		Indigo violacé très-sombre : minim.	
		55	Blanc.		Violet très-sombre et rougeâtre.	
		60	Blanc.		Rouge violacé.	
		70	Blanc sensiblement.		Rouge jaunâtre.	
		80	Blanc à peine bleuâtre.		Orangé foncé.	
		90	Blanc légèrement bleuâtre.		Jaune orangé.	

Epaisseur des plaques en millimètres.	Sens du mouvement du rhomboïde.	Azimut du rhomboïde.	Teinte du rayon ordinaire.		Teinte du rayon extraordinaire.	Ordre d'anneaux auquel rép. le rayon extraord.
N° 3...2^{mm},997.	De droite à gauche.	0°	Rouge pourpre violacé.		Blanc très-légèrement bleuâtre.	1er ordre.
		5	Rouge un peu orangé.		Blanc très-légèrement bleuâtre.	
		10	Orangé rongeâtre.		Blanc légèrement bleuâtre.	
		15	Orangé brillant.		Blanc bleuâtre.	
		20	Jaune orangé.		Blanc très-bleuâtre	
		25	Jaune brillant.		Bleu blanchâtre.	
		30	Jaune citron éclat.		Bleu céleste.	
		35	Jaune clair.		Bleu.	
		40	Jaune clair.		Bleu très-beau.	
		45	Jaune clair.		Bleu sombre.	
		50	Jaune pâle.		Indigo.	
		55	Jaune pâle.		Indigo sombre superbe de ton.	
		60	Jaune très-pâle.		Indigo très-beau, mais très-sombre	
		65	Jaune encore plus pâle.		Indigo encore plus sombre.	
		70	Jaune presque blanc ou blanc légèrem. jaunât.		Indigo violacé plus sombre encore : minimum.	
		75	Blanc à peine jaunâtre.		Violet très-sombre un peu rougeât.	
		80	Blanc sensiblem.		Rouge très-violacé	
		85	Blanc à peine bleuâtre.		Rouge pourpre.	
		90	Blanc très-légèrement bleuâtre.		Rouge pourpre.	
N° 4...4^{mm},005.	De droite à gauche.	0°	Bleu un peu violacé.		Jaune citron.	2e ordre, couleurs extrêmement brillant.
		10	Gris de lin ou bleu violacé.		Jaune verdâtre.	
		20	Violet rougeâtre.		Vert pâle.	
		30	Rouge.		Vert pâle un peu bleuâtre.	
		40	Rouge vif.		Bleu verdâtre.	
		50	Rouge jaunâtre.		Bleu céleste clair.	
		60	Orangé brillant.		Bleu céleste.	
		70	Jaune orangé brillant.		Bleu.	
		80	Jaune brillant.		Bleu.	
		90	Jaune citron.		Bleu un peu violacé.	

Epaisseur des plaques en millimètres.	Sens du mouvement du rhomboïde.	Azimut du rhomboïde.	Teinte du rayon ordinaire.		Teinte du rayon extraordinaire.	Ordre d'aun. auquel répond le rayon extraordinaire.
N° 5...5^{min},014.	De droite à gauche.	0°	Bleu superbe.		Jaune brillant.	2° ordre, couleurs très-brillantes.
		10	Bleu foncé ou indigo.		Jaune.	
		20	Indigo sombre.		Jaune verdâtre.	
		30	Indigo violacé.		Vert jaunâtre.	
		40	Rouge pourpre même teinte que le Geranium sanguineum exaet.)		Vert.	
		50	Rouge de sang.		Vert assez beau.	
		60	Rouge un peu jaunâtre.		Vert bleuâtre.	
		70	Rouge orangé.		Bleu un peu verdâtre.	
		80	Orangé.		Bleu.	
		90	Jaune brillant.		Bleu superbe.	

*Discussion des expériences précédentes, et conséquences
auxquelles elles conduisent.*

Pour faire sortir des expériences précédentes les conséquences physiques qu'elles renferment, je vais d'abord les réduire à leurs résultats les plus généraux, que je présenterai séparés les uns des autres, après quoi nous pourrons chercher à découvrir les rapports qui peuvent exister entre eux.

1° Lorsqu'un rayon polarisé tombe perpendiculairement sur la surface naturelle d'un rhomboïde de spath d'Islande, dont la section principale est parallèle au plan de polarisation du rayon, si on fait préalablement passer le rayon à travers une plaque de cristal de roche, taillée perpendiculairement à l'axe de cristallisation, une partie des molécules lumineuses perd sa polarisation primitive, et il se produit dans le rhomboïde un rayon extraordinaire ordinairement coloré.

1812.

2° Les couleurs de ce faisceau extraordinaire se rapportent à celles des anneaux colorés réfléchis ; les couleurs des anneaux les plus voisins du noir se montrent dans les plaques les plus minces, et celles des anneaux les plus composés dans les plaques les plus épaisses, jusqu'à ce qu'enfin, l'épaisseur augmentant toujours, les deux faisceaux finissent par être tous deux blancs et sensiblement égaux en intensité.

3° Si l'on tourne la plaque dans son plan, le rhomboïde restant fixe, et l'incidence sur la plaque restant toujours perpendiculaire, la teinte des deux faisceaux n'éprouve aucune altération. Ce phénomène avait été remarqué par M. Arago.

4° Mais si l'on tourne la section principale du rhomboïde dans différents azimuts, l'incidence restant toujours perpendiculaire, la teinte du faisceau extraordinaire varie ; et, dans les plaques que nous avons jusqu'à présent examinées, si l'on tourne le rhomboïde de droite à gauche et de 0° à 90°, la teinte du rayon extraordinaire monte dans l'ordre des anneaux comme si la plaque devenait plus mince. Si la plaque est assez mince, cette rotation amènera le rayon extraordinaire jusqu'au bleu le plus sombre et au noir qui commence les anneaux, après quoi il recommencera par devenir rouge, orangé, etc. Quand la section principale du rhomboïde a tourné de 90°, les rayons ordinaire et extraordinaire ont échangé leurs teintes. En général, cet échange a lieu dans les azimuts α et $90 + \alpha$; de sorte qu'il suffit d'observer les variations des teintes qui s'opèrent dans un quadrans pour connaître et prédire les variations analogues qui auront lieu dans tous les autres.

Voilà les résultats généraux. Cherchons maintenant commént ils peuvent être produits par les actions successives de la plaque de cristal de roche et-du rhomboïde de spath d'Islande, qui sert pour analyser la lumière, et voyons quelles espèces d'actions ils supposent.

On sait que lorsqu'un rayon est polarisé par réflexion sur une glace, il ne se divise plus quand il tombe perpendiculairement sur la face naturelle d'un rhomboïde de spath d'Islande, dont la section principale est parallèle ou perpendiculaire au plan primitif de polarisation du rayon. Dans le cas du parallélisme, le rayon subit tout entier la réfraction ordinaire. Au contraire, il subit tout entier la réfraction extraordinaire dans le cas de la perpendicularité.

Réciproquement, lorsqu'un rayon jouit de ces propriétés, nous disons qu'il est polarisé. Le sens de la polarisation se manifeste par l'espèce de réfraction à laquelle il cède quand il ne se divise plus. S'il cède uniquement à la réfraction ordinaire, on en conclut qu'il est polarisé dans le sens de la section principale du rhomboïde. S'il cède à la réfraction extraordinaire, on en conclut qu'il est polarisé dans un sens perpendiculaire à cette section.

Ces deux positions du rhomboïde sont les seules dans lesquelles le rayon polarisé ne se divise point sous l'incidence perpendiculaire. Si donc on écarte le rhomboïde de l'une ou l'autre de ces positions, le rayon commence à se diviser suivant une loi progressive d'intensité ; c'est-à-dire que si le plan primitif de polarisation forme un très-petit angle avec la section principale du rhomboïde, le rayon extraordinaire donné par celui-ci est très-peu intense. Quand l'angle du plan de polarisation avec la section principale est de 45°, les deux faisceaux donnés par le rhomboïde ont des intensités égales ; enfin l'image ordinaire devient tout-à-fait nulle, quand l'angle du plan de polarisation avec la section principale du rhomboïde est de 90°. Alors toute la lumière passe dans le rayon extraordinaire.

Ces données une fois établies par l'expérience, appliquons-les aux phénomènes que nous avons observés avec nos plaques, et commençons par la plus mince, celle dont l'épaisseur est o^m, 400. Voici l'énoncé de ces phénomènes :

1° On place la section principale du rhomboïde dans le plan de polarisation primitive du rayon qu'on laisse tomber directement sur sa surface et sous l'incidence perpendiculaire. Tout ce rayon se réfracte ordinairement, et l'image extraordinaire est nulle.

2° On interpose la plaque de cristal de roche, et l'on observe un faisceau extraordinaire d'un bleu sombre ; ce rayon est un mélange de bleu et de violet. Le rayon ordinaire est blanc sensiblement ; c'est-à-dire que la quantité de rayons bleus et violets qu'il a perdus pour former le rayon extraordinaire est si faible, qu'il n'en résulte aucune altération sensible dans sa blancheur.

Ire CONSÉQUENCE. De là on peut d'abord tirer cette conséquence importante. Quand on analyse un rayon polarisé en se servant d'un rhomboïde de spath d'Islande, le rayon extraordinaire est toujours formé aux dépens des faisceaux dont les axes ne coïncident pas avec sa section principale. Ici nous trouvons que ce faisceau extraordinaire ne contient que des rayons bleus et violets ; donc, si l'action du rhomboïde s'exerce ici comme sur les rayons polarisés directs, il s'ensuit que tout le reste de la lumière incidente est polarisé dans un seul et même sens, et ce sens est la direction de la

section principale du rhomboïde, c'est-à-dire le plan primitif de polarisation.

2ᵉ CONSÉQUENCE. Il suit de là que si on tourne le rhomboïde de manière à diminuer l'intensité du faisceau bleu
extraordinaire, on devra nécessairement faire naître un
autre faisceau extraordinaire formé par l'ensemble de toutes
les autres couleurs, c'est-à-dire sensiblement blanc, puisque
le rayon ordinaire est sensiblement blanc, dans la première
position du rhomboïde. Ce nouveau rayon extraordinaire
s'ajoutera à ce qui reste du premier faisceau bleu, et l'intensité absolue de leur ensemble formera le nouveau faisceau extraordinaire, dont la teinte ira en s'approchant continuellement de la blancheur. Or, rien de tout cela n'arrive.

Lorsqu'on tourne le rhomboïde de droite à gauche,
le faisceau extraordinaire bleu diminue, il est vrai, d'intensité; mais aucun atome du rayon ordinaire ne vient s'y
ajouter : il ne fait que diminuer ainsi de plus en plus, jusqu'à devenir nul ou presque nul, lorsque le rhomboïde a
tourné d'une quantité variable suivant l'épaisseur de la
plaque de cristal de roche, et dont la valeur déterminée par
nos expériences est :

$$
\begin{array}{lll}
\text{Pour l'épaisseur } 0^{mm}\text{,}400\ldots\ldots & 9^\circ & 45' \\
0 \quad \text{,}488\ldots\ldots 11 & 30 \\
1 \quad \text{,}032\ldots\ldots 25 & 00 \\
1 \quad \text{,}184\ldots\ldots 28 & 30 \\
2 \quad \text{,}094\ldots\ldots 50 & 00 \\
2 \quad \text{,}997\ldots\ldots 70 & 00 \\
3 \quad \text{,}478\ldots\ldots 80 & 00
\end{array}
$$

Les arcs rapportés dans la seconde colonne sont proportionnels aux épaisseurs des plaques ; car si on fait la somme des épaisseurs, on la trouve de $11^{mm},673$. La somme des arcs est $274°\ 45'$ ou $274°\ 75$, en substituant les fractions décimales aux minutes : d'après cela, dans l'hypothèse de la proportionnalité, le nombre $\frac{274°\ 75}{11\ 673}$ ou $23,5372$ est le facteur moyen par lequel il faudra multiplier les épaisseurs pour avoir les arcs. Or, en calculant ainsi, on trouve les résultats suivans :

Épaisseurs des plaques.	Azimut du minimum ; observé.	Azimut du minimum ; calculé.
$0^{mm},400$	$9°\ 45'$	$9°\ 25'$
$0\ \ ,488$	$11\ \ 30$	$11\ \ 30$
$1\ \ ,032$	$25\ \ 00$	$24\ \ 17$
$1\ \ ,184$	$28\ \ 30$	$27\ \ 52$
$2\ \ ,094$	$50\ \ 00$	$49\ \ 17$
$2\ \ ,997$	$70\ \ 00$	$70\ \ 32$
$3\ \ ,478$	$80\ \ 00$	$81\ \ 51$

L'accord du calcul et de l'observation est assez frappant pour que l'on puisse en conclure, qu'en effet l'azimut qui donne le minimum du rayon extraordinaire quand ce minimum existe, est proportionnel à l'épaisseur des plaques.

3e CONSÉQUENCE. Négligeons pour un moment la portion presque insensible de lumière rouge et violette qui reste encore dans le faisceau extraordinaire, à l'instant du minimum, dans les plaques que nous venons de considérer. Si

l'on veut raisonner ici comme l'on ferait pour un rayon qui
aurait été polarisé par la réflexion sur une glace, on devra
en conclure que tous les axes des molécules lumineuses se
sont tournés dans l'azimut auquel ce minimum répond dans
chaque plaque, c'est-à-dire dans l'azimut de 9° 45′ pour la
première, de 11° 30′ pour la seconde, de 28° 30′ pour la
troisième, et ainsi des autres ; mais alors, dans les positions
du rhomboïde qui suivent ce minimum ou le précédent,
on devrait observer un faisceau extraordinaire provenant de
l'ensemble de tous les rayons, et par conséquent incolore ;
or, c'est ce qui n'arrive point, puisqu'immédiatement avant
le minimum le rayon extraordinaire est bleu sombre ou
violet rougeâtre, et qu'après le minimum il devient aussitôt
rouge, orangé. Par conséquent, on est forcé de convenir
que l'action du rhomboïde sur les rayons lumineux ainsi
modifiés, n'est pas la même que sur les rayons lumineux
qui ont été polarisés par la réflexion ; et l'on ne pourrait
nullement expliquer cette dissemblance, en supposant que
les molécules lumineuses de nature diverse qui ont traversé
la plaque de cristal de roche, ont, par l'action de cette plaque, tourné leurs axes de polarisation dans des azimuts divers, ce qui les ferait entrer successivement dans le rayon
extraordinaire où elles domineraient tour-à-tour. Car cette
supposition n'expliquerait nullement le phénomène d'un
minimum, où le rayon extraordinaire devient nul ou insensible ; et, en général, on peut arranger comme on voudra
les axes des molécules lumineuses de couleur diverse autour
du point d'incidence, jamais, si l'on conserve au cristal
d'Islande son action accoutumée, on ne pourra obtenir un
rayon extraordinaire, qui, d'abord très-faible dans l'azimut

zéro, aille ensuite, en s'affaiblissant de plus en plus presque sans changer de teinte jusqu'à un certain azimut où il devient insensible; tandis que le rayon ordinaire, constamment blanc et incolore, du moins pour nos sens, entraîne avec lui les axes de polarisation de toutes les autres molécules lumineuses, à mesure que l'on tourne le rhomboïde, et les fait tourner ainsi dans plusieurs azimuts très-différens, sans que la force répulsive extraordinaire puisse jamais les lui enlever.

Puis donc que cette manière la plus générale d'appliquer l'action accoutumée du rhomboïde de cristal d'Islande ne suffit nullement pour représenter les phénomènes produits par les plaques de cristal de roche perpendiculaire à l'axe, il faut nécessairement conclure que les molécules lumineuses en traversant ces plaques y prennent des propriétés nouvelles qui ne consistent pas seulement dans une disposition particulière de leurs axes, relativement à la section principale du rhomboïde, mais qui sont de véritables propriétés physiques qui subsistent encore après que les molécules sont sorties de la plaque, et qui font que le rhomboïde agit sur elles autrement qu'il n'a coutume de faire sur un rayon polarisé par la réflexion.

Telle serait, par exemple, une variation dans la longueur ou dans l'intensité des accès de réflexion et de transmission des molécules. Car si, par quelque moyen que ce fût, on parvenait à produire de pareils changemens, il est clair que la force répulsive qui produit la réfraction extraordinaire, s'exercerait plus facilement sur les molécules qui seraient dans les dispositions les plus favorables pour être réfléchies, et par conséquent pourrait s'exercer inégalement sur les diverses couleurs : ce que je ne présente point d'ailleurs comme une réalité, mais seulement comme un exemple des modifications par lesquelles de semblables phénomènes pourraient être produits.

Comme cette conclusion est extrêmement nouvelle, et pourra paraître hardie, j'ai voulu exprès l'établir directement sur la seule comparaison des expériences, indépendamment de toute autre théorie, et sans employer, en aucune façon les formules empiriques qui représentent les intensités des faisceaux ordinaire et extraordinaire produits par un rhomboïde de cristal d'Islande sur un rayon polarisé. Cependant, comme l'application de ces formules rend les résultats plus évidens et plus simples, je vais les exprimer de cette manière.

Pour le faire de la manière la plus générale, supposons que les molécules de couleurs diverses, après avoir traversé la plaque de cristal de roche, tournent leurs axes de polarisation dans des azimuts divers, i, i_1, i_2, $i_3 \ldots \ldots i_n$, qui peuvent d'ailleurs être quelconques. Soient A, A_1, $A_2 \ldots A_n$ les intensités respectives des portions de lumière polarisées dans chacun de ces azimuts ; enfin nommons α l'azimut dans lequel la section principale du rhomboïde se trouve placée. Alors, selon les formules trouvées par Malus, et confirmées par toutes mes expériences, les intensités des deux faisceaux ordinaire et extraordinaire, donnés par le rhomboïde seront exprimées par les formules suivantes :

$$F_o = A\cos^2(i-\alpha) + A_1\cos^2(i_1-\alpha) + A_2\cos^2(i_2-\alpha) + \ldots A_n\cos^2(i_n-\alpha).$$
$$F_e = A\sin^2(i-\alpha) + A_1\sin^2(i_1-\alpha) + A_2\sin^2(i_2-\alpha) + \ldots A_n\sin^2(i_n-\alpha).$$

Mettons d'abord la section principale du rhomboïde dans le

plan du méridien, qui est aussi le plan de la polarisation primitive du rayon ; nous aurons $\alpha = 0$, ce qui donne

$$F_0 = A \cos^2 i + A_1 \cos^2 i_1 + A_2 \cos^2 i_2 + \ldots A_n \cos^2 i_n.$$
$$F_e = A \sin^2 i + A_1 \sin^2 i_1 + A_2 \sin_2 i_2 + \ldots A_n \sin^2 i_n.$$

L'expérience prouve que, dans nos plaques les plus minces, le rayon extraordinaire n'est alors composé que de violet et de bleu. Soient i_n, i_{n-1} les azimuts qui répondent à ces couleurs, alors l'ensemble des autres couleurs devra disparaître de l'expression du rayon extraordinaire, c'est-à-dire que l'on devra avoir

$$0 = A \sin^2 i + A_1 \sin^2 i_1 + \ldots A_{n-2} \sin^2 i_{n-2} ;$$

et comme tous les coëfficiens A, A_1, $A_2 \ldots A_{n-2}$, qui représentent les intensités des divers faisceaux élémentaires, sont nécessairement positifs, il faudra, pour que cette relation soit satisfaisante, que l'on ait

$$i = 0 \qquad i_1 = 0 \qquad i_2 = 0 \ldots i_{n-2} = 0,$$

c'est-à-dire que toutes les couleurs qui se réunissent alors dans le rayon ordinaire, soient polarisées dans un seul et même sens. En introduisant ces valeurs dans les expressions générales des deux faisceaux ordinaire et extraordinaire, elles deviennent

$$F_0 = [A + A_1 + A_2 + \ldots A_{n-2}]\cos^2\alpha + A_{n-1}\cos^2(i_{n-1} - \alpha) + A_n\cos^2(i_n - \alpha).$$
$$F_e = [A + A_1 + A_2 + \ldots A_{n-2}]\sin^2\alpha + A_{n-1}\sin^2(i_{n-2} - \alpha) + A_n\sin^2(i_n - \alpha).$$

Maintenant tournons le rhomboïde de droite à gauche de manière à arriver au minimum de F_e ; alors le faisceau F_e ne

sera plus composé, comme tout-à-l'heure, que de violet et
de bleu, mais beaucoup moins intenses et presque nuls. Il
faudra donc que les termes dépendans des autres couleurs
disparaissent de la valeur de F_e, ce qui exige qu'on ait
séparément.

$$o = [A + A_1 + A_2 + \ldots A_{n-2}] \sin^2 \alpha.$$

Mais ici, d'après l'expérience, l'azimut α n'est pas égal à
zéro, comme il l'était tout-à-l'heure; il a au contraire des
valeurs qui peuvent être fort considérables : on ne peut
donc pas supposer $\alpha = o$; on ne peut pas davantage supposer $A = o$, $A_1 = o \ldots A_{n-1} = o$, puisque cela ferait
disparaître du rayon ordinaire les teintes auxquelles ces
coëfficiens répondent; ainsi l'on voit par cette discussion
que, de quelque manière que l'on dispose les axes de polarisation des molécules lumineuses, il est impossible de
satisfaire aux phénomènes, en supposant que les actions
qu'elles éprouvent de la part du rhomboïde soient les
mêmes qu'elles éprouveraient si elles avaient été polarisées
par la réflexion.

On peut encore montrer d'une autre manière la contradiction des formules avec l'expérience. En effet, plaçons la
section principale du rhomboïde dans la position qui donne
le minimum du rayon extraordinaire; et comme alors l'intensité de ce rayon est presque insensible, faisons-en abstraction pour un moment. Le reste de la lumière devra donc
être considéré comme polarisé dans un seul et même sens.
Supposons que ce soit dans l'azimut i, on aura alors

$$i = i_1 = i_2 \ldots = i_a,$$

et l'expression des deux rayons ordinaire, extraordinaire, deviendra

$$F_o = [A + A_1 + A_2 \ldots \ldots + A_n]\cos^2(i - \alpha).$$
$$F_e = [A + A_1 + A_2 \ldots \ldots + A_n]\sin^2(i - \alpha).$$

Ces deux faisceaux seront donc égaux en intensité et en teinte, si l'on fait, comme dans mon premier Mémoire,

$$\cos^2(i - \alpha) = \sin^2(i - \alpha) \quad\text{ou}\quad \cos. 2(i - \alpha) = 0,$$

ce qui donne les deux valeurs

$$2(i - \alpha) = -90° \qquad 2(i - \alpha) = 90°,$$

et par conséquent

$$\alpha = i - 45° \qquad \alpha = i + 45°;$$

c'est-à-dire qu'il faut pour cela placer la section principale du rhomboïde à 45° avant ou après l'azimut i, qui répond au minimum du faisceau extraordinaire. Or, ce résultat est tout-à-fait contraire à l'expérience; car, quoique les molécules lumineuses soient presque toutes réunies dans le rayon ordinaire à l'époque du minimum, et que la quantité qui manque alors à ce rayon soit presque insensible, cependant, lorsqu'on place la section principale du rhomboïde à 45° de ce minimum, les deux images sont bien loin d'être égales en teintes et en intensité.

Ainsi donc, de quelque manière qu'on envisage les phénomènes produits par les plaques de cristal de roche perpendiculaires à l'axe, on voit que l'action du rhomboïde de cristal d'Islande ne s'exerce pas sur les molécules qui ont traversé ces plaques, comme elle s'exercerait sur un fais-

ceau ou sur un système quelconque de faisceaux qui parvien-
draient directement au rhomboïde après avoir été polarisés
par la réflexion. Elle n'est pas non plus la même qu'elle serait
si ces faisceaux, après avoir reçu la polarisation par réflexion
ou par l'action d'un cristal d'Islande, avaient traversé des plaques de chaux sulfatée, de mica ou de cristal de roche parallèles à l'axe de cristallisation, ou avaient été réfléchis par
des surfaces quelconques, ou enfin avaient subi de nouvelles
polarisations par réfraction ; car dans tous ces cas la direction et l'intensité des faisceaux polarisés ordinairement et
extraordinairement par le rhomboïde, peuvent se calculer
par les formules de Malus, d'après le sens de la polarisation
que les faisceaux incidens ont en arrivant sur sa surface. Au
lieu que ces formules ne s'appliquent plus quand le rayon
polarisé a traversé une plaque de cristal de roche perpendiculaire à l'axe, quelque direction de polarisation qu'on veuille
supposer aux diverses couleurs qui le composent. Par conséquent c'est de l'expérience même qu'il faut tirer les lois
nouvelles que l'action du rhomboïde paraît suivre dans cette
circonstance ; et ces lois une fois connues, il faut ensuite
chercher dans leur application et dans la diverse disposition
des molécules lumineuses, les causes qui font varier les intensités et les couleurs dans les différens azimuts, conformément à l'observation.

D'abord, puisque nous voyons le rayon ordinaire entraîner les molécules lumineuses dans plusieurs azimuts
consécutifs, sans que la force répulsive de la réfraction
extraordinaire puisse les lui enlever, c'est une preuve que,
dans l'état où ces particules se trouvent, et d'après les
propriétés physiques qu'elles ont acquises en traversant la

plaque, la force répulsive doit dépasser certaines limites
d'énergie avant de les entraîner, de même que dans les anneaux colorés la force réfléchissante doit excéder certaines
limites avant que la réflexion ait lieu. Pour sentir ce que ce
fait a de particulier, rapprochons-le de ce qui arrive généralement dans les autres phénomènes de la double réfraction. Par exemple, lorsqu'un rayon a été polarisé par
réflexion sur une glace non étamée, s'il tombe perpendiculairement sur un rhomboïde de cristal d'Islande, dont
la section principale soit parallèle au plan de polarisation,
il ne se divisera point et subira tout entier la réfraction
ordinaire; mais pour peu que l'on écarte la section principale du rhomboïde de cette direction, quelque petit que
soit l'angle dont on l'en écarte, une partie des molécules
lumineuses subira l'action de la force répulsive, et pren-
dra la réfraction extraordinaire. La chose n'a pas lieu ainsi
pour les molécules qui ont traversé nos plaques, et la
preuve en est sur-tout frappante quand ces plaques ont
moins de quatre millimètres d'épaisseur. Alors les molécules
qui subissent la réfraction ordinaire, lorsque la section principale du rhomboïde est tournée dans l'azimuth zéro, la
subissent encore quand le rhomboïde s'écarte de cette position, d'un nombre de degrés plus ou moins considérable,
et qui varie avec l'épaisseur de la plaque. Et loin que la force
répulsive fasse passer quelques-unes de ces molécules dans
le rayon extraordinaire, à mesure que l'on tourne ainsi le
rhomboïde, il arrive au contraire que de nouvelles molécules
échappent sans cesse à cette force, et se séparent de plus
en plus du rayon extraordinaire pour revenir au rayon ordinaire. Le phénomène considéré ainsi, indépendamment

de la nature des molécules, est extrêmement saillant, et forme une distinction bien nette entre la manière dont s'exerce communément l'action du rhomboïde, et celle qui a lieu dans les phénomènes que nous examinons.

Pour savoir à quelles limites d'azimut la force répulsive commence à entraîner les molécules lumineuses de chaque espèce, et à quelles limites elle les abandonne, il faudrait faire des expériences directes sur des rayons de lumière simple. Je n'ai pas eu le temps de me livrer à ce genre de détermination, et c'est un sujet bien digne d'attirer l'attention des physiciens.

Mais en admettant seulement l'existence de pareilles limites, qui nécessairement existent, comment peut-on ensuite expliquer la succession des teintes et leurs changemens progressifs dans les différens azimuts? pour cela il devient nécessaire d'introduire une considération nouvelle, relative à la direction des axes de polarisation des molécules de couleur diverse. Nous avons vu que si l'on coupe une aiguille de cristal de roche par un plan mené suivant son axe, quelle que soit d'ailleurs la direction de ce plan, on forme ainsi une plaque dans laquelle l'observation ne fait reconnaître que l'action d'un seul axe qui est celui de cristallisation. En inclinant cette plaque en différens sens sur le rayon incident, l'intensité de la force polarisante qu'elle exerce semble ne dépendre que de l'angle formé par cet axe avec le rayon réfracté; car l'effet absolu ne dépend que de cet angle et de la longueur du trajet que les molécules lumineuses font dans le cristal. Mais les phénomènes que présentent les plaques taillées de cette manière seraient encore exactement semblables si l'on concevait en outre dans le cristal de roche un nombre infini

d'axes rayonnans autour de l'axe principal perpendiculairement à sa direction; car à cause du nombre infini de ces
axes, leur action totale ne changerait pas quand on incline-
rait les plaques sur le rayon polarisé, et par conséquent
leur existence dans ces sortes de plaques ne se manifesterait
en aucune manière; mais elle deviendrait sensible dans les
plaques taillées perpendiculairement à l'axe principal du
cristal, parce qu'alors la force de ce dernier axe étant nulle
sous l'incidence perpendiculaire, l'action des axes rayonnans s'exercerait seule, et si l'on venait à incliner la plaque
les phénomènes se partageraient entre les deux genres d'action selon la diverse énergie de leur intensité. Or, cette idée,
que je ne donne, si l'on veut, que comme une conception
mathématique, rendrait parfaitement raison de tous les phénomènes; car en admettant ici, comme nous l'avons reconnu
dans tout le reste de nos expériences, que les actions pola-
rissantes ainsi exercées par les molécules dans l'intérieur du
cristal sont successives, on voit que les molécules lumineuses éprouveraient d'abord l'action d'une de ces forces,
ou d'un de ces axes, puis d'un autre, puis d'un troisième,
et ainsi de suite à mesure qu'elles pénètrent dans l'intérieur
de la plaque, de manière à acquérir un mouvement de rotation autour de leur centre de gravité; et comme nous
avons reconnu que les forces répulsives ou attractives émanées de l'axe principal du cristal, produisent sur les axes
des molécules lumineuses, des déviations inégales suivant
leur nature, de même ici la rotation des molécules de nature diverse sera inégalement rapide, les molécules violettes tourneront plus vîte que les bleues, les bleues plus
vîte que les vertes, les vertes plus vîte que les jaunes,

et ainsi de suite jusqu'aux molécules rouges, qui seront
les plus lentes de toutes. Quelles seront les valeurs absolues de ces différentes vîtesses? c'est ce qu'il faudrait déterminer par des expériences directes, faites sur chaque
lumière prise dans son état simple et homogène; car il est
visible que la table de Newton, formée sur la considération
des accès alternatifs de réflexion et de transmission, ne peut
plus nous servir dans la circonstance actuelle, où il s'agit
de calculer les effets d'un mouvement continu. Je n'ai point
fait ces expériences délicates, aussi je ne prétends point
présenter la théorie précédente avec le détail nécessaire pour
pouvoir calculer d'avance la succession des teintes. Par cette
raison je ne prétends point non plus lui attribuer la même certitude qu'à la théorie des oscillations, relativement aux lames
parallèles à l'axe; je ne la donne même, si on veut, que
comme une simple hypothèse, mais comme une hypothèse
qui semble parfaitement d'accord avec tous les faits, autant
qu'on en peut juger quand on se borne à prévoir leur ensemble et qu'on ne les calcule pas numériquement.

Pour montrer comment elle s'y applique, reprenons d'a-
bord les observations faites avec la plus mince de nos plaques, celle dont l'épaisseur était $0^{mm},400$, et plaçons d'abord
la section principale de notre rhomboïde dans l'azimut zéro:
alors le rayon ordinaire est blanc, et le rayon extraordinaire
est bleu extrêmement sombre. Les molécules bleues sont
donc alors les seules que la force répulsive du rhomboïde entraîne; ainsi, dans cette circonstance, l'ensemble des molécules les moins réfrangibles, c'est-à-dire les rouges, les orangées, les jaunes, etc., n'ont pas encore commencé à tourner;
l'épaisseur de la plaque est trop petite pour que son action les

mette en mouvement, au moins autant qu'il le faudrait pour que la force répulsive puisse les entraîner. Les molécules bleues et violettes sont donc les seules déviées; et, dans les plaques que nous avons essayées jusqu'ici, elles le sont de la droite vers la gauche de l'observateur. C'est ainsi que dans les lames parallèles à l'axe de cristallisation, les molécules bleues et violettes sont les premières qui se mettent en mouvement; et si la lame est suffisamment mince, elles sont les seules qui se mettent en mouvement, tandis que les autres conservent leur polarisation primitive, dont nous représentions la direction par la ligne C Z, fig. 16.

Partons donc de cette position du rhomboïde, et tournons un peu sa section principale vers la gauche, en lui faisant ainsi décrire un petit angle α. Soit C A la direction dans laquelle ce mouvement l'amène; soit C V la direction suivant laquelle sont polarisées les dernières molécules violettes de l'extrémité du spectre, en sorte que les axes de polarisation des molécules de toutes les couleurs correspondent aux différents point de l'arc Z V. Si l'arc Z A, décrit par le rhomboïde, est suffisamment petit, les molécules dirigées sur CZ et dans les directions intermédiaires entre CZ et CA pourront encore être retenues par la force réfringente ordinaire, et il en sera de même de l'autre côté de CA sur un arc dont l'étendue sera déterminée par l'énergie des forces répulsives. Mais, par cette disposition même, une partie des molécules lumineuses bleues et violettes correspondantes à l'arc V A, et qui tout-à-l'heure échappaient à la force réfringente ordinaire, se trouveront saisies par elle, et par conséquent passeront dans le rayon ordinaire: alors le rayon extraordinaire, diminué de toutes ces molécules, s'affaiblira peu-à-peu; perdant d'abord

ses molécules bleues, il passera premièrement à un indigo
sombre, puis perdant ses molécules indigo, il passera à un
violet plus sombre encore; puis enfin, perdant ses dernières
molécules violettes, il arriverait au noir, si l'étendue d'action
des forces réfringentes était telle, qu'elles pussent embrasser
à-la-fois toutes les molécules lumineuses, dont les axes
sont distribués sur l'arc ZV. Il faut même remarquer que
ce passage des molécules lumineuses du faisceau extraordinaire au faisceau ordinaire, ne doit pas se faire consécutive-
ment pour les diverses espèces de particules lumineuses; car
ici, comme dans les anneaux colorés, les espaces occupés par
chaque couleur simple doivent empiéter les uns sur les autres; et ainsi il y aura des molécules indigo et violettes qui
changeront de réfraction en même temps qu'une partie des
molécules bleues. Semblablement, lorsque l'indigo changera
de réfraction, une partie des molécules violettes passera avec
lui; ce qui fera que le rayon extraordinaire, de plus en plus
affaibli, finira par ne plus contenir que les dernières molécules du violet extrême. Ce sera là le cas du minimum d'intensité du rayon extraordinaire qui, dans notre première
plaque, répondait à 6° 45′. Pendant tout ce mouvement du
rhomboïde, le rayon ordinaire est resté blanc, du moins
pour nos sens, parce que la portion de lumière composée
que renferme le rayon extraordinaire, ne formait qu'une
portion insensible de la totalité de la lumière incidente.
Tournons maintenant le rhomboïde un peu davantage en
allant toujours vers la gauche; alors la force réfringente
ordinaire ne pourra plus embrasser toutes les molécules de
l'arc ZV; celles qui font le plus grand angle avec sa direction
lui échapperont les premières: ce seront donc celles dont les

axes sont dirigés suivant CZ; ce sont donc les rouges, et presque au même instant, les orangées et les jaunes, qui, comme nous l'avons vu d'abord, répondent très-près des premières aux différens points de l'arc ZV. De là il naîtra un rayon extraordinaire rouge jaunâtre, et ce rayon sera d'abord extrêmement sombre, parce qu'une très-petite portion de la lumière incidente aura échappé à la réfraction ordinaire. Mais à mesure que l'on tournera le rhomboïde, son intensité s'augmentera successivement; et les diverses couleurs y arriveront tour-à-tour dans l'ordre de leur répartition sur l'arc ZV, mais en se suivant avec beaucoup de rapidité. Ce rayon deviendra donc successivement jaune pâle, jaune très-pâle, blanc à peine jaunâtre, et enfin blanc; tandis que le rayon ordinaire, s'affaiblissant par une marche contraire, et perdant successivement les molécules qui passent dans l'autre réfraction, deviendra tour-à-tour blanc à peine bleuâtre, blanc légèrement bleuâtre, blanc bleuâtre, bleu blanchâtre et bleu sombre. Cette dernière teinte arrivera quand la section principale du rhomboïde aura décrit un angle de 90°, à partir de sa première position, parce qu'alors les actions ordinaire et extraordinaire de ce rhomboïde, se seront mutuellement échangées; et par la même raison, en continuant à tourner la section principale les mêmes successions et les mêmes oppositions de teintes se répéteront successivement dans tous les quadrans, conformément aux observations.

Prenons maintenant une plaque plus épaisse. La rotation des molécules lumineuses plus long-temps prolongée, aura réparti leurs axes sur un plus grand arc. Alors, quand la section principale du rhomboïde sera située dans l'azimut zéro, il y aura un plus grand nombre de particules lumi-

neuses qui échapperont à la réfraction ordinaire. Le rayon
extraordinaire augmentant ainsi avec l'épaisseur deviendra
donc successivement bleu, bleu clair, bleu blanchâtre et
presque blanc. Alors toutes les molécules ayant commencé à tourner, aucune d'elle n'aura conservé sa polarisation primitive; il faudra donc tourner davantage la section principale du rhomboïde, pour la rapprocher de la
direction des axes de ces particules, et pour que l'action du
rhomboïde puisse toutes les embrasser dans la réfraction
ordinaire. Mais en même temps, les vîtesses de rotation de
ces molécules étant inégales selon leur nature, leurs axes de
polarisation s'écarteront de plus en plus les uns des autres,
et se répandront sur un plus grand arc ZV. Alors il arrivera
un terme où cette dispersion sera si grande, que l'action du
rhomboïde ne pourra plus toutes les réunir dans le faisceau
ordinaire, et dans ce cas le rayon extraordinaire ne deviendra
nul, ou presque nul, dans aucun azimut. En même temps
les teintes successives par lesquelles ce rayon passera, seront
plus distinctes et plus séparées les unes des autres ; comme
cela arrive, par exemple, dans le second ordre des anneaux
colorés, lorsque l'inégalité de longueur des accès a déja agi
assez long-temps pour bien séparer les différentes teintes.
Mais dans les anneaux il arrive un terme où cette dispersion
même confond les teintes, en mêlant, dans la même réflexion,
les couleurs diverses des anneaux consécutifs; de même dans
nos plaques, en augmentant continuellement l'épaisseur,
la rotation inégale des molécules de réfrangibilité diverse
finira par les disperser tellement, que celles mêmes qui
composent pour nos sens une même teinte, se trouveront
assez séparées, pour qu'il entre toujours une partie d'entre
elles dans le rayon extraordinaire, quel que soit l'azimut

où le rhomboïde soit placé. Ainsi, quand une fois on
en sera venu à ce terme, le rayon extraordinaire contiendra toujours de toutes les couleurs à-la-fois, et en
égale proportion relativement à leur intensité absolue,
si toutes se trouvent uniformément ou presque uniformément dispersées dans une grande partie de la circonférence;
de sorte qu'après avoir vu naître successivement, par les
épaisseurs diverses, toutes les couleurs composées résultantes
du mélange des couleurs simples et analogues en cela avec les
anneaux, on finira par obtenir deux images blanches constamment égales en intensité, quel que soit l'azimut où l'on
place le rhomboïde, du moins si l'aiguille de cristal de roche
est pure, et conforme à elle-même dans toute son épaisseur.

D'après la théorie que nous venons d'exposer, on voit que,
dans nos plaques, si le rayon extraordinaire est d'abord
bleu, par exemple, lorsque le rhomboïde est placé dans l'azimut zéro, il doit devenir ensuite indigo, violet, rouge violacé, rouge jaunâtre, jaune, quand on tourne le rhomboïde
de droite à gauche. Si, pour une épaisseur plus grande, ce
rayon était d'abord blanc, il doit commencer par devenir
blanc bleuâtre, bleu, indigo et violacé. En général, quelle
que soit sa teinte dans l'azimut zéro, lorsqu'on tourne le
rhomboïde de droite à gauche, il doit monter dans l'ordre
des anneaux comme si la plaque devenait plus mince; et en
effet ce résultat est conforme à l'observation dans toutes les
plaques que nous avons jusqu'à présent examinées.

D'après ce rapprochement, on doit sentir que le sens de
la rotation des molécules, et la marche des teintes dans
l'ordre des anneaux, sont deux choses liées entre elles, et
telles, que la première est le principe de la seconde. On peut
donc juger de l'une par l'autre; et par conséquent, si l'on

avait des plaques de cristal de roche pour lesquelles les couleurs montassent dans l'ordre des anneaux, lorsqu'on tourne le rhomboïde de gauche à droite, on devrait en conclure que ces plaques font également tourner la lumière de gauche à droite, c'est-à-dire en sens contraire des précédentes: c'est en effet ce qui m'est arrivé. J'ai obtenu de semblables plaques qui étaient extraites de cristaux tous aussi purs que les précédens; et en analysant la lumière qui les avait traversées, j'ai reconnu le sens de la rotation des particules, par l'ordre suivant lequel les teintes changeaient dans les différens azimuts.

La première plaque de ce genre que j'ai obtenue était fort large, et avait six millimètres d'épaisseur. En l'exposant bien perpendiculairement à un rayon polarisé, et analysant la lumière transmise avec un rhomboïde de spath d'Islande dont la section principale était placée dans l'azimut zéro, elle donnait un rayon ordinaire rouge vif, et un rayon extraordinaire vert très-beau. Quand on tournait le rhomboïde dans d'autres azimuts et de gauche à droite, les teintes successives des deux faisceaux étaient telles qu'on le voit ici.

Sens du mouvement du rhomboïde.	Azimut du rhomboïde.	Teinte du rayon ordinaire.		Teinte du rayon extraordinaire.
De gauche à droite.	o°	Rouge.		Vert superbe.
	10	Rouge vif.		Vert.
	20	Rouge jaunâtre.		Vert bleuâtre.
	3o	Rouge jaunâtre.		Bleu verdâtre.
	4o	Jaune légèrement rongeâtre.		Bleu.
	5o	Jaune légèrement verdâtre.		Bleu gris de lin.
	6o	Blanc verdâtre.		Rouge pourpre.
	7o	Vert clair.		Rouge de sang.
	8o	Vert vif.		Rouge.
	9o	Vert superbe.		Rouge vif.

Dans l'azimut de 90°, les rayons ont changé de rôle comme dans les autres plaques : de plus en inclinant la plaque dans l'azimut de 45°, la succession des teintes indiquait que la teinte du rayon extraordinaire, dans l'azimut zéro, était le vert vif du troisième ordre.

Avant d'étudier cette plaque, j'en avais observé une autre exactement de même épaisseur, qui donnait précisément la même teinte dans l'azimut zéro. Mais la variation des teintes dans les autres azimuts, s'y faisait dans un sens absolument opposé à la précédente : c'est ce que montre le tableau suivant.

Sens du mouvement du rhomboïde.	Azimut du rhomboïde.	Teinte du rayon ordinaire.		Teinte du rayon extraordinaire.
De droite à gauche.	0°	Rouge vif.		Vert très-beau.
	10	Rouge jaunâtre.		Vert bleuâtre.
	20	Rouge jaunâtre.		Bleu verdâtre.
	30	Rouge très-jaunâtre.		Bleu très-légèrement verdâtre.
	40	Jaune rougeâtre.		Bleu.
	50	Blanc verdâtre.		Gris de lin.
	60	Vert clair.		Rouge bleuâtre pourpre.
	70	Vert.		Rouge.
	80	Vert.		Rouge de sang.
	90	Vert très-beau.		Rouge vif.

Dans l'azimut de 90°, les rayons ont également changé de rôle. De plus, en inclinant la lame dans l'azimut de 45°, la succession des teintes a prouvé que la teinte du rayon extraordinaire, dans l'azimut zéro, était le vert vif du troisième ordre.

En comparant ces deux tableaux, on voit que la marche des teintes, dans les deux plaques, était absolument opposée : ainsi, d'après notre théorie, si la seconde plaque faisait

tourner la lumière de droite à gauche, la première devait la
faire tourner de gauche à droite. Sur cette considération,
je n'hésitai point à prévoir qu'en superposant les deux
plaques, et les exposant sous l'incidence perpendiculaire au
rayon polarisé, ce rayon, après les avoir traversées toutes les
deux, reprendrait totalement sa polarisation primitive, la
seconde plaque détruisant la rotation que la première aurait
imprimée. Cela arriva en effet ainsi : les plaques étant superposée, toujours sous l'incidence perpendiculaire, et la
section principale du rhomboïde étant dirigée dans l'azimut zéro, le rayon extraordinaire disparut en totalité. Toute
la lumière transmise prit la réfraction ordinaire, et en
tournant le rhomboïde dans différens azimuts, le rayon se
divisa en deux faisceaux blancs, dont les intensités furent
précisément telles qu'elles auraient dû être, si la lumière
polarisée fût arrivée directement au rhomboïde. Cette compensation, à laquelle nous conduit notre théorie sur la rotation des molécules lumineuses, aurait été, ce me semble,
bien difficile, pour ne pas dire impossible, à prévoir d'une
autre manière ; car qui aurait pu deviner autrement, que des
plaques qui, dans la première position du rhomboïde, donnaient exactement les mêmes teintes, soit ordinaires, soit
extraordinaires, exerçaient cependant sur la lumière des
actions directement opposées, et se compenseraient rigoureusement par la superposition ?

J'ai cherché d'autres aiguilles qui fissent ainsi tourner la
lumière de gauche à droite ; j'en ai trouvé plusieurs parmi
les aiguilles les plus pures et les plus semblables aux autres ;
mais elles m'ont paru cependant plus rares que celles qui
font tourner la lumière de droite à gauche. J'ai particulière-

ment observé de cette manière deux plaques (*a*) et (*b*) tirées d'une aiguille très-pure, mais moins larges que les précédentes : je vais exposer les phénomènes qu'elles m'ont offerts.

J'ai d'abord observé la rotation de la lumière dans la première de ces plaques que j'ai nommée (*a*), son épaisseur, mesurée au sphéromètre, s'est trouvée de 4^{mm}, 5105 : voici la série des observations.

Sens du mouvement du rhomboïde.	Azimut de la section principale du rhomboïde.	Teinte du rayon ordinaire.		Teinte du rayon extraordinaire.
De gauche à droite.	0°	Indigo superbe.		Jaune éclatant.
	10	Bleu.		Jaune plus blanchâtre.
	20	Bleu un peu violacé.		Jaune verdâtre.
	30	Rouge violacé.		Jaune pâle verdâtre.
	40	Rouge de sang.		Vert pâle.
	50	Rouge vif.		Vert bleuâtre.
	60	Orangé.		Bleu céleste.
	70	Orangé.		Bleu tres-beau.
	80	Orangé brillant.		Indigo superbe.
	90	Jaune éclatant.		Indigo superbe.

A 90° les rayons ont échangé leurs teintes comme à l'ordinaire. En inclinant la plaque dans l'azimut de 45°, la succession des couleurs indiqua que la teinte du rayon extraordinaire dans l'azimut 0° est le jaune du second ordre.

J'ai ajouté à cette plaque la première de toutes celles que j'avais observées, et dont l'épaisseur est 0^{p}, 400 : celle-ci fait tourner la lumière de droite à gauche, en sens contraire de la précédente. L'ensemble des deux plaques devait donc produire sur la lumière le même effet qu'une seule plaque égale à leur différence, ou à 4^{mm},5105 — 0^{mm}, 400, c'est-à-dire 4^{mm}, 1105. En effet, j'ai eu les résultats suivans, qui s'accordent avec cette présomption.

Sens du mouvement du rhomboïde.	Azimut de la section principale du rhomboïde.	Teinte du rayon ordinaire.		Teinte du rayon extraordinaire.
De gauche à droite.	0°	Indigo très-sombre.		Jaune plus clair que dans le cas précédent.
	10	Indigo violacé.		Jaune verdâtre.
	20	Rouge de sang.		Vert blanchâtre.
	30	Rouge vif.		Vert un peu bleuâtre.
	40	Orangé rougeâtre.		Bleu un peu verdâtre.
	50	Orangé.		Bleu.
	60	Jaune.		Bleu.
	70	Jaune.		Bleu.
	80	Jaune.		Bleu foncé.
	90	Jaune.		Indigo foncé.

On voit que les teintes du rayon extraordinaire ont un peu monté dans l'ordre des anneaux, comme cela devait nécessairement arriver d'après la théorie. Du reste, la succession des teintes en inclinant le système dans l'azimut de $45°$ a indiqué le second ordre. Ayant ainsi réduit l'action de la première plaque à $4^m, 1105$, je l'ai ramenée à l'incidence perpendiculaire, et lui ai superposé la plaque (C), n° 4, page 392, dont l'épaisseur était égale à $4^{mm},005$, et qui fait tourner la lumière de droite à gauche : alors les actions opposées des diverses épaisseurs se sont réciproquement détruites, et le rayon extraordinaire est devenu sensiblement nul quand la section principale du rhomboïde s'est trouvée tournée dans l'azimut $0°$, conformément à la théorie. En tournant le rhomboïde, on a obtenu des images blanches dont l'intensité a varié comme si le rayon polarisé n'eût traversé aucun corps cristallisé.

J'ai observé de même la plaque (b) dont l'épaisseur était $4^{mm}, 120$: elle m'a présenté des résultats tous pareils : on en voit ici le tableau.

53.

Sens du mouvement du rhomboïde.	Azimut du rhomboïde.	Teinte du rayon ordinaire.		Teinte du rayon extraordinaire.
De gauche à droite.	$0°$	Bleu céleste.		Jaune citron.
	10	Bleu.		Jaune.
	20	Bleu.		Jaune.
	30	Violet.		Jaune verdâtre.
	40	Rouge violacé.		Vert blanchâtre.
	50	Rouge.		Vert pâle bleuâtre.
	60	Orangé rougeâtre.		Bleu blanchâtre.
	70	Orangé.		Bleu blanchâtre.
	80	Jaune.		Bleu blanchâtre.
	90	Jaune citron.		Bleu céleste.

A $90°$ les rayons ont changé de rôle comme à l'ordinaire; de plus, la succession des teintes par l'inclinaison indique le second ordre. Cette expérience s'accorde parfaitement avec la précédente, où nous avons employé la plaque (a) combinée avec la plaque opposée $0^{mm},400$, et cela devait être : mais je l'ai rapportée exprès pour montrer que ces phénomènes n'ont rien de vague ni d'incertain, et sont au contraire assujétis à des lois fixes et constantes.

J'ai aminci la plaque (a) jusqu'à ce qu'elle n'eût plus d'épaisseur que $3^{mm},901$; alors, en l'exposant au rayon polarisé, j'ai eu les résultats suivans.

Sens du mouvement du rhomboïde.	Azimut du rhomboïde.	Teinte du rayon ordinaire.		Teinte du rayon extraordinaire.
De gauche à droite.	$0°$	Indigo.		Jaune citron.
	10	Indigo un peu violacé.		Jaune.
	20	Violet.		Vert pâle jaunâtre.
	30	Rouge violacé.		Vert clair.
	40	Rouge bleuâtre (lilas).		Bleu verdâtre.
	50	Orangé rougeâtre.		Bleu clair.
	60	Jaune orangé.		Bleu.
	70	Jaune.		Bleu.
	80	Jaune.		Bleu.
	90	Jaune citron.		Indigo.

A 90° les rayons ont changé de rôle ; la succession des teintes par l'inclinaison indique le second ordre.

J'ai ramené cette plaque à l'incidence perpendiculaire, et je l'ai superposée à la plaque (C) n° 4, dont l'épaisseur est^t 4^{mm}, 005, et qui fait tourner la lumière de droite à gauche, comme nous l'avons éprouvé : alors les actions opposées des deux plaques se sont détruites, et le rayon a repris entièrement sa polarisation primitive, conformément à la théorie ; de sorte que le rayon extraordinaire a complètement disparu quand la section principale du rhomboïde s'est trouvée dirigée dans l'azimut o, et a varié d'intensité quand on a tourné le rhomboïde précisément comme s'il lui fût parvenu directement. En faisant ces expériences, il faut prendre un soin extrême pour ramener exactement les plaques à l'incidence perpendiculaire ; car, pour peu qu'on les incline, l'action principale du premier axe, parallèle aux aiguilles, commence à se développer ; et comme elle agit dans le même sens pour les deux plaques, au lieu de se neutraliser, elle s'ajoute pour produire des couleurs. Lorsque l'on n'a pas de moyen direct et bien sûr pour retrouver l'incidence perpendiculaire, on y peut revenir en faisant varier l'inclinaison de la plaque sur le rayon successivement d'un côté et d'un autre en sens opposé, de manière à découvrir les couleurs qui se correspondent, puis on prend le milieu entre les incidences qui donnent ces couleurs, et la plaque, ou le système des plaques superposées se trouve ramené à l'incidence perpendiculaire.

Après avoir fait cette expérience, j'ai ramené la plaque $(a) = 3^{mm}$, 901 à l'incidence perpendiculaire, et lui ai superposé la plaque (C) n° 3, dont l'épaisseur est 2^{mm}, 997. Celle-ci fait tourner la lumière de droite à gauche ; ainsi la différence des actions était $3^{mm},901 — 2^{mm},997$, ou $0^{mm},904$, dans le sens de la première. En effet la lumière a tourné de gauche à droite par l'action du système, et j'ai eu les résultats suivans.

Sens du mouvement du rhomboïde.	Azimut du rhomboïde.	Teinte du rayon ordinaire.		Teinte du rayon extraordinaire.
De gauche à droite.	0°	Blanc.		Bleu sombre.
	10	Blanc.		Bleu plus sombre.
	20	Blanc.		Violet rougeâtre presque insensible : le minimum est à 19°.
	30	Blanc.		Orangé rougeât., couleur de bois sombre.
	40	Blanc.		Orangé jaunâtre.
	50	Blanc.		Jaune pâle.
	60	Blanc à peine bleuâtre		Jaune pâle.
	70	Blanc bleuâtre.		Jaune pâle.
	80	Bleu céleste.		Blanc sensiblement.
	90	Bleu sombre.		Blanc.

A 90° les rayons ont changé de rôle; et de plus, la succession des teintes indique le premier ordre. Cette série s'accorde parfaitement avec celle de la première expérience de la page 391 faite avec une plaque dont l'épaisseur était $1^{mm},032$, comme on peut le voir aisément en les comparant. On remarque même l'influence de la petite différence qui se trouve entre leurs épaisseurs.

J'ai ôté de dessus la plaque (a) la plaque (C) n° 3, que j'y avais placée, et j'ai substitué à cette dernière la plaque (C) n° 5, dont l'épaisseur est $5^{mm},014$, et qui fait tourner la lumière de droite à gauche : la différence des épaisseurs était donc $5^{mm},014 — 3^{mm},901$, ou $1^{mm},113$, à l'avantage de la plaque C, et par conséquent le système devait imprimer défi-

nitivement, à la lumière, un mouvement de droite à gauche:
c'est aussi ce qui est arrivé, comme le montre le tableau
suivant.

Sens du mouvement du rhomboïde.	Azimut de la section principale du rhomboïde.	Teinte du rayon ordinaire.		Teinte du rayon extraordinaire.
De droite à gauche.	0°	Blanc légèrement jaunâtre.		Bleu.
	10	Blanc sensiblement.		Bleu.
	20	Blanc.		Bleu sombre.
	30	Blanc.		Indigo violacé extrêmement sombre : minim.
	35	Blanc.		Rouge violacé très-sombre.
	40	Blanc.		Rouge jaunâtre sombre.
	50	Blanc.		Jaune foncé.
	60	Blanc très-légèrement bleuâtre.		Jaune.
	70	Blanc bleuâtre.		Jaune pâle.
	80	Bleu blanchâtre.		Jaune très-pâle.
	90	Bleu.		Blanc légèrement jaunâtre.

A 90° les rayons ont changé de rôle comme à l'ordinaire;
la succession des teintes par l'inclinaison indique le premier ordre. Si l'on compare cette expérience avec l'expérience
n° 3, page 377, faite sur une plaque simple dont l'épaisseur
était $1^{mm},184$, on verra qu'elles s'accordent parfaitement, tant
pour la série des teintes que pour la position du minimum.

Cette observation faite, j'ai ôté la plaque (C) n° 5, et j'y
ai substitué la plaque (C) n° 2, dont l'épaisseur est $2^{mm},084$;
celle-ci fait également tourner la lumière de droite à gauche:
la différence des épaisseurs était donc $3^{mm},901 — 2^{mm},084$,
ou 1,817, à l'avantage de la plaque (a): par conséquent la
rotation définitive, imprimée à la lumière par le systême,

doit être de gauche à droite : c'est aussi ce qui est arrivé, comme le montre le tableau suivant.

Sens du mouvement du rhomboïde.	Azimut de la section principale du rhomboïde.	Teinte du rayon ordinaire.		Teinte du rayon extraordinaire.
De gauche à droite.	0°	Jaune foncé.		Blanc légèrem. bleuât.
	10	Jaune clair		Bleu blanchâtre
	20	Jaune pâle.		Bleu.
	30	Jaune très-pâle.		Indigo.
	40	Blanc sensiblement.		Indigo très-sombre.
	45	Blanc sensiblement.		Indigo violacé très-sombre : minimum.
	50	Blanc.		Rouge violacé.
	60	Blanc.		Rouge jaunâtre.
	70	Blanc.		Orangé.
	80	Blanc à peine bleuâtre.		Jaune.
	90	Blanc légèrem. bleuât.		Jaune.

A 90° les rayons ont changé de rôle; de plus, la succession des teintes par l'inclinaison indique le premier ordre. Si l'on compare cette expérience avec l'expérience n° 4, faite sur une seule plaque dont l'épaisseur était $2^{mm},084$, on trouve qu'elles sont parfaitement d'accord, soit pour la succession des teintes, soit pour la position du minimum, en ayant toutefois égard à la petite différence des épaisseurs.

Enfin j'ai ôté la plaque (C) n° 2, et je lui ai substitué la plaque (C) n° 1, dont l'épaisseur était $1^{mm},032$; alors la différence s'est trouvée de $3^{mm},901 - 1^{mm},032 = 2^{mm},869$ à l'avantage de la plaque (a) : ainsi le sens de la rotation définitive imprimée à la lumière par le système devait être de gauche à droite : c'est aussi ce qui est arrivé, comme le prouve le tableau suivant.

Sens du mouvement du rhomboïde.	Azimut de la section principale du rhomboïde.	Teinte du rayon ordinaire.		Teinte du rayon extraordinaire.
De gauche à droite.	0°	Rouge de brique un peu jaunâtre.		Blanc sensiblement.
	10	Orangé rougeâtre.		Blanc bleuâtre.
	20	Orangé.		Bleu céleste.
	30	Jaune foncé.		Bleu.
	40	Jaune clair.		Indigo.
	50	Jaune pâle.		Indigo sombre.
	60	Jaune pâle.		Indigo très-sombre.
	69	Blanc légèrement jaunâtre.		Indigo violacé très-sombre : minimum.
	70	Blanc légèrement jaunâtre.		Violet rougeâtre très-sombre.
	80	Blanc.		Rouge de sang.
	90	Blanc sensiblement.		Rouge de brique un peu jaune.

A 90° les rayons ont changé de rôle comme à l'ordinaire;
la succession des teintes par l'inclinaison indique le second
ordre : et, soit pour la succession des teintes, soit pour la
position du minimum, cette expérience s'accorde très-bien
avec ce que nous a présenté la plaque (C) n° 3, dont l'épaisseur était $2^{mm},997$.

Ces expériences me paraissent suffire pour prouver que
certaines plaques de cristal de roche, taillées perpendiculairement à l'axe de cristallisation, font tourner la lumière de
droite à gauche, au lieu que d'autres plaques, également
limpides, la font tourner de gauche à droite. D'ailleurs les intensités de ces actions sont égales pour des épaisseurs égales,
du moins lorsque les aiguilles paraissent parfaitement pures.
Quand on superpose deux de ces plaques qui font tourner
la lumière en sens opposé, l'action définitive du système
est égale à leur différence; et le sens du mouvement de rotation des molécules lumineuses est celui de la plaque la plus

épaisse. Du reste, quant à la succession des couleurs pour les épaisseurs diverses, et à leurs changemens progressifs, quand la section principale du rhomboïde tourne dans différens azimuts, les lois sont absolument les mêmes, quel que soit le sens dans lequel s'opère le mouvement des molécules lumineuses, en exceptant toutes fois les anomalies que l'inégale constitution des aiguilles peut présenter. Car, puisque des morceaux également bien cristallisés, au moins pour nos sens, font tourner la lumière en sens différens, il serait possible qu'une même aiguille renfermât alternativement et successivement des couches pareilles qui détruisissent réciproquement leurs actions, et il est assez probable qu'en multipliant les essais on trouverait de pareilles couches. En général celles qui font tourner la lumière en sens opposé, sont faciles à reconnaître par le sens dans lequel il faut tourner le rhomboïde pour faire monter les couleurs dans l'ordre des anneaux, ou mieux encore par la superposition des plaques dont les actions sont opposées. Car, en opérant sur des épaisseurs peu différentes, la superposition développe des couleurs très-vives dans des morceaux où l'on n'en apercevait pas auparavant; ce qui est conforme à notre théorie.

Recherches des lois suivant lesquelles varient les teintes des plaques de cristal de roche perpendiculaires à l'axe, lorsqu'on les incline sur le rayon polarisé.

Jusqu'ici nous avons seulement examiné les phénomènes que présentent les plaques de cristal de roche, lorsqu'on les présente perpendiculairement au rayon polarisé. Nous avons remarqué que la polarisation exercée par ces plaques sur les molécules lumineuses, ne peut pas être due à l'action répulsive de leur premier axe, puisqu'alors cet axe se trouvant parallèle au rayon incident, n'exerce sur lui aucune répulsion. Nous avons tâché de montrer que ces phénomènes sont dus à une rotation des molécules lumineuses autour de leur centre de gravité, rotation probablement occasionnée par l'action des axes secondaires qui rayonnent perpendiculairement dans tous les sens autour du premier. Mais si l'action de celui-ci est nulle sous l'incidence perpendiculaire, elle ne l'est plus sous les incidences obliques, parce qu'elle est en général proportionnelle au carré du sinus de l'angle qu'il forme avec le rayon réfracté. Ainsi nous devons nous attendre qu'en inclinant la plaque sur le rayon, le développement de cette nouvelle force enlevera successivement les molécules lumineuses au mouvement de rotation qui les sollicitait, et les soumettant à son influence, changera cette rotation continuelle en un mouvement d'oscillation tel que celui que nous avons observé dans les plaques parallèles à l'axe, et plus généralement dans les plaques où l'action du premier axe était suffisamment développée pour déterminer ce mouvement.

En effet, c'est précisément ainsi que se passent les phénomènes. Lorsqu'on incline ces plaques sur le rayon polarisé, après avoir fixé dans l'azimut zéro la section principale du rhomboïde qui sert pour analyser la lumière, on voit la teinte du rayon extraordinaire baisser continuellement dans l'ordre des anneaux, par l'action croissante du premier axe, précisément comme si la plaque, en s'inclinant, devenait plus épaisse. Enfin, l'inclinaison augmentant toujours, si la plaque est suffisamment épaisse, on arrive à un terme où les deux faisceaux sont blancs, ce qui répond au septième ordre d'anneaux observés par Newton; après quoi ces faisceaux restent toujours blancs, quel que soit l'accroissement d'inclinaison.

La loi suivant laquelle ces teintes du rayon extraordinaire se succèdent, est la même dans tous les azimuts possibles; elles descendent toujours de la même manière dans l'ordre des anneaux; mais il y a une grande différence dans l'intensité des images, selon l'azimut du plan dans lequel on incline la lame. La séparation des teintes est la plus complète lorsque cet azimut est de 45°, c'est-à-dire lorsque le plan d'incidence du rayon sur la plaque forme un angle de 45° avec la direction du plan primitif de polarisation; alors le faisceau extraordinaire, soit pour l'intensité, soit pour la teinte, répond exactement à l'anneau transmis. Chacun d'eux contient toutes les molécules lumineuses qui composent l'anneau auquel il appartient: mais lorsqu'on écarte le plan d'incidence de cette position pour le ramener vers l'azimut 0° ou 90°, la section principale du rhomboïde qui sert pour analyser la lumière, restant toujours dirigée dans le méridien, on voit le faisceau extraordinaire perdre peu-à-peu son intensité sans changer de teinte, tandis qu'au contraire celle du faisceau ordinaire augmente de plus en plus. Cette augmentation n'est pas également sensible sous toutes les incidences: d'abord elle est nulle sous l'incidence perpendiculaire, où l'action du premier axe n'est pas encore développée. En effet, nous avons vu qu'alors les teintes du faisceau ordinaire et du faisceau extraordinaire n'éprouvent aucune variation lorsqu'on tourne la plaque sur son plan, le rhomboïde restant fixe; mais dès que l'on incline la plaque, l'action du premier axe commence à s'exercer. Alors, si le plan d'incidence est le méridien même, on voit la teinte du faisceau extraordinaire baisser dans l'ordre des anneaux comme dans toute autre azimut; mais, ce qui est extrêmement remarquable, ce faisceau ne garde pas toutes les molécules qui appartiennent à sa teinte dans les anneaux réfléchis : il en perd une certaine proportion par l'action croissante du premier axe, et cette proportion augmente rapidement avec l'inclinaison; de façon que bientôt le faisceau extraordinaire devient tout-à-fait insensible, ou du moins presque insensible, quoique jusqu'au dernier moment il conserve exactement la teinte que lui assigne son inclinaison. Par une conséquence naturelle de ces faits, le faisceau ordinaire va toujours en croissant d'intensité à mesure que l'incidence augmente; mais en même temps sa teinte change et approche de plus en plus de la blancheur avec une grande rapidité, parce que les molécules qu'il enlève à l'autre faisceau, neutralisent pour ainsi dire une partie des siennes, et forment du blanc. Cette absorption des molécules par l'action du premier axe devient totale au moins pour nos sens, au-delà d'un certain terme qui n'arrive ordinairement qu'après que l'autre rayon a parcouru toute la série des anneaux. Une fois que cela a lieu, toutes ou presque toutes les molécules lumineuses sont enlevées au mouvement de rotation continu : elles n'exécutent plus que des oscillations alternatives autour de la section principale de la plaque, suivant les lois que nous avons exposées dans la seconde et la troisième partie de ce Mémoire, et voilà pourquoi le rayon extraordinaire devient alors nul dans les azimuts $0°$ et $90°$, conformément à ces lois. Entre ces limites, son intensité peut se calculer par les formules tirées de la théorie des oscillations.

Pour confirmer ces considérations, je vais rapporter les expériences que j'ai faites sur un grand nombre de plaques de cristal de roche perpendiculaire à l'axe, afin de déterminer la loi suivant laquelle les teintes qu'elles polarisent changent avec l'inclinaison. J'ai dit que les teintes descendent toujours dans l'ordre des anneaux; et en effet on peut, la table de Newton à la main, en suivre progressivement la succession avec la plus grande fidélité: c'est même là, sans aucun doute, le meilleur moyen d'observer à son gré tout le développement des anneaux, soit réfléchis, soit transmis. Mais une fois ce fait bien reconnu et constaté, je me suis borné à mesurer les incidences auxquelles répondaient un certain nombre de teintes des plus tranchées; et comme, avec les moyens dont je pouvais disposer, la mesure des angles d'incidence était une opération assez longue et pénible, j'ai mieux aimé multiplier les mesures sur des plaques diverses, que de les répéter sur toutes les teintes qu'une même plaque pouvait donner. Car, si la loi que nous assignerons pour la succession de ces teintes satisfait pour chaque plaque à un grand nombre de termes distribués dans toute l'étendue de la table de Newton, il est bien clair qu'elle satisfera encore, avec un degré d'approximation pareil, aux autres teintes intermédiaires qui sont liées avec les premières d'une manière régulière et calculée.

Après les explications que j'ai données sur la variation des intensités des faisceaux dans différens azimuts, on voit qu'il suffit d'observer leurs teintes dans un azimut quelconque, mais qu'il vaut mieux choisir pour cela l'azimut de 45°, dans lequel les teintes des deux anneaux réfléchis et transmis sont complètement séparées. C'est donc dans l'azimut de 45° que j'ai

constamment placé le plan d'incidence; et la section principale du rhomboïde, qui sert pour analyser la lumière, est
restée constamment dirigée dans l'azimut o°, c'est-à-dire dans
le plan primitif de polarisation. Ces positions sont convenues
pour toutes les expériences qui vont suivre : quand on aura
la loi des teintes dans ces circonstances, la théorie des oscillations les fera connaître en général pour tous les azimuts
du plan d'incidence, du moins une fois que l'action du premier axe sera devenue complète.

1re Expérience. *Plaque* (C), *n° 2, amincie. Epaisseur en
parties du sphéromètre 470^p; en millimètres $1^{mm},06155$.*

Incidence comptée de la perpendiculaire.			Rayon ordinaire.	Rayon extraordinaire.	
o°	o′	o″	Blanc légèrem. jaunâtre.	Bleu.	
17	27	40	Bleu violacé très-sombre, presque nul.	Blanc.	1er ordre.
20	47	20	Bleu blanchâtre.	Orangé foncé.	
23	7	5o	Blanc verdâtre.	Rouge.	
25	18	3o	Jaune.	Bleu.	
3o	3	40	Bleu.	Jaune brillant.	2e ordre.
32	26	10	Vert.	Rouge.	
35	29	40	Rouge vif.	Vert vif.	
40	6	40	Vert vif.	Rouge vif.	3e ordre.
42	36	20	Rouge.	Vert.	
45	45	20	Vert.	Rouge.	4e ordre.
5o	7	5o	Rouge.	Bleu verdâtre.	
53	37	5o	Bleu verdâtre.	Rouge.	5e ordre.
56	33	20	Rouge.	Bleu verdâtre.	
59	56	20	Bleu verdâtre.	Rouge.	6e ordre.
62	23	48	Blanc rougeâtre.	Bleu verdâtre.	
68	5	10	Bleu verdâtre.	Blanc rougeâtre.	7e ordre.

2ᶜ **Expérience.** *Plaque* (C), *n° 2. Epaisseur en parties du sphéromètre* 922ᵖ; *en millimètres* 2ᵐᵐ,084.

Incidence comptée de la perpendiculaire.			Rayon ordinaire.	Rayon extraordinaire.	
0°	0′	0″	Jaune orangé.	Blanc bleuâtre.	
6	18	0	Rouge très-sombre un peu violacé, presque nul.	Blanc sensiblement.	1ᵉʳ ordre.
10	26	20	Bleu blanchâtre.	Orangé foncé (**).	
12	12	20	Blanc verdâtre.	Rouge vif sombre (***).	
13	54	20	Orangé.	Bleu foncé.	
17	27	40	Bleu.	Jaune brillant.	2ᵉ ordre.
18	56	40	Vert un peu bleuâtre.	Rouge.	
20	18	10	Jaune.	Bleu.	
21	36	0	Rouge.	Vert superbe.	3ᵉ ordre.
23	43	20	Vert.	Rouge vif.	
26	26	30	Rouge.	Vert (****).	4ᵉ ordre.
28	53	10	Bleu verdâtre.	Rouge.	
30	47	50	Rouge.	Bleu verdâtre.	5ᵉ ordre.
33	23	20	Bleu verdâtre.	Rouge.	
35	8	10	Rouge.	Bleu verdâtre.	6ᵉ ordre.
37	19	54	Bleu verdâtre.	Rouge.	
38	28	0	Blanc rougeâtre.	Bleu verdâtre.	7ᵉ ordre.
41	0	0(*)	Bleu verdâtre.	Blanc rougeâtre.	

(*) Peut-être a-t-on un peu exagéré cette inclinaison extrême pour atteindre plus sûrement le blanc.

(**) Déja le rayon ordinaire est blanc dans l'azimut 0°, et le rayon extraordinaire orangé est extrémement sombre.

(***) Le rayon ordinaire est blanc dans l'azimut 0°, et le rayon extraordinaire est rouge violacé presque nul : à des inclinaisons plus grandes, le rayon extraordinaire devient encore plus faible dans l'azimut 0°, quoiqu'il conserve toujours la teinte qui lui est propre.

(****) La transition de ce vert au rouge qui le suit, se fait en passant par un blanc composé : il en est de même dans les anneaux suivans.

3ᵉ Expérience. *Plaque* (C), *n⁰ 3. Epaisseur en parties du sphéromètre* 1327ᵖ; *en millimètres* 2ᵐᵐ,997.

Incidence comptée de la perpendiculaire.			Rayon ordinaire.	Rayon extraordinaire.	
0°	0′	0″	Rouge pourpre sombre.	Blanc légèrement jaunâtre	
10	58	50	Blanc bleuâtre.	Orangé foncé et brillant.	1ᵉʳ ordre.
12	38	40	Blanc légèrement verdâtre	Rouge de sang très-pourpre (*).	
14	42	50	Jaune.	Bleu très-beau.	
16	53	0	Bleu violacé.	Jaune un peu verdâtre.	2ᵉ ordre.
19	8	30	Vert.	Rouge (**).	
21	4	40	Rouge.	Vert.	3ᵉ ordre.
23	25	0	Vert.	Rouge vif.	
24	55	50	Rouge.	Vert (***).	4ᵉ ordre.
26	58	20	Bleu verdâtre.	Rouge.	
28	49	40	Rouge.	Bleu verdâtre.	5ᵉ ordre.
30	22	30	Bleu verdâtre.	Rouge.	
31	59	40	Rouge.	Bleu verdâtre.	6ᵉ ordre.
33	45	0	Bleu verdâtre.	Rouge.	
35	8	10	Blanc rougeâtre.	Bleu verdâtre.	7ᵉ ordre.
36	54	0	Bleu verdâtre.	Blanc rougeâtre.	

(*) La plaque est un peu prismatique ; et à cause de sa grande épaisseur, cette inégalité se fait sentir quand on fait passer le rayon à travers ses différens points, on peut ainsi monter ou descendre d'une teinte.

(**) Déja le rayon extraordinaire est insensible ou presque insensible dans l'azimut 0°.

(***) Le passage de ce vert au rouge qui le suit, se fait par un blanc composé : il en est de même dans les alternatives suivantes.

Ces trois plaques sont tirées d'une même aiguille, comme 1812.   55 l'indique leur dénomination. Les suivantes sont aussi tirées d'une même aiguille, mais différente de la précédente.

Pour montrer tout de suite les phénomènes extrêmes, j'ai choisi des épaisseurs très-petites, et des épaisseurs très-considérables, de manière à atteindre les deux extrémités de la série des anneaux.

4ᵉ Expérience. *Plaque extraite de l'aiguille* (A). *Epaisseur en parties du sphéromètre* 95ᵖ; *en millimètres* 0ᵐᵐ,215.

Incidence comptée de la perpendiculaire.			Rayon ordinaire.	Rayon extraordinaire.	
0°	0'	0'	Blanc presque total.	Bleu excessivem. sombre presque imperceptible.	$\Big\}$ 1ᵉʳ ordre.
35	43	5o	Violet rougeâtre excessivement sombre.	Blanc brillant très-légèrement jaunâtre (*).	
45	32	2o	Blanc verdâtre.	Rouge (**).	
5₇	2₇	54	Jaune.	Bleu.	$\Big\}$ 2° ordre.
70	2	2o	Bleu.	Jaune.	

(*) Dans l'azimut 0° le rayon extraordinaire est blanc, mais presque insensible.

(**) La plaque est un peu prismatique, ce qui fait varier un peu les teintes quand on fait passer le rayon par différens points.

On n'a pas pu incliner davantage la plaque, mais il est probable que les teintes n'auraient pas baissé beaucoup davantage dans la série des anneaux.

5ᵉ **Expérience.** *Plaque de l'aiguille* (A) *amincie. Épaisseur en parties du sphéromètre* 177ᵖ *; en millimètres* 0ᵐᵐ,400.

Incidence comptée de la perpendiculaire.			Rayon ordinaire.	Rayon extraordinaire.	
0°	0′	0″	Blanc.	Bleu très-sombre.	
23	42	54	Violacé extrèm. sombre.	Blanc (*).	1ᵉʳ ordre.
28	5o	10	Bleu un peu clair.	Orangé brillant.	
32	25	0	Blanc verdâtre.	Rouge.	
37	42	40	Jaune.	Bleu foncé.	
41	48	20	Rouge.	Vert blafard.	
44	35	10	Bleu.	Jaune.	2ᵉ ordre.
49	5	40	Vert.	Rouge.	
53	56	5o	Jaune.	Bleu.	
56	37	10	Rouge vif.	Vert vif.	
51	36	5o	Pourpre.	Jaune pale verdâtre.	3ᵉ ordre.
66	28	3o	Vert.	Rouge.	
74	15	0	Rouge.	Vert.	4ᵉ ordre.

(*) Dans l'azimut 0° le rayon extraordinaire est blanc, mais extrêmement faible.

On n'a pas pu pousser plus loin les incidences, mais il est probable que les teintes n'auraient pas baissé beaucoup davantage dans la série des anneaux.

6ᵉ **Expérience.** *Plaque* (A) *successivement amincie. Epaisseur en parties du sphéromètre* 4030ʳ, *en millimètres* 9ᵐᵐ,102.

Incidence comptée de la perpendiculaire.			Rayon ordinaire.	Rayon extraordinaire.	
0°	0′	0″	Rouge pourpre.	Vert superbe.	}3ᵉ ordre.
9	37	50	Pourpre bleuâtre.	Jaune verdâtre et blanchâtre.	
10	15	0	Gris de lin.	Jaune blanchâtre imparfait.	
11	36	0	Vert.	Rouge.	
12	20	20	Vert jaunâtre.	Rouge bleuâtre.	
13	35	20	Rouge.	Vert (*).	}4ᵉ ordre.
15	12	0	Vert.	Rouge.	
16	22	20	Rouge.	Bleu verdâtre.	}5ᵉ ordre.
17	26	0	Bleu verdâtre.	Rouge.	
18	40	0	Rouge.	Bleu verdâtre.	}6ᵉ ordre.
19	50	42	Bleu verdâtre.	Rouge.	
20	28	30	Blanc rougeâtre.	Bleu verdâtre.	}7ᵉ ordre.
21	17	10	Bleu verdâtre.	Blanc rougeâtre.	

(*) Le passage de ce vert au rouge qui le suit, se fait par un blanc composé; il en est de même dans toutes les alternatives suivantes.

7ᵉ EXPÉRIENCE. *Même plaque* (A). *Épaisseur en parties du sphéromètre 4482ᵖ, en millimètres* 10ᵐᵐ,124.

Incidence comptée de la perpendi- culaire.	Rayon ordinaire.	Rayon extraordinaire.	
0° 0′ 0″	Rouge de sang.	Vert un peu blanchâtre.	
5 17 30	Bleu verdâtre.	Jaune pâle blanchâtre.	
6 24 0	Vert.	Rouge de sang un peu jaunâtre.	3ᵉ ordre.
7 39 0	Vert un peu blanchâtre.	Rouge rose, rouge bleuâ- tre.	
9 8 10	Rouge jaunâtre.	Vert un peu bleuâtre, mais vif·(*).	4ᵉ ordre.
11 11 10	Vert bleuâtre.	Rouge.	
12 10 0	Rouge jaunâtre.	Bleu verdâtre.	5ᵉ ordre.
13 14 50	Bleu verdâtre.	Rouge.	
14 32 10	Rouge.	Bleu verdâtre.	6ᵉ ordre.
15 16 20	Bleu verdâtre.	Rouge.	
16 12 30	Blanc rougeâtre.	Bleu verdâtre.	7ᵉ ordre.
17 14 10	Bleu verdâtre.	Blanc rougeâtre.	

(*) Le passage de ce vert au rouge qui le suit, se fait par un blanc composé ; il en est de même de toutes les alternatives suivantes.

8e Expérience. *Même plaque* (A). *Epaisseur en parties du phéromètre* 5300^p, *en millimètres* 11^{mm},971.

Incidence comptée de la perpendiculaire.			Rayon ordinaire.	Rayon extraordinaire.	
0°	0$'$	0$''$	Vert bleuâtre.	Rouge pâle jaunâtre.	3e ordre.
9	54	0	Vert vif.	Rouge vif.	
11	52	50	Rouge.	Vert.	4e ordre.
13	44	30	Vert.	Rouge.	
14	53	40	Rouge.	Bleu verdâtre.	5e ordre.
15	45	30	Bleu verdâtre.	Rouge.	
16	32	0	Rouge.	Bleu verdâtre.	6e ordre.
17	17	50	Bleu verdâtre.	Rouge.	
18	28	40	Blanc rougeâtre.	Bleu verdâtre.	7e ordre.
19	8	30	Bleu verdâtre.	Blanc rougeâtre.	

9e Expérience. *Même plaque* (A). *Epaisseur en parties du sphéromètre* 5940^p, *en millimètres* 13^{mm},416.

Incidence comptée de la perpendiculaire.			Rayon ordinaire.	Rayon extraordinaire.	
0°	0$'$	0$''$	Vert.	Rouge.	4e ordre.
6	42	0	Rouge.	Bleu verdâtre.	5e ordre.
8	11	54	Bleu verdâtre.	Rouge.	
9	36	10	Blanc rougeâtre.	Bleu verdâtre.	6e ordre.
10	46	20	Bleu verdâtre.	Rouge pâle.	
11	32	20	Blanc rougeâtre.	Bleu verdâtre.	7e ordre.
12	40	50	Bleu verdâtre.	Blanc rougeâtre.	

Au-delà de cette limite, la coloration des deux images est tout-à-fait insensible : il en résulte que le rouge donné par le rayon extraordinaire, sous l'incidence perpendiculaire, correspond réellement à celui du quatrième ordre de la table de Newton. Il peut y avoir quelque petite incertitude sur la succession des incidences, principalement vers la fin de la série; car, à cause de la grande épaisseur de la plaque, les teintes se succédaient fort rapidement à mesure que l'incidence variait : et cet effet était encore augmenté par la forme un peu prismatique de cette plaque, dont l'artiste n'avait pu amener exactement les deux surfaces au parallélisme. Cependant les incidences ne peuvent être en erreur que de quantités fort petites, car on les a vérifiées plusieurs fois.

En examinant l'ensemble de ces expériences, on y découvre plusieurs lois générales que nous avions prévues par la théorie.

D'abord on voit que la teinte du rayon extraordinaire baisse constamment dans l'ordre des anneaux, à mesure que l'inclinaison augmente, et sa coloration cesse d'être sensible quand elle est ainsi descendue au blanc rougeâtre du septième ordre de la table de Newton. En effet, à mesure que l'on incline la plaque sur le rayon incident, le rayon réfracté forme un plus grand angle avec l'axe de cristallisation de cette plaque : par conséquent la force répulsive extraordinaire augmente.

Secondement on remarque que les variations sont plus rapides dans les plaques plus épaisses, et plus lentes dans les plus minces. Ainsi par exemple la plaque mince employée dans la quatrième expérience, n'a pu faire descendre la teinte du faisceau extraordinaire que jusqu'au jaune du second ordre, par les plus grandes inclinaisons. La plaque un peu plus épaisse, qui a servi dans la cinquième expérience, a fait descendre cette teinte jusqu'au vert du quatrième ordre, qu'elle a atteint sous l'incidence de 74°; tandis que dans la neuvième expérience, où l'on a employé une plaque épaisse de 13^{mm}, 416, la teinte du faisceau extraordinaire a atteint le septième ordre d'anneaux, et par conséquent la blancheur, dès l'incidence 12° 40′ 50″. Ainsi en général, à mesure que l'épaisseur des plaques augmente, les teintes du faisceau extraordinaire baissent plus rapidement, et atteignent plus vîte la blancheur, limite de leur coloration.

Mais suivant quelle loi ces variations s'opèrent-elles pour chaque plaque? quel rapport existe-t-il entre les inclinaisons successives auxquelles paraissent les différentes teintes? et peut-on parvenir à les prévoir? voilà les premières questions qui se présentent à décider.

Si on essayait de le faire d'après les seules expériences que nous avons rapportées, on risquerait de s'égarer complétement, ou plutôt on trouverait que la loi de ces variations n'a rien de fixe, qu'elle est plus rapide dans quelques parties de la série, plus lente dans d'autres, et sur-tout qu'elle est différente pour chaque plaque; mais ces irrégularités apparentes tiennent à une circonstance qu'il importe de développer.

Nous avons dit que nos plaques étaient taillées perpendiculairement à l'axe de cristallisation des aiguilles, et après avoir déterminé *à priori* cette direction en les coupant, nous l'avons encore vérifiée *à posteriori* en exposant les plaques perpendiculairement au rayon polarisé, et voyant que les teintes qu'elles donnent ne changent point quand on les tourne dans leur plan, ce qui montre qu'elles n'ont pas de section principale, et qu'ainsi l'axe de cristallisation, étant indifférent à ces mouvemens de rotation, leur est perpendiculaire.

Mais pour que cette constance des teintes s'observe, il n'est pas nécessaire que la perpendicularité de l'axe sur les surfaces des plaques soit rigoureuse, il suffit que sou action soit trop faible pour produire sur les molécules lumineuses aucun effet de polarisation sensible : or cela arrivera si cet axe est presque perpendiculaire à la surface des plaques, par exemple, s'il fait avec la normale à leur surface un angle de 1 ou 2° : car alors l'action de la plaque sera proportionnelle à son épaisseur multipliée par le carré du sinus de 1 ou de 2°; et comme ce quarré sera une quantité extrêmement petite, il s'ensuit que si la lame n'est pas très-épaisse, il pourra arriver que le produit, réduit à l'échelle de Newton, soit au-dessous de l'épaisseur qui polarise le bleu du premier ordre; et alors l'action répulsive de l'axe n'exercera aucune déviation dans les molécules lumineuses. Mais si l'on vient à incliner une pareille plaque sur le rayon polarisé, ce défaut de perpendicularité pourra devenir sensible; car, selon que l'on inclinera la plaque dans un sens ou dans un autre, il augmentera ou diminuera l'angle du rayon réfracté avec l'axe de cristallisation, et par conséquent les teintes du rayon extraordinaire, observées ainsi sous des incidences obliques, devront changer lorsqu'on tournera les plaques dans leur plan; de sorte que l'incidence à laquelle une teinte désignée commencera à paraître, sera différente selon le sens dans lequel la plaque sera tournée. C'est en effet ce qui a lieu dans toutes les plaques dont j'ai fait usage; et j'ajoute que cela devait être O; car, quelque soin qu'on ait mis à les tailler perpendiculairement à l'axe, on n'a pas pu répondre de ne pas faire, sur cette direction, une erreur de 1 ou 2° : or une pareille erreur, toute petite qu'elle peut paraître, suffit cependant, comme on le verra tout-à-l'heure, pour produire sur la même teinte, des différences d'incidence très-considérables ; et voilà pourquoi les séries d'observations que j'ai rapportées plus haut sans aucune indication du sens où elles ont été faites, ne sont pas propres à donner la loi suivant laquelle les teintes doivent se succéder dans les diverses inclinaisons.

La première fois que j'observai ces variations de teintes, l'incidence restant constante, je fus tenté de les attribuer à la forme toujours un peu prismatique des plaques. Car cette forme doit influer sur la marche du rayon à travers leur substance, et sur la longueur du trajet qu'il y parcourt ; elle doit donc altérer la teinte qui dépend de cette longueur et de la force répulsive : mais je découvris bientôt que cette cause, quoique réelle, était beaucoup trop faible pour produire les phénomènes observés. Car, en faisant mouvoir l'œil sans changer la position de la plaque, seulement de manière à faire passer le rayon par les différens points de son épaisseur, je pouvais apercevoir des variations de couleurs, mais très-légères, et qui montaient ou descendaient seulement d'une teinte dans la table de Newton. D'où il suit qu'en visant toujours à-peu-près au même point de la plaque, j'avais très-peu d'erreur à craindre de cette inégalité : mais si je tournais la plaque sur elle-même sans changer son inclinaison, en aucune manière, j'apercevais de bien autres phénomènes. Ce n'était plus seulement une teinte immédiatement voisine, c'étaient plusieurs teintes, et quelquefois un grand nombre qui se succédaient l'une à l'autre, et se suivaient dans l'ordre des anneaux, à mesure que je tournais la plaque sur elle-même. Ces changemens étaient bornés par deux limites; l'une, dans laquelle la plaque agissait sur la teinte la plus basse, et avait par conséquent son maximum d'action; l'autre, dans laquelle elle agissait sur la teinte la plus haute; c'était par conséquent son minimum. Ces positions différaient l'une de l'autre de 180°, et les variations des teintes se faisaient toujours autour de chacune d'elles dans le même sens, soit pour monter soit pour descendre, de quelque côté qu'on tournât la plaque sur son plan. Tous ces phénomènes résultaient très-évidemment d'une trop petite obliquité de l'axe pour que je pusse la méconnaître, d'autant plus que je savais que l'artiste qui les avait construites n'avait pu répondre de ne pas commettre à cet égard un ou deux degrés d'erreur : mais pour lever tous mes doutes à ce sujet, je consultai la théorie.

Considérons une plaque de cristal de roche dont les surfaces soient exactement parallèles entre elles, et perpendiculaires à l'axe de cristallisation : supposons que cette plaque, sous l'incidence perpendiculaire, donne un faisceau extraordinaire dont la teinte réponde à l'épaisseur e, dans la table de Newton : cette teinte est indépendante de l'action répulsive de l'axe, qui est nulle dans cette position. Maintenant, si l'on incline la plaque sur le rayon polarisé et dans l'azimut de 45°, le rayon réfracté ne sera plus parallèle à l'axe de cristallisation, il fera au contraire avec cet axe un angle θ' qui sera précisément l'angle de réfraction compté de la normale à la surface. De-là naîtra une force répulsive extraordinaire proportionnelle à $\sin, \theta'$. D'une autre part, la longueur du trajet que parcourt la lumière à travers la plaque, est proportionnelle à $\frac{1}{\cos. \theta'}$, les deux surfaces étaient supposées parallèles ; et d'après tout ce que nous avons dit jusqu'à présent, l'action totale de la plaque pour polariser la lumière, se compose de ces deux facteurs, c'est-à-dire est proportionnelle à $\frac{\sin^2 \theta'}{\cos. \theta'}$. Soit donc μ un facteur constant pour la même plaque: la teinte E du faisceau extraordinaire correspondant à chaque incidence, sera le produit de l'action répulsive de l'axe, ajoutée à la teinte primitive e ; c'est-à-dire qu'on aura à très-peu de chose près :

$$E = e + \frac{\mu \sin^2 \theta'}{\cos. \theta'}.$$

Mais je trouve par expérience qu'on augmentera beaucoup l'exactitude de cette formule, en donnant au facteur μ une variation proportionnelle au carré du sinus de l'angle $4\theta'$ c'est-à-dire en faisant

$$E = e + \frac{\mu \sin^2 \theta' \left[1 + m \sin^2 4\theta' \right]}{\cos. \theta'},$$

m étant un nombre constant indépendant de l'incidence.

Voilà ce qui arriverait si l'axe de cristallisation était perpendiculaire aux faces de la plaque ; mais s'il lui est oblique, les résultats doivent être différens. Supposons par exemple que cet axe représenté par CA fig. 17 fasse un petit angle α avec la normale CP ; menons un plan par ces deux droites, et choisissons-le pour plan d'incidence : alors CL étant le rayon incident, et CR le rayon réfracté, l'angle de ce dernier avec l'axe de cristallisation sera $\theta' - \alpha$, si la plaque est inclinée dans le sens que représente la fig. 17, et au contraire il sera $\theta' + \alpha$, si la plaque est inclinée comme le représente la fig. 18. L'expression de la force répulsive sera donc, dans le premier cas, proportionnelle à $\sin^2 (\theta' - \alpha)$, et dans le second, à $\sin^2 (\theta'_, + \alpha)$, en désignant par $\theta'_,$ les valeurs de l'angle de réfraction dans cette seconde supposition. D'après cela, les expressions de la teinte extraordinaire E, dans ces deux cas, seront

$$\text{fig. 17. } E = e + \frac{\mu \sin^2 (\theta' - \alpha)}{\cos. \theta'} \left[1 + m \sin^2 \tfrac{1}{4} (\theta - \alpha) \right]$$

$$\text{fig. 18. } E = e + \frac{\mu \sin^2 (\theta'_, + \alpha)}{\cos. \theta'_,} \left[1 + m \sin^2 \tfrac{1}{4} (\theta'_, + \alpha) \right].$$

Maintenant il est facile de déterminer α par observation. En effet, si l'on amène successivement la plaque dans les deux positions diamétralement opposées, pour lesquelles nos formules sont construites, et si l'on mesure dans chaque cas l'incidence à laquelle on aperçoit une même teinte dans le faisceau extraordinaire, le rhomboïde restant fixe, on aura évidemment l'égalité

$$\frac{\sin^2 (\theta' - \alpha)}{\cos. \theta'} \left[1 + m \sin^2 \tfrac{1}{4}(\theta' - \alpha) \right] = \frac{\sin^2 (\theta_,' + \alpha)}{\cos. \theta_,'} \left[1 + m \sin^2 \tfrac{1}{4}(\theta_,' + \alpha) \right]$$

Si les deux angles θ' et $\theta_,'$ étaient égaux entre eux, α serait nul. Or ces angles ne diffèrent que de quatre ou cinq degrés, comme on le verra tout-à-l'heure, ainsi l'on voit d'avance que α sera un très-petit angle. De plus la valeur que nous trouverons pour α, sera telle que $\theta' - \alpha$ deviendra à très-peu-près égale à $\theta_,' + \alpha$: enfin la valeur du coéfficient m sera peu considérable. Ces circonstances nous permettent de regarder le facteur $1 + m \sin^2 \tfrac{1}{4} (\theta' - \alpha)$ du premier membre comme sensiblement égal au facteur $1 + m \sin^2 \tfrac{1}{4} (\theta_,' + \alpha)$ du second,

et alors, en divisant toute l'équation par ce facteur commun,
il vient

$$\frac{\sin^2(\theta' - \alpha)}{\cos.\;\theta'} = \frac{\sin^2(\theta_{,}' + \alpha)}{\cos.\;\theta_{,}'},$$

d'où l'on tire

$$\sin.\;(\theta' - \alpha) = \sqrt{\frac{\cos.\;\theta'}{\cos.\;\theta_{,}'}}\;\sin.\;(\theta_{,}' + \alpha).$$

Si, pour plus de simplicité, on fait

$$u = \sqrt{\frac{\cos.\;\theta'}{\cos.\;\theta_{,}'}},$$

cette équation donne

$$\tan g.\;\alpha = \frac{\sin.\;\theta' - u\,\sin.\;\theta_{,}'}{\cos.\;\theta' + u\,\cos.\;\theta_{,}'}.$$

En substituant successivement dans cette formule les valeurs de θ' et de $\theta_{,}'$, qui répondent à une même teinte, on
verra d'abord si α est réellement constant, comme l'exige la
supposition d'un défaut de perpendicularité de l'axe sur le
plan des plaques ; ensuite, si cette condition se trouve satisfaite, on en tirera la valeur de α, et l'on pourra calculer
toutes les teintes par notre formule, l'incidence étant donnée.

Pour voir si ces considérations seraient confirmées par
l'expérience, j'ai d'abord étudié la plaque (C), n° 3, qui
présentait sur-tout des variations de teintes très-considérables quand on la tournait sur son plan, l'incidence restant
constante. J'ai déja rapporté, page 433, une série d'observations faites avec cette plaque ; mais alors je n'avais nullement choisi le sens de l'inclinaison : ici je l'ai déterminé
suivant les règles que je viens d'expliquer.

J'ai d'abord placé la plaque sous une incidence fixe, en
l'inclinant dans l'azimut de 45° : alors, en la tournant sur
son plan, j'ai observé quelle était la succession des teintes

qu'elle donnait; puis j'ai remarqué parmi ces teintes quelle était la plus haute dans l'ordre des anneaux, et quelle était la plus basse: elles répondaient à deux positions de la plaque opposées l'une à l'autre d'une demi-circonférence, ce qui est d'abord une circonstance conforme à notre théorie. J'ai fixé la plaque dans une de ces positions, d'abord dans la première. Puis je l'ai inclinée dans l'azimut de 45°, et j'ai mesuré les incidences successives auxquelles les teintes les plus tranchées de la série des anneaux ont passé dans le faisceau extraordinaire : cela fait, j'ai tourné d'une demi-conférence l'anneau qui porte la plaque, et j'ai observé de nouveau les teintes dans cette seconde position. Voici le tableau de ces résultats.

Incidence comptée de la perpendiculaire.			Teinte du rayon ordinaire.	Teinte du rayon extraordinaire.	Ordre d'anneaux auxquels répond la teinte du rayon extraordinaire.
0°	0′	0″	Rouge violacé sombre.	Blanc sensiblement.	1er ordre.
15	34	10	Blanc verdàtre.	Rouge de sang.	
17	46	30	Jaune.	Bleu céleste.	2e ordre.
20	17	10	Bleu.	Jaune.	
21	17	10	Vert,	Rouge.	
23	48	50	Rouge.	Vert.	3e ordre.
25	48	10	Vert.	Rouge.	
27	32	20	Rouge.	Vert.	4e ordre.
29	17	40	Vert.	Rouge.	
30	57	40	Rouge.	Bleu verdàtre.	5e ordre.
31	47	20	Bleu verdàtre.	Rouge.	
34	35	10	Rouge.	Bleu verdàtre.	6e ordre.
36	0	0	Bleu verdàtre.	Rouge.	
37	48	0	Blanc rougeàtre.	Bleu verdàtre.	7e ordre.
38	56	30	Bleu verdàtre.	Blanc rougeàtre.	

Cette série terminée, j'ai fait faire un demi-tour à l'anneau qui portait la plaque; celle-ci a donc été retournée point pour point sur son plan : alors j'ai recommencé une autre série dans laquelle les incidences ont été bien différentes des précédentes, quoiqu'elles aient été également vérifiées à plusieurs reprises.

Incidence comptée de la perpendiculaire.			Teinte du rayon ordinaire.	Teinte du rayon extraordinaire.	Ordre d'ann. auxquels le rayon extraordin. répond.
$0°$	$0'$	$0''$	Rouge pourpre violacé, sombre.	Blanc sensiblement.	1er ordre.
7	55	50	Blanc verdâtre.	Rouge.	
9	18	54	Jaune.	Bleu superbe.	2e ordre.
13	23	30	Vert.	Rouge.	
15	23	20	Rouge.	Vert vif.	3e ordre.
18	2	10	Vert.	Rouge vif.	
19	30	10	Rouge.	Vert.	4e ordre.
21	12	50	Vert.	Rouge.	
23	10	30	Rouge.	Bleu verdâtre.	5e ordre.
24	42	50	Bleu verdâtre.	Rouge.	
26	1	40	Rouge.	Bleu verdâtre.	6e ordre.
27	41	0	Bleu verdâtre.	Rouge.	
29	9	40	Blanc rougeâtre.	Bleu verdâtre.	7e ordre.
31	0	20	Bleu verdâtre.	Blanc rougeâtre.	

Chacune des incidences de cette série est moindre d'environ $7°$ que sa correspondante dans la série précédente. Ainsi la première série doit être celle dont nous avons désigné les angles de réfraction par θ', et la seconde doit être celle que nous avons désignée par $\theta'_{,}$. Cela posé, j'ai choisi au hasard un certain nombre de teintes dans les deux séries, et j'ai calculé les angles de réfraction pour chacune de ces teintes, après quoi j'ai substitué ces valeurs dans la formule

$$\tan. \; \alpha = \frac{\sin. \; \theta' - u \sin. \; \theta',}{\cos. \; \theta' + u \cos. \; \theta',} \; ,$$

dans laquelle

$$u = \sqrt{\frac{\cos. \; \theta'}{\cos. \; \theta',}} \; ,$$

et j'en ai tiré les valeurs correspondantes de α, qui ont été telles que le montre le tableau suivant.

1re série observée		2e série observée		Valeur de α; calculée.	Ordre d'anneaux de la teinte employée.
θ.	θ'.	$\theta,$.	$\theta',$.		
15° 34′ 20″	9° 53′ 30″	7° 55′ 50″	5° 3′ 55″	2° 26′ 1″	Rouge du 1er ordre.
21 17 10	13 26 10	13 23 30	8 31 30	2 30 6	Rouge du 2e ordre.
23 48 50	14 58 30	15 23 20	9 46 40	2 39 41	Vert du 3e ordre.
25 48 10	16 10 30	18 2 10	11 25 40	2 26 41	Rouge du 3e ordre.
30 57 40	19 13 20	23 10 30	14 35 20	2 25 30	Bleu verdâtre du 5e ord.
36 0 0	22 5 50	27 41 0	17 17 50	2 33 13	Rouge du 6e ordre.
38 56 30	23 43 10	31 0 20	19 14 50	2 24 40	Blanc rougeât. du 7e ord.

Valeur moyenne de α.....................2° 29′ 24″

En rejetant la troisième observation α.......2° 27′ 42″

Alors le plus grand écart de ces résultats partiels autour de la moyenne n'est que de 6′ : cela répond à une différence de 12′ ou 15′ sur l'incidence ; c'est-à-dire qu'il suffirait d'altérer de cette quantité l'une des deux incidences que l'on compare, pour faire disparaître les écarts dont il s'agit ; et

1812.   57

par conséquent il suffirait de répartir la moitié de l'altération sur l'une et sur l'autre en sens contraire. Or, il est facile de voir que de pareilles différences sont absolument inévitables. Car les teintes diverses que nous comparons ne répondent pas chacune à un seul degré d'incidence fixe et déterminé ; il y a pour chacune d'elles une certaine étendue d'incidence dans laquelle elle se maintient sensiblement ; et quoique l'on cherche à saisir l'inclinaison précise où la teinte que l'on observe atteint son maximum d'intensité, on ne peut cependant répondre qu'on ne commettra pas des erreurs de 7 ou 8' sur cette évaluation. Ainsi, en prenant en considération cette cause inévitable d'incertitude, comme on doit nécessairement le faire, on voit que le défaut de perpendicularité de l'axe sur le plan des plaques se trouve mis dans une entière évidence par la constance de α, et la valeur de cette quantité détermine l'obliquité de l'axe avec une exactitude qu'il était peut-être difficile d'espérer.

Ce résultat étant connu, il nous faut déterminer la valeur du coëfficient constant μ. Pour cela, je reprends d'abord la première formule

$$E = e + \frac{\mu \sin^2 (\theta' - \alpha)}{\cos. \theta'} \left[1 + m \sin^2 4 (\theta' - \alpha) \right],$$

qui se rapporte à la fig. 17. Je suppose que l'on ait observé l'incidence θ, qui répond à une teinte E, dont la valeur est connue dans la table de Newton. On pourra calculer l'angle de réfraction correspondant θ'. On connaît aussi la valeur de la teinte e qui s'observe sous l'incidence perpendiculaire. En substituant ces valeurs dans notre équation, on peut en tirer les valeurs du facteur variable $\mu \left[1 + m \sin^2 4 (\theta' - \alpha) \right]$;

que je représenterai par μ'; car on a

$$\mu\left[1 + m \sin^2 4\left(\theta' - \alpha\right)\right] = \frac{E - e}{\dfrac{\left[\sin^2\left(\theta' - \alpha\right)\right]}{\cos.\ \theta'}}.$$

Et puisque le second membre est composé tout entier de quantités connues, le premier que nous représenterons, pour abréger, par μ', le sera également. En comparant la valeur de ce facteur pour les diverses incidences, on verra si elle est constante ou variable; et dans ce dernier cas on verra si sa variabilité peut être réellement représentée par la forme que nous lui supposons. J'ai appliqué cette formule aux mêmes observations de la première série qui nous ont servi pour déterminer α; et en prenant pour α sa valeur moyenne $2° 29'$, j'ai trouvé pour μ les valeurs suivantes.

Angle de réfraction θ.	Angle du rayon réfracté avec l'axe du cristal $(\theta' - \alpha)$.	Valeur du facteur observé μ'.	Désignation des teintes.
13° 26′ 10″	10° 58′ 30″	225,41	Rouge du 2ᵉ ordre.
14 58 30	12 30 50	262,35	Vert du 3ᵉ ordre.
16 10 30	13 42 50	281,30	Rouge du 3ᵉ ordre.
17 12 40	14 45 0	283,67	Vert du 4ᵉ ordre.
19 13 20	16 45 40	297,13	Bleu verdâtre du 5ᵉ ordre.
22 5 50	19 38 10	338,48	Rouge du 6ᵉ ordre.
23 5 40	20 38 0	313,35	Bleu verdâtre du 7ᵉ ordre.
13 43 10	21 15 30	321,54	Blanc rougeâtre du 7ᵉ ordre.

On voit que la valeur du facteur va croissant avec l'incidence; et la seule inversion que l'on trouve à cette loi est celle que présente le rouge du sixième ordre, qui est évidemment accidentelle. Sur quoi l'on doit remarquer qu'il n'est pas étonnant que nous trouvions quelques petites exceptions à la loi générale ; car la plaque étant un peu prismatique, la régularité de la série doit s'altérer nécessairement quand, par hasard, on ne vise pas toujours à travers le même point de sa surface, ce dont il est presque impossible de répondre. Cet accroissement du facteur μ' est surtout rapide dans ces petites incidences ; et dans les plus grandes, il demeure presque constant : ces circonstances sont très-bien imitées par la forme que nous avons adoptée, et qui est

$$\mu' = \mu \left[1 + m \sin^2 4 \left(\theta' - \alpha \right) \right].$$

J'ai déterminé μ et m par la condition de satisfaire à la première valeur de θ' et à la dernière, j'ai eu ainsi

$$\mu = 135,08 \qquad m = 1,39077.$$

En substituant ces valeurs dans la formule

$$E = e + \frac{\mu \sin^2 \left(\theta' - \alpha \right)}{\cos. \theta'} \left[1 + m \sin^2 4 \left(\theta' - \alpha \right) \right],$$

et faisant $e = 3,5$, comme nous l'avons supposé précédemment, et comme la teinte e l'indique, j'ai trouvé pour E les valeurs suivantes, que j'ai comparées à l'observation.

Désignation de la teinte E.	Valeur de la teinte E, calculée.	Valeur de la teinte E, observée.	Excès du calcul.
Rouge du 1er ordre.....................	6, 57	5, 80	+ 0, 77
Rouge du 2e ordre................. ..	11, 90	11, 90	+ 0, 00
Vert du 3e ordre.....................	15, 43	16, 25	— 0, 82
Rouge du 3e ordre.................•....	18, 75	18, 71	+ 0, 04
Vert du 4e ordre.....................	22, 03	22, 75	— 0, 72
Bleu verdâtre du 5e ordre..............	29, 43	29, 67	— 0, 24
Rouge du 6e ordre....................	39, 08	42, 00	— 2, 92
Bleu verdâtre du 7e ordre.............	46, 67	45, 80	+ 1, 87
Blanc rougeâtre du 7e ordre............	49, 67	49, 67	0, 00

Les écarts de l'observation et du calcul sont peu considérables, du moins si l'on en excepte le rouge du sixième ordre:
or, nous avons déja remarqué qu'il doit exister en ce point
une erreur d'observation ; néanmoins cette erreur ne s'élève
qu'à 24′ de degré sur l'incidence, car elle disparaîtrait en augmentant l'incidence de cette quantité. De plus, en comparant
nos résultats à ceux de la table de Newton, on voit que ces
erreurs ne font que remonter ou descendre la teinte observée
vers la teinte qui la suit ou qui la précède immédiatement
dans l'ordre des anneaux ; or, de pareils écarts peuvent être
attribués avec autant de vraisemblance à la forme prismatique
de la plaque, ou à sa constitution inégale, qu'à l'imperfection
de la formule ; car en rapportant les observations, j'ai fait
remarquer que l'on pouvait élever ou abaisser les couleurs
d'une teinte entière, en promenant le rayon visuel dans le
plan d'incidence depuis le centre de la plaque jusqu'à ses
extrémités opposées ; et quoique j'aie toujours cherché à
observer par le centre autant qu'il m'a été possible, je n'oserais répondre d'y avoir constamment réussi.

Je passe maintenant à la seconde série d'incidence observée après avoir fait tourner la plaque d'une demi-circonférence sur son anneau. Voici d'abord les valeurs du facteur μ' ou $\mu \left[1 + m \sin^2 \frac{1}{4} (\theta' + \alpha) \right]$ calculée par la formule

$$\mu' = \frac{(E - e) \cos . \theta'_{,}}{\sin^2 (\theta'_{,} + \alpha)}.$$

Angle de réfraction θ.	Angle formé par le rayon réfracté avec l'axe du cristal $(\theta'_{,} + \alpha)$	Valeur du facteur μ'.	Désignation des teintes.
8° 31′ 30″	10° 59′ 10″	230,03	Rouge du 2ᵉ ordre.
9 46 40	12 14 20	278,35	Vert du 3ᵉ ordre.
11 25 40	13 53 20	280,69	Rouge du 3ᵉ ordre.
12 20 20	14 48 0	288,19	Vert du 4ᵉ ordre.
14 35 20	17 3 0	294,58	Bleu verdâtre du 5ᵉ ordre.
17 17 50	19 45 40	321,66	Rouge du 6ᵉ ordre.
18 10 0	20 37 40	323,83	Bleu verdâtre du 7ᵉ ordre.
19 14 50	24 42 30	318,60	Blanc rougeâtre du 7ᵉ ordre.

Si l'on compare ces valeurs à celles de la page 451, relative à la première série, on voit qu'elles sont, à fort peu de chose près, les mêmes pour les mêmes teintes, sauf les erreurs des observations; on pourra donc, sans s'écarter beaucoup de la vérité, calculer cette seconde série avec les valeurs de μ et de m déduites de la première. De plus, ou voit que les valeurs de $\theta'_{,} + \alpha$ répondent presque exactement à celles de $\theta' - \alpha$, qui correspondent aux mêmes teintes; ce qui légitime l'approximation que nous avons faite dans la page 445, en supposant le facteur $1 + m \sin^2 \frac{1}{4} (\theta' - \alpha)$ sensiblement égal à $1 + m \sin^2 \frac{1}{4} (\theta'_{,} + \alpha)$. Cela posé, voici le calcul de cette seconde série fait avec nos anciennes valeurs de m et de n.

Désignation de la teinte E.	Valeur de la teinte E, calculée.	Valeur de la teinte E, observée.	Excès du calcul.
Rouge du 1ᵉʳ ordre......................	6,64	5,80	+ 0,80
Rouge du 2ᵉ ordre....................	11,72	11,90	— 0,18
Vert du 3ᵉ ordre.....................	14,56	16,25	— 1,69
Rouge du 3ᵉ ordre	18,42	18,71	— 0,29
Vert du 4ᵉ ordre.....................	21,78	22,75	— 0,97
Bleu verdâtre du 5ᵉ ordre.............	29,89	29,67	+ 0,22
Rouge du 6ᵉ ordre....................	41,36	42,00	— 0,64
Bleu verdâtre du 7ᵉ ordre.............	45,27	45,80	— 0,53
Blanc rougeâtre du 7ᵉ ordre............	50,22	49,67	+ 0,55

Généralement on voit que les erreurs sont fort petites et négatives : ainsi le facteur conclu de la première série est un peu trop fort pour l'appliquer à cette dernière, en supposant toutefois que les écarts observés ne soient pas dus à quelques erreurs des observations. Sans doute, en modifiant un peu ce facteur, on pourrait serrer les observations de plus près ; mais comme cela n'aurait pas eu beaucoup d'utilité, je n'ai point essayé de le faire ; et j'ai, au contraire, voulu calculer la seconde série avec les élémens tirés de la première sans emprunter aucune autre donnée. Car cette épreuve faite ainsi sans préparation, confirme d'autant mieux la loi générale que nous avons trouvée sur la manière d'évaluer, à très-peu de chose près, la force répulsive extraordinaire en multipliant le trajet de la lumière dans le cristal par le carré du sinus de l'angle que l'axe du cristal forme avec le rayon réfracté.

J'ai voulu éprouver les mêmes considérations sur une autre plaque : pour cela j'ai pris la plaque (C), n° 4, dont l'épaisseur était $4^{mm},005$, comme on l'a vu plus haut page 392. J'ai de même cherché les deux sens opposés dans lesquels il fallait incliner cette plaque pour avoir les plus petites incidences relativement aux mêmes teintes, et j'ai rapporté les résultats dans le tableau suivant.

Première position de la plaque, plus grande inclinaison θ.	Seconde position de la plaque, plus petite inclinaison θ'.	Teinte du rayon ordinaire.	Teinte du rayon extraordinaire.	Désignation de l'ordre d'anneaux auquel le rayon extraordinaire répond.
0° 0′ 0″	0° 0′ 00	Bleu superbe.	Jaune brillant.	1er ordre.
12 38 40	6 5 0	Blanc verdâtre.	Rouge.	
14 11 0	7 53 0	Jaune brillant.	Bleu céleste.	
15 18 0	8 47 0	Rouge.	Vert blanchâtre.	
16 19 0	9 46 30	Bleu violacé sombre.	Jaune brillant.	2e ordre.
17 50 50	11 48 30	Vert.	Rouge.	
19 1 30	13 6 50	Jaune un peu rougeâtre.	Bleu.	
19 42 0	13 30 0	Rouge vif.	Vert vif.	3e ordre.
21 44 40	15 27 10	Vert.	Rouge.	
23 5 40	16 48 40	Rouge.	Vert.	
24 36 20	18 36 40	Vert.	Rouge.	4e ordre.
26 5 20	19 46 50	Rouge.	Bleu verdâtre.	
27 50 10	21 36 0	Bleu verdâtre.	Rouge.	5e ordre.
29 10 20	22 40 50	Rouge.	Bleu verdâtre.	
30 20 50	24 8 20	Bleu verdâtre.	Rouge.	6e ordre.
31 52 40	25 0 10	Blanc rougeâtre.	Bleu verdâtre.	
33 9 50	26 14 40	Bleu verdâtre.	Rouge.	7e ordre.

On remarquera d'abord que les deux séries d'incidences qui répondent à une même teinte ont entre elles des différences presque constantes ; cela nous indique que les angles de réfraction seront aussi, à très-peu de chose près, équidifférens. Ici, comme dans l'expérience faite avec la première plaque, cette circonstance nous indique que l'axe de la plaque dont nous avons fait usage n'est pas tout-à-fait perpendiculaire à ses surfaces. Je commence donc par calculer ce défaut d'obliquité α au moyen de la formule

$$\tan \alpha = \frac{\sin \theta_{,} - u \sin \theta'_{,}}{\cos \theta' + u \cos \theta'_{,}},$$

dans laquelle

$$u = \sqrt{\frac{\cos \theta'}{\cos \theta'_{,}}};$$

et je trouve pour α les valeurs suivantes.

Désignation des teintes.	1re série observée.		2e série observée.		Valeur de α; calculée.
	$\theta.$	$\theta'.$	$\theta_{,}.$	$\theta'_{,}.$	
Rouge du 1er ordre.	12° 38' 40"	8° 3' 10"	6° 5' 0"	3 53 20	2" 4' 3
Rouge du 2e ordre.	17 50 50	11 18 40	11 48 30	7 31 30	1 55 9
Vert du 3e ordre.	19 42 0	12 27 40	13 30 0	8 35 40	1 54 0
Rouge du 3e ordre.	21 44 40	13 43 0	15 27 1°	9 49 0	1 54 23
Vert du 4^{e} ordre.	23 5 40	14 32 20	16 48 40	10 40 0	1 53 15
Bleu verdâtre du 5^{e} ord.	26 5 20	16 20 50	19 46 50	12 32 10	1 58 3
Rouge du 6e ordre.	30 20 50	18 51 0	24 8 20	15 10 20	1 56 0
Bleu verdâtre du 7e ord.	31 52 40	19 45 10	25 0 10	15 41 40	2 8 11
Blanc rougeât. du 7e ord.	33 9 50	20 29 40	26 14 40	16 26 30	2 8 20

Valeur moyenne $\alpha = 1° 59' 1"$.

Les plus grands écarts autour de la moyenne sont de 9', et il n'y a que deux observations qui soient dans ce cas, toutes les autres ne s'en écartent qu'à 5' au plus.

Connaissant les valeurs de α, j'ai calculé les valeurs du facteur μ' par la formule

$$\mu' = \frac{E - e}{\left[\dfrac{\sin^2\left(\theta' - \alpha\right)}{\cos\theta'}\right]}$$

dans laquelle E représente l'épaisseur correspondante à chaque teinte, et e la teinte extraordinaire que donne la plaque sous l'incidence perpendiculaire quand le rhomboïde qui sert pour analyser la lumière a sa section principale dirigée dans l'azimut 0°. Ici cette teinte était un jaune brillant confinant à l'orangé du premier ordre ; je lui ai donné pour valeur 5 ; l'orangé parfait de cet ordre est représenté par 5,17 dans la table de Newton. Donnant donc à E successivement les valeurs qui répondent aux différentes teintes précédentes, j'en ai déduit les valeurs suivantes de μ'.

Angle de réfraction θ.	Angle du rayon réfracté avec l'axe du cristal $(\theta' - \alpha)$.	Désignation des teintes.	Épaisseurs correspondantes aux différentes teintes dans la table de Newton ou E.	Valeur du facteur μ', calculée.
11° 18' 40"	9° 19' 40	Rouge du 1ᵉʳ ordre.	12,3	272,48
12 27 40	10 28 40	Vert du 3ᵉ ordre.	16,25	332,00
13 43 0	11 44 0	Rouge du 3ᵉ ordre.	19,00	338,28
14 32 20	12 33 20	Vert du 4ᵉ ordre.	22,75	363,58
16 20 50	14 21 50	Bleu verdâtre du 5ᵉ ordre.	29,67	384,65
18 51 0	16 52 0	Rouge du 6ᵉ ordre.	42,00	415,90
19 45 10	17 46 10	Bleu verdâtre du 7ᵉ ordre.	45,80	412,28
20 29 40	18 30 40	Blanc rougeâtre du 7ᵉ ordre.	49,67	415,11

On voit que les valeurs du facteur μ' croissent constamment avec l'incidence comme dans la série d'expériences faites précédemment avec l'autre plaque ; mais de plus on voit que ses valeurs deviennent presque constantes ou même sensiblement constantes dans les trois dernières observations. Il faut donc supposer μ' variable avec l'incidence, et tellement variable que ses changemens deviennent presque constans lorsque $\theta - \alpha$ s'approche de 18°. On satisfait à ces conditions en faisant

$$\mu' = \mu \left[1 + m \sin^2 \tfrac{5}{} (\theta' - \alpha) \right].$$

μ et m étant des coëfficiens constans. En les déterminant par la condition de satisfaire à la seconde valeur de μ' et à la dernière, j'ai trouvé

$$\mu = 108 \qquad\qquad m = 2,8733;$$

et avec ces valeurs, en calculant les teintes E pour diverses incidences, j'ai formé le tableau suivant.

Désignation de la teinte E.	Valeur de la teinte E, calculée.	Valeur de la teinte E, observée.	Excès du calcul.
Rouge du 1ᵉʳ ordre....................	7, 03	5. 80	+ 1, 23
Bleu ou indigo.........	8, 20	8, 20	0
Rouge du 2ᵉ ordre	12, 30	12, 30	0
Vert du 3ᵉ ordre.....................	15, 25	16, 25	— 1. 00
Rouge du 3ᵉ ordre....................	19. 24	19. 00	+ 0. 24
Vert du 4ᵉ ordre.....................	22, 25	22, 75	— 0, 50
Rouge du 4ᵉ ordre....................	25. 97	26. 00	— 0, 03
Bleu verdâtre du 5ᵉ ordre.............	29, 89	29. 67	+ 0, 22
Rouge du 6ᵉ ordre	41. 95	42. 00	— 0. 05
Bleu verdâtre du 7ᵉ ordre.............	46. 33	45. 80	+ 0, 42
Blanc rougeâtre du 7ᵉ ordre...........	49. 87	49. 67	+ 0. 20
Sommes des erreurs...			+ 0. 73

On voit que les observations et le calcul s'accordent aussi bien qu'il était possible de le desirer. La différence qui se trouve dans le rouge du premier ordre ne me paraît pas tenir à une erreur d'observation, car elle se présente toujours dans ce même sens dans toutes nos expériences, et je suis plutôt porté à en conclure ou que Newton a porté le rouge du premier ordre dans sa table à une épaisseur un peu trop faible, ou que l'intensité de la réfraction extraordinaire pour les dernières molécules violettes diffère tant soit peu de l'intensité de la réflexion dans les phénomènes des anneaux que Newton a observés ; car, bien que les deux classes de phénomènes se correspondent parfaitement dans leur marche et dans leur succession, je ne voudrais pourtant pas affirmer qu'il n'y ait pas entre eux quelque petite différence dans les rapports de leurs intensités absolues, pour les molécules lumineuses de diverses espèces ; et même il n'est pas sûr qu'il n'existe pas aussi de petites différences de ce genre dans la réflexion même des anneaux, lorsqu'ils sont produits par des plaques minces de nature diverse.

Je n'ai pas calculé les autres expériences faites avec des plaques de cristal de roche plus épaisses que la précédente, et même je n'ai pas pris pour elles la précaution d'observer dans le sens des plus grandes et des plus petites incidences ; je me proposais seulement de découvrir la loi de la succession des teintes, et les épreuves que nous venons de faire suffisent pour l'établir. On voit qu'en général les valeurs du facteur μ' vont en croissant avec l'incidence, et s'approchent de plus en plus d'être tout-à-fait constantes à mesure que l'épaisseur de la plaque devient plus considérable ; mais pour déterminer en rigueur la marche de ces variations dans les

épaisseurs diverses, il faudrait pouvoir obtenir les mesures
des incidences par des moyens encore plus précis et sur-
tout plus commodes que ceux que j'ai pu jusqu'à présent
employer.

Puisque nous avons trouvé que tous les phénomènes
offerts par les plaques dépendent uniquement de leur épaisseur et de l'angle formé par leur axe de cristallisation avec
le rayon réfracté, on conçoit qu'en taillant des plaques telles
que cet axe fasse un grand angle avec leur surface, on pourrait, en les inclinant, rendre le rayon réfracté assez oblique
sur l'axe pour produire encore tous les phénomènes que
nous venons d'observer. J'ai déja indiqué cette idée à la
fin de la troisième partie; mais avant de la réaliser, j'ai dû
exposer les phénomènes qui ont lieu dans les plaques de
cristal de roche perpendiculaire à l'axe, lorsque le rayon
réfracté est parallèle à cet axe. Il s'agit maintenant de montrer que ces phénomènes dépendent uniquement du parallélisme dont il s'agit, et qu'ils se reproduisent toujours de
la même manière, par quelque moyen qu'il soit établi, et
par quelque face que le rayon ait pénétré dans le cristal.

Pour cela, j'ai fait tailler une plaque de cristal de roche
dans un sens tel que ses surfaces faisaient avec l'axe de l'aiguille un angle de 59°. Je ne saurais affirmer qu'il ne fût
pas de quelques minutes plus grand ou moindre, car j'ai
perdu le papier original sur lequel la mesure de cet angle
était écrite, et je la prends telle que je l'avais transcrite sur
mon registre en faisant les observations des couleurs qu'elle
présentait. Son épaisseur mesurée au sphéromètre était de
$12^{mm},874$. J'ai exposé cette lame au rayon polarisé, d'abord
sous l'incidence perpendiculaire, et ensuite sous des inci-

dences obliques, en plaçant le plan d'incidence dans l'azimut de 45° et maintenant toujours l'axe dans ce plan. Cette inclinaison rapprochait donc de plus en plus l'axe du cristal de la direction du rayon réfracté, ainsi que cela a été démontré dans la page 338; et il résulte de ce que l'on a vu alors, qu'en nommant θ' l'angle de réfraction compté de la perpendiculaire, et a l'angle aigu formé par les surfaces de la plaque avec l'axe du cristal, l'angle du rayon réfracté avec l'axe est exprimé par $90° - a - \theta'$; ici on a $a = 59°$; $90° - a = 31°$: par conséquent l'angle du rayon réfracté avec l'axe du cristal est représenté sous chaque incidence par $31° - \theta'$.

Pour reconnaître l'influence de cette obliquité du rayon réfracté sur l'axe, j'observais les teintes et les intensités du rayon extraordinaire dans l'azimut de 45° et dans l'azimut zéro. Tant que l'action du premier axe agit seule ou du moins l'emporte de beaucoup sur les forces qui tendent à faire tourner la lumière autour de lui, le rayon extraordinaire doit s'évanouir dans ce dernier azimut, puisqu'alors la section principale du cristal coïncide avec la direction de la polarisation primitive du rayon incident; mais à mesure que l'angle $90° - a - \theta'$ devient moindre, l'énergie de l'axe s'affaiblit, et une partie des molécules doit lui échapper, entraînée par l'action des autres forces; on doit donc alors voir naître un rayon extraordinaire qui doit subsister même dans l'azimut zéro. Enfin, quand l'angle $90° - a - \theta'$ est devenu assez petit pour que l'énergie du premier axe soit nulle, ou plus faible que la limite à laquelle elle peut commencer à polariser la lumière, alors toutes les molécules lumineuses doivent céder à l'action des forces qui tendent à

les faire tourner. Par conséquent il ne doit plus y avoir alors
de section principale; la teinte et l'intensité du rayon extraordinaire doivent être les mêmes dans tous les azimuts:
en un mot, les phénomènes doivent être absolument les
mêmes que ceux que présenterait une plaque taillée perpendiculairement à l'axe, et exposée perpendiculairement au
rayon polarisé. Au-dela de cette limite, si l'on incline toujours la plaque, l'angle du rayon réfracté avec l'axe augmente de nouveau; l'énergie de cet axe doit donc aussi de
nouveau se développer; et par conséquent les phénomènes
doivent se reproduire tels qu'ils s'étaient d'abord présenté
dans des inclinaisons moindres. Tous ces résultats de la théorie sont parfaitement confirmés par l'expérience; mais pour
qu'on en juge mieux, j'ai rapporté ici le tableau même des
observations avec les incidences observées, ainsi que les
valeurs qui en résultent pour les angles θ' et $31^\circ - \theta'$.

Azimut de 45°.			Angle d'incidence θ.	Angle de réfraction θ'.	Angle du rayon réfracté avec l'axe $90-a-\theta'$.	Azimut zéro.	
Rayon ordinaire.	Rayon extraordin.					Rayon ordinaire.	Rayon extraordinaire.
Bleu verdâtre presque incol.	Blanc rougeâtre presque incol.	7ᵉ ord.	33 18 00	20 34 20	+ 10 25 40	Blanc.	Bleu blanchâtre très-faible en intensité.
Blanc rougeât.	Bleu verdâtre faible.		34 9 20	21 3 30	9 56 30	Blanc.	Bleu plus décidé, mais pâle et faible.
Bleu verdâtre.	Rouge.	6ᵉ ord.	35 11 20	21 38 30	9 21 30	Blanc.	Bleu plus décidé, mais encore pâle faible.
Rouge.	Bleu verdâtre.		36 3 50	22 8 00	8 52 00	Blanc.	Bleu légèrem. verdâtre, faible d'intensité.
Bleu verdâtre.	Rouge.	5ᵉ ord.	37 11 50	22 45 50	8 14 10	Blanc.	Bleu légèrem. verdâtre en certains endroits de la lame : il semble se rougir un peu.
Rouge.	Bleu verdâtre.		38 9 40	23 17 40	7 42 20	Blanc à peine rougeâtr.	Bleu verdâtre.
Bleu verdâtre.	Rouge.		40 3 00	24 19 00	6 41 00	Blanc légèrem. verdâtre.	Rouge décidé.
Rouge.	Vert.	4ᵉ ord.	41 45 40	25 13 50	5 46 10	Rouge ou blanc rougeâtre.	Vert ; ne varie plus sensiblement d'intensité ni de teinte dans aucun azimut.
Vert.	Rouge.		47 6 50	27 58 00	3 2 00	Vert.	Rouge ; intensité sensiblem. constante dans tous les azimuts.
Vert.	Rouge.		51 26 10	30 1 40	0 58 20	Vert.	Rouge ; intensité constante : cette teinte subsiste sous une longue suite d'incidences.
Rouge	Vert.	4ᵉ ord.	61 26 30	34 12 10	− 3 12 10	Rouge.	Vert ; ne varie pas sensiblement d'intensité ni de teinte dans les différens azimuts.
Vert	Rouge.		64 35 30	35 19 00	4 19 00	Rouge.	Non observé.
Rouge.	Bleu verdâtre.	5ᵉ ord.	66 46 20	36 1 30	5 1 30	Blanc rougeâtre.	Bleu verdât. ; commence à varier d'intens. dans les différens azimuts.
Bleu verdâtre.	Rouge.		69 35 20	36 51 20	5 51 20	Blanc légèrem. verdâtre.	Rouge pâle, mais décidé.
Rouge.	Bleu verdâtre.	6ᵉ ord.	71 27 40	37 21 30	6 21 30	Blanc à peine rougeâtre.	Bleu verdâtre, faible d'intensité.
Bleu verdâtre.	Rouge.		73 44 50	37 54 40	6 54 40	Blanc.	Bleu verdâtre un peu rouge, faible d'intens.
Rouge très-pâle	Bleu verdâtre.	7ᵉ drd.	76 36 00	38 36 30	7 36 30	Blanc.	Bleu légèrem. verdâtre, très-faible en intensit.

On n'a pas pu observer sous de plus grandes inclinaisons.

On voit par ces observations que le rayon extraordinaire a commencé à devenir de plus en plus sensible dans l'azimut zéro à mesure que l'angle du rayon réfracté avec l'axe est devenu moindre ; enfin, lorsque cet angle est devenu très-petit, la teinte et l'intensité du rayon extraordinaire sont restées les mêmes dans tous les azimuts, et les phénomènes ont été absolument les mêmes que dans les plaques perpendiculaires à l'axe lorsqu'on les expose perpendiculairement aux rayons polarisés. Je me suis même assuré que cette identité se maintient quand on tourne le rhomboïde sur lui-même ; car les couleurs du rayon extraordinaire varient par l'effet de ce mouvement, suivant l'ordre des anneaux précisément comme il arrive pour les plaques perpendiculaires à l'axe. Tout cela est parfaitement d'accord avec la théorie, comme on l'a vu tout-à-l'heure, et on ne pouvait espérer une conformité plus parfaite.

Voulant répéter encore une fois cette expérience intéressante, j'ai fait amincir la plaque précédente jusqu'à ce que son épaisseur fût réduite à 2547 parties du sphéromètre, ou 5^{mm},760. Dans cette opération l'inclinaison de ses faces sur l'axe a un peu varié, et s'était réduite à 57° 47'. L'angle de ces faces entre elles est devenu 1° 70' 30", au lieu de 0° 45', qui était sa valeur auparavant. J'ai exposé cette plaque au rayon polarisé, et les phénomènes se sont encore reproduits précisément dans le même ordre: seulement, comme l'angle des faces était différent, l'incidence à laquelle le rayon réfracté est devenu parallèle à l'axe, s'est aussi trouvée différente de l'expérience précédente, ce qui devait en effet arriver selon notre théorie. Voici le tableau des résultats.

Azimut de 45°.			Angle d'incidence θ.	Angle de réfraction θ'.	Angle du rayon réfracté avec l'axe. $90 - a - \theta'$.	Azimut zéro.	
Rayon ordinaire.	Rayon extraordin.					Rayon ordinaire.	Rayon extraordinaire.
Bleu verdâtre presque blanc.	Blanc rougeâtre presque blanc.	7ᵉ ord.	27 13 00	17 1 10	15 11 50	Blanc.	Blanc extrêmement faible, mais sensible.
Blanc rougeât.	Bleu verdâtre.		27 54 00	17 25 30	14 47 40	Blanc.	Blanc extrêmement faible, mais sensible.
Bleu verdâtre.	Rouge.	6ᵉ ord.	29 24 40	18 19 00	13 54 00	Blanc.	Blanc extrêmement faible, mais sensible.
Rouge.	Bleu verdâtre.		31 00 20	19 14 50	12 58 10	Blanc.	Blanc très - légèrement verdâtre.
Bleu verdâtre.	Rouge.	5ᵉ ord.	32 8 50	19 54 50	12 18 30	Blanc.	Blanc bleuâtre très-faible, couleur difficile à distinguer.
Rouge.	Bleu verdâtre.		33 26 10	20 39 00	11 34 00	Blanc.	Bleu légèrement verdâtre faible.
Vert.	Rouge.	4ᵉ ord.	34 33 40	21 17 10	10 55 50	Blanc.	Rouge blanchâtre faible.
Rouge.	Vert.		36 32 20	22 23 50	9 49 10	Blanc.	Vert très-faible en intens.
Vert.	Rouge.	3ᵉ ord.	38 18 10	23 22 20	8 50 40	Blanc.	Rouge faible d'intensité.
Rouge.	Vert vif.		40 13 50	24 25 00	7 48 00	Blanc à peine rougeâtre.	Vert.
Jaune.	Bleu.		41 4 30	24 52 00	7 21 00	Blanc à peine jaunâtre.	Bleu.
Vert.	Rouge.	2ᵉ ord.	42 39 40	25 42 10	6 30 50	Blanc verdâtre ou plutôt vert blanchâtre.	Rouge.
Bleu gris de lin.	Jaune verdâtre.		43 52 30	26 19 50	5 53 1	Blanc bleuâtre.	Jaune verdâtre.
Rouge.	Vert.		45 45 50	27 17 30	4 55 30	Rouge pâle.	Vert : la différence d'intensité dans les différens azimuts est encore sensible, mais pourtant elle diminue.
Jaune.	Bleu superbe.		47 12 20	28 00 40	4 12 20	Jaune.	Bleu très-beau, intensité presque constante.
Vert jaunâtre.	Rouge pourpre		52 32 00	30 31 40	1 41 20	Vert jaunâtre.	Rouge pourpre, intensité constante (milieu des teintes).
Jaune.	Bleu superbe.	2ᵉ ord.	63 48 40	35 3 00	— 2 50 00	Jaune.	Bleu superbe, intensité presque constante.
Rouge.	Vert jaunâtre.		69 20 42	36 47 20	— 4 34 20	Vert jaunâtre.	Rouge pâle, intensité un peu variable.

Ici les couleurs ont commencé plutôt à devenir sensibles, parce que la plaque étant moins épaisse que dans l'expérience précédente, le produit du trajet de la lumière par la force répulsive de l'axe entrait plutôt dans les limites de la table de Newton. De plus, on voit que le milieu des teintes, ce point où elles cessent de monter dans l'ordre des anneaux pour redescendre ensuite, est arrivé à une incidence plus grande que dans l'expérience précédente, et tel que l'angle du rayon avec l'axe fut très-petit et presque insensible. Tout cela est si exactement d'accord avec la théorie qu'il est inutile de nous y arrêter plus long-temps.

Examen des phénomènes que présentent les lames de mica sous les incidences obliques.

J'ai annoncé dans mon premier mémoire que les lames minces et transparentes de mica, exposées perpendiculairement à un rayon polarisé, offrent des phénomènes tout-à-fait pareils à ceux que présentent les lames de chaux sulfatée et de cristal de roche taillées parallèlement à l'axe. En effet, tous ces phénomènes sont soumis aux mêmes lois et compris dans les mêmes formules, il ne faut qu'y introduire l'unité d'épaisseur qui convient à l'espèce des substances que l'on veut considérer.

De là il résulte que les lames de mica produisent aussi la polarisation alternative, car on peut leur appliquer tous les raisonnemens que nous avons faits sur les autres lames.

Mais cette conformité parfaite n'a lieu que sous l'incidence perpendiculaire. Les lames de mica présentées obliquement au rayon polarisé, produisent des phénomènes qui leur sont propres : à la vérité ces phénomènes ont encore beaucoup d'analogie avec ceux que présentent les autres lames ; on peut même, comme nous le verrons tout-à-l'heure, les ramener également à la théorie de la polarisation alternative ; mais il faut pour cela avoir égard à quelques circonstances particulières au mica, et qui paraissent ne pas exister dans la chaux sulfatée ; ce sont ces circonstances qui jettent en apparence tant d'inégalité dans les phénomènes que le mica présente, et qui rendent impossible de les ramener aux mêmes formules sous les incidences obliques. Aussi m'étais-je borné dans mon premier mémoire à considérer le mica sous l'incidence perpendiculaire. Aujourd'hui je puis aller plus loin, et j'ai construit des formules qui représentent également tous les phénomènes du mica sous des incidences et dans des azimuts quelconques.

Avant d'en venir à ces formules, j'exposerai les expériences sur lesquelles elles sont établies. Dans cette exposition je tâcherai de ranger les phénomènes suivant un ordre tel que l'on puisse parfaitement concevoir de quelles sortes d'action ils dépendent. Lorsque nous serons sûrs de les avoir embrassés tous, il ne s'agira plus que de trouver le moyen d'y satisfaire d'après la théorie des oscillations.

Je commencerai par une remarque qui jettera beaucoup de lumière sur nos recherches ultérieures ; c'est qu'il faut distinguer dans les lames de mica deux genres d'action polarisante très-différens : l'un dépend d'un axe de cristallisation situé dans le plan des lames, et l'autre n'en dépend pas.

Il y a des lames de mica qui n'ont pas du tout d'axe situé dans leur plan, ou, pour mieux dire, qui en ont une infinité. On les trouve principalement parmi ces pièces à demi opaques de mica jaunâtre qui sont les plus communes. Si l'on enlève une de ces lames, assez mince pour que la lumière puisse la traverser, et qu'on la présente perpendiculairement à un rayon polarisé, elle ne produira point de rayon extraordinaire, du moins si elle est suffisamment mince. Vous pouvez, sous cette incidence, la tourner dans tous les azimuts ; elle ne produira pas plus d'effet qu'un morceau de verre.

Mais si vous l'inclinez sur le rayon polarisé, dans un azimut qui ne soit ni zéro ni 90°, elle produira des couleurs. Pour les analyser, supposons que le prisme de cristal d'Islande qui sert à disséquer la lumière transmise, ait sa section principale dirigée dans l'azimut 0°; cela posé, les couleurs seront très-peu sensibles ou même tout-à-fait invisibles lorsque l'incidence sera peu considérable; elles ne se développeront bien qu'en augmentant beaucoup l'inclinaison, et leur plus grande intensité aura lieu quand le plan d'incidence fera un angle de 45° avec le plan de polarisation primitive.

Je dis que cette polarisation est indépendante des axes qui peuvent être situés dans le plan de la lame: pour le prouver, je fixe l'inclinaison de la lame et la direction du plan d'incidence dans une position quelconque où il y ait un rayon extraordinaire coloré; ensuite après avoir remarqué la teinte de ce rayon, je tourne la lame sur son plan. Ce mouvement ne change rien au rayon extraordinaire : son intensité et sa teinte restent les mêmes dans toutes les positions de la lame sur son anneau. L'action que la lame exerce sur la lumière n'émane donc point d'un axe situé dans son plan ou oblique sur sa surface, car l'effet d'un pareil axe sur le rayon incident polarisé changerait dans les différens azimuts. Si l'on faisait la même épreuve sur une lame de chaux sulfatée ou de cristal de roche, ou même sur une lame de mica régulièrement cristallisée, on verrait les couleurs et l'intensité du rayon extraordinaire changer à l'instant où l'on tournerait la lame sur son plan, et elles varieraient ainsi par le mouvement, suivant des périodes régulières et déterminées.

Il y a néanmoins les analogies les plus intimes entre les rayons extraordinaires obtenus de cette manière et ceux que produisent les lames cristallisées. Voici celles de ces analogies qui sont caractéristiques.

Dans les lames cristallisées, la nature des teintes du rayon extraordinaire dépend uniquement de l'angle d'incidence du rayon sur la lame, et de l'angle que forme l'axe de cristallisation de cette dernière avec l'axe de polarisation des molécules lumineuses transporté sur son plan. Cette dernière condition ne saurait exister pour nos lames de mica, puisqu'elles n'ont point d'axe situé dans leur plan ; mais l'autre subsiste encore, et s'observe très-rigoureusement. Ainsi la teinte du rayon extraordinaire n'y dépend que de l'inclinaison seule du rayon polarisé. Si l'on fixe cette inclinaison, et qu'on observe avec soin la teinte du rayon extraordinaire, on peut tourner le tambour dans tous les azimuts : la teinte du rayon extraordinaire n'éprouve aucun changement ; elle est absolument indépendante de l'azimut ; mais l'intensité de ce rayon varie sans cesse. Si l'on suppose toujours que le prisme qui sert pour analyser la lumière ait sa section principale dirigée dans l'azimut $0°$, l'intensité du rayon extraordinaire atteint son maximum lorsque le plan d'incidence fait un angle de $45°$ avec le plan de polarisation primitif. Elle est nulle lorsque cet angle est égal à zéro ou à $90°$. Ces périodes sont absolument les mêmes que pour une lame cristallisée, dont l'un des axes serait constamment dirigé dans le plan d'incidence du rayon sur sa surface.

Quant à la succession des différentes teintes, à mesure que l'inclinaison change, elle se fait comme pour les lames cristallisées, c'est-à-dire, selon l'ordre des couleurs des anneaux réfléchis. D'après ce que nous avons dit tout-à-l'heure, pour les observer dans leur plus haut degré d'intensité et de séparation, il faut placer le plan d'incidence dans l'azimut de $45°$; puis partant de l'incidence perpendiculaire, inclinez peu-à-peu la lame dans cet azimut jusqu'à

ce que vous commenciez à apercevoir un rayon extraordinaire : alors continuant à incliner la lame, le rayon extraordinaire commencera d'abord par un violet très-faible et très-
sombre, puis passera au bleu, au blanc du premier ordre,
au jaune pâle, etc., en suivant exactement l'ordre des anneaux
colorés réfléchis, depuis les plus petites épaisseurs jusqu'aux
plus grandes. Comme l'existence de cette progression est
importante pour notre théorie, la voici telle que je l'ai
obtenue dans une lame de ce genre dont l'épaisseur, mesurée
au sphéromètre, était de $20^p 37$, ce qui équivaut à $0^{mm},04676$.
L'action de cette lame n'émanait certainement point d'un axe
qui fût situé dans son plan ; car, lorsqu'on l'avait fixée dans
une certaine incidence et dans un azimut déterminé, on pouvait la tourner dans son plan à volonté, les rayons extraordinaire et ordinaire ne changeaient ni d'intensité ni de teinte.
Comme les séparations de ces rayons et leurs teintes sont les
plus fortes quand le plan d'incidence est dans l'azimut de
45°, c'est là que je l'ai placée pour les observer. De plus
j'ai mesuré l'incidence du rayon sur la lame à quatre intervalles différens, en me servant pour cela du même procédé
que j'ai expliqué plus haut, c'est-à-dire, d'un niveau placé
sur l'anneau qui porte les lames, lequel est lui-même fixé
à la lunette d'un cercle répétiteur. On verra plus bas beaucoup d'autres séries plus étendues, observées de cette manière. Pour le moment je me tiens à la suivante.

Azimut du plan d'incidence.	Incidence du rayon sur la lame comptée de la perpendiculaire.	Teinte du rayon ordinaire.	Teinte du rayon extraordin.
45°	13° 40'	Blanc....................	Noir.
		Blanc...................	Rayon extraordinaire commence à paraître.
		Blanc légèrement jaunâtre...	Bleu.
		Jaune pâle...............	Bleu blanchâtre.
		Jaune...................	Blanc bleuâtre.
		Rouge jaunâtre...........	Blanc presque pur.
	42 35	Violet très-sombre presque noir.................	Blanc.
		Bleu....................	Jaune pâle.
		Bleu blanchâtre...........	Orangé.
	56 55	Bleu pâle................	Rouge.
		Blanc verdâtre............	Pourpre très-sombre.
	70 31	Jaune...................	Bleu du 2ᵉ ordre.

On voit que, dans cette série, les couleurs du rayon extraordinaire ont toujours descendu dans l'ordre des anneaux réfléchis. Le rayon ordinaire a suivi les teintes complémentaires des précédentes, par conséquent celles des anneaux transmis. Par une suite de cette loi lorsque le rayon extraordinaire est arrivé au blanc du premier ordre, le rayon ordinaire est devenu nul ou insensible. On peut voir par-là que ces phénomènes sont encore un effet de polarisation alternative, et que cette polarisation s'opère autour de la trace du plan d'incidence. En effet, le rayon ordinaire ayant disparu, il s'ensuit qu'à cet instant toutes les molécules lumineuses avaient leurs axes de polarisation tournés de manière à échapper à la réfraction ordinaire du rhomboïde qui sert pour analyser la lumière transmise. Ici ce rhomboïde a sa section principale dirigée dans le plan de polarisation primitive, que nous supposons être le méridien ; ainsi, sous cette incidence, les molécules lumineuses ont toutes leurs axes de polarisation perpendicu-

laires à ce plan, par conséquent dirigés dans un azimut
de 90°, azimut précisément double de celui du plan d'incidence que nous avons choisi de 45°.

Ce que nous venons de dire s'applique également à toutes
les autres incidences, quoique les exemples en soient plus
frappans quand le rayon ordinaire est tout-à-fait nul. Sous
toutes les incidences, les axes de polarisation des molécules
qui forment le rayon extraordinaire, sont dirigés dans un
azimut de 90°, par conséquent double de celui du plan d'incidence qui est de 45° : c'est dans cet azimut seulement que
la séparation des teintes est complète. Si l'on en sort pour
se rapprocher du méridien ou de la ligne d'est et ouest, la
teinte du rayon extraordinaire ne change pas, mais une
partie de sa lumière, en traversant le rhomboïde, entre dans
le rayon ordinaire. Par conséquent les molécules de ce rayon,
lorsqu'elles arrivent au rhomboïde, n'ont plus leurs axes de
polarisation perpendiculaires à sa section principale, et elles
ne l'ont pas davantage lorsque la trace du plan d'incidence est
dans la ligne d'est et ouest. Au contraire dans cette dernière
position toutes les molécules se trouvent à l'état ordinaire,
c'est-à-dire qu'elles ont leurs axes de polarisation dirigés dans
le plan du méridien. Ceci s'accorde encore très-bien avec le
système d'une polarisation alternative autour de la trace du
plan d'incidence : car alors l'azimut du plan d'incidence
étant 90°, l'oscillation porte une partie des axes des molécules lumineuses dans l'azimut de 180°, et laisse les autres
dans leur position primitive, ce qui fait que les unes et les
autres sont réfractées ordinairement dans le rhomboïde, et
leur renversement ne se manifeste point.

J'ai insisté sur ces remarques afin de montrer que la polarisation dont il s'agit ici n'est point, comme on pourrait le croire, une *polarisation par réfraction* qui s'exercerait dans le plan d'incidence en vertu des petits interstices que l'on pourrait concevoir entre les couches de la lame; quoique, à vrai dire, cette opinion soit bien peu soutenable, puisque les distances de ces couches sont probablement beaucoup trop petites pour que la réfraction ordinaire s'opère entre elles; mais la loi des phénomènes, différente dans ces deux cas, tranche ici la question indépendamment de toute hypothèse. *La polarisation par réfraction* tourne toujours les axes de polarisation des molécules *perpendiculairement au plan d'incidence même:* par conséquent lorsque ce plan est dans un azimut de 45°, les axes des molécules sur lesquels la réfraction agit, font aussi un angle de 45° avec la section principale du rhomboïde qui sert pour analyser la lumière; par conséquent ces molécules se partagent entre les deux forces réfringentes. Une partie subit la réfraction extraordinaire, l'autre la réfraction ordinaire, et celles-ci se mêlent par conséquent avec celles qui ont échappé à la polarisation par réfraction. Il est évident qu'une action de ce genre ne peut jamais produire un rayon ordinaire nul quand le plan d'incidence est dans l'azimut de 45°.

Au contraire tous les phénomènes se représentent avec la plus grande facilité lorsqu'on les regarde comme l'effet d'une polarisation alternative qui *s'opère autour de la trace du plan d'incidence comme axe.* Car, alors soit A l'azimut du plan d'incidence compté de l'est à l'ouest, les molécules qui subissent l'action de la lame sont amenées par leurs oscillations de l'azimut 0° dans l'azimut 2A. Par conséquent, si on nomme O celles qui en sortant de la lame se retrouvent dans leur état primitif, et E celles qui ont pris la nouvelle polarisation dans l'azimut $2\,$A, lorsqu'on analysera le rayon émergent avec un rhomboïde dont la section principale sera dirigée dans le méridien, les intensités des deux rayons ordinaire et extraordinaire F_o et F_e seront :

$$F_o = O + E \cos^2 2\,A \qquad\qquad F_e = E \sin^2 2\,A,$$

et la séparation des teintes sera complète dans l'azimut de $45°$, parce qu'alors $\cos 2\,A = 0$.

Ces formules sont précisément pareilles à celles que j'ai trouvées dans mon premier Mémoire pour les lames cristallisées exposées au rayon polarisé sous l'incidence perpendiculaire : la seule différence, c'est que l'axe de la lame est ici remplacé par la trace du plan d'incidence. De savoir d'où peut provenir l'action dirigée suivant cette trace, si elle vient d'un axe perpendiculaire au plan des lames, ou de l'action simultanée de toutes les particules qui serait développée par l'inclinaison, c'est ce dont je ne m'occupe point ici : il me suffit d'avoir montré la théorie de ces phénomènes et d'en avoir donné la véritable loi.

Si l'on voulait analyser la lumière émergente en se servant d'un rhomboïde dont la section principale ne fût pas dirigée dans le méridien, mais fît un angle α avec ce plan, il est clair qu'on aurait

$$F_o = O \cos^2 \alpha + E \cos^2 (2\,A - \alpha),$$
$$F_e = O \sin^2 \alpha + E \sin^2 (2\,A - \alpha);$$

ici les teintes O et E restent constantes pour toutes les valeurs de α, et F_o et F_e n'en sont jamais que de simples mélanges comme dans la chaux sulfatée et le cristal de roche taillé parallèlement à l'axe de la cristallisation. Il n'en est

60.

pas de même dans le cristal de roche perpendiculaire à l'axe, ainsi qu'on l'a vu plus haut.

On peut au reste faire sur ces formules toutes les épreuves que j'ai rapportées dans mon premier Mémoire pour l'incidence perpendiculaire, on les trouvera toujours parfaitement conformes aux observations.

Les deux teintes O et E sont supposées se rapporter à une certaine inclinaison de la lame, et la formule exprime seulement la manière dont ces deux teintes se mélangent et se combinent quand on tourne le plan d'incidence dans les différens azimuts sans faire varier l'inclinaison. Car, ici comme dans l'incidence perpendiculaire, la teinte du rayon extraordinaire n'est point altérée par le changement d'azimut.

Mais lorsque l'incidence change, les teintes O et E changent aussi. Pour savoir quelles lois elles suivent alors, j'ai fait les expériences suivantes.

J'ai pris une lame de mica tirée d'une autre pièce que celle dont j'ai parlé tout-à-l'heure; elle n'avait pas d'axe sensible situé dans le plan de sa surface. J'ai mesuré son épaisseur au sphéromètre, et je l'ai fixée sur mon appareil. D'après les remarques que nous venons de faire, il suffit d'observer les teintes lorsque le plan d'incidence forme avec le plan de polarisation primitive, un angle de 45°, car elles ne changent pas de nature dans les autres azimuts quand l'incidence reste constante; elles ne font que se mêler. J'ai donc placé le plan d'incidence dans cette direction et en inclinant peu-à-peu la lame sur le rayon polarisé, j'ai observé les périodes des différentes teintes que prenaient successivement les deux faisceaux ordinaire et extraordinaire, et j'ai mesuré avec soin l'incidence du rayon sur la surface de la lame à l'instant où paraissaient les teintes les plus marquées. De là est résulté le tableau suivant.

Je commence par la mesure de l'épaisseur.

Point d'arrivée au sphéromètre. . 235^p,5
Point de départ. . . . . 125 ,21
—————
110 ,29

Cette lame, exposée au rayon polarisé, sous l'incidence perpendiculaire, n'exerce sur lui aucune action ; en l'inclinant elle donne des rayons extraordinaires, qui sont sur-tout remarquables dans l'azimut de 45° ; mais en la tournant sur son plan sans changer son inclinaison sur le rayon incident, les faisceaux polarisés n'éprouvent aucune modification : ainsi la lame ne donne aucun indice d'un axe qui serait situé dans le plan de sa surface.

Désignation de la lame.	Azimut du plan d'incidence.	Incidence du rayon sur la lame comptée de la perpendiculaire, ou θ.	Rayon ordinaire, ou O.	Rayon extraordinaire, ou E.
A.	45°	4° 57′ 0″	Blanc légèrem. bleuâtre.	Commence à paraître : il est bleu et extrêmement faible.
		19 24 30	Noir.	Blanc du 1er ordre.
		26 4 50	Blanc bleuâtre.	Rouge sombre du 1er ordre.
		31 3 0	Jaune.	Bleu du 2e ordre.
		40 0 20	Vert.	Rouge du 2e ordre.
		44 17 20	Rouge.	Vert du 3e ordre.
		49 39 10	Vert.	Rouge du 3e ordre.
		54 27 0	Rouge.	Vert du 4e ordre.
		61 3 50	Vert.	Rouge du 4e ordre.

J'ai choisi dans la série des anneaux les teintes les mieux tranchées, parce que les lois qui les embrasseraient contiendraient nécessairement les autres qui leur sont intermédiaires. Il faut remarquer qu'ici, comme dans toutes les autres observations du même genre que nous avons déja faites, le passage d'une teinte à une autre ne s'opère pas brusquement, mais par nuances insensibles, et qu'ainsi la sensation d'une même teinte subsiste pendant une certaine étendue d'incidence, de sorte que l'on ne doit pas regarder chaque incidence indiquée dans la première colonne comme rigoureusement affectée à une teinte, mais comme l'incidence moyenne à laquelle cette teinte m'a paru se faire sentir le plus fortement.

Cette expérience étant faite, j'ai fendu la lame en trois autres que je désignerai par (B) (C) (D) : j'ai mesuré les épaisseurs de ces fragmens, et j'ai trouvé

$$\text{Lame (B)}\ldots\ldots\text{Arrivée}\ldots\ldots\ldots\ldots\ldots 181^{p},5$$
$$\text{Départ}\ldots\ldots\ldots\ldots\ldots 125,3$$
$$\overline{}$$
$$\text{Epaisseur}\ldots\ldots\ldots\ldots 56,2$$

$$\text{Lame (C)}\ldots\ldots\text{Arrivée}\ldots\ldots\ldots\ldots\ldots 157^{p},6$$
$$\text{Départ}\ldots\ldots\ldots\ldots\ldots 125,3$$
$$\overline{}$$
$$\text{Epaisseur}\ldots\ldots\ldots\ldots 32,3$$

Une autre opération dont les détails se sont perdus m'a donné 18^{p}, 7 pour l'épaisseur de la lame D.

Comme il est très-difficile d'obtenir ces épaisseurs avec la dernière exactitude, à cause des inégalités inévitables des lames de mica et de leur compressibilité, j'ai encore repris une autre fois ces mesures, et j'ai trouvé

$$\text{Lame (B)}\ldots\ldots\text{Arrivée}\ldots\ldots\ldots\ldots\ldots 185^{p},0$$
$$\text{Départ}\ldots\ldots\ldots\ldots\ldots 125,3$$
$$\overline{}$$
$$\text{Epaisseur}\ldots\ldots\ldots\ldots 59,7$$

A plusieurs reprises. Lame (C)....Arrivée.........154^p,3

Départ.........125 ,3

Epaisseur........ 29 ,0

Lame (D)....Arrivée...............141^p,0

Départ...............125 ,3

Epaisseur............. 15 ,7

d'après les premières mesures, on aurait

Lame (B)........................ 56^p,2

(C)........................ 32 ,3

(D)........................ 18 ,7

107 ,2

d'après les dernières

Lame (B)........................ 59^p,7

(C)........................ 29 ,0

(D)........................ 15 ,7

104 ,4

par les premières.............A = 107^p,2

par les dernières.............A = 104 ,4

moyenne........................105 ,8

Cette valeur moyenne de A me paraît devoir être beaucoup
plus exacte que la mesure directe, parce qu'à l'instant où je
fis celle-ci, la lame venait d'être découpée, et il y avait sur
ses bords quelques petites arrachures que je n'enlevai qu'im-
parfaitement, ne pensant pas alors que je dusse avoir besoin
de la mesurer avec la dernière précision. Ainsi j'adopterai

de préférence la moyenne de A, de même je prendrai pour B la moyenne des deux mesures, c'est-à-dire $\frac{1}{2}\,(56,2 + 59,7) = 57,9$. Je conserverai pour C la dernière mesure 29 que j'ai reprise à diverses fois avec un soin extrême, et j'aurai ainsi ces valeurs définitives

$$A = 105,8 \quad B = 57,9 \quad C = 29 \quad D = 15,7.$$

J'ai placé les lames B C D dans l'azimut de 45°; elles n'ont donné aucun indice d'axe situé dans leur plan : je les ai alors inclinées sur le rayon polarisé, et j'ai eu les teintes suivantes.

Désignation des lames.	Azimut du plan d'incidence.	Angle d'incidence sur la lame comptée de la perpendiculaire, ou θ.	Rayon ordinaire, ou O.	Rayon extraordinaire, ou E.
B.	45°	7° 56′ 20″	Blanc...............	Commence à paraître.
		27 36 10	Noir...............	Blanc du 1ᵉʳ ordre.
		37 17 10	Blanc bleuâtre........	Rouge du 1ᵉʳ ordre.
		42 35 20	Jaune...............	Bleu du 2ᵉ ordre.
		55 21 0	Vert...............	Rouge du 2ᵉ ordre.
		61 25 30	Rouge...............	Vert du 3ᵉ ordre.
C.	45°	12 14 56	Blanc..............	Commence à paraître.
		39 11 40	Noir..............	Blanc du 1ᵉʳ ordre.
		54 36 10	Blanc bleuâtre........	Rouge du 1ᵉʳ ordre.
		64 40 0	Jaune..............	Bleu du 2ᵉ ordre.
D.	45°	18 46 30	Blanc...............	Commence à paraître.
		57 26 20	Presque nul..........	Blanc du 1ᵉʳ ordre.

Les épaisseurs de ces quatre lames étant bien connues ainsi que les couleurs qu'elles donnent, sous des incidences également déterminées, nous pouvons regarder les observations précédentes comme des données propres à établir la loi suivant laquelle le changement des teintes s'opère, et les déductions que nous en tirerons seront d'autant plus rigoureuses, que nous sommes bien certains que les quatre lames sont de même nature, étant toutes primitivement réunies dans la lame A.

Pour arriver à découvrir le rapport que ces données ont entre elles, il faut faire attention que les lames dont il s'agit ne présentent absolument aucun indice d'axe situé dans leur plan, ni même d'axe qui soit oblique sur leur surface : car, si elles avaient de pareils axes, leur influence se manifesterait lorsque les lames sont exposées perpendiculairement au rayon polarisé, et nous avons reconnu que dans ce cas elles ne produisent aucune trace de rayon extraordinaire ; elles n'en produisent que lorsqu'on les incline obliquement sur le rayon, et même dans ce cas, les couleurs qu'elles donnent ne changent point lorsqu'on fait tourner la lame sur elle-même dans son propre plan. L'action quelle qu'elle soit qui occasionne ces couleurs est donc tellement dirigée, qu'elle reste la même quand on tourne ainsi la lame, et par conséquent elle ne peut provenir que d'un axe perpendiculaire à son plan.

Suivons cette idée. Soit CS le rayon incident, TC la trace du plan d'incidence SCT sur la lame, et CS′ le rayon réfracté. Menons la normale ZZ′, et appelons θ l'angle d'incidence SCZ, θ' l'angle de réfraction Z′CS′. Cela posé, si les effets que nous examinons sont produits par une force répulsive analogue à la double réfraction et émanée de l'axe CZ′, son intensité sous diverses incidences sera proportionnelle au quarré du sinus de l'angle θ', c'est-à-dire à $\sin^2 \theta'$. De plus, si nous désignons l'épaisseur de la lame par CZ′, que nous nommerons c, la force répulsive agit sur les molécules lumineuses pendant tout l'intervalle CS′ qu'elles parcourent dans l'intérieur de la lame, et cet intervalle est égal à $\frac{e}{\cos.\theta'}$. La somme des actions que les molécules lumineuses éprouvent dans ce trajet doit donc être proportionnelle au produit de ces deux quantités, c'est-à-dire à $\frac{e}{\cos.\theta'}$ et à $\sin^2\theta'$, c'est-à-dire que les molécules pour lesquelles le produit $\frac{e}{\cos.\theta'}\sin^2\theta'$ sera le même, auront éprouvé de la part de la force répulsive absolument la même somme d'actions, et par conséquent en sortant de la lame elles devront présenter les mêmes couleurs, comme nous l'avons déja remarqué pour la chaux sulfatée et le cristal de roche taillé en divers sens. En effet, si l'on effectue ce produit, dans les observations précédentes, en comparant les incidences diverses auxquelles les différentes lames sont arrivées aux mêmes teintes, on trouve qu'il est tout-à-fait constant. C'est ce que montre le tableau suivant, dans lequel je n'ai d'abord compris que les trois premières lames (A), (B), (C). J'ai pris pour unité la valeur du produit $e\sin.\theta'\tan.\theta'$ relativement à la lame (B), et j'ai exprimé en parties de cette unité la valeur du même produit relativement aux autres lames. De plus, comme pour déduire θ' de θ il faut connaître le rapport du sinus d'incidence au sinus de réfraction, j'ai supposé que ce rapport était le même dans le mica que dans le verre, c'est-à-dire égal à $\frac{3}{2}$, ce qui ne doit pas être fort éloigné de la vérité.

Désignation des teintes.	Désignation des lames.	Angle d'incidence compté de la perpendiculaire. θ.	Angle de refraction θ'.	Valeur de $e\sin.\theta'\,\mathrm{tang}.\theta'$	Ecarts.
Blanc du 1ᵉʳ ordre.	A.	19° 24′ 30″	12° 47′ 50″	0, 9164	— 0,0836
	B.	27 36 10	17 59 30	1, 0000	0
	C.	39 11 40	24 55 0	0, 9769	— 0,0231
Rouge du 1ᵉʳ ord.	A.	26 4 50	17 2 30	0, 9208	— 0,0792
	B.	37 10 10	23 49 10	1, 0000	0
	C.	54 36 10	32 55 0	0, 9883	— 0,0117
Bleu du 2ᵉ ordre.	A.	31 3 0	20 6 40	1, 0088	+ 0,0088
	B.	42 35 20	26 49 0	1, 0000	0
	C.	64 40 0	37 3 10	0, 9991	— 0,0009
Rouge du 2ᵉ ordre.	A.	40 0 20	25 22 40	1, 0327	+ 0,0327
	B.	55 21 0	33 15 40	1,000	0
	C.	Ne peut plus être observé.			
Vert du 3ᵉ ordre.	A.	44 17 20	27 44 40	1, 0582	0,0582
	B.	61 25 30	35 50 10	1, 0000	0
Rouge du 3ᵉ ordre.	A.	49 39 10	30 32 10	1, 0609	+ 0,0609
	B.	71 35 40	41 15 40	1, 0000	0

On voit par les nombres de la dernière colonne que les erreurs ne sont que dans les centièmes, et elles sont fort souvent en sens contraire pour les deux lames extrêmes. Si on les compare sous le rapport de l'influence que peuvent avoir ou l'incidence ou l'épaisseur, ces erreurs paraîtront bien petites en considérant que nous avons parcouru toutes les incidences, et qu'une grande partie d'entre elles doit nécessairement être imputée aux erreurs inévitables des mesures, et à la forme toujours ondulante des lames de mica

61.

qui ne permet ni de prendre leur épaisseur avec la dernière exactitude, ni d'observer toujours leurs teintes sous diverses incidences, dans des points où cette épaisseur soit toujours la même.

En conséquence je crois qu'on peut négliger ces petits écarts et conclure du rapprochement que nous venons de faire, que le produit e *sin.* θ' *tang.* θ' est exactement, ou à *très-peu de chose près, constant pour les lames minces de mica, dans lesquelles l'axe de polarisation est perpendiculaire à la surface.*

Je n'ai pas compris la lame D dans ce tableau, parce que le peu d'étendue des teintes qu'elle a parcourues en raison de son peu d'épaisseur aurait jeté de l'incertitude sur la valeur du rapport e sin. θ' tang. θ', dans lequel l'épaisseur e, qui n'est que de $15^p,7$ du sphéromètre, aurait exercé trop d'influence : car, avec tout le soin possible, on ne peut pas répondre avec certitude d'une ou même deux parties du sphéromètre, c'est-à-dire de 2 ou 4 millièmes de millimètre sur la mesure d'une lame de mica, qui est bien rarement d'égale épaisseur dans toute son étendue. Cependant, pour ne pas laisser l'observation faite sur cette lame sans utilité, nous allons nous en servir pour calculer son épaisseur, ce qui offrira un nouveau genre de vérification. En effet, si le produit e sin. θ' tang. θ' est constant pour les mêmes teintes, nous n'avons qu'à le prendre pour une quelconque de nos lames relativement au blanc du premier ordre, le seul que l'on ait observé dans la lame D ; puis divisant ce produit constant par la valeur de sin. θ' tang. θ' qui répond dans cette lame D au blanc du premier ordre, nous devons trouver pour quotient son épaisseur e exprimée en partie du sphéromètre. Voici le calcul en partant des résultats donnés par la lame B qui nous a servi d'unité dans nos calculs précédens.

Dans la lame B le produit e sin. θ' tang. θ', relativement au blanc du premier ordre, a pour logarithme. . .0,7641473

Dans la lame D le produit sin. θ' tang. θ', relativement à la même teinte, a pour logarithme. . .,̄5816688

Différence ou logar. de l'épaisseur de la lame B. . 1,1824785 ce qui répond au nombre 15ᵖ,22.

C'est à une $\frac{1}{2}$ partie près l'épaisseur observée au sphéromètre; et l'on ne pouvait pas espérer un accord plus approché.

Nous pouvons encore éprouver la loi dont il s'agit, en l'appliquant à la lame de mica dont j'ai rapporté l'observation dans la page 471 : mais, comme cette lame n'était pas tirée du même morceau que les dernières, on ne doit pas s'attendre que l'intensité absolue de son action sera la même. Il suffit que le rapport des intensités reste constant sous toutes les incidences, et que les valeurs de e sin. θ' tang. θ' relatives à cette lame, deviennent égales à celles des autres lames pour les mêmes teintes, après avoir été multipliées par un même facteur. Or, en comparant les observations, je trouve que ce facteur commun est 1,1947 ; de sorte qu'en en faisant usage, et rapportant toujours les résultats à la lame B, on aura les comparaisons suivantes.

Désignation des teintes.	Désignation des lames.	Angle d'incidence.	Angle de réfraction.	Valeur de $e\sin.\theta\,\tan_{\overset{\circ}{}}.\theta'$.	Écarts.
Blanc du 1er ordre.	1re lame.	42° 35′ 0″	26° 48′ 50″	1,0320	+ 0,0320
	B.	27 36 10	17 59 30	1,0000	0
Rouge du 1er ord.	1re lame.	56 55 0	33 57 20	0,9582	— 0,0418
	B.	37 10 10	23 49 10	1,0000	0
Bleu du 2e ordre.	1re lame.	70 31 0	38 56 20	1,0113	+ 0,0113
	B.	42 35 20	26 49 0	1 000	0

Cette nouvelle vérification confirme donc les précédentes, et achève de prouver la loi que nous avons énoncée. Je ne voudrais pourtant pas que l'on prît cette loi à la rigueur, car il est possible que la vîtesse de la lumière dans le cristal, vîtesse inégale selon les incidences dans le rayon extraordinaire, ait de l'influence sur ces résultats. Je ne donne ici cette loi que comme une approximation propre à exprimer les phénomènes avec toute l'exactitude que les observations même comportent.

Il est presque superflu de dire qu'il ne faut pas s'attendre à l'observer dans les lames de mica bien pures et transparentes qui, étant régulièrement cristallisées, ont un axe situé dans leur plan et dirigé suivant la diagonale du rhombe qui est la base de la forme primitive. On verra tout-à-l'heure quelle influence ces phénomènes conservent alors, mais du moins on ne doit pas s'attendre qu'elle y existera seule, et par conséquent ce n'est pas là qu'il faut chercher la loi que nous venons d'établir.

On ne doit pas non plus chercher à l'observer dans les plaques tout-à-fait irrégulières et presque opaques que l'on rencontre souvent. A la vérité la cristallisation de ces plaques est tellement irrégulière et confuse, qu'elle ne donne pas d'indices d'axes situés dans le plan de leur surface ; mais comme les lames qui les composent sont seulement apposées les unes sur les autres, au lieu d'être unies par la cristallisation, il en résulte qu'elles polarisent par réfraction une partie ou même la totalité de la lumière incidente. A tel point, par exemple, qu'elles la réfléchissent presque complétement, et quelquefois complétement lorsqu'on les incline dans le méridien sous l'angle qui donne par réflexion la polarisation complète. Ce phénomène, étranger à l'objet qui nous occupe, altère et masque dans ces lames les effets que nous venons de découvrir.

C'est, comme je l'ai dit, dans des morceaux de mica jaunâtre, mais pourtant diaphanes, qu'il faut chercher les propriétés que je viens d'énoncer. On en trouvera qui auront assez de compacité et d'homogénéité pour ne réfléchir la lumière qu'à leur première et à leur seconde surface, et qui néanmoins n'auront pas d'axe situé dans leur plan. Ceux-là produiront les phénomènes que je viens de décrire, ainsi que la loi que nous en avons déduite ; et il paraît que l'état qui les donne est comme un intermédiaire entre la cristallisation tout-à-fait parfaite, et la cristallisation tout-à-fait confuse.

La perpendicularité de l'axe de ces lames sur le plan de leur surface, nous a été principalement indiquée par cette condition sous toutes les incidences, que leurs teintes ne changent ni d'intensité ni de nature quand on les tourne dans leur plan. Cette constance n'avait pas lieu dans les plaques de cristal de roche taillées perpendiculairement à l'axe de cristallisation, mais aussi nous avons remarqué alors que ces plaques étaient toujours plus ou moins prismatiques, et que la perpendiculaire de l'axe sur le plan de leurs surfaces n'était jamais parfaite. C'est en cela que consiste la différence des phénomènes relativement à la constance des teintes quand on tourne la lame sur son plan. Il y a encore une autre différence: c'est qu'en tournant le rhomboïde les couleurs des plaques de cristal de roche perpendiculaires à l'axe descendent ou montent dans l'ordre des anneaux, tandis que celles de nos plaques de mica ne font que se mélanger sans varier dans leur ordre. Cela tient à ce que dans celle-ci il n'existe point d'axes rayonnans et perpendiculaires à l'axe principal qui fassent tourner la lumière, et ainsi l'axe principal agit seul.

La constance de la quantité e sin. θ' tang. θ' relativement à chaque teinte étant une fois prouvée, dans les lames de mica que nous avons considérées, il n'y aurait qu'à dresser par l'observation une table de ses valeurs pour les différentes teintes qui se succèdent dans l'ordre des anneaux; et alors, quand on aurait observé une seule de ces teintes avec une lame donnée, et qu'on aurait mesuré l'incidence, on pourrait en déduire l'épaisseur de cette lame, et par conséquent calculer les incidences auxquelles toutes les autres teintes doivent paraître. Mais déja cette table est toute faite avec une précision extrême, car celle que Newton a donnée dans son optique pour les couleurs composées réfléchies par les lames minces, remplit parfaitement l'objet que nous nous proposons.

Pour montrer cela d'une manière évidente, j'ai pris la moyenne des logarithmes de e sin. θ' tang. θ' donnés par les trois lames A, B, C, relativement aux différentes couleurs. Ces moyennes sont telles qu'on le voit ici. (Dans tous ces calculs les valeurs des épaisseurs sont exprimées en parties du sphéromètre.)

Désignation des teintes.	Valeurs moyennes des logarithmes de e sin. θ' tang. θ'.
Blanc du 1ᵉʳ ordre............................	0, 7481079
Rouge du 1ᵉʳ ordre	1, 0001454
Bleu du 2ᵉ ordre..............................	1, 1218711
Rouge du 2ᵉ ordre............................	1, 3256299
Vert du 3ᵉ ordre	1, 4011159
Rouge du 3ᵉ ordre.,, ...	1, 4883625

Maintenant je pars d'une de ces valeurs; par exemple, de celle qui se rapporte au vert du troisième ordre; et je vais en déduire toutes les autres au moyen de la table de Newton. Pour cela, je remarque que dans cette table l'épaisseur d'une lame de verre qui donne le vert du troisième ordre, est représentée par 16ᵖ,25, l'unité étant le millionième de pouce anglais.

Le logarithme de 16,25 est................1,2108534
J'en ôte le logar. correspondant de nos lames..1,4011159

$$\overline{\qquad 1,8097375}$$

En ajoutant ce logarithme constant à ceux que nous ont donnés nos lames, nous devons retrouver tous les nombres de Newton, sauf les erreurs inévitables de nos observations. Le tableau suivant présente les résultats de ce calcul. J'ai mis à côté d'eux les évaluations de Newton pour les mêmes teintes

et pour les teintes voisines, afin qu'on puisse mieux voir
l'influence des erreurs.

Désignation des teintes.	Epaisseurs calculées d'après les valeurs de $e\sin.\theta'\tan g.\theta'$.	Epaisseurs suivant la table de Newton.	Epaisseurs pour les teintes voisines, d'après la table de Newton.
Blanc du 1er ordre.	3, 61	3, 4	Après le blanc vient le jaune. Ep.. 4,60
Rouge du 1er ordre.	5, 68	5, 8	o
Bleu du 2e ordre.	8, 54	9, o	Avant le bleu on a l'indigo. Epaiss. 8,18
Rouge du 2e ordre.	13, 66	12, 66	Après le roug. vient le pourpr. Ep.13,55
Vert du 3e ordre.	16, 25	16, 25	o
Rouge du 3e ordre.	19, 87	18, 71	Ap. le roug. vient le roug. bleuât. Ep.20,66

On voit que, malgré toutes les erreurs dont nos observations sont susceptibles, notre plus grand écart n'a jamais
été que d'une teinte à la teinte immédiatement voisine, et
cela n'est arrivé qu'une fois pour le rouge du second ordre,
qui nous fait descendre au pourpre ; car, pour le rouge du
troisième ordre, la différence du rouge au rouge-bleuâtre
est si faible, à ne considérer que leur teinte, qu'il est naturel
d'observer la teinte moyenne entre elles deux, lorsqu'on n'est
pas prévenu de l'utilité qu'il peut y avoir à les distinguer :
il paraît que j'ai opéré ainsi, car en faisant ces observations
je ne soupçonnais nullement le rapport qu'elles m'ont donné
lieu de découvrir.

Si l'on songe que les lames de mica sont toujours irrégulières et ondulées ; qu'il a fallu mesurer leurs épaisseurs, et
en tenir compte ; que les incidences du rayon polarisé sur
leur surface ont été seulement mesurées avec un niveau ;
enfin, que la détermination même des teintes n'a été faite
qu'une fois pour chacune des lames, on trouvera peut-être

que le rapport auquel nous venons de parvenir mérite d'être remarqué, d'autant plus qu'il s'accorde avec ce que la chaux sulfatée et le cristal de roche nous avaient déja présenté.

La loi que nous venons de découvrir, étant connue, peut avoir beaucoup d'autres usages; elle nous donnera, par exemple, la teinte que l'on doit observer à telle ou telle incidence avec une lame de mica d'une épaisseur donnée pour laquelle le facteur constant sera connu; ou réciproquement, étant donné l'épaisseur et la teinte, elle fera connaître l'incidence. Occupons-nous de résoudre ces deux genres de questions.

Nommons toujours e l'épaisseur de la lame, θ' l'angle de réfraction; appelons ε le nombre de la table de Newton qui répond à la teinte que l'on considère, et μ le facteur par lequel il faut multiplier les résultats des lames pour les réduire à l'échelle de Newton. D'après la loi que nous avons trouvée, on aura l'équation

$$\mu\, e \sin.\ \theta'\ \mathrm{tang.}\ \theta' = \varepsilon.$$

Supposons d'abord que les quantités qui entrent dans le premier membre soient connues, on pourra trouver la teinte ε à laquelle elles répondent. Par exemple, on demande quelle espèce de teinte nous avons dû observer dans la lame A, lorsque l'incidence était de $4^\circ\ 57'$, à laquelle nous avons fixé le commencement de l'apparition du rayon extraordinaire; pour le savoir, nous ferons le calcul suivant.

$$\theta = 4° 57'; \text{ log. sin. } \theta = \bar{2},9359422$$

Rapport de réfraction $\frac{2}{3}$; log. $0,1760913$

$$\text{Log. sin. } \theta' = \bar{2},7598509; \quad \theta' = 3° 17' 55''$$
$$\text{Log. tang. } \theta' = \bar{2},7606887$$

Epaisseur $e = 105^p,8$; log. $2,0244857$

$$\text{Log. } \mu = \bar{1},8097375$$
$$\text{Log. } \varepsilon = \bar{1},3547628; \quad \varepsilon = 0,22634;$$

et en comparant cette valeur de ε avec la table de Newton, on voit qu'elle répond au-dessus de ce qu'il a appelé le *très-noir*, et qu'il a représenté par $\frac{11}{31}$ ou $0,355$. L'épaisseur à laquelle il a fixé ce point est précisément la moitié de l'épaisseur qui convient à une seule oscillation des molécules du violet extrême. Nos procédés conduisent donc aussi à cette limite ; et même en supposant l'évaluation précédente tout-à-fait exacte, ils permettraient de saisir encore quelques traces de molécules lumineuses plus rapprochées de l'extrémité du spectre.

Réciproquement on peut trouver l'incidence quand la teinte est donnée. Alors, pour plus de simplicité, faisons

$$\frac{\varepsilon}{\mu\, e} = z,$$

il viendra

$$\sin. \theta' \; \text{tang. } \theta' = z \qquad \text{ou} \qquad \frac{\text{tang}^2\, \theta'}{\sqrt{1 + \text{tang}^2\, \theta'}} = z.$$

La recherche de θ' conduit à une équation du quatrième degré résoluble à la manière du second ; mais il y a des racines d'exclues, parce que dans la valeur de $\text{tang}^2\, \theta'$ il ne faut prendre que la valeur positive pour que θ' soit réel. On aura alors, en faisant le calcul,

$$\text{tang. } \theta' = \sqrt{\frac{z^2}{2} + z\sqrt{1 + \frac{z^2}{4}}}.$$

Cherchons, par exemple, à quelle incidence on a pu observer dans la lame A le rouge du quatrième ordre, qui est représenté par 26 dans la table de Newton. On aura alors $\epsilon = 26$; de-là, avec les valeurs précédentes de e et de μ, on achève ainsi le calcul:

$$\text{Log. } \epsilon = 1,4149733 \qquad \text{Log. } \mu = \overline{1},8097375$$
$$\text{Log. } \mu\, e = 1,8342232 \qquad \text{Log. } e = 2,0244857$$

$$\text{Log. } z = \overline{1},5807501$$
$$\text{Log. } z^2 = \overline{1},1615002$$
$$\text{Log. } 4 = 0,6020600$$

$$\text{Log. } \frac{z^2}{4} = \overline{2},5594402 \qquad \frac{z^2}{4} = 0,036261.$$

Par conséquent $1 + \frac{z^2}{4} = 1,036261$,

$$\text{Log. } \left(1 + \frac{z^2}{4}\right) = 0,0154689$$

$$\text{Log. } \sqrt{1 + \frac{z^2}{4}} = 0,0077344$$

$$\text{Log. } z = \overline{1},5807501$$

$$\text{Log. } z\sqrt{1 + \frac{z^2}{4}} = \overline{1},5884845$$

$$z\sqrt{1 + \frac{z^2}{4}} = 0,38769$$

$$\frac{z}{2} = 0,072522$$

$$\text{Tang}^2\,\theta' = 0,460212$$
$$\text{Log. tang}^2\,\theta' = \overline{1},6629561$$
$$\text{Log. tang. }\theta' = \overline{1},8314780 \qquad \theta' = 34° 9' 10''$$

$$\text{Log. sin. }\theta' = \overline{1},7492736$$
$$\text{Log. rapport de réfract. } 0,1760913$$

$$\text{Log. sin. }\theta = \overline{1},9252649 \qquad \theta = 57° 21' 50''.$$

Suivant les observations rapportées page 477, nous avons rencontré le rouge du quatrième ordre, ou la teinte qui nous a paru telle dans son maximum sous l'incidence de 61° 3′ 50″; mais entre celle-là et le vert du quatrième ordre qui la précède, il y a une différence de 7°, d'où l'on voit que l'indication du calcul ne s'écarte pas beaucoup de l'expérience. D'ailleurs, il faut encore considérer que dans ces grandes inclinaisons les inégalités des lames sont tellement grossies, qu'il est presque impossible de parcourir une lame de cette espèce sans y découvrir dans quelque point la teinte voisine de celle que l'on observe. Enfin, il est très-probable qu'ici, comme dans les autres cristaux que nous avons étudiés, il faudrait ajouter un facteur dépendant de la vîtesse du rayon réfracté.

En suivant la marche que nous venons de tracer, on peut calculer les limites des teintes que l'on peut observer avec une lame donnée dans toutes les inclinaisons où on voudra la placer ; car d'abord, pour savoir à quelle incidence le rayon extraordinaire commencera à paraître, on peut partir du résultat que nous venons de trouver tout-à-l'heure par la lame A; c'est que le premier instant où l'on commence à en soupçonner quelque vestige, répond dans la table de Newton à l'épaisseur 0,22634 : on fera donc $\varepsilon = 0,22634$. En achevant le calcul par les formules que nous avons données tout-à-l'heure, on en déduira ensuite l'angle d'incidence θ, sous lequel le phénomène commence à s'observer. Par exemple, si l'on fait ce calcul pour la lame (D), dont l'épaisseur a été trouvée de 15ʳ,7 du sphéromètre, on trouve que le premier commencement des teintes répond à l'incidence $\theta = 15° 40′ 20″$; on l'a observée à 18° 46′ 30″; et ce résultat diffère bien peu du premier, eu égard aux grandes variations d'incidence que donnent les teintes voisines. On se rapprocherait encore plus de l'observation, si, au lieu d'employer pour ε la valeur o,22634 donnée par l'observation de la lame A, on se servait de la valeur o,355 donnée par les expériences de Newton.

Maintenant pour avoir la limite inférieure, c'est-à-dire connaître la teinte la plus basse que le rayon extraordinaire puisse atteindre dans l'ordre des anneaux, il n'y a qu'à considérer que cette teinte répondra à la plus grande valeur possible de θ', et qu'ainsi elle répondra à la plus grande valeur de θ. Or, celle-ci est $\theta = 90°$, ce qui donne $\sin. \theta' = \frac{1}{m}$, m étant le rapport du sinus d'incidence au sinus de réfraction. Par conséquent on en tire $\tan. \theta' = \frac{m}{\sqrt{1 - m^2}}$, $\sin. \theta' \tan. \theta' = \frac{1}{\sqrt{1 - m^2}}$; alors, en nommant ε la valeur de la teinte correspondante exprimée en parties de l'échelle de Newton, on aura

$$\varepsilon = \frac{\mu \, e}{\sqrt{1 - m^2}},$$

expression bien facile à calculer. Mais la limite donnée par cette formule pourrait bien ne pas être aussi exacte que celle du commencement des teintes ; car s'il existe un facteur dépendant des variations de la vîtesse, il doit être surtout sensible dans les grandes inclinaisons.

Nous voyons par cette théorie comment on peut calculer à volonté toutes les teintes du rayon extraordinaire E que produisent les lames transparentes de mica dans lesquelles l'axe qui détermine la polarisation est perpendiculaire à la surface des lames. Le rayon ordinaire O est également connu par ces résultats, puisqu'il est complémentaire du premier, et qu'il répond à l'anneau transmis, de même que E répond à l'anneau réfléchi. On aura donc tous les élémens des formules

$$F_o = O \cos^2 \alpha + E \cos^2 (2i - \alpha)$$
$$F_e = O \sin^2 \alpha + E \sin^2 (2i - \alpha);$$

que nous avons données plus haut relativement à ces lames, et l'on pourra ainsi calculer d'avance tous les phénomènes qu'elles présentent sous toutes les inclinaisons et dans tous les azimuts où l'on voudra les placer.

Il me reste à montrer comment l'invariabilité du produit e sin. θ' tang. θ' peut indiquer la manière dont l'inclinaison modifie la force qui fait osciller les molécules lumineuses. Nous avons vu qu'en nommant a l'intensité de cette force, et prenant l'angle droit pour unité, le temps T d'une oscillation entière était exprimé par

$$T = \frac{\pi}{\sqrt{a}},$$

π étant la demi-circonférence dont le rayon égale 1. Maintenant soit v la vîtesse avec laquelle les molécules lumineuses traversent la lame, elles décriront pendant chaque oscillation un espace v T; et si elles font dans la lame un nombre d'oscillations égal à n, l'espace qu'elles devront parcourir dans le même-temps en vertu de leur mouvement de translation sera $n v$T; mais pour qu'elles exécutent ainsi leurs oscillations, il faut qu'elles aient déja pénétré dans l'intérieur de la lame d'une quantité égale à $\frac{1}{2} v$T (voyez page 252); par conséquent lorsqu'elles en ont fait un nombre n, l'espace total qu'elles ont traversé est $n v$T $+ \frac{1}{2} v$ T , ou

$\frac{(2n+1)}{2}v\mathrm{T}$, ou enfin $\frac{\pi(2n+1)v}{2\sqrt{a}}$, en mettant pour le temps T sa valeur. Maintenant, si l'on veut que le nombre n soit celui des oscillations que les molécules ont faites en traversant une lame d'une épaisseur égale à e, avec une incidence oblique θ, d'où résulte l'angle de réfraction θ', le trajet qu'elles auront réellement à faire pour traverser ainsi la lame sera $\frac{e}{\cos.\,\theta'}$, il faudra donc égaler cette quantité à la précédente, ce qui donnera l'équation

$$\frac{\pi(2n+1)v}{2\sqrt{a}} = \frac{e}{\cos.\,\theta'},$$

d'où l'on conclut

$$\frac{e\sqrt{a}}{\cos.\,\theta'} = \frac{\pi(2n+1)v}{2}.$$

Lorsque deux lames de différente épaisseur présenteront exactement la même teinte sous des inclinaisons différentes, le nombre n sera le même pour ces lames ; de plus les résultats des calculs que nous avons faits jusqu'à présent nous ont appris que les variations de la vîtesse v suivant l'angle θ', variations qui très-probablement existent, ne doivent avoir qu'une valeur très-faible, puisqu'en les négligeant et regardant v comme constante, on ne s'écarte pas sensiblement des observations. En suivant donc cette supposition, qui ne sera si l'on veut qu'approchée, on voit que le second membre de notre équation sera tout-à-fait constant pour les lames qui présentent la même teinte.

Or, nous avons vu que le produit $e\,\sin.\,\theta'\,\tan g.\,\theta'$ est également constant pour ces lames ; par conséquent les deux quantités $\frac{e\sqrt{a}}{\cos.\,\theta'}$ $e\,\sin.\,\theta\,\tan g.\,\theta'$, seront constantes ensemble, variables ensemble, elles seront donc fonctions l'une de l'autre; et ainsi l'on voit, sans aucune hypothèse, comment l'intensité de la force a varie nécessairement avec l'angle de réfraction θ', ainsi que cela doit arriver si la force a dépend de la double réfraction.

La manière la plus simple de satisfaire à la condition précédente, c'est de supposer que ces deux quantités sont proportionnelles l'une à l'autre. Alors en nommant K une constante arbitraire, on aurait

$$\frac{e\sqrt{a}}{\cos.\ \theta'} = K\, c\, \sin.\ \theta'\, \tang.\ \theta',$$

ce qui donnerait

$$a = K \sin^4 \theta'.$$

Ce résultat est indépendant de l'épaisseur de la lame; en l'adoptant, il s'ensuivrait que dans toutes les lames de mica de la nature de celles que nous avons considérées, la force de rotation qui fait osciller les molécules lumineuses dans le plan de la lame et autour de leur centre de gravité, serait proportionnelle à la quatrième puissance du sinus de l'angle que l'axe de polarisation perpendiculaire à ces lames forme avec le rayon réfracté.

Des lames de mica qui ont des axes situés dans le plan de leur surface.

LES phénomènes que je viens d'exposer vont maintenant nous servir pour expliquer les apparences singulières et compliquées que présentent les lames de mica qui ont des axes situés dans le plan de leur surface. Pour découvrir la théorie de ces lames et les circonstances qui leur sont particulières, je rapporterai, comme ci-dessus, des expériences précises, que nous soumettrons ensuite au calcul, afin d'en découvrir les lois.

D'abord il est certain que les lames de mica cristallisé, lorsqu'elles sont diaphanes, compactes, élastiques, ont des axes de polarisation situés dans le plan de leur surface ; car lorsqu'on les expose perpendiculairement à un rayon polarisé, elles présentent des phénomènes absolument pareils à ceux des lames de chaux sulfatée et de cristal de roche taillées parallèlement à l'axe : les mêmes formules représentent les unes et les autres ; la théorie des oscillations s'y applique de même, et la loi des forces également. Ces phénomènes ayant lieu sous l'incidence perpendiculaire, ne peuvent pas être dus à l'action d'un axe perpendiculaire aux lames. Nous verrons bientôt qu'on ne pourrait pas non plus les attribuer à l'action d'un axe qui serait oblique sur le plan de leur surface ; mais sans entrer à ce sujet dans aucune conjecture, je vais laisser parler les observations.

Je remarquerai d'abord que l'absence de la polarisation sous l'incidence perpendiculaire, que nous avons remarquée dans les lames précédentes, n'est pas due à leur peu d'épais\u2022 seur, mais à la manière dont elles sont cristallisées ; car d'autres lames beaucoup plus minces, mais cristallisées, ont encore produit la polarisation sous l'incidence perpendiculaire.

J'ai pris par exemple une lame de mica cristallisée, mais parfaitement transparente, et qui exerçait la polarisation sous l'incidence perpendiculaire : j'en ai enlevé une lame extrêmement mince, car son épaisseur mesurée au sphéromètre était

63.

Point d'arrivée 146
Départ. 125,3
Epaisseur. 20,7

Cependant, malgré ce degré de ténuité, elle conservait encore toutes ses propriétés : exposée perpendiculairement au
rayon polarisé, elle polarisait le blanc bleuâtre du premier
ordre; elle rendait les images nulles, ou égales, ou séparées,
précisément comme aurait pu faire la plus grosse lame. J'en
ai enlevé une autre dont l'épaisseur était encore moindre,
car on avait

Point d'arrivée 132,5
Départ. 125,3
Epaisseur. 7,2

Celle-ci était tirée d'un morceau différent. Sous l'incidence
perpendiculaire elle polarisait le bleu du premier ordre,
c'est-à-dire la première couleur dans l'ordre des anneaux
composés; mais ce bleu était rayé, un peu tirant sur le blanc.

Je reviendrai plus tard sur ces lames, que j'ai aussi observées sous des incidences obliques; mais auparavant je
veux donner en général la description raisonnée des phénomènes fort singuliers que présentent les lames de mica cristallisées lorsqu'on les expose ainsi obliquement au rayon.
Dans cette description je me servirai des expressions de premier et second axe, pour désigner l'axe de cristallisation
situé dans le plan des lames et la ligne qui lui est perpendiculaire dans le plan; mais je n'ajouterai pas à ces dénominations d'autres idées que celles que j'ai énoncées page 165.

D'abord, si l'on place le premier axe dans le méridien ou
dans la ligne d'est et ouest, on peut incliner la lame tant

qu'on voudra dans l'une ou l'autre de ces directions; elle ne donnera pas de rayon extraordinaire, pourvu qu'on l'y maintienne exactement.

2° Si l'on incline la lame sur le rayon polarisé, et qu'on place l'un des axes de la lame dans le plan d'incidence, on peut ensuite faire tourner le tambour dans tous les azimuts, et changer à volonté l'inclinaison de la lame : il n'y aura jamais que deux sens de polarisation, l'un dans le méridien qui contiendra les molécules qui conservent leur polarisation primitive, l'autre dans un azimut double de celui du plan d'incidence. Par conséquent, si ce dernier azimut est A, et qu'on analyse la lumière transmise en se servant d'un cristal d'Islande dont la section principale soit dirigée dans l'azimut α, les *intensités* des deux rayons ordinaire et extraordinaire seront encore représentées par les mêmes formules que sous l'incidence perpendiculaire; c'est-à-dire qu'en nommant O l'intensité du premier, E l'intensité du second, lorsque l'azimut A est de 45°, et que la section principale du rhomboïde du spath d'Islande est dans le méridien, on aura ensuite en général

$$F_o = O \cos^2 2\alpha + E \cos^2 (2A - \alpha)$$
$$F_e = O \sin^2 2\alpha + E \sin^2 (2A - \alpha).$$

Les teintes des deux rayons O et E varient avec l'incidence suivant une loi que nous ferons connaître. Ces formules sont précisément les mêmes que pour la chaux sulfatée et le cristal de roche sous des incidences obliques lorsqu'on a mis un des axes dans le plan d'incidence, et elles satisfont également à tous les phénomènes que le mica présente dans les mêmes circonstances ; mais tout change lorsque le premier ou le second axe de la lame sortent du plan d'incidence.

Voici quelle était la loi que nous avons trouvée à cet égard pour la chaux sulfatée et le cristal de roche parallèle à l'axe. Soit A l'angle dièdre que le plan de polarisation forme avec le plan d'incidence que je suppose être le méridien. Nommons i l'angle oblique que le *premier axe* de la lame fait sur le plan de sa surface, avec la trace du plan d'incidence. L'action polarisante de la lame cesse lorsque cet angle i compté dans le même sens que A, à partir du plan d'incidence, devient égal à A ou à $90 + $ A, $180 + $ A, $270 + $ A....., quelle que soit l'incidence du rayon. Cette loi nous a donné les formules que nous avons rapportées page 297.

Cela n'a plus lieu ainsi pour le mica. Partons de l'incidence perpendiculaire; mettons le premier axe de la lame à 45° du plan du méridien qui est aussi celui de polarisation, et supposons, pour plus de simplicité, que le rhomboïde qui sert pour analyser la lumière ait sa section principale dirigée dans ce même plan. Alors le premier axe de la lame est éloigné du méridien de 45° : si vous l'y ramenez de la même quantité en tournant la lame sur son plan, vous ferez évanouir le rayon extraordinaire.

Maintenant, si vous inclinez la lame dans le plan d'incidence de 45°, le même mouvement ne fera plus disparaître le rayon, au lieu qu'il le ferait disparaître encore dans une lame de chaux sulfatée ou de cristal de roche parallèle à l'axe. Dans le mica il faudra tourner de moins de 45°; et les trois autres points, où le rayon disparaît, seront inégalement éloignés de celui-là. Si l'un se trouve à la distance i de la trace du plan d'incidence, cette distance étant comptée sur la lame, il y aura une autre distance i' qui produira le même phénomène, et les quatre seront : i, i', $180 + i$,

18o + i''. A mesure que vous inclinez la lame davantage, les racines i et 18o + i' se rapprocheront l'une et l'autre du plan d'incidence; de sorte que la quantité i dont il faudra tourner la lame pour faire disparaître le rayon extraordinaire, sera de plus en plus petite. Enfin, sous une certaine incidence, qui est la même pour toutes les lames de mica de même nature minces ou épaisses, et que je trouve de 34° 44' 2o" comptée de la perpendiculaire dans les lames cristallisées dont j'ai fait usage, on a $i = $ o, $i' = $ 18o: alors les deux racines i et 18o + i' se réunissent en une seule, aussi bien que i' et 18o + i; le rayon extraordinaire ne s'évanouit que dans deux positions diamétralement opposées de la lame, et qui sont celles où son premier axe est dans le plan d'incidence : en inclinant davantage, le rayon extraordinaire ne s'évanouit plus, dans quelque position que l'on tourne la lame sur son plan.

Ces phénomènes nous indiquent l'existence d'une nouvelle force que l'inclinaison développe, et qui est toujours dirigée dans le plan d'incidence. Cette force polarisante tend à faire osciller une partie des molécules lumineuses autour de cette trace, tandis que l'axe de la lame tend à les faire osciller autour de lui; et de ces actions opposées résultent des positions d'équilibre diverses, suivant l'énergie de la nouvelle force, et par conséquent suivant la valeur plus ou moins considérable de l'inclinaison.

Or, cette nouvelle force que l'inclinaison développe, qu'est-ce autre chose sinon l'action répulsive de l'axe perpendiculaire aux lames, axe dont nous avons reconnu l'existence même dans celles qui n'étaient pas assez régulièrement cristallisées pour que l'autre action, qui s'exerce dans le plan de la surface, eût une résultante sensible? Cette idée, à laquelle les expériences nous conduisent, explique aisément tout le jeu de ces phénomènes, qui paraissaient d'abord si compliqués.

Mais avant d'entrer sur cela dans plus de détail, je vais encore rapporter une observation bien propre à montrer l'influence de cet axe perpendiculaire. J'ai dit que lorsque l'on fixe l'inclinaison du plan de la lame sur le rayon polarisé, et qu'on la place elle-même sur son plan dans une position quelconque, mais fixe, on peut faire tourner le système autour du rayon polarisé comme axe, la teinte E du rayon extraordinaire n'éprouve aucune variation dans sa couleur, elle change seulement d'intensité. Cela est tout simple d'après la considération des axes qui produisent ces phénomènes; car les angles que ces axes forment avec le rayon réfracté ne changent point par cette rotation, et c'est seulement de ces angles que dépend la force polarisante qu'ils exercent. Les oscillations des molécules lumineuses se font en des temps égaux dans toutes ces positions, il n'y a que leur amplitude qui varie, ce qui ne fait rien à leur durée d'après la nature des forces qui produisent ces effets. Maintenant remettons la lame sous l'incidence perpendiculaire; dirigeons ses axes à 45° du plan du méridien, et prenant ce plan pour celui d'incidence, inclinons-y la lame de plus en plus. Que va-t-il arriver? l'axe perpendiculaire aux lames développant son action par l'inclinaison, se trouve dans le plan de polarisation primitif des molécules lumineuses; il ne tend donc à les faire tourner dans aucun sens, mais il s'oppose à ce qu'elles prennent un mouvement de rotation qui les éloignerait de lui; il les tient, pour ainsi dire, en arrêt, et ne tend ainsi qu'à fortifier l'intensité du rayon ordinaire, mais non pas à produire aucun rayon extraordinaire. Les causes qui agissent dans le plan des lames sont donc alors les seules qui tendent à produire un pareil rayon ; or, ces causes sont 1° la force émanée du premier axe, qui s'affaiblit à mesure que l'inclinaison augmente ; 2° la longueur du trajet décrit par les molécules lumineuses, qui augmente à mesure que la lame devient plus oblique. La première cause tend à ralentir les oscillations et à faire monter les teintes dans l'ordre des anneaux ; la seconde tend à rendre les oscillations plus nombreuses et à faire baisser les teintes. Dans les lames de chaux sulfatée, lorsque l'azimut de l'axe est de 45° comme nous le supposons ici, ces deux causes se balancent exactement, et la teinte reste constante sous toutes les inclinaisons. Mais dans le mica la seconde l'emporte sur la première, et les teintes baissent à mesure que les lames s'inclinent dans le plan de polarisation primitive. Par exemple, si le rayon extraordinaire était d'abord jaune du deuxième ordre sous l'incidence perpendiculaire, ce qui donne un rayon ordinaire d'un très-beau bleu, l'inclinaison fera descendre la teinte E du jaune à l'orangé, puis au rouge, puis au pourpre du troisième ordre, à l'indigo, au bleu, au vert, et ainsi de suite, dans l'ordre des anneaux ; mais, ce qui est bien digne de remarque, le rayon E ne gardera pas toutes les molécules lumineuses qui appartiennent à cette teinte dans les anneaux réfléchis, il en perdra une certaine proportion d'autant plus grande, que l'incidence du rayon sur la lame sera devenue plus considérable, ce qui affaiblira son intensité sans changer sa teinte. En le suivant ainsi, on le verra devenir enfin d'une faiblesse extrême, quoique toujours suivant l'ordre des teintes ; et enfin, on cessera tout-à-fait de l'apercevoir, souvent même

avant qu'il les ait toutes parcourues. Par une conséquence
naturelle de ces faits, le rayon ordinaire va toujours en
croissant d'intensité à mesure que l'autre diminue; mais en
même-temps sa teinte change et approche de plus en plus
du blanc avec une grande rapidité, parce que les molécules
qu'il enlève à l'axe de la lame, neutralisent, pour ainsi dire,
une partie des siennes et forment du blanc. Néanmoins, le
petit nombre de molécules qui cèdent à l'influence de l'autre
axe font toujours leurs oscillations autour de lui avec la
même vîtesse qui convient à chaque inclinaison : il n'y a
que leur nombre qui diminue sans cesse à mesure que l'action
du premier axe augmente avec l'incidence. Cette observation venant à la suite de celles que nous avons expliquées
plus haut, me paraît mettre tout-à-fait hors de doute que
les phénomènes du mica sont réellement dus aux influences
combinées de son épaisseur et de deux axes, dont l'un est
situé dans le plan des lames, et l'autre leur est perpendiculaire. Il arrive ici précisément la même chose que dans les
plaques de cristal de roche perpendiculaires à l'axe, dans
lesquelles la force croissante du premier axe combat les
forces qui font tourner la lumière, et finit par les surpasser.

Comme ces conclusions sont très-importantes pour l'intel-
ligence des phénomènes, je vais rapporter ici en détail une
observation de ce genre, où j'ai reconnu le progrès des
teintes avec les inclinaisons du rayon polarisé. La lame
employée dans ces expériences venait d'une pièce de mica
parfaitement diaphane du cabinet de M. de Drée: son épaisseur mesurée au sphéromètre était telle qu'on le voit ici.

$$\begin{aligned}
\text{Point d'arrivée} &\ldots\ldots\ldots\ldots 218,0 \\
\text{Départ} &\ldots\ldots\ldots\ldots\ldots 125,3 \\
\hline
\text{Epaisseur} &\ldots\ldots\ldots\ldots\ 92,7
\end{aligned}$$

Lorsque le plan d'incidence était placé dans l'azimut de 45°, cette lame donnait, comme on le verra tout-à-l'heure, une longue série de teintes très-belles et très-vives ; mais en prenant pour plan d'incidence le méridien, on observait la dégradation des teintes telle que nous l'avons annoncée, et telle que la montre le tableau suivant. Je n'ai pas besoin de rappeler que l'azimut du plan d'incidence est zéro, et que celui de l'axe situé dans le plan de la lame est de 45°.

Incidence du rayon sur la lame, comptée de la perpendiculaire.	Teinte du rayon ordinaire.	Teinte du rayon extraordinaire.	
0° 0′ 0″	Bleu.	Jaune.	
26 41 40 (*)	Bleu verdâtre.	Rouge.	2ᵉ ordre.
36 12 57	Rouge blanchâtre.	Vert.	
43 28 40	Blanc légèrement verdâtre	Rouge.	3ᵉ ordre.
49 1 22 (**)	Blanc à peine rougeâtre.	Vert.	4ᵉ ordre.
54 43 10 (***)	Blanc.	Rouge à peine visible.	
59 42 10	Blanc.	Vert à peine visible.	
On ne peut voir plus loin les couleurs.			

(*) La teinte du rayon extraordinaire, d'abord stationnaire, a descendu à l'orangé, de-là au rouge.

(**) Le blanc est à peine coloré ; le vert est très-faible en intensité, mais sa teinte est vive comme celle du vert du 4ᵉ ordre.

(***) Ici à peine peut-on apercevoir le rouge ; c'est pourtant celui du 4ᵉ ordre, qui est très-abondant en intensité dans les anneaux réfléchis ordinaires.

Maintenant que nous avons mis hors de doute l'action simultanée de ces axes, nous pouvons entrer dans plus de détails sur la manière dont ils déterminent les oscillations.

63.

Soit, comme précédemment, fig. 19, SC le rayon incident polarisé dans le méridien MCS, soit TCS le plan d'incidence, et CT la trace de ce plan sur la surface LL de la lame; soit CA la direction de l'axe de polarisation des molécules lumineuses lorsqu'elles entrent dans la lame, et qu'elles commencent à y ressentir les effets de la cristallisation, et nommons A l'angle ACT, qui sera égal à l'azimut du plan d'incidence. Menons aussi la ligne CP pour représenter le premier axe de la lame, et nommons i l'angle PCT que cet axe forme avec la trace du plan d'incidence. La force polarisante de l'axe perpendiculaire aux lames s'exerce dans le plan de cette trace, ainsi les oscillations des molécules lumineuses seront déterminées par les forces qui partent des lignes CT et CP. Pour plus de simplicité, développons ces lignes sur un plan qui sera celui de la figure même. Considérons maintenant, fig. 20, les limites des oscillations produites par les différens axes. 1° L'axe CT laissera une partie des molécules lumineuses suivant CA dans l'azimut A avec leur polarisation primitive, et il en polarisera une autre partie suivant la ligne CA', telle que l'angle A'CT soit égal à TCA, ou A : ainsi l'azimut A'CA de cette polarisation étant compté à partir de la ligne CA, qui représente la polarisation primitive, sera exprimé par 2A. 2° Le premier axe CP de la lame laissera aussi à une partie des molécules lumineuses leur polarisation primitive suivant CA; mais il en fera osciller une autre partie qu'il polarisera suivant la ligne CA″, tellement située que l'angle A″CP soit égal à PCA, ou à A — i, et par conséquent l'angle total A″CA, compté depuis la ligne de polarisation primitive, sera 2(A — i). 3° Les molécules lumineuses mises en mouvement par l'axe CP étant arrivées à la fin de leur oscillation suivant CA'', il pourra arriver qu'une partie de ces molécules soit enlevée par l'influence de l'axe CT, et, si cela arrive, elles seront polarisées par lui suivant une ligne CA''', dirigée de manière que l'angle TCA''' sera égal à l'angle TCA''. Or $TCA'' = TCP - A'CP = i - (A - i) = 2i - A$, par conséquent l'angle TCA''' sera aussi égal à $2i - A$. Si l'on veut le compter à partir de la ligne de polarisation primitive CA, il faut lui ajouter l'angle TCA, qui est A, et la somme sera $2i - A + A$, ou $2i$ pour l'angle $A'''CA$. 4° Réciproquement une partie des molécules polarisées par l'axe CT, suivant la ligne CA', pourra, au moment du repos, être enlevée par l'axe CP; et si cela arrive, elles seront polarisées suivant une ligne CA'''', qui fera avec PC un angle $A''''CP = A'CP$. Or l'angle $A'CT = A$, $TCP = i$, par conséquent $A'CP = i + A$, ainsi l'angle PCA'''' étant égal au premier, aura pour valeur $i + A$; si on veut le compter à partir de la ligne de polarisation primitive CA, il faudra en retrancher la valeur de l'angle PCA, ou $A - i$, ce qui le réduira à $2i$, de sorte qu'il sera égal à $A'''CA$, qui exprime la polarisation des molécules que l'axe CT a enlevées à l'axe CP. Les choses étant dans cet état, si l'on analyse la lumière émergente en se servant d'un rhomboïde de spath d'Islande dont la section principale soit dirigée dans le méridien, ce que je supposerai pour plus de simplicité, l'expression la plus générale des intensités des rayons ordinaire et extraordinaire F_0, F_e sera nécessairement de cette forme

$$F_0 = O + K \cos^2 2A + K' \cos^2 2(A - i) + K'' \cos^2 2i,$$
$$F_e = \quad\; K \sin^2 2A + K' \sin^2 2(A - i) + K'' \sin^2 2i.$$

O désignant la teinte des molécules qui conservent leur polarisation primitive, et K, K′, K″ étant des coëfficiens dépendans de la nature des teintes polarisées suivant ces diverses directions ; et comme la somme des deux rayons F_0, F_e doit toujours être égale à la totalité de la lumière blanche qui traverse la lame, si l'on nomme L l'intensité de cette lumière, on devra toujours avoir la condition

$$O + K + K' + K'' = L.$$

La détermination générale de ces coëfficiens paraît très-difficile, car leur intensité varie non-seulement avec les teintes, mais encore avec l'azimut A. On a ici une difficulté du même genre que dans les lames superposées ; mais on ne peut pas l'éluder de la même manière, parce que les actions des axes dans le cas actuel sont simultanées, et ne peuvent pas en conséquence être considérées successivement.

Le seul cas que j'ai eu jusqu'à présent le temps d'étudier à fond, est celui dans lequel l'un des deux axes de la lame est dirigé dans le plan d'incidence même. Alors l'influence de cet axe s'exerçant à partir de la même ligne que l'axe perpendiculaire au plan des lames, il n'y a plus que deux polarisations comme à l'ordinaire ; c'est ce qu'indiquent aussi les formules, car dans ce cas i est nul, ou égal à 90°, et l'expression du rayon extraordinaire se réduit à

$$F_e = (K + K') \sin^2 2A.$$

C'est celle que nous avions donnée d'abord, excepté qu'ici α est nul, parce que la section principale du cristal qui sert

pour analyser la lumière est supposée dirigée dans le méridien. On voit de plus que la forme des expressions des deux
rayons est la même, quel que soit celui des deux axes de la
lame que l'on place dans le plan d'incidence; mais les coëfficiens K, K'..... qui expriment les teintes des faisceaux
ont dans ces deux cas des valeurs bien différentes, comme
on va le voir.

Pour le comprendre, il faut se rappeler que nous avons
nommé *premier* axe des lames celui qui exerce sur l'axe de
polarisation des molécules lumineuses une force par laquelle
il tend à les approcher de sa direction, et nous avons appelé
second axe une ligne menée dans le plan de la lame perpendiculairement à la précédente; sans vouloir toutefois supposer
qu'il en émane aussi des forces comme de la première, mais
uniquement pour caractériser les phénomènes qui se rapportent à cette direction. Examinons maintenant la marche
des teintes quand la lame en incline tour-à-tour dans ces
deux sens rectangulaires.

Supposons que SCT, fig. 21, soit le plan d'incidence dirigé
dans l'azimut de 45°. Plaçons le second axe de la lame suivant
la trace CT de ce plan sur sa surface; et après l'avoir fixé dans
cette direction, inclinons la lame sur le rayon polarisé, puis
cherchons à prévoir ce qui en arrivera. 1° Le premier axe
Pp restant perpendiculaire au rayon incident, conserve
toute son énergie; 2° le trajet des molécules lumineuses à
travers la plaque augmentant par l'obliquité, tandis que la
force du premier axe reste constante, les oscillations devraient, sans s'accélérer, devenir plus nombreuses et par conséquent les couleurs du rayon extraordinaire devraient descendre dans l'ordre des anneaux, comme si la lame devenait

plus épaisse. C'est ainsi que la chose se passe, par exemple, dans la chaux sulfatée et le cristal de roche parallèle à l'axe.

Mais l'influence de l'axe perpendiculaire aux lames change totalement ce résultat. Cet axe, dont la projection se trouve dirigée suivant CT, tend à faire osciller les molécules lumineuses autour de cette ligne. Or, dans l'azimut de 45°, où nous supposons que se trouve le plan d'incidence, l'axe de polarisation des molécules lumineuses lorsqu'elles entrent dans la lame est dirigé suivant la ligne CA, qui forme avec CT et CP des angles égaux entre eux, et tous deux de 45° : alors on voit que dans notre supposition actuelle les efforts de ces deux axes se contrarient, comme dans les lames de chaux sulfatée croisées à angle droit ; il paraît en outre que l'influence de l'axe perpendiculaire est plus que suffisante pour compenser l'accroissement du nombre des oscillations occasionné par le changement d'épaisseur ; car les couleurs du rayon extraordinaire commencent par monter dans l'ordre des anneaux au lieu de descendre comme elles auraient fait sans cette influence étrangère. Elles montent ainsi jusqu'aux dernières couleurs des anneaux, et enfin arrivent au zéro des teintes, qui, ainsi que je l'ai dit plus haut, a lieu pour le mica diaphane sous l'incidence de 35° 11′ 20″. A cet instant l'énergie du premier axe CP combinée avec l'épaisseur oblique de la lame est devenue égale à l'action de l'axe perpendiculaire. Si l'on augmente l'incidence, l'énergie de cet axe augmente toujours dans une proportion plus grande que la variation qui provient des épaisseurs ; il continue donc de l'emporter sur elles. Il détermine à son tour les oscillations des molécules lumineuses ; et le rayon extraordinaire redescend de nouveau dans l'ordre des anneaux suivant les mêmes périodes par lesquelles il avait d'abord monté.

Ce jeu alternatif est encore un nouvel indice de la position de l'axe perpendiculaire au plan des lames ; car il faut que cet axe soit élevé au-dessus de leur plan puisque l'accroissement d'incidence augmente l'angle qu'il forme avec le rayon réfracté, et de plus il faut qu'il soit perpendiculaire à leur surface, car son influence croît d'une manière égale lorsqu'on incline la lame sur le rayon polarisé dans la direction de CT ou de son prolongement. Cette égalité n'aurait pas lieu si ce nouvel axe était oblique, et dirigé par exemple suivant AB, fig. 15 et 16 ; car supposons que son énergie s'accrût en augmentant l'angle BIL formé sur le rayon incident ; elle devrait au contraire s'affaiblir si l'on diminuait ce même angle, puisque ce mouvement rapprocherait d'abord l'axe oblique A'B' du rayon réfracté IR ; c'est ce que nous avons observé dans les plaques de cristal de roche obliques sur l'axe. Et puisque ce défaut de symétrie n'a pas lieu dans les lames de mica, c'est une preuve que le troisième axe leur est perpendiculaire.

Faisons maintenant une expérience qui complétera la précédente.

Laissons toujours le plan d'incidence dans l'azimut de 45° ; mais au lieu d'y placer le second axe, mettons-y le premier. Alors inclinons de nouveau la lame, et cherchons à prévoir ce qui arrivera.

Ici l'affaiblissement de la force émanée du premier axe tend à diminuer le nombre des oscillations, et l'accroissement d'épaisseur produit par l'inclinaison tend à les augmenter. Si ces deux causes existaient seules comme dans la chaux sulfatée, l'affaiblissement de l'axe serait la plus forte, et les teintes monteraient dans l'ordre des anneaux comme si la lame devenait plus mince. Mais l'action de l'axe perpendiculaire qui s'exerce maintenant dans le même sens que celle du premier axe intervertit ces effets. Cette force développée par l'inclinaison est plus que suffisante pour compenser l'affaiblissement que le premier axe éprouve. Et les couleurs doivent descendre dans l'ordre des anneaux comme si la lame devenait plus épaisse. C'est en effet ce que l'expérience confirme.

Pour montrer avec quelle rigueur ces conclusions de notre théorie s'accordent avec l'expérience, je rapporterai ici l'observation suivante qui a été faite avec le plus grand soin dans ces deux positions que nous venons de désigner, et avec la lame dont nous avons déja observé l'effet lorsque le plan d'incidence était dirigé dans le méridien, et les axes à 45° de ce plan. Je rapporte ici ces mesures en grades comme elles ont été observées. Cela sera plus commode pour y remarquer une loi que nous allons en déduire.

LAME DE MICA DIAPHANE AYANT DES AXES DANS LE PLAN DE SA SURFACE.

1re EXPÉRIENCE. *Le premier axe perpendiculaire au plan d'incidence, l'azimut du plan d'incidence est 45°.*

Rayon ordinaire.	Rayon extraordinaire.	Incidence comptée de la perpendiculaire, et exprimée en grades.
Bleu	Jaune du 2ᵉ ordre	0 g.
Jaune	Bleu du 1ᵉʳ ordre	17, 99
Blanc bleuâtre	Rouge du 1ᵉʳ ordre	24, 30
Noir	Blanc du 1ᵉʳ ordre	31, 90
Blanc	Noir exactement	39, 10 (*)
Noir. (Il reste un peu de bleu, extrêmement peu, mais plus que tout-à-l'heure)	Blanc du 1ᵉʳ ordre	45, 85
Blanc bleuâtre	Rouge du 1ᵉʳ ordre	50, 50
Jaune	Bleu du 2ᵉ ordre	52, 74
Vert	Rouge du 2ᵉ ordre	61, 95
Rouge	Vert du 3ᵉ ordre	65, 74
Vert	Rouge du 3ᵉ ordre	71, 94
Rouge	Vert du 4ᵉ ordre	78, 20

(*) C'est ici le zéro des teintes, les oscillations deviennent nulles, et ensuite reprennent autour de la trace du plan d'incidence.

Cette expérience faite, on ramène la lame à l'incidence perpendiculaire, et on la tourne d'un angle droit sur son plan

2ᵉ Expérience. *Le premier axe dans le plan d'incidence,
l'azimut du plan d'incidence 45°.*

Rayon ordinaire.	Rayon extraordinaire.	Incidence comptée de la perpendiculaire, et exprimée en grades.
Bleu	Jaune du 2ᵉ ordre	0 g.
Vert	Rouge du 2ᵉ ordre	17,86
Jaune légèrement rougeâtre	Bleu du 3ᵉ ordre	24,23
Bleu violacé	Jaune du 3ᵉ ordre	31,55
Vert jaunâtre	Rouge bleuâtre du 3ᵉ ordre	37,55 (*)
Rouge pâle	Bleu verdâtre du 4ᵉ ordre	39,10
Rouge	Vert jaunâtre	44 70
Vert	Rouge pâle	45,83
Vert	Rouge vif du 4ᵉ ordre	50,02
Vert bleuâtre	Rouge vif du 4ᵉ ordre	50,50
Rouge	Bleu verdâtre du 5ᵉ ordre	52,95 (**)
Vert bleuâtre	Rouge	58,42
Rouge	Bleu verdâtre	67,09
Vert	Rouge	71.68 (***)

(*) C'est la teinte que Newton a nommée le rouge bleuâtre; dans cet ordre elle est immédiatement au-dessous du rouge.

(**) Cette incidence a été prévue d'après une loi que nous développerons tout-à-l'heure; elle s'y est trouvée extrêmement conforme.

(***) Couleur très-pâle.

On voit par ces tableaux que la marche générale des teintes est bien telle que nous l'avons annoncée; mais dans la première expérience, elles ont d'abord remonté dans l'ordre des anneaux jusqu'à zéro, ensuite elles ont redescendu dans le même ordre, au lieu que dans la seconde expérience elles ont toujours été en descendant.

On peut remarquer dans les deux séries d'observations des incidences qui se correspondent : on les a prises ainsi pour mettre en évidence une loi très-importante que nous allons en tirer ; voici en quoi elle consiste.

Si l'on prend dans chacune des deux séries les teintes qui correspondent à deux incidences déterminées, et qu'on cherche dans la table de Newton sur les épaisseurs des lames, les différences d'épaisseur qui correspondent à ces teintes, ces différences seront égales entre elles.

Par exemple, dans la première série, l'angle d'incidence étant zéro, le rayon extraordinaire était le jaune du second ordre, et sous l'incidence 31ᵍ,90, il était monté au blanc du premier. L'épaisseur qui répond à la première teinte est représentée dans la table de Newton par 10,4 ; celle de la seconde par 3,4, la différence est 7 : c'est-à-dire que la teinte du rayon extraordinaire a monté dans cet intervalle de 7 parties de la table de Newton. Par conséquent, dans la seconde série, en passant de l'incidence zéro à l'incidence 31ᵍ,90, elle descendra de la même quantité, c'est-à-dire qu'elle parviendra à 17ᵖ,4 qui répond au jaune du troisième ordre. Et en effet, on voit dans le tableau de cette série que l'on a observé le jaune du troisième ordre sous l'incidence 31ᵍ,55.

Bien plus, cette loi se soutient même en passant par le zéro de la première série, pourvu que l'on considère la table de Newton comme recommencée dans ce sens. Pour porter tout de suite la vérification à l'extrême, prenons toute l'étendue de la première série, excepté la dernière teinte, qui n'a pas son analogue dans la seconde. D'abord sous l'incidence 0ᵍ, la teinte du rayon extraordinaire était le jaune du second ordre, qui répond à l'épaisseur 10,4 ; ainsi, pour descendre de ce terme jusqu'au zéro des teintes, il a fallu monter juste-ment de cette quantité. Ensuite, à l'incidence 71ᵍ,94, le rayon extraordinaire s'est trouvé revenu au rouge du troisième ordre, qui, dans la table de Newton, répond à l'épaisseur 18,7 ; en y ajoutant 10,4, on aura 29,1 pour la variation totale des teintes dans cette étendue, dans la première série. Cette étendue doit donc être la même dans la seconde; ainsi, en y ajoutant l'épaisseur fondamentale 10,4, la somme 39,5 exprimera la teinte que l'on a dû observer dans cette seconde série sous l'incidence 71,94. En consultant la table de Newton, on voit que cette épaisseur 39,5 répond entre le bleu verdâtre et le rouge du sixième ordre. En effet, dans la seconde série, on a observé le rouge du sixième ordre sous l'incidence 71,68. Toutes les épreuves de ce genre que l'on pourra tenter sur les deux séries conduiront aux mêmes résultats.

De-là il résulte d'abord que si l'on peut découvrir le rapport des incidences et des teintes dans la première série, on le connaîtra également dans la seconde. En effet, représentons en général ce rapport par $\varphi\theta'$, la fonction φ désignant une fonction quelconque, et θ' étant comme ci-dessus l'angle de réfraction pour l'incidence θ. Si nous nommons e l'épaisseur, qui dans la table de Newton répond à la teinte du rayon extraordinaire observée sous l'incidence perpendiculaire, la teinte ou l'épaisseur correspondante à une autre incidence quelconque θ' sera

$$\text{Dans la première série } e\,[\,1 - \varphi\theta'\,]$$
$$\text{Dans la seconde}\ldots\ldots e\,[\,1 + \varphi\theta'\,]$$

en convenant de prendre les épaisseurs négatives égales aux épaisseurs positives de même valeur, ou, ce qui revient au même, en continuant la table de Newton au-delà du zéro des teintes par les mêmes périodes qu'en-deçà.

On voit maintenant pourquoi dans toutes les lames de mica de même nature le zéro des teintes arrive toujours sous la même incidence indépendamment de l'épaisseur; et soit que l'on prenne une simple lame ou qu'on en superpose plusieurs, en mettant leurs axes parallèles. Cela tient à ce que la valeur de θ', qui produit ce phénomène, est donnée par l'équation $0 = 1 - \varphi\theta'$, laquelle est absolument indépendante de l'épaisseur e.

Maintenant quelle est la forme de cette fonction $\varphi\theta'$, c'est précisément celle que nous avons déja vue être d'un si grand usage dans ces recherches. C'est le produit $K \sin. \theta'$ tang. θ', qui, en supposant K une constante arbitraire, représente le produit de la force polarisante par l'espace que la lumière parcourt dans l'intérieur des lames. Nous avons même un moyen très-simple pour déterminer θ', c'est de faire servir l'équation même que nous venons d'établir à calculer l'incidence où les teintes deviennent nulles; car, en nommant θ' l'angle de réfraction pour lequel ce phénomène est arrivé, on aura

$$1 = K \sin. \theta' \text{ tang. } \theta',$$

d'où l'on tire

$$K = \frac{1}{\sin. \theta' \text{ tang. } \theta'}.$$

Nous voyons dans la première série que le rayon extraordinaire s'est évanoui lorsque l'incidence en grades a été de

39ᵍ,10, qui répond à 35° 11′ 24″, nous pouvons donc achever le calcul comme on le voit.

$$\theta = 35° 11′ 24″ \qquad \text{log. sin. } \theta = \overline{1},7606409$$
$$\text{log. rap. réf.} = 0,1760913$$
$$\text{log. sin. } \theta' = \overline{1},5845496 \qquad \theta' = 22° 35′ 36″$$
$$\text{log. tang. } \theta' = \overline{1},6192220$$
$$\overline{1},2038716$$
$$\text{log. } \mu = 0,7961284$$

C'est le logarithme du facteur dont il nous faut faire usage. Pour le vérifier, prenons tout de suite le dernier nombre de la seconde série, qui répond à l'incidence 71ᵍ,68 ou 64° 30′ 40″, ce qui donne

$$\theta = 64° 30′ 40″ \qquad \text{log. sin. } \theta = 1,9555284$$
$$\text{log. rap. réf.} = 0,1760913$$
$$\text{log. sin. } \theta' = \overline{1},7794371 \qquad \theta' = 36° 59′ 50″$$
$$\text{log. tang. } \theta' = \overline{1},8770706$$
$$e = 10,4 \qquad \text{log. } e = 1,0170333$$
$$\text{log. } \mu = 0,7961284$$
$$\text{log. variation } 1,4696694$$

qui répond au nombre 29,49
ajoutez la teinte fondamentale 10,40

vous aurez pour somme 39,89

qui répond presque exactement au milieu du bleu verdâtre et du rouge du sixième ordre d'anneaux. Or, c'est précisément le rouge de cet ordre que l'on a observé sous cette incidence, comme on le voit dans le tableau de cette série, de sorte que dans cette épreuve nous avons fait parcourir à nos formules toute l'étendue des anneaux observables. On peut répéter le même essai sur tous les autres nombres de la table, on le trouvera aussi satisfaisant.

Au moyen de cette loi on pourra prévoir la teinte du rayon extraordinaire lorsque l'incidence sera donnée, ou réciproquement on pourra calculer l'incidence d'après la teinte, au moyen des formules de la page 492; la teinte du rayon extraordinaire E étant connue, celle du rayon ordinaire O l'est aussi, puisqu'elle est complémentaire de l'autre. On connaîtra donc la nature de ces deux teintes, leurs intensités qui sont celles des anneaux auxquels elles appartiennent, et enfin les variations de ces intensités dans les différens azimuts au moyen des formules

$$F_o = O \cos^2 \alpha + E \cos^2 (2A - \alpha)$$
$$F_e = O \sin^2 \alpha + E \sin^2 (2A - \alpha)$$

De sorte que le problème de la détermination des intensités et des teintes se trouve généralement résolu pour le mica, relativement à toutes les incidences, dans le cas où l'axe de la lame est situé dans le plan d'incidence ou lui est perpendiculaire, quelle que soit d'ailleurs l'incidence du rayon polarisé sur la lame ; et l'on voit de plus que ces formules n'offrent pas seulement une évaluation empirique, mais une théorie fondée sur les faits.

J'ai encore soumis cette théorie à une épreuve plus décisive. S'il est vrai que les phénomènes du mica soient réellement produits par la combinaison de deux axes rectangulaires, l'un parallèle, l'autre perpendiculaire au plan des

1812.   65

lames, comme nous avons été conduits à le supposer, on doit
en assemblant un pareil système de forces tirées de divers
corps cristallisés, reproduire tous les phénomènes que le mica
présente, c'est-à-dire les variations des teintes et les inversions de leur marche sous les diverses inclinaisons. C'est en
effet ce qui a lieu. J'ai assemblé ainsi des plaques de chaux
sulfatée parallèles à l'axe de cristallisation et des plaques de
cristal de roche perpendiculaires à l'axe. La lumière exposée
à leur action simultanée s'est comportée précisément comme
elle l'aurait fait en traversant une plaque de mica. J'ai substitué à la plaque de cristal de roche, des lames de mica qui
n'avaient point d'axe dans le plan de leur surface, mais qui
avaient seulement un axe perpendiculaire, les mêmes phénomènes ont eu encore lieu. Je leur ai substitué des lames
minces de mica cristallisées, mais d'épaisseurs égales, et
croisées à angles droits de manière à détruire l'action des
axes situés dans le plan de leur surfaces pour ne laisser
subsister que celle de l'axe perpendiculaire, les mêmes effets
se sont encore reproduits. Ainsi, de quelque manière que
l'on développe ces forces, quel que soit le cristal duquel on
les tire, lorsqu'on les assemble de la même manière elles
déterminent toujours les mêmes effets. Cette épreuve rigoureuse achève de montrer que les phénomènes de polarisation produits par le mica, la chaux sulfatée, le cristal de
roche, sont réellement reductibles à des forces attractives et
répulsives, émanées de leurs axes et qui agissent sur les
molécules lumineuses suivant les lois que j'ai exposées ; en
sorte que la seule considération de ces forces peut désormais être substituée avec certitude à tous les détails des faits.

Et d'après cela tous les phénomènes de polarisation progressive, en apparence si compliqués, si divers, que présentent les plaques de ces cristaux taillées dans des sens quelconques, lorsqu'on les expose à un rayon polarisé, ne sont plus que des conséquences d'une seule théorie qui est elle-même la concentration d'un petit nombre de faits principaux. Beaucoup d'autres substances présentent des phénomènes analogues qui méritent d'être étudiés avec le plus grand soin; mais, avant de se jeter dans cette diversité, il fallait trouver un fil qui pût y conduire, et déterminer les systèmes de forces que l'on aurait à y observer; c'est ce que j'ai tâché de faire dans ce long et pénible travail. J'ose engager les physiciens à tourner leur attention vers ce genre de recherches, ils en trouveront peu de plus intéressantes et de plus fécondes; ce sont eux qui doivent établir par l'expérience toutes les données nécessaires pour que l'on puisse faire dépendre ces mouvemens de la lumière de l'action attractive ou répulsive des molécules des cristaux, et peut-être nous devrons encore cette nouvelle découverte aux habiles géomètres qui dans ces derniers temps ont su assujétir au calcul les attractions à petites distances et les lois de l'électricité; mais, avant de tenter la même chose pour les molécules de la lumière, il faut, je crois, déterminer avec précision les déviations que leurs axes éprouvent en traversant les surfaces des corps. C'est une recherche délicate dont je m'occuperai aussitôt que j'aurai pour ces sortes d'expériences un instrument nouveau et extrêmement précis dont la Classe a bien voulu ordonner, pour moi, la construction.

FIN DE LA PREMIÈRE PARTIE.

ERRATUM.

Page 106, titre de la 3ᵉ Partie, *en janvier* 1813 ; lisez : 8 *février* 1813.

Fig. 3.

19.

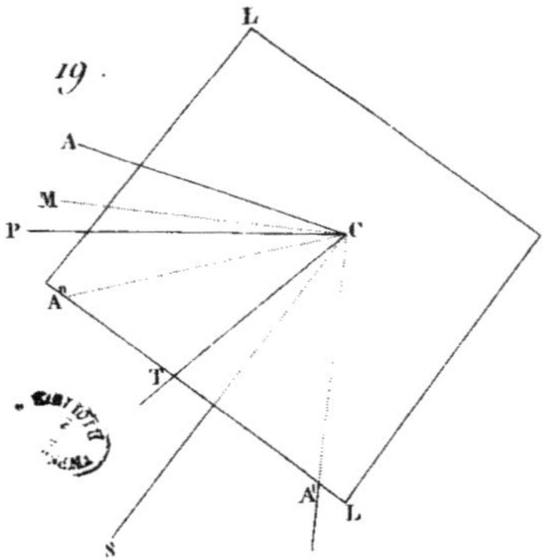

20.

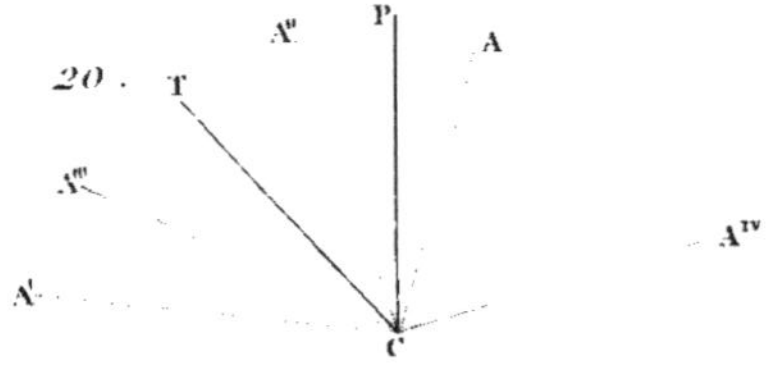

21.

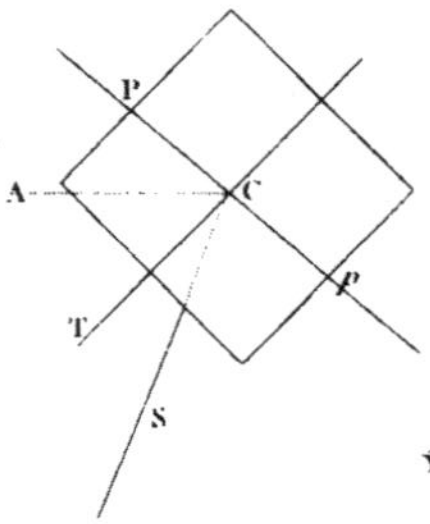

A   B   C   D   E   F   G   H

Violet   Indigo   Bleu   Vert   Jaune   Orange   Rouge

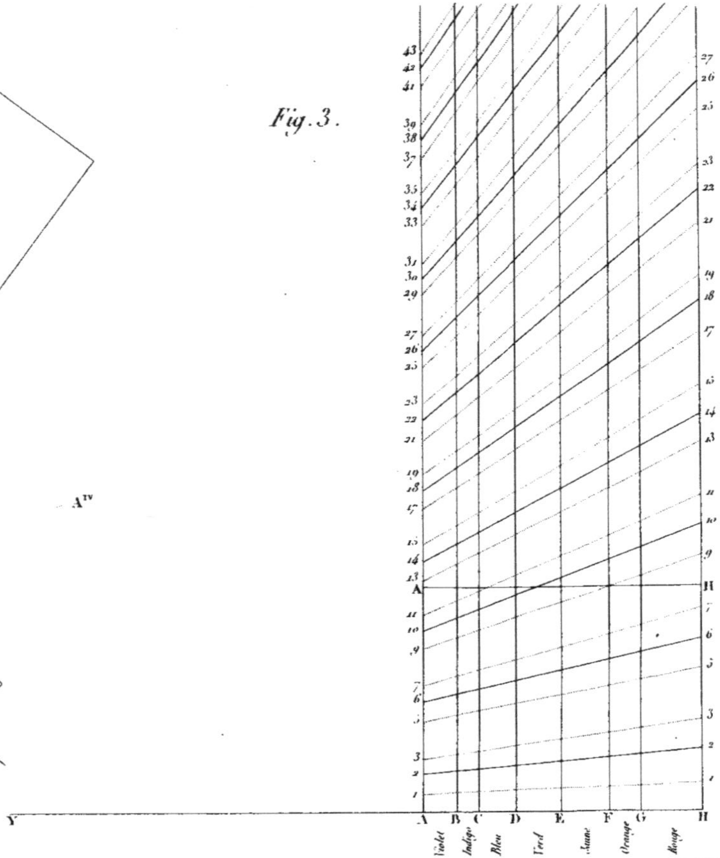

Adam Sculp.

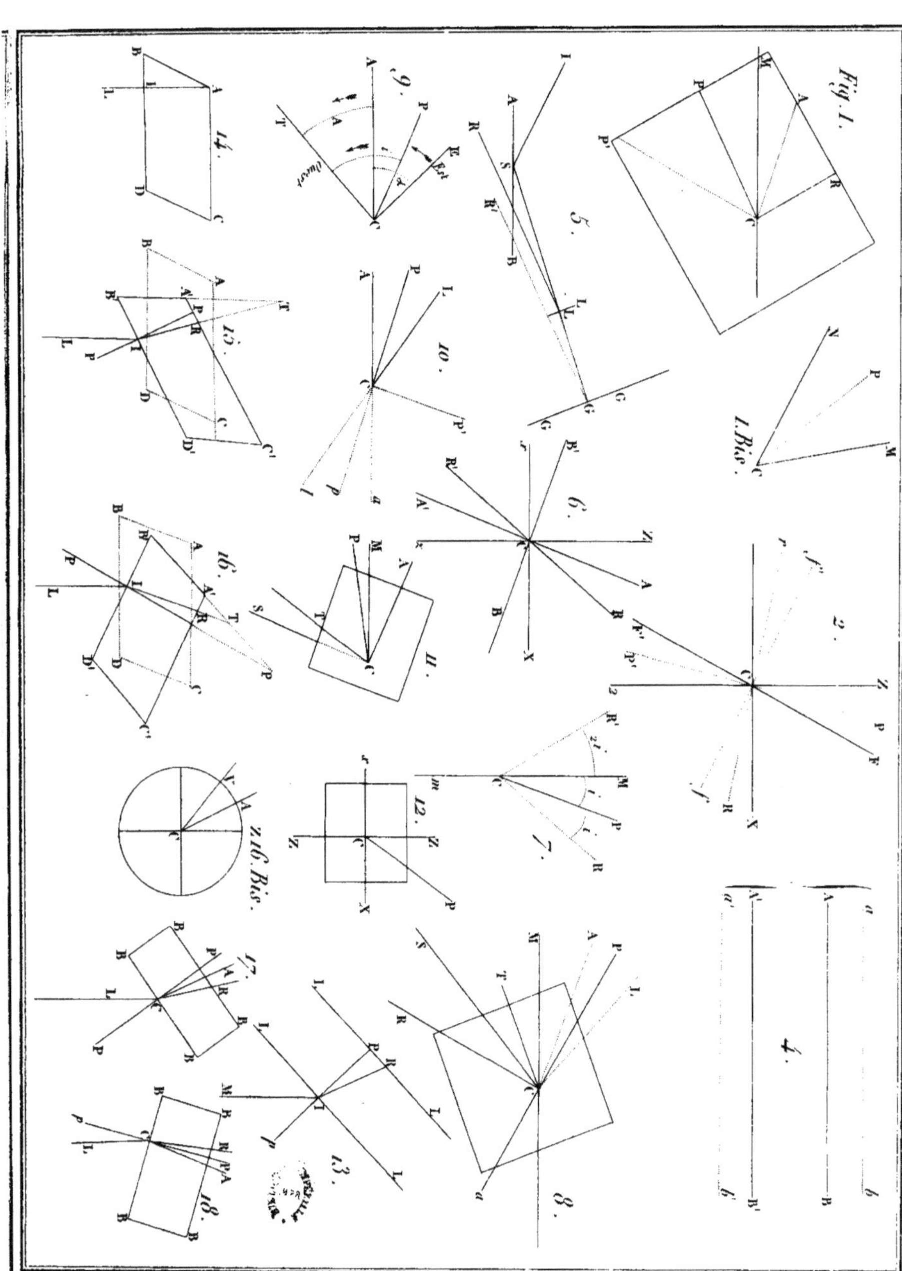